KB159748

오사카 홀리데이

2023년 07월 15일 개정 2판 1쇄
2023년 12월 05일 개정 2판 2쇄

지은이 인페인터글로벌
발행인 김산환
책임편집 윤소영
디자인 윤지영
지도 글터
펴낸 곳 꿈의지도
인쇄 다라니
종이 월드페이퍼

주소 경기도 파주시 경의로 1100, 604호
전화 070-7535-9416
팩스 031-947-1530
홈페이지 blog.naver.com/mountainfire
출판등록 2009년 10월 12일 제82호

979-11-6762-059-0-14980
979-11-86581-33-9-14980(세트)

지은이와 꿈의지도 허락 없이는 어떠한 형태로도 이 책의 전부, 또는 일부를 이용할 수 없습니다.
※ 잘못된 책은 구입한 곳에서 바꿀 수 있습니다.

OSAKA
오사카 홀리데이

인페인터글로벌 지음

꿈의지도

prologue

박성희

일본 지자체 한국사무소에 근무하다 인페인터글로벌을 설립, 한국과 일본을 이어주는 다리 역할을 하고 있다. 일본은 지역을 중심으로 여행하거나 테마를 중심으로 여행할 수 있는 나라다. 특히 오사카는 교토, 고베, 와카야마, 나라, 미에까지 역사, 건축, 미식, 온천, 성지순례, 예술, 쇼핑, 최신 트렌드 등 취향에 맞게 다양한 주제에 따라 계속 여행할 수 있는 곳이다. 이미 오사카를 여행한 이들에게도 도움이 되도록 변화하는 오사카 지역의 매력과 새로운 장소도 취재했으니 참고하길 바란다.

이윤정

고3 시절, 엑스재팬에 빠져 일본어를 배웠다. 이 책에서는 이전에 알려진 것보다 한층 더 나은 오사카의 매력을 소개하고 싶었다. 오사카에서도 전통적인 료칸온천에서 머물 수 있고, 보는 것만으로도 황홀한 가이세키 요리를 맛볼 수 있다는 것을 알려주고 싶었다. 조금만 더 시야를 넓히면 와카야마의 천년 사찰마을에 머물며 명상과 치유 여행을 할 수 있다. 옛 사람들이 간절한 마음으로 걷던 순례길도 걸어보라고 권하고 싶었다. 오사카가 먹고, 쇼핑하고, 소비만 하는 여행지가 아니라 치유와 재충전도 할 수 있는 곳으로 알려졌으면 좋겠다.

이경애

오사카, 교토, 고베, 나라, 와카야마 등 간사이 지방의 도시들은 저마다 특징이 다르고, 어느 한 곳 특별하지 않은 곳이 없다. 관광, 휴양, 식도락, 액티비티가 모두 가능한 최고의 여행지다. 또 저렴한 비용으로 합리적인 여행이 가능하다는 것도 매력이다. 약간의 여유가 주어졌을 때 자주 찾게 되는 단골집 같은 곳, 그곳이 바로 오사카다. 이 책이 오사카 여행을 꿈꾸는 이들의 길잡이가 되었으면 좋겠다.

윤지연

일본어를 전공하던 대학시절 수학여행으로 오사카를 여행하면서 일본과 인연을 맺었다. 졸업 후 일본 고치현에서 3년간 일하기도 했다. 이 책을 만들면서 오사카의 매력에 다시 눈을 떴다. 내가 천년 고도의 역사 위에 세워진 오사카의 입체적인 매력을 느꼈듯이 이 책을 읽는 여행자들도 거부할 수 없는 오사카의 매력을 발견하기를 소망한다.

양보성

〈오사카 홀리데이〉 취재에서는 오사카, 교토, 고베, 나라의 명소를 사진에 담는 일을 맡았다. 몇 날 며칠을 끝없이 걸으며 놀란 것은 '변화하는 오사카'였다. 끝없이 변화하며 다양한 색깔을 보여주는 오사카가 있어 고된 취재노동(?)에서도 힘을 얻을 수 있었다.

윤상운

여행과 사진, 그리고 책을 좋아한다. 가까운 일본에서 홍콩, 태국, 인도, 아프리카, 유럽 등 도시에서 도시로, 대륙으로 나를 찾는 여행을 하며 살고 있다. 우리 팀은 오사카의 매력을 담기 위해 장기간의 프로젝트로 이 책을 준비했다. 한 줄의 글과 한 장의 사진에 우리의 땀방울이 스미어 있다는 것이 이토록 자랑스러울 수가 없다. 어디서나 얻을 수 있는 여행정보가 아닌, 우리만이 줄 수 있는 여행정보를 위해 발품을 팔았다는 사실을 기억해 주기를.

이정선

여행을 좋아하던 건축학도가 여행 잡지사를 거쳐 여행작가로 진화했다. 2013년부터 인페인터글로벌과 함께하면서 기자 또는 관광객이었을 때는 몰랐던 일본의 숨겨진 매력을 발견하게 되었고, 이를 사진과 글로 기록하고 있다. 앞으로 또 다른 일본의 풍경과 만나려 한다.

김후진

일본 유학과 일본에서의 직장생활, 일본 전국을 자전거로 일주한 경험이 여행 정보를 공유하는 일로 이어졌다. 다양한 지역과 테마 여행에 도움을 줄 수 있도록 꼼꼼하게 체크하고 정리한 내용이어서 많은 이들에게 오사카 여행 준비에 도움이 되면 좋겠다.

우리에게 오사카는…

신나는 여행지이고, 오랜 동안 가까이에 둔 다섯 가지 색깔의 친구 같은 곳이다. 간사이국제공항에서 연결된 교통편으로 오사카, 교토, 고베, 나라, 와카야마, 미에까지 여행하다 보면 확실하게 구분되는 서로 다른 도시의 매력을 발견할 수 있으니 말이다.
이 책에서는 서로 다른 도시의 모습과 서로 다른 도시를 즐기는 방법을, 여러 번 다시 여행할 수 있는 정보를 담으려고 했다. 책 곳곳에 담겨 있는 이야기에서 오사카의 신나는 떨림과 숨겨진 매력을 발견하기 바란다.

Special Thanks

취재와 사진 제공 등 〈오사카 홀리데이〉 제작에 협조를 아끼지 않은 오사카관광국 ©Osaka Government Tourism Bureau과 와카야마현에 깊은 감사의 인사를 드립니다.

2023년 6월 인페인터글로벌

CONTENTS

004 프롤로그

012 오사카 홀리데이 100배 활용법

014 내 머릿속 상식 1

015 내 머릿속 상식 2

016 오사카 전도

018 오사카 지하철 노선도

**스마트한
여행준비
020**

022 01 스마트폰 데이터

025 02 현금 쓸까? 페이 쓸까? 카드 쓸까?
현지에서 결제하는 다양한 방법

028 03 길찾기는 구글맵이 원탑!

030 04 일본여행 가기 전에 꼭 깔아야 할 필수 앱

031 05 일본 입국 시 필수 절차
비지트 재팬 웹 Visit Japan Web 등록하기

OSAKA BY STEP
여행준비&하이라이트

**STEP 01
Preview
오사카를 꿈꾸다
032**

034 01 오사카 MUST SEE

038 02 오사카 MUST DO

042 03 오사카 MUST EAT

044 04 교토 MUST SEE

046 05 고베 MUST SEE

048 06 나라 MUST SEE

050 07 와카야마 MUST SEE

STEP 02
Planning
오사카를 그리다

052

054 01 짜릿한 오사카 첫 경험 3박4일 처음 여행
058 02 블링블링한 쇼퍼 천국 3박4일 오사카 쇼핑 여행
062 03 오래 기억에 남는 JMT 4박5일 미식 여행
066 04 박물관 덕후를 위한 4박5일 이색 박물관 여행
070 05 '옛것'에서 천년고도의 숨결 느끼기 4박5일 역사 문화여행
074 06 맨날 똑같은 것 말고 뭐 새로운 거 없나요?
         오사카 중급자 여행
078 07 오사카 여행 만들기
080 08 오사카 교통 완전정복
086 09 일본의 심장 간사이를 말하다

STEP 03
Enjoying
오사카를 즐기다

092

094 01 간사이의 밤은 낮보다 아름답다 야경 BEST 4
098 02 도시가 커다란 갤러리, 오사카의 기념비적 건축물
104 03 만화천국 그 안에서 놀기, 만화기념관
108 04 서점이야? 편집숍이야? 오타쿠를 위한 서점
112 05 지성과 감성의 허기를 채워준다, 특별한 박물관
116 06 천년 세월의 향기, 교토·나라의 세계문화유산
122 07 여행의 피로는 여기서 풀자, 오사카 온천
128 08 오사카를 속속들이 들여다보는 '오사카 아이즈',
         대관람차 BIG 3
130 09 영화 속 그 곳, 〈게이샤의 추억〉과 〈20세기 소년〉
132 10 세계문화유산 순례길 구마노고도
138 11 천이백 년 사찰마을에서의 특별한 하루 고야산

STEP 04
Eating
오사카를 먹다

142

144 01 오사카 음식 백과사전
146 02 백 투 더 패스트! 오사카의 전통 디저트
150 03 지친 여행의 에너지원, 달콤달콤 디저트
154 04 몸에 좋은 음식이 마음도 치유한다
         오사카·교토 오가닉 푸드 레스토랑

156 05 맛 좋아 한입, 분위기 좋아 한입
스위티 카페에서 즐기는 런치

160 06 정성으로 내는 천년의 맛 교토 교료리 명가

164 07 정신줄 놓고 먹게 된다 고베 고베규

166 08 여행의 피로는 선술집에서 풀자 오사카 이자카야

170 09 훈훈한 인심 따라 빙글빙글 돌아간다 회전초밥 BEST 3

172 10 누구에게도 알려주고 싶지 않아! 교토 오리지널 커피숍

176 01 지름신이 무섭지 않다! 오사카 100엔숍들

178 02 약만 파는 게 아니라구, 만물상 같은 오사카의 약국들

182 03 몽벨의 고향, 아웃도어의 천국! 오사카 아웃도어몰

184 04 오사카는 유럽 스타일을 좋아해! 유럽에서 온 숍들

186 05 없는 게 뭐야? 쇼핑 끝판왕 JR오사카역의 핫 쇼핑몰

190 06 천하의 부엌을 엿보다 오사카 재래시장

192 07 여행은 엄마만 하나요? 나도 갈래 오사카!
아이들이 좋아하는 키즈숍

196 08 나를 잊지 마세요 간사이 특산품

200 09 한국 가면 너무 비싸, 여기서 사갈래
러시 화장품&돔 페리뇽 샴페인

201 10 귀국길에 꼭 들른다 린쿠 프리미엄 아웃렛

204 01 How To Choose 오사카 숙박에 관한 Q&A

206 02 저렴하다 럭셔리하다 독특하다 캡슐 호텔

208 03 머무는 시간을 더욱 쾌적하게 시티 호텔

210 04 침대 깨끗하고 화장실만 있으면 OK! 비즈니스 호텔

214 05 건축가의 공간 미학 디자인 호텔

216 06 일본에 왔으면 그래도 한번쯤은 온천 료칸

220 07 오사카에서만 자야 하나? 주변 도시 숙박 정보

STEP 05
Shopping
오사카를 사다
174

STEP 06
Sleeping
오사카에서 자다
202

OSAKA BY AREA
오사카 지역별 가이드

01
기타 오사카
226

228	기타 오사카 미리보기
229	기타 오사카 추천 코스
230	MAP
231	SEE
242	EAT
252	BUY

02
미나미 오사카
260

262	미나미 오사카 미리보기
263	미나미 오사카 추천 코스
264	MAP
265	SEE
274	EAT
285	BUY

03
덴노지
294

296	덴노지 미리보기
297	덴노지 추천 코스
298	MAP
299	SEE
304	EAT
307	BUY

04
오사카성
310

312	오사카성 미리보기
313	오사카성 추천 코스
314	MAP
315	SEE
324	EAT
326	BUY

05
베이 에어리어
328

330	베이 에어리어 미리보기
331	베이 에어리어 추천 코스
332	MAP
333	SEE

NEAR OSAKA
오사카 근교 지역 가이드

01
교토
340

342 교토 미리보기
343 교토 추천 코스
344 MAP
346 SEE
386 ENJOY
389 EAT
397 BUY

02
고베
402

404 고베 미리보기
405 고베 추천 코스
406 MAP
408 SEE
418 EAT
425 BUY

03
나라
428

430 나라 미리보기
431 나라 추천 코스
432 MAP
434 SEE
440 EAT
443 BUY

04
와카야마
446

448 오카야마 미리보기
450 오카야마 추천 코스
452 MAP
453 SEE
470 EAT
486 BUY
488 SLEEP

500 여행준비 컨설팅
514 인덱스

〈오사카 홀리데이〉 100배 활용법

〈오사카 홀리데이〉에 오신 것을 환영합니다!
오사카에서 뭘 보고, 뭘 먹고, 뭘 하고, 어디서 자야 할지 더 이상 고민하지 마세요.
친절하고 꼼꼼한 베테랑 〈오사카 홀리데이〉와 함께라면 당신의 오사카 여행이 완벽해집니다.
자, 이제 한 걸음 한 걸음 〈오사카 홀리데이〉를 똑똑하게 활용해 볼까요?

01
스마트한 여행준비
내 스마트폰의 앱을 잘 활용하면 만족스러운 여행을 할 수 있다! 여행에 꼭 필요한 앱과 활용법을 알기 쉽게 정리했어요. 디지털 시대, 스마트폰을 잘 활용하는 스마트 여행법을 차근차근 익혀 보세요.

02
오사카를 꿈꾸다
STEP 01 » PREVIEW 를 먼저 펼쳐보세요. 여행을 위한 워밍업! 오사카와 교토, 고베, 나라, 와카야마에서 놓치면 안 될 재미와 매력을 소개합니다. 사진과 핵심 설명만으로도 먹고 보고 사야 할 것들이 한눈에 그려져요.

03
여행 스타일 정하기
STEP 02 » PLANNING 을 보면서 나의 여행 스타일을 정해 보세요. 과거와 현재가 공존하는 도시 오사카. 쇼핑과 맛집은 물론, 온천과 사찰, 오타쿠 관광까지 다양한 테마 여행이 가능하답니다. 재방문도 문제없어요!

04

할 것, 먹을 것, 살 것 고르기

여행의 밑그림을 다 그렸다면, 구체적으로 여행을 알
차게 채워갈 단계입니다. STEP 03 » ENJOYING 에서
STEP 05 » SHOPPING 까지 펜과 포스트잇을 들고 꼼꼼
히 체크해 두세요. 야경이 멋진 장소와 아름다운 고
성, 사찰과 온천, 꼭 먹어보고 싶은 음식과 사야 할
쇼핑 아이템 등을 찜해놓으면 됩니다.

05

숙소 정하기

자신의 상황과 여행 스타일에 맞는 숙박 시설이 무
엇인지 찾아보세요. 오사카는 날마다 색다른 숙박
경험을 할 수 있는 곳이랍니다. 럭셔리한 온천 료칸
과 독특한 캡슐호텔 등 여행의 피로를 말끔히 씻어
줄 숙박 정보가 STEP 06 » SLEEPING 안에 있습니다.

06

지역별 일정 짜기

여행의 콘셉트와 목적지를 정했다면 이제 지역별로
묶어 동선을 짜봅니다. Osaka By Area 에 모아놓은 오
사카의 지역 주요 여행지와 쇼핑센터, 레스토랑을
보면 이동 경로를 짜는 것이 수월해집니다. 첨단 도
시 오사카를 둘러본 뒤, 역사와 자연이 살아 숨 쉬는
교토와 고베, 나라, 와카야마까지 일정에 넣어보세
요. Special in Kansai 가 오사카 근교여행을 일목요연
하게 보여줘요.

07

D-day 미션 클리어

여행 일정까지 완성했다면 여행준비 컨설팅 을
보면서 혹시 빠뜨린 것은 없는지 챙겨보세요. 여행 50일 전부터 출발 당일까지 날짜별로 챙
겨야 할 것들이 리스트 업 되어 있습니다.

Have a
nice
Holiday!

08

홀리데이와 함께 최고의 여행 즐기기

자, 이제 여행준비의 마무리만 남았어요! 비행
기 예약과 환전까지 끝냈는데 여권을 놓고 가면
안 되겠죠? 빈틈없는 준비를 위해 항공권과 여
권, 숙소 예약 정보는 물론 환전과 짐 패킹까지
꼼꼼하게 안내해드립니다. 혹시 모를 응급상황
에 대비해 필요한 정보도 함께 확인할 수 있답
니다. 〈오사카 홀리데이〉가 첫날부터 마지막 날
까지 여행을 책임질 거예요!

내 머릿속 상식 1.

일본은 크게 4개 지역으로 나눈다.
홋카이도, 혼슈, 시코쿠, 규슈. (오키나와는 별도)

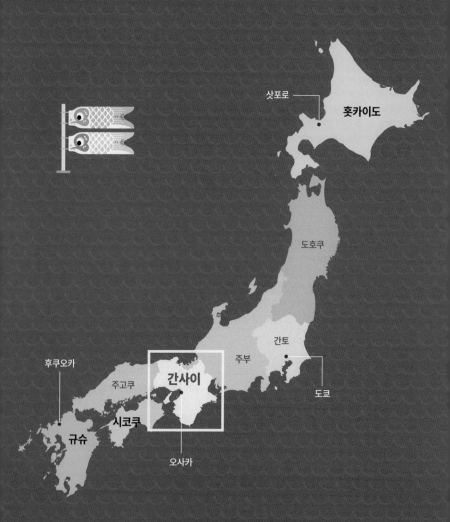

삿포로 — 홋카이도

도호쿠

후쿠오카

주고쿠

간사이

주부

간토

시코쿠

규슈

도쿄

오사카

내 머릿속 상식 2.

※간사이(칸사이) 지방이란?

일본 4개의 지역 가운데 일본의 핵심 본토이며 중앙 내륙인 혼슈!
혼슈는 다시 5개 지역으로 나눈다. 도호쿠, 간토, 주부, 간사이, 주고쿠!
간사이는 바로 일본 혼슈의 서쪽 지방을 이르는 말이다.
긴키(킨키)라고도 한다. 오사카는 바로 이 간사이 지방에 있는 도시다.
이 책에서는 간사이 지방 5곳
오사카, 교토, 고베, 나라, 와카야마를 다룬다.

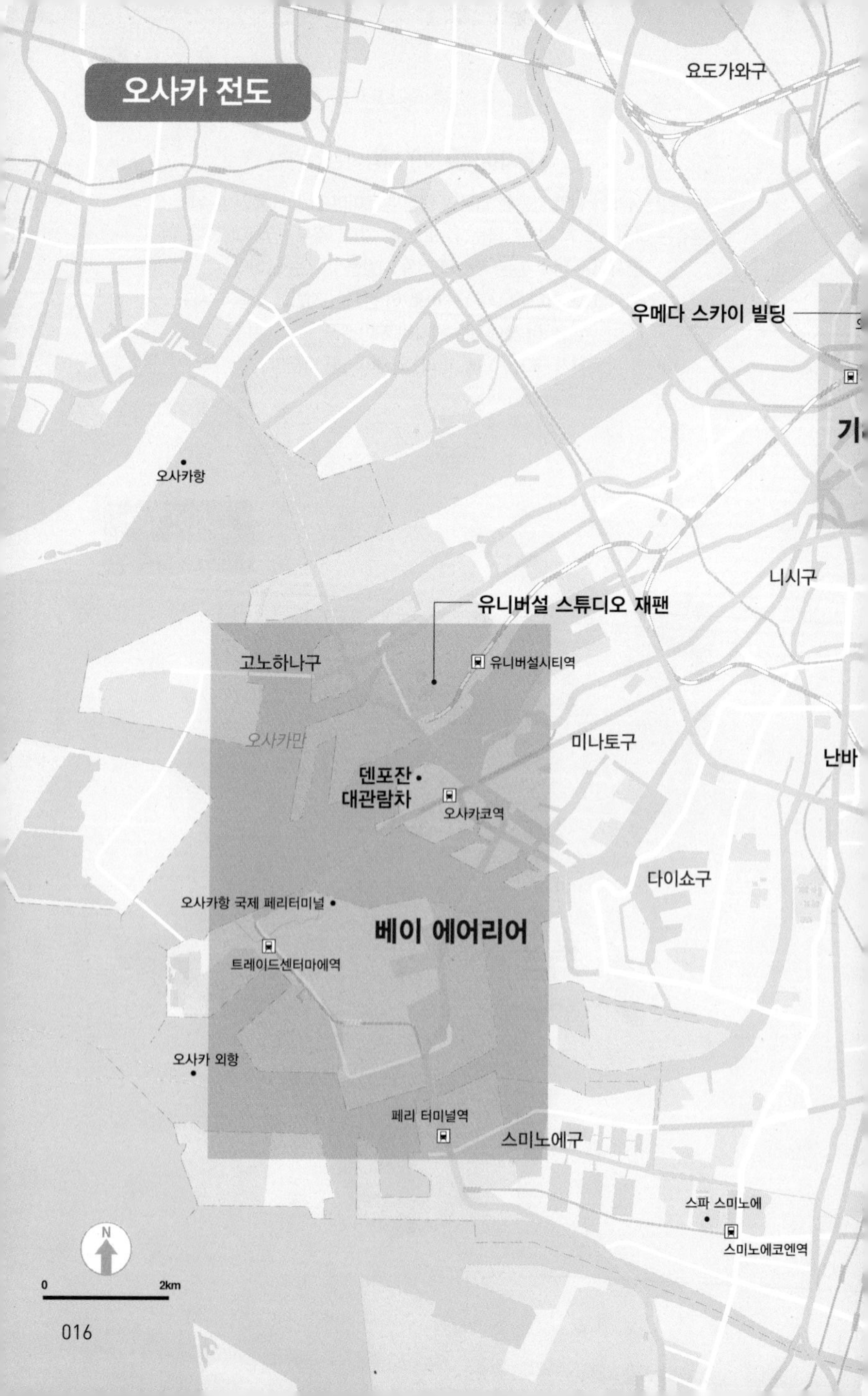

요도가와구

우메다 스카이 빌딩 ——

기

오사카항

니시구

유니버설 스튜디오 재팬

고노하나구

유니버설시티역

오사카만

미나토구

난바

덴포잔 ·
대관람차

오사카코역

다이쇼구

오사카항 국제 페리터미널 ·

베이 에어리어

트레이드센터마에역

오사카 외항 ·

페리 터미널역

스미노에구

스파 스미노에

스미노에코엔역

N

0   2km

신오사카역 ↑ ® 크레용하우스

구

↑ 교토
(기요미즈데라, 긴카쿠지)

미야코지마구

기타구

우메다역

빌딩
오사카역

우메다역

덴마역

헵 파이브
대관람차

교바시역

조토구

후쿠시마역

기타 오사카

오사카성

미나미 오사카

오사카성

주오구

히가시나리구

→ 나라
(사슴 공원)

니시구

도톤보리

난바역

구로몬 시장

오사카 우에혼마치역

츠루하시역

난바 파크스

덴노지

스텐카쿠 전망대

신이마미야역

이쿠노구

덴노지역

아베노역

아베노구

히라노구

노에

미노에코엔역

017

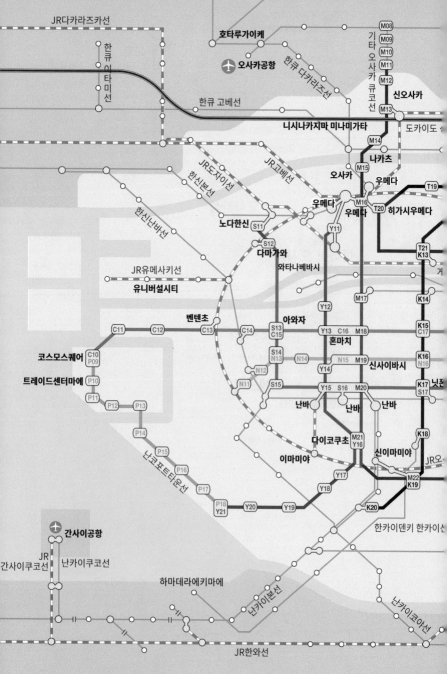

JR다카라즈카선

한큐이타미선

호타루가이케

오사카공항

한큐 다카라즈선

한큐 고베선

JR도자이선

JR고베선

니시나카지마 미나미가타

M08
M09
M10
M11
M12
M13

기타오사카큐코선

신오사카

도카이도

M14
나카츠

M15
오사카

우메다

한신본선

노다한신 S11

S12
다마가와

와타나베바시

우메다

우메다
M16 Y11

T19

T20 히가시우메다

한신난바선

JR유메사키선

유니버설시티

벤텐초

M17

T21
K13

거

K14

코스모스퀘어 C10
P09

C11   C12   C13   C14

S13
C15
아와자

Y12

Y13 C16 M18
혼마치

K15
C17

N12

S14
N13

N15 M19
신사이바시

K16
N16

트레이드센터마에 P10

P11

N14

Y14

K17
닛폰
S17

P12   P13

N11

S15

Y15 S16 M20
난바   난바   난바

K18

P14

다이코쿠초 M21
Y16

신이마미야

JR오

P15

이마미야

M22
K19

P16

Y17

P17

Y18

한카이덴키 한카이선

P18
Y21

Y20   Y19

K20

간사이공항

JR
간사이쿠코선   난카이쿠코선

하마데라에키마에

난카이본선

난카이코야선

JR한와선

018

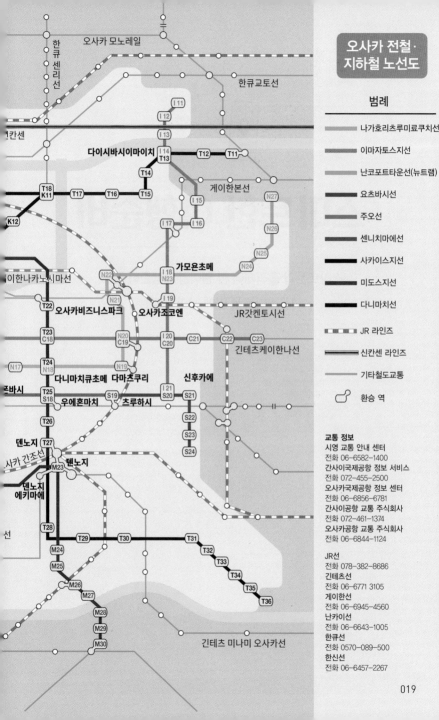

오사카 모노레일

한큐센리선

한큐교토선

신칸센

오사카 전철·
지하철 노선도

범례

━━	나가호리츠루미료쿠치선
━━	이마자토스지선
━━	난코포트타운선(뉴트램)
━━	요츠바시선
━━	주오선
━━	센니치마에선
━━	사카이스지선
━━	미도스지선
━━	다니마치선
▬▬▬	JR 라인즈
━━	신칸센 라인즈
━━	기타철도교통
◠	환승 역

다이시바시이마이치

게이한본선

이한나카노시마선

가모욘초메

오사카비즈니스파크

오사카조코엔

JR갓켄토시선

긴테츠케이한나선

다니마치큐초메 다마츠쿠리

신후카에

우에혼마치 초루하시

덴노지

사카 간조선

덴노지

덴노지
에키마에

긴테츠 미나미 오사카선

교통 정보
시영 교통 안내 센터
전화 06-6582-1400
간사이국제공항 정보 서비스
전화 072-455-2500
오사카국제공항 정보 센터
전화 06-6856-6781
간사이공항 교통 주식회사
전화 072-461-1374
오사카공항 교통 주식회사
전화 06-6844-1124

JR선
전화 078-382-8686
긴테츠선
전화 06-6771 3105
게이한선
전화 06-6945-4560
난카이선
전화 06-6643-1005
한큐선
전화 0570-089-500
한신선
전화 06-6457-2267

스마트한 여행준비

스마트폰과 홀리데이 한 권이면 여행준비 끝~!
내 스마트폰 안에 답이 있다!

외국에서도 한국에서처럼 편리하게
스마트폰을 사용하려면 어떻게 해야 하지?

공항에서 입국심사할 때 어렵진 않을까?

낯선 곳에서 길을 잃지는 않을까?

환전은 어디서 어떻게 하는 게 가장 좋을까?

스마트폰 데이터

여행 떠나기 전 가장 먼저 챙겨야 할 1단계는 스마트폰 데이터! 스마트폰 안 터지면 우리는 하루도 못 산다. 비행기에서 내리자마자 당장 스마트폰을 쓸 수 있는 방법을 알아보자.

01 가장 핫한 eSIM

요즘 가장 편하고 핫한 데이터 이용법은 이심(eSIM) 이다. 휴대폰에 장착된 디지털 유심을 사용하기 때문에 클립 들고 헤매면서 유심칩을 갈아끼울 필요가 없다. 이메일로 미리 받은 QR코드 스캔하면 끝!

단, 모든 휴대폰이 되는 게 아니라서 내 휴대폰의 기종을 확인해야 한다. 애플의 경우, 아이폰 SE2, XR, XS, XS Max, 아이폰 11 시리즈 이상 기종은 모두 가능하다. 안드로이드의 경우, Flip4, Fold4, 갤럭시 S23 시리즈 및 이상 기종은 모두 사용 가능하다.

그러나 컨트리락이 설정된 휴대폰이나 통신사 자체제작 휴대폰, 아이폰 X 시리즈 이하 모델은 이용이 불가능하다. 특히, 중국 본토나 홍콩, 마카오 등에서 구입한 아이폰은 이심 사용이 불가능하니 참고할 것.

이심은 가격도 저렴한 편이다. 5일 사용 데이터 무제한 상품이 2만 원 정도도. 케이케이데이(www.kkday.com)나 클룩(www.klook.com) 사이트(또는 앱)에 들어가서 예약하면 된다. 도시락통(dosiraktong.com)에서는 와이파이 도시락, 유심칩, 이심(eSIM) 다 살 수 있다.

결제 완료하면 이심 바우처가 메일로 온다. 설명서를 참고하여 실행하면 끝! 주로 출국 당일 인천공항에서 활성화시켜서 가면 일본공항에 내리자마자 바로 빠른 데이터를 사용할 수 있다.

TIP **이심 데이터 활성화 방법**(이심 구매하면 사용설명서를 메일로 보내주니까 겁먹지 말자.)

❶ 설정→셀룰러 ❷ 셀룰러 요금제 추가(eSIM 추가 버튼이 있는 경우도 있음) ❸ 바우처에 있는 QR코드 스캔(QR코드 스캔이 어려울 경우, 메일에 첨부된 활성화 코드 입력해도 된다.) ❹ '계속' 버튼 누르기 ❺ 기존 유심-메인→현지이심-보조→'계속' 누르기 ❻ 기본 회선은 '메인' 누르고 '계속' 누르기 ❼ 셀룰러 데이터에서 '보조' 누르고 ❽ 여행지 도착 후, 셀룰러 누르고 '보조' 누른 후 데이터 로밍 'ON'

※ 보조 회선에서 '데이터 로밍' 활성화(ON)해줘야 정상적으로 이용 가능

02 일본 선불 유심칩

여행 일주일 전에 쿠팡, 11번가, 도시락, 말톡 등에서 일본 유심칩 검색 후 구매하자. 집에서 택배로 미리 받아뒀다가 일본 도착하자마자 유심칩을 갈아끼우면 평소 한국에서처럼 데이터를 사용할 수 있다. 유심칩 갈아 끼우는 걸 어려워하거나 번거롭다고 생각하는 사람들도 있는데, 막상 해보면 어렵지 않다. 클립처럼 생긴 유심핀과 사용설명서도 다 들어 있으니 보고 그대로 따라만 하면 오케이다.

매일 2기가씩 4일 사용할 경우 유심칩 비용은 16,000원 정도다. 이심eSIM과 가격은 비슷하고, 자동로밍보다는 싸다. 구매 후, 출국 당일 공항에서 수령할 수도 있다. 사이트에서 구매할 때 수령 방법을 선택할 수 있고, 수령 장소에 대한 안내도 문자로 온다. 유심칩은 장착한 순간 자동 개통되며, 장착한 날부터 24시간 동안 1일 '일수'가 적용된다.

원래 쓰던 유심칩은 반드시 잘 보관해둬야 한다.

※ **말톡** store.maaltalk.com

※ **도시락통** dosiraktong.com

03 포켓 와이파이

'도시락'이나 '에그' 등 손바닥만 한 단말기를 들고 다녀야 한다. 휴대용 무선 공유기를 대여하는 것. 이 공유기 한 대로 최대 5명 정도까지 와이파이를 쓸 수 있다. 유심을 교체하지 않기 때문에 한국에서 쓰던 번호가 그대로 살아 있어서, 국내 전화나 문자 수신도 가능하다. 노트북과 태블릿PC 등 다양한 기기의 와이파이도 동시에 잡을 수 있다. 같은 일정으로 움직이는 일행끼리 함께 사용하면 비용이 저렴하다. LTE 무제한 제공 와이파이 도시락은 6천 원 정도. 6일째부터 장기 사용자는 20% 정도 할인.

여행 4~5일 전에 미리 사이트에서 예약해 놓고 출발 당일 공항에서 수령하면 편하고 가격도 저렴하다. 특히, 성수기에 대여할 경우라면 꼭 미리 예약하자. 귀국 후 공유기 반납은 공항 셀프기에 넣으면 끝! (www.wifidosirak.com)

인천공항 제1터미널 와이파이 도시락 부스는 국제선 1층 7번 출구 옆(24시간 운영)이다. 인천공항 제1터미널 3층 5번 출국장 좌측 (L 카운터 부근 하나은행 옆)에도 있다. 인천공항 제2터미널 와이파이 도시락 부스는 국제선 1층 1번 출구 옆이다. 운영 시간은 06:00부터 22:00까지. 예약 시 선택한 출국시간 4시간 전부터 수령 가능하다.

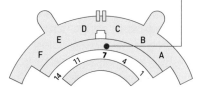

인천공항 제1터미널 1층 도시락 부스 위치.
24시간 운영한다.

Oh, my mistake!

"제1터미널에서 비행기 타는데
공유기 도시락은 제2터미널에서
수령하는 것으로 예약했다고? 오~ No!!!"
공유기 구입 시 수령 장소 확인은 필수!

인천공항 제1터미널 3층 도시락 부스 위치

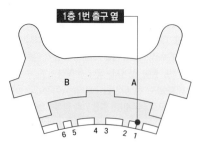

인천공항 제2터미널 1층 도시락 부스 위치

04 자동로밍

가장 편하지만 가장 비싸다. 요즘은 통신사마다 가격 경쟁으로 데이
터 할인 상품들이 다양하게 나오고 있지만, 그래도 보통 하루에 1만
원 정도는 한다. 1~2일 여행 갈 때는 괜찮지만, 3일 이상에서는 비
추. 출발 전에 내 통신사에 전화해서 해외 자동로밍 서비스의 가격이
나 상품 등을 문의하고 신청하자.

현금 쓸까? 페이 쓸까? 카드 쓸까?
현지에서 결제하는 다양한 방법

일본 여행 시 현지에서 사용할 수 있는 지불수단은 현금과 페이, 신용카드, 여행 체크카드, QR결제 등 다양하다. 3~4일 정도의 짧은 일정이라면 100% 현금만 사용해도 된다. 하지만 일주일 이상의 여행에서는 현금과 신용카드, 체크카드 등을 섞어서 사용하는 게 낫다. 지불수단에 대해 기본적으로 알아둬야 할 사항을 정리했다.

01 현금 환전

짧은 여행에서 가장 편하게 쓸 수 있는 결제 방법은 현금이다. 긴 여행이라면 모든 돈을 현금으로 바꿔 가기 어려워 별도의 여행 체크카드를 만들기도 하지만, 일주일 이내의 여행에서는 사실 100% 현금만 써도 된다. 특히, 항공과 숙박 등을 미리 결제했다면 현지에서는 쇼핑이나 식대, 교통비 정도만 현금으로 쓰면 된다. 단, 쇼핑은 워낙 개인차가 크니까 값비싼 명품 쇼핑을 제외하면 대략 하루에 10만 원 정도의 예산으로 환전하면 된다.

항상 현금을 가지고 다녀야 하거나 동전이 남는 게 불편하긴 하지만 언제 어떤 곳에서든 현금은 바로바로 사용 가능하다. 오사카처럼 대도시에서야 신용카드 사용에 큰 어려움은 없으나, 일본에는 아직도 신용카드를 사용할 수 없는 가게들이 많다. 그러니 환전은 필수!
가장 알뜰하고 편리하게 환전하는 방법은 무엇일까?

인터넷 환전 주거래 은행 앱이나 인터넷 사이트에서 미리 환전 신청 후 당일 공항 환전소에서 환전 금액 찾기!
이 방법이 기본이다. 꼭 알아두자. 스마트폰에 자신의 주거래 은행 앱을 설치한 뒤 환전 신청하면 끝! 환전은 아무래도 모바일 앱이나 인터넷 사이트에서 직접 하는 게 가장 수수료가 저렴하다. 은행 가기는 번거롭고, 공항 환전소는 비싸다.
우리은행의 앱 우리원뱅킹 환전주머니, 하나은행의 앱 하나원큐의 환전지갑, 국민은행의 KB스타뱅킹 앱에서 외화머니박스, 신한은행의 쏠편한환전 등을 이용하면 간편하다. 스마트폰 사용이 번거롭고 어렵다면 PC를 통해 은행 인터넷 사이트에서 환전 신청을 해도 된다. 은행 사용 실적에 따라 환전 수수료를 최대 90%까지 우대받는다.

TIP 아무로 알려주지 않는 현실팁

현금을 환전해 갈 때 적당히 쓸 만큼만 바꾸고 남은 현금(특히 짜투리 동전들)은 돌아올 때 공항에서 모두 쓰는 게 낫다. 남은 동전으로 싹 다 결제하고 차액만큼만 신용카드로 결제하면 된다. 환전하고 남은 돈을 다시 한국 돈으로 환전하면 수수료가 이중으로 들고 번거롭기 때문이다.

02 카카오페이나 네이버페이, 애플페이

일본에서는 카카오페이나 네이버페이, 애플페이 등도 사용 가능하다. 물론, 아직 모든 곳에서 사용되는 것은 아니니, 현금과 섞어서 써보자. 알아두면 꽤 편리하다. 페이는 환전 자체가 필요없다. 결제 시 현재 적용환율로 적용된다. 미리 원화를 머니로 충전하여 현장에서 바로 결제하는 방식이다. 따라서 해외 결제 수수료나 환율 수수료도 없다. 단, 실물 카드로는 결제가 불가능하다. '라인페이LINE Pay'나 '알리페이플러스Alipay+' 로고가 붙은 곳에서는 사용할 수 있다.

네이버 라인페이 네이버페이의 일본 이름이 라인페이다. 미리 네이버페이 앱을 깔고 라인 해외결제로 들어간다. 머니를 미리 충전을 해놓으면 '현장 결제' 방식으로 쓸 수 있다.

라인페이 사용방법 더 자세히 보기 bit.ly/425b4QR

애플페이 아이폰이나 애플워치 사용자들에게는 애플페이만큼 편한 게 없다. 아이폰 또는 애플워치를 리더기에 가까이 들고 있기만 하면 게이트를 빠르게 통과할 수 있다. 우리나라에서도 애플페이 출시

가 공식화되어, 애플페이를 사용하는 사람들이 늘어날 것이다. 일본에서는 이미 애플페이를 꽤 여러 곳에서 사용하고 있다.

우선 대표적인 선불 교통카드인 파스모PASMO카드나 이코카ICOCA, 스이카Suica카드에 애플페이로 충전이 가능하다. 대부분의 전철 및 버스, 편의점, 스타벅스에서도 애플페이로 결제가 가능. 애플페이를 사용하기 위해서는 아이폰에서 설정 ≫ 일반 ≫ 언어 및 지역 ≫ 지역 ≫ 일본으로 설정을 변경해야 한다. 앱 목록에서 지갑을 열고 지갑앱에 스이카나 파스모 카드를 등록한다. 카드에 애플페이를 충전해서 사용하면 된다. 실물 파스모 카드 등은 공항에서 환불 가능하지만 앱

카드는 앱에서만 환불할 수 있기 때문에 한꺼번에 너무 많은 돈을 충전하지 말 것.
애플페이 사용방법 더 자세히 보기 apple.co/3JFgavX

카카오 알리플러스페이 카카오페이의 해외결제를 알리페이라고 부른다. 카카오톡 오른쪽 아래의 '점 3개(⋯)'를 눌러 지갑 화면을 열고, 송금 / 결제 / 자산 글씨에서 결제를 선택한다. 그다음 바코드 밑의 ▼를 눌러 해외결제를 선택한다. QR로 스캔하여 결제도 가능하다. 물론, 사용할 카카오머니는 미리 충전해 두어야 한다.

03 트래블월렛 카드와 트래블로그 카드

해외여행에 특화된 체크카드다. 트래블월렛 카드는 동남아시아 등 좀더 다양한 해외 여행지에서 사용할 수 있고, 일본 여행 시에는 트래블로그가 더 편하다. 세븐일레븐 편의점의 ATM에서 트래블로그 카드로 인출하는 게 더 쉽기 때문이다. 환전, 결제, ATM인출까지 편하고 다양하게 쓸 수 있는 여행 체크카드. 장기여행자나 해외여행을 자주 다니는 사람은 하나쯤 만들어도 좋겠다.

트래블월렛 카드 트래블월렛은 38개국의 다양한 외화를 충전할 수 있다. 수수료 없이 외화를 충전하고 결제하고, 현지 ATM으로 외화를 인출해서 사용할 수 있다는 게 특징이다. 단, 현금 인출 시의 수수료는 나라마다 다르니 확인할 것. 충전해서 쓰고 남은 외화는 다시 원화로 다 돌려받을 수 있고 이때 수수료도 없다. 트래블월렛 앱을 깔고 나의 계좌를 등록한 뒤 실물카드나 모바일 카드를 신청하면 된다. 물론 앱에서 즉시 충전도 가능하다. 실물 카드는 신청 후 배송까지 시간이 걸리므로, 필요하다면 여행 전에 미리미리 받아두자.
트래블월렛 사용방법 더 자세히 보기 bit.ly/42b7jJt

해외여행 갈 땐 트래블월렛
수수료 없는 해외 결제
미, 일, 유로 환전 수수료 0%
트래블월렛 공식 블로그 · 인스타그램

국가별 사용법　　카드 신청 방법　　고객센터

트래블로그 카드 트래블로그 카드는 하나은행 계좌가 있어야 한다. 달러, 유로, 엔화, 파운드화에 특화되어 있고, 캐나다와 중국, 호주, 싱가포르까지는 외화 충전이 가능하다. 나머지 나라들의 통화는 미국 달러로 충전해야 한다. 일본 여행 시에는 트래블월렛 카드보다 트래블로그 카드를 더 많이 쓴다. 일본 ATM 수수료가 무료이기 때문이다. 하지만 모든 곳에서 다 무료는 아니니 확인이 필요하다. 또 트래블로그는 사용 후 남은 외화를 원화로 다시 돌려받을 때 5% 정도의 수수료를 내야 한다는 단점도 있다.

04 VISA, MASTER 등 신용카드

아무리 현금 좋아하는 일본이라도 백화점이나 공항 면세점, 큰 레스토랑 등에서는 다 신용카드를 쓸 수 있다. 그러니 비상용으로라도 꼭 하나 정도의 신용카드는 챙기는 게 좋다. 단, 해외에서 원화로 결제하면 별도의 수수료가 발생한다. 여행 전 미리 해외 원화결제 서비스(DCC·Dynamic Currency Conversion)'를 차단할 것. 신용카드의 영문이름과 여권의 영문이름이 같아야 하는 건 기본이다.

 03 길찾기는 구글맵 Google Maps이 원탑!

여행 가이드북은 더 이상 길찾기 용도가 아니다. 길찾기는 가이드북이 아니라 스마트폰으로 하는 게 맞다. 구글맵 하나면 끝난다. 훨씬 쉽고 편하고 정확하다. 유명 관광지, 교통편, 환승역, 주변 맛집의 평점까지 다 볼 수 있다. 데이터 빵빵하게 가지고 구글맵만 켜면 어디든 찾아갈 수 있다. 국내에서는 구글맵보다 카카오맵이나 네이버 지도를 많이 쓴다. 의외로 구글맵을 안 써본 사람들이 많다. 하지만 걱정할 것 없다. 방식은 똑같다. 직접 해보면 너무 쉽다. 일단 해보자!
맵스고Maps Go나 다른 길찾기 앱도 있지만 No.1은 역시 구글맵이다. 공유 택시 등 다른 교통수단과 연계하기에도 구글맵이 낫다. 길찾기뿐만 아니라 도로교통 상황, 맛집 리뷰 쓰기 등도 이 앱에서 모두 가능하다.

01 구글맵 사용방법

❶ 구글지도 앱 다운로드 (무료)
❷ 구글 회원가입, 계정 만들어 로그인
❸ 앱 열어서 검색창에 목적지 한글로 쓰기
❹ '경로' 누르기
❺ 자동차, 대중교통, 도보, 차량 공유 서비스 등 이동수단 선택
❻ 이동시간과 경로가 표시된다
❼ 오른쪽 아래 나침반 누르면 현재 위치가 표시됨
❽ 따라서 이동하면 하면 끝

02 오프라인 구글맵 저장방법과 사용방법

오사카 같은 대도시에서는 필요 없지만 그래도 알아는 두자. 알아두면 쓸 데 있다.
스마트폰의 데이터가 없거나 안 터져서 구글맵을 켤 수 없는 상황! 상상만으로도 정말 멘붕, 낭패다. 이럴 땐 미리 저장해둔 오프라인 지도가 큰 역할을 한다. 꼭 가보고 싶은 주요 스폿을 찍고 미리 저장해 두자. 방법은 간단하다.

❶ 구글맵 열고 로그인
❷ 오른쪽 위의 내 프로필 사진 누르기
❸ 오프라인 지도 선택
❹ 내 지도 선택하여 다운로드
❺ 다운로드가 완료되면 '다운로드된 지도 목록'에서 사용 가능
❻ 다운로드 기간은 30일

※ 단, 온라인 구글맵보다 기능이 제한된다. 저장된 목적지까지 데려다주긴 하지만 실시간 교통정보나 장소 검색 등은 안 될 수 있다. 참고할 것.

04

일본 여행 가기 전에
꼭 깔아야 할 필수 앱

스마트폰 활용은 '앱'에 달렸다. 아래의 필수 앱만 깔고 잘 이용하면 전문 가이드 뺨친다! 얼마든지 편하고 쉬운 여행을 스스로 해낼 수 있다.

01 필수 앱

구글맵

길찾기와 맛집 검색 등 이동에 필수 앱! 독보적 원탑이다! 복잡한 종이지도 보면서 헤매지 말고 구글맵을 따라가자. 대중교통 실 시간 정보와 맛집 정보도 구글맵에서 다 확인할 수 있다.

네이버페이 또는 애플페이

환전 수수료도 아끼고, 동전도 필요 없는 결제 필수 앱이다. 네이버페이를 사용하기 전까지만 해도 일본 여행을 가면 항상 이코카나 스이카 같은 일본교통카 드를 사용했다. 우리나라의 티머니 같은 카드다. 이런 교통카드를 만들면 지하철이나 버스 이용 시 매번 자판기 앞에서 헤맬 필요가 없으니까 너무 편하다. 하지만 이제 점차 교통카드도 네이버페이로 넘어가는 추세다. 물론 아직 오사카 돈키호테 몰이나 이자카야 같은 데서는 네이버페이를 사용할 수 없지만 곧 페이 사용이 훨씬 늘어날 것이다. 꼭 사용해 보자.

파파고

대표적인 번역 앱이다. 일본어 모르면 무조건 파파고에게! 가끔 잘못 알려주기도 하지만 그래도 일 잘한다.

02 추천 앱

Japan Travel

여행자에게 맞는 최적의 가이드 를 제공한다.

일본여행끝판왕

짠내투어, 배틀트립, 원나잇푸드 트립 등에 나온 맛집을 모두 담 은 앱. 환율계산기, 여행정보 등 을 모두 담고 있다. 데이터 없이 무료사용 가능

재팬 트랜짓 JapanTransit

일본 현지인도 많이 쓰는 재팬 트랜짓. 구글맵 과 함께 지하철 앱으로 같이 쓰면 좋다.

Osaka Rail Map Lite

오사카 지하철 이용에 도움이 된 다.

일본의 열차 카드 잔액 확인

20년 전에 쓰다 남은 스이카 교 통카드 잔액까지 확인된다는 리 뷰가 있을 정도다.

재팬 오피셜 트래블

일본정부관광국에서 만든 일본 여행 앱. 가볼 만한 곳과 도로, 철도 등의 정보가 있다.

누아 메트로 NUUA metro 오프라인 지하철 앱 이라 데이터 없이도 사용할 수 있다.

일본 입국 시 필수 절차

비지트 재팬 웹 Visit Japan Web 등록하기

www.vjw.digital.go.jp/

입국 수속을 사전에 등록하는 편리한 방법을 소개한다. 일본 입국 패스트 트랙 서비스. 사이트에 들어가 미리 등록하면 빠른 입국심사가 가능하다. 입국심사, 검역, 세관신고 관련 정보를 사전에 웹사이트에 등록해 놓는 절차다. 2022년 11월부터 검역 패스트트랙과 입국심사 및 세관신고 기능을 했던 MySOS 어플과 웹사이트가 비지트 재팬 웹으로 통합되었다. 물론 종이 수속도 가능하긴 하나, 스마트폰으로 해두면 훨씬 빠르게 공항 밖으로 나갈 수 있다. VJW 등록을 적극 권장한다. 어렵지 않으니, 사이트에 접속하여 순서대로 따라해보자. 미성년 자녀가 있는 경우, 부모는 각자 개인정보를 등록하고 자녀는 부모 중 한 사람이 등록하면 된다.

※ 자세한 입국, 방역, 패스트트랙 관련 문의는 일본 후생노동성 콜센터를 이용하자.

전화 001-81-50-1751-2158 / 001-81-50-1741-8558 운영시간 매일 09:00~21:00(한국어 응대 가능)

Visit Japan Web 계정 생성 방법

Visit Japan Web

⊕ 언어 한국어 ▼

지원 카어
일본어 · 영어 · 수화(英ム) · 수화(繁體) · 한국어

로그인

이메일 주소

비밀번호 👁

☐ 로그인 상태 유지

로그인

비밀번호를 잊은 경우

새로운 계정 만들기

❶ 처음이라면 Visit Japan Web 사이트 들어가서 먼저 새로운 계정을 만들어요.
❷ 계정 만들 때 입력한 이메일로 코드와 날아오면, 날아온 확인코드를 입력해요. (본인 확인 과정임!)
❸ 본인 확인 후 여행 가는 사람의 정보를 차근차근 입력해요. 입국수속은 각자 개개인이 모두 해야 해요. (일행 한 사람이 대표로 하는 거 아님!)

Step 01
Preview

....

오사카를
꿈꾸다

01 오사카 MUST SEE
02 오사카 MUST DO
03 오사카 MUST EAT

04 교토 MUST SEE

05 고베 MUST SEE

06 나라 MUST SEE

07 와카야마 MUST SEE

오사카 MUST SEE

아날로그와 디지털이 공존하는 오사카. 전통과 최첨단 공간이 함께 어우러져 새로운 오사카를 만든다. 늘 변화하는 오사카의 속살을 만나보자.

1 오사카성大阪城
절대권력의 상징에서 오사카의 상징이 된 곳
▶ 315p

2 도톤보리 道頓掘

오사카의 먹거리와 독특한 간판은
여기 다 모여 있다. ▶ 095p, 268p

3 신사이바시 心斎橋

쇼핑+먹거리+분위기, 살아 있는
오사카의 심장 소리가 들리는 곳 ▶ 271p

4 아메리카무라 アメリカ村

화려한 오사카 패션 트렌드의
집합소 ▶ 271p

5 나카노시마 中之島

흐르는 강물 따라 마음을
쉬어갈 수 있는 곳
▶ 231p

6 유니버설 스튜디오 재팬

하루도 모자란다,
흥미진진 유니버설 스튜디오 재팬 ▶ 333p

7

덴포잔天保山

항구도시 오사카의 진면목을 보여준다.
▶ 128p, 336p

8

신세카이新世界

복고풍 시장 구경,
지나간 시간의 흐름을
느낄 수 있다.
▶ 299p

오사카 MUST DO

볼거리도, 먹거리도 많은 오사카. 꼭 해야 할 것은 더 많다. 갖가지 체험으로 하루하루가 너무 빨리 지나가겠지만, 그래도 이것 만은 꼭 해보자.

1 관람차 타고 오사카 한눈에 구경하기
▶ 128p

2 멋진 카페 거리 산책하면서 브런치와 커피, 디저트 즐기기 ▶ **242p**

3 아쿠아라이너 타고 즐기는 여유로운 오사카 관광 ▶ **236p**

4 그랑 프론트 오사카와 오사카 스테이션 시티에서 흥미로운 체험하며 쇼핑하기 ▶ **186p, 239p**

5 한자리에서 마스터한다! 박물관과 미술관 관람하기 ▶ **233p**

6 〈20세기 소년〉, 〈게이샤의 추억〉 등 영화 속 장소 찾아가기 ▶ **130p**

7 스파월드에서 여행의 피로 풀기 ▸ **125p, 301p**

8 동양의 산티아고, 세계문화유산으로 지정된 구마노고도의 신성한 순례길 걷기 ▸ **133p**

오사카 **MUST EAT**

오사카

다양한 소스와
커다란 사이즈의 문어빵
아카오니 다코야키

오사카

따뜻한 마음의 주인장이
맛있는 스시를 저렴하게 제공하는
다이키스이산 가이텐스시

오사카

마요네즈 데코레이션의
시초 오코노미야키
프레지던트 치보

오사카

향긋한 명물 치즈케이크
**리쿠로오지상
치즈케이크**

오사카

뭐든지 튀겨 먹을 수 있다,
구시카츠의 지존
원조 구시카츠 다루마

오사카 하면 생각나는 먹거리들. 화수분처럼 끊임없이 생겨나는 오사카의 먹거리가 여행자를 유혹한다. 오사카는 '먹다가 망한다'는 뜻의 '구이다오레'라는 말이 있을 정도! 특히, 도톤보리에는 셀 수 없이 많은 맛집들이 모여 있어서 '구이다오레의 거리'라 불린다. 우리 말로 하면 '먹고 죽자!'쯤 될까? 죽든, 망하든 어쨌거나 오사카에 왔으면 '구이다오레'의 매력에 흠뻑 빠져보자.

고베

일본 3대 와규
고베규의 참맛

토어 로드 스테이크 아오야마

아메리카무라

하루의 피로를 풀어주는
생맥주 한잔

아메무라샤인쇼쿠도

센니치마에

커피박물관에서
직접 마시는

UCC커피플라자

도톤보리

파와 김치가
듬뿍듬뿍

긴류라멘

아메리카무라

새콤달콤 소스에 부드러운
계란옷 입은 오므라이스

홋쿄쿠세이

교토 **MUST SEE**

역사와 전통의 옛 모습을 간직하면서, 그 어느 도시보다 활기찬 교토.
여전히 전 세계 관광객을 불러 모으는 치명적인 교토의 매력을 찾아보자!

1 기요미즈데라 清水寺

단풍과 가장 잘 어울리는 세계문화유산 ▶ 362p

2 킨카쿠지 金閣寺

황금빛으로 화려하게 빛나는 곳
▶ 378p

3 니넨자카와 산넨자카 二年坂 & 産寧坂

여기만 봐도 교토는 다 본 것, 교토의 인사동 ▶ 364p

4

아라시야마 嵐山

호젓한 교외에서 휴식을
취하고 싶다면 ▶ 380p

고베 MUST SEE

항구도시 고베는 맛도 멋도 스타일도 이국적. 고베의 또 다른 주인인 외국인들에 의해 일찍부터 들어온 서양 문물이 그대로 녹아들어 새로운 문화를 만들어 냈다. 바다 내음을 맡으며 세련된 도시 고베를 돌아보자.

1 고베 포트 타워 神戸ポートタワー

빙글빙글 도는 회전 레스토랑에서 즐기는
고베 야경 ▶ 096p

2

모자이크 MOSAIC

관람차에서 즐기는 로맨틱한 데이트
▶ 416p

3

난킨마치南京町

일찍부터 받아들인 문물의 증거
고베 차이나타운 ▶ 414p

4

철인 28호

애니메이션 강국의 면면이 생활
속에 녹아 있다 ▶ 417p

나라 MUST SEE

일본에서 가장 많은 세계문화유산을 갖고
있는 도시, 나라. 고개를 이리 돌려도 문
화재, 저리 돌려도 문화재다. 나라는 문
화재 종합선물 세트와 같다.

1 도다이지 東大寺
세계적인 문화재가 그득한 곳 ▶ 434p

나라 공원 奈良公園 2
사슴 하면 나라, 나라 하면 사슴 ▶ 434p

3 가스가타이샤 春日大社
긴 참배길 산책도 순식간으로 느껴진다. 아름다운 길의 연속 ▶ 438p

사루사와이케 猿沢池 **4**
고후쿠지를 담고 있는 아름다운 연못 ▶ 439p

(PREVIEW 07)

와카야마 MUST SEE

오랜 세월 순례길로 이어져 온 신비로운 곳. 청명한
하늘과 바다가 어우러진 해안 절경과 석양을 바라
보면서 온천을 즐길 수 있는 장엄한 자연의 품, 와
카야마로 길을 떠나보자.

1 나치노오타키 那智の大滝

자연과 신앙이 만들어낸 장엄한 풍경, 일
본 최고 높이의 폭포 ▶ 454p

2

기시역 貴志駅

고양이 전차, 고양이 역장,
기시역으로 떠나기 ▶ 466p

3 36m 절벽 아래의 해식동굴

산단베키에서 바다가 만든 신비로운 공간으로 들어가 보자 ▶ 464p

4 가와유 온천 센닌부로 川湯温泉仙人風呂

푸른 하늘과 숲에 둘러싸인 강에서 자연 그대로의 노천온천 체험하기 ▶ 457p

Step 02
Planning

오사카를
그리다

01 짜릿한 오사카 첫 경험 3박4일 처음 여행
02 블링블링한 쇼퍼 천국 3박4일 오사카 쇼핑 여행
03 오래 기억에 남는 JMT 4박5일 미식 여행
04 박물관 덕후를 위한 4박5일 이색 박물관 여행

05 '옛것'에서 천년고도의 숨결 느끼기 4박5일 역사 문화여행
06 맨날 똑같은 것 말고 뭐 새로운 거 없나요? 오사카 중급자 여행
07 오사카 여행 만들기
08 오사카 교통 완전정복
09 일본의 심장 간사이를 말하다

짜릿한 오사카 첫 경험

3박4일 처음 여행

일본 여행을 주저하는 사람들의 대부분은 일본이 한국과 너무 비슷한 모습일 거라는 선입견 때문.
이미 알고 있으니 굳이 가보지 않아도 된다는 생각. 그런 사람들에게 자신 있게 오사카를 추천한
다. 무엇을 기대하든 상상 이상을 볼 것이다.

PLAN

첫 오사카 여행을 계획한다면, 오사카를 중심으로 여행하고 주변 도시인 교토나 고베를 넣어 일정을 짜도록 하자. 더 많은 곳을 보려고 욕심을 부리면 오사카의 유명한 곳을 빼먹을 수 있다. 오사카는 도시적인 성격이 강하다. 반면 교토는 전통과 역사, 고베는 이국적인 분위기를 즐길 수 있다.

🛏 숙소

오사카와 주변 도시까지 여행하려면 이동이 가장 편리한 JR오사카역 근처에 정하는 것이 좋다. 하지만 난바역 근처에 숙소를 정하면 밤늦은 시간까지 도보로 이동 가능한 신사이바시나 도톤보리를 수시로 갈 수 있는 장점이 있다. 3박 중에 2박은 오사카, 마지막 날은 교토에서 머물다가 바로 간사이공항으로 가는 것도 좋은 방법이다.

TAXI 이동

3박4일 동안 오사카만 돌아본다면 오사카 주유패스와 1일 지하철 패스를 이용하는 것이 좋다. 하지만 교토나 고베 같은 주변 도시를 함께 여행한다면 간사이 스루패스를 이용하는 것이 교통비 절약에 가장 좋다. 3일권을 사서 간사이공항 도착부터 3일째 저녁, 교토로 이동할 때까지 사용하자. 마지막 날은 JR 웨스트 레일패스를 이용, JR열차 1일 이용과 함께 특급열차 하루카로 간사이공항까지 이동하는 것이 가장 효율적이다.

TAXI 이동

오사카는 유명한 먹거리가 차고 넘치는 곳이다. 첫 오사카 여행에서는 관광지의 유명한 식당이나 노점을 찾아가 골고루 맛보도록 하자. 새로운 식당보다는 전통 있는 곳 위주로 계획을 세우자. 또 현재 가장 인기 있는, 트렌디한 먹거리도 한두 가지 경험해 보자.

🐔 주의사항

오사카에서는 주로 지하철을 이용하게 되는데, 한국 지하철처럼 환승이 쉽지 않다. 한큐 우메다역, 한신 우메다역처럼 회사에 따라 노선과 승하차하는 곳이 다르므로 이를 잘 확인해야 한다. 교토는 교토역을 중심으로 이동한다면 버스가 편리하다. 아니면 지하철을 이용하는 것이 좋다. 고베는 대부분의 관광지가 도보로 가능하다.

3박4일 처음 여행 일정표

1일
오사카

일본 간사이공항 도착

↓

난카이 공항선 또는 공항 리무진 타고
오사카 시내로 이동

↓

호텔 체크인

↓

도톤보리 리버 쿠르즈

↓

파르코 PARCO 신사이바시점
(지브리 숍, 가오나시 포토존 등 키덜트 여행)

↓

난바 파크스, 난바 워크, 덴덴타운

↓

츠텐카쿠 전망대

2일
오사카

오사카성, 오사카 역사박물관

↓

나카노시마로 이동

↓

오사카 중앙공회당,
오사카 나카노시마 도서관,
국립국제미술관 등 건축물 관람

↓

JR오사카역이나 우메다역으로 이동

↓

한큐 3번가(캐릭터 숍)
(※누차야마치 백화점 폐업)

3일
고베

한큐 우메다역에서 한큐 고베선 타고
고베 산노미야역으로 이동
(※호텔 체크아웃 후 짐 맡겨놓기)
↓
이쿠타신사, 도큐핸즈, 베이커리 등
↓
기타노이진칸 (이국적인 건물과 먹거리 탐방)
↓
토어 로드 Tor Road
(아기자기하고 이국적인 고베의 명품 거리)
↓
모토마치 상점가
↓
차이나타운 난킨마치
↓
고베항 (유람선과 쇼핑,
대관람차와 앙팡만 뮤지엄 선택)
↓
우미에&모자이크에서 고베 야경
↓
오사카로 돌아오기
↓
호텔에 맡겨둔 짐 찾아서
한큐선이나 JR열차 타고 교토로 이동

4일
교토

호텔 체크인
↓
킨카쿠지
↓
교토역으로 이동
↓
교토역과 교토 타워
↓
기요미즈데라
↓
산넨자카&니넨자카
↓
야사카신사와 기온 거리
↓
교토역으로 이동
↓
특급 하루카 타고 간사이공항

블링블링한 쇼퍼 천국

3박4일 **오사카 쇼핑 여행**

JR오사카역의 '그랑 프론트 오사카'부터 구로몬 시장과 츠루하시에 이르기까지 첨단과 전통을 오가며 다양한 쇼핑이 가능한 곳. 일본 쇼핑의 중심지라 해도 손색없는 오사카. 쇼퍼들의 천국이다.

PLAN

쇼핑몰과 상점가가 너무도 많은 오사카. 각 쇼핑 스폿에서 꼭 사야 하는 목록을 작성해 동선을 최소화시켜 최대한 많은 곳을 돌아보자. 다양한 쇼핑몰이 몰려 있는 곳 중심으로 먼저 돌아보고, 멀리 떨어져 있는 전문상가는 나중에 돌아보도록 한다. 쇼핑몰 오픈 시간은 대부분 오전 11시경. 오전에 관광일정을 넣고 오후에 쇼핑을 하는 게 효율적이다.

숙소

쇼핑을 위한 오사카 여행이라면 JR오사카역 우메다역 주변 또는 신사이바시 주변에 숙소를 정하는 것이 좋다. 두 곳이라면 모두 도보로 이동 가능한 곳에서 쇼핑할 수 있다.

주의사항

저렴하지만 질 좋은 오사카의 쇼핑 아이템은 차고 넘친다. 하지만 귀국길에 갖고 갈 트렁크의 무게와 개수도 염두에 두자. 정신 없이 이것저것 사다 보면 후딱 20kg을 넘기기 일쑤! 발품 판 보람도 없이 초과 수하물 요금으로 더 많은 비용을 지불할 수도 있다.

식사

오사카의 쇼핑 스폿은 레스토랑과 카페가 함께 있는 곳이 대부분이므로 식사하는 곳을 따로 찾을 필요가 없다. 쇼핑 스폿에 있는 유명한 레스토랑을 골라보자.

TIP

오사카에서만 살 수 있는 물건과 한국보다 30% 이상 저렴한 물품만 골라 사도록 하자. 한국 다이소에서도 살 수 있는 물건을 괜히 오사카에서 살 필요는 없다. 쇼핑 목록 작성을 철저히 하자.

TAXI 이동

오사카 쇼핑의 최대 장점은 상점들이 대부분 한 곳에 몰려 있다는 것. 길고 긴 쇼핑 아케이드가 연속적으로 있고, 중간중간에 전문 쇼핑몰이 있으니, 튼튼한 두 다리만 있다면 다른 교통수단은 필요치 않다.

1일
오사카

일본 간사이공항 도착
↓
호텔 체크인
↓
JR오사카역(우메다)의 루쿠아 오사카 쇼핑몰과
다이마루 우메다 백화점
(포켓몬이나 닌텐도 쇼핑)
↓
헵 파이브 근처 이자카야에서 맥주 마시기

2일
오사카

그랜드 프론트 오사카 쇼핑
(무인양품, 자라홈 ZARA HOME,
딘엔델루카 등 돌아보기)
↓
한큐 3번가, 헵 파이브 Hep Five

3일
오사카

난카이 난바역

↓

난바 워크, 난바시티,
세컨핸즈(SecondHands, 중고) 숍 구경

↓

다카시마야 오사카 Takashimaya Osaka
백화점, 난바 파크스

↓

덴덴타운, 구로몬시장,
센니치마에 도구야 스지 전통 상점가

↓

에비스바시스지, 신사이바시스지 상점가와
도큐핸드, 돈키호테

↓

도톤보리에서 긴류라멘 먹기

4일
오사카

오사카 시티 에어터미널 OCAT에서
무료 셔틀버스 타고 이케아까지 이동

↓

난카이 공항선 이용해서 린쿠타운

↓

린쿠 프리미엄 아웃렛

↓

셔틀버스 타고 간사이공항

오래 기억에 남는 JMT

4박5일 **미식 여행**

아무리 소개해도 끝이 없는 오사카의 먹거리들. 다코야키, 오코노미야키 같은 클래식 먹거리는 기본! 전 세계 음식을 오사카화시킨 퓨전 음식도 넘쳐난다. 오사카에 갈 때마다 새로운 음식이 당신을 기다린다.

PLAN

맛있는 음식은 많지만 먹을 수 있는 양은 정해져 있기 마련. 먹고 걸으면서 쇼핑도 하고 관광도 하며 다양한 음식을 접해보자. 테이크아웃이 가능한 음식들도 많으니 꼭 레스토랑에서 먹어야 하는 음식들 위주로 점심과 저녁 식사를 계획해 보자.

🛏 숙소

오사카 음식의 중심이라 할 수 있는 도톤보리 근처 비즈니스 호텔 또는 주변에 큰 쇼핑몰이나 슈퍼마켓이 있는 호텔에서 숙박하는 것이 좋다. 쇼핑몰에는 푸드코트나 레스토랑들이 함께 있는 경우가 대부분이다. 슈퍼마켓의 푸드코트에서 오사카 가정식을 저렴한 가격에 맛볼 수 있다.

🔔 주의사항

유명 관광지는 간단한 영어로 의사소통이 가능하다. 하지만 대부분의 레스토랑과 카페에서는 영어가 통하지 않는다. 언어소통이 제대로 안 되는 경우는 미리 메뉴 등을 알아보고 가면 불필요한 시간 낭비를 줄일 수 있다.

🍽 식사

관광객들에게 유명한 음식점들도 한번쯤은 꼭 들러보자. 여러 번 오사카를 여행했다면 관광객에게 알려지지 않은 곳을 꼭 한번 가보자. 말이 통하지 않아도 낯선 여행객에게 불친절한 식당 주인장은 없는 곳이 오사카다.

✩ TIP

관광과 식사에 많은 시간을 할애하기 힘들다면 관광지의 길거리 음식을 조금씩 맛보면서 시간을 절약하자. 유명한 레스토랑은 식사 시간에 가면 항상 줄 서서 대기해야 한다는 것을 염두에 두자.

TAXI 이동

고베의 유명한 고베규 또는 스위츠(Sweets, 달달한 음식)를 맛보거나, 교토의 가이세키(작은 그릇에 다양한 음식이 차례대로 나오는 코스요리) 요리를 먹기 위해 이동해야 한다면 간사이 스루패스를 이용하는 것이 좋다. 오사카 시내에서는 오사카 주유패스를 이용해 교통비를 줄이자.

1일
오사카

도톤보리에서 오코노미야키와
다코야키 먹기

↓

신사이바시스지, 에비스바시스지

↓

리쿠로 오지상 치즈케이크

↓

난바시티의 다이키스이산
가이텐 스시(회전초밥)

2일
오사카

아메리카무라, 호리에, 미나미센바

↓

호리에의 멋진 카페에서 티타임

↓

우메다 스카이 빌딩 전망대

↓

JR오사카역 기타 우메다
럭셔리 레스토랑에서 점심식사

↓

나카노시마 건축 기행

↓

나카노시마 강변 카페에서 차 마시기

↓

신세카이에서 생맥주와
구시카츠(꼬치튀김) 즐기기

↓

츠텐카쿠 전망대

3일
고베

우메다역에서 한큐선으로
고베 산노미야역으로 이동

↓

고베 커피의 근원 니시무라 커피

↓

기타노이진칸, 문화재인
'컨셉 스타벅스 고베'에서 사진찍기

↓

토어 로드 스테이크 아오야마에서
고베규 먹기

↓

모토마치, 난킨마치 둘러보기

↓

난킨마치의 부타만(고기만두),
하라도넛 맛보기

4일 교토	**5일** 오사카
JR오사카역에서 JR교토역으로 이동	지하철로 나카자키초로 이동
↓	↓
교토역과 우메코지 증기기관차 박물관 관광	예쁜 카페에서 차 마시기
↓	↓
버스 타고 기요미즈데라	오사카성과 역사박물관
↓	↓
기요미즈데라 근처 두부요리점	게이한 백화점에서 식사
↓	↓
니넨자카와 산넨자카 쇼핑	호텔 체크아웃
↓	↓
전통찻집에서 티타임	린쿠타운
↓	↓
고다이지, 야사카 신사, 기온, 하나미코지, 기온신바시 등 교토 전통 거리 관광. 가와라마치도시 쇼핑가에서 쇼핑	린쿠 프리미엄 아웃렛
↓	↓
가모가와 강변 카페에서 강을 보며 운치 있게 차 마시기	간사이공항 푸드코트에서 식사
↓	
폰토초나 기온신바시, 하나미코지에서 가이세키(일본식 코스요리) 요리 맛보기	

박물관 덕후를 위한

4박5일 **이색 박물관 여행**

음식이든, 문화든 뭐든 끝까지 파는 오타쿠의 나라 일본! 그래서인지 일본 오사카에도 특이한 박물관과 멋진 미술관들이 많다. 전 세계 어디서도 쉽게 만날 수 없는 특별한 오사카의 문화 박물관! 덕후들뿐 아니라 어린이들을 위한 체험학습 여행으로도 굿~

PLAN

오사카, 교토, 고베, 나라 모두 좋은 박물관이 있는 곳이다. 박물관, 미술관 등은 한 장소에 몇 개씩 몰려 있는 경우가 많다. 한 장소에서 여러 박물관을 돌아보며 이동을 최소화하는 방향으로 여행 스케줄을 짜보자.

🛏 숙소

박물관과 미술관은 주로 오사카의 기타 지역에 있다. 나카노시마 지역에 숙소를 잡는 것도 좋고, 교토나 나라, 고베 등 다른 지역으로 이동을 위해 JR오사카역 근처에 숙소를 잡는 것도 유리하다.

주의사항

간사이 스루패스는 정해진 판매소에서만 구입할 수 있다. 미리 계획을 세워 간사이공항 관광안내소나 오사카 시내의 JR오사카역 관광안내소, 난카이 난바역 관광안내소에서 미리 구입해 곤란한 일이 없도록 한다. 박물관과 미술관의 정기 휴관일 체크도 잊지 말자.

🍽 식사

박물관과 미술관이 있는 곳에는 레스토랑이 많이 없다. 중간중간 다른 관광코스를 넣어 유명한 음식이나 레스토랑을 찾아 식사를 하도록 한다. 식문화도 알아야 할 문화의 큰 부분이므로 결코 소홀히 하지 말자.

✵ TIP

만화박물관, 아톰박물관, 만화경박물관, 증기기관차박물관 등 특이한 테마의 박물관도 많다. 일반적인 박물관과 테마 박물관 일정을 적절히 배치해 즐거운 여행이 되도록 하자.

TAXI 이동

오사카, 교토, 나라, 고베를 모두 돌아볼 수 있는 간사이 스루패스를 이용하면 교통비를 가장 많이 절약할 수 있다. JR을 제외한 각 지역의 지하철이나 버스도 이용 가능하므로 미리 준비하도록 한다.

4박5일 이색 박물관 여행 일정표

1일
오사카

도톤보리에서 다코야키 먹기

↓

호젠지 요코초로 이동

↓

가미가타 우키요에칸(전통 목판 채색화 박물관)

↓

신세카이로 이동

↓

대형 온천 테마파크 스파월드 즐기기

2일
오사카

오사카 시립동양도자미술관

↓

국립국제미술관, 오사카 시립과학관

↓

나카노시마 강변 레스토랑에서 식사

↓

지하철 타고 덴진바시로쿠초메역으로 이동

↓

체험형 박물관인 오사카 시립주택박물관에서
유카타 입고 다도와 종이접기 체험

↓

신사이바시로 이동 후 쇼핑

↓

아메리카무라

↓

홋쿄쿠세이에서 오므라이스로 식사

3일
교토

JR교토역

↓

교토역 옥상정원

↓

우메코지 증기기관차관

↓

교토 국립박물관

↓

산주산겐도

↓

산넨자카&니넨자카

↓

교토 국제만화박물관

↓

교토 만화경박물관

↓

산조도리의 멋진 레스토랑에서 식사

↓

이노다 커피본점에서 후식

4일
고베

이케다역 부근 인스턴트 라면 발명기념관

↓

다카라즈카시 데즈카 오사무 기념관
(애니메이션 박물관)

↓

JR 신나가타역 도보 5분 거리의
'철인 28호' 조형물

↓

고베 '철인 삼국지' 갤러리와
삼국지 가든 관람

↓

미나미코엔역 UCC 커피박물관

↓

토어 로드 스테이크 아오야마에서
고베규로 저녁식사

5일
오사카

오사카성과 역사박물관

↓

호텔 체크아웃 후 린쿠타운으로 이동

↓

린쿠 프리미엄 아웃렛 쇼핑

PLANNING 05

'옛것'에서 천년고도의 숨결 느끼기

4박5일 역사 문화여행

첨단도시 오사카. 하지만 열차로 30분만 가면 천년 역사의 고도 교토와 나라, 일찍부터 서양 문물을 받아들인 고베가 있다. 분위기 있는 절과 신사, 이국적 풍경의 거류지를 거닐며 역사여행을 떠나보자.

PLAN

오사카와 교토, 나라의 많은 절과 신사 중에 꼭 돌아봐야 할 곳을 정해 일정을 짜도록 한다. 이동을 감안해 한 도시에 하루씩 머무는 일정으로 짜는 것이 좋다.

🛏 숙소

교토나 나라를 여행하려면 간사이공항으로 입국한 뒤 바로 교토로 이동, 교토와 나라를 관광하고 오사카로 간다. 또는 먼저 공항에서 JR오사카역으로 이동하여 주변에 숙소를 정하고 교토와 나라를 다녀오는 것도 방법이다.

🐤 주의사항

교토는 절도 많고 신사도 많다. 입장료도 대부분 700엔 이상이다. 미리 꼭 가고 싶은 곳을 정해두고 주변의 다른 관광지와 함께 일정을 짜보자.

🍽 식사

일본의 역사와 전통을 테마로 정했다면 음식은 교토의 가이세키 요리나 오반자이(교토 지역에서 생산된 식재료를 활용해 집을 방문한 귀한 손님에게 대접하는 교토의 전통적인 가정식)를 추천한다. 간식 역시 전통찻집과 전통 디저트로 테마를 맞추는 것이 좋겠다.

⭐ TIP

오사카, 교토, 나라의 도시 내에서는 여행자를 위한 1일 승차권을 이용할 수 있다. 가격도 저렴하다. 한편 도시 간 이동을 위해서는 간사이 스루패스 2일권 또는 3일권을 구입하되 격일로 사용할 수 있다.

🚕 이동

첫날 공항에서 교토로 바로 간다면 JR 웨스트 레일패스를 이용해 특급 하루카를 타고 가는 것이 저렴하다. 이 패스로 하루 동안 JR을 이용할 수 있다. 공항에서 오사카로 가는 경우는 간사이 스루패스를 구입해 교토와 나라로 이동할 때 사용하는 것이 좋다.

4박5일 역사 문화여행 일정표

1일
오사카

오사카성과 주변 산책하기,
오사카 역사박물관 관람

↓

호젠지 요코초로 이동

↓

오래된 선술집에서 가벼운 식사

↓

1883년 창업한 메오토 젠자이에서
일본 전통 단팥죽 젠자이 먹기

2일
교토

JR교토역

↓

기요미즈데라부터 산넨자카, 고다이지,
야사카진자, 기온 거리까지 걸어보기

↓

기온 거리 전통찻집에서
전통차 마시기

↓

폰토초나 하나미코지 거리에서 가이세키
(일본식 코스요리) 맛보기

3일
고베

고베 산노미야역

↓

구거류지 거리 관광

↓

기타노이진칸 거리와 외국인 구거류지

↓

차이나타운

4일
고베

이케다역 부근
인스턴트 라면 발명기념관

↓

다카라즈카시 데즈카 오사무 기념관
(애니메이션 박물관)

↓

JR 신나가타역 도보 5분 거리의
'철인 28호' 조형물

↓

고베 '철인 삼국지' 갤러리와
삼국지 가든 관람

↓

미나미코엔역 UCC 커피박물관

↓

토어 로드 스테이크 아오야마에서
고베규로 저녁식사

5일
오사카

츠루하시역 상점가에서
츠루하시 시장까지 관광

↓

오코노미야키 가게인 츠루하시 후게츠
본점에서 식사

↓

난바역 근처 재래시장 구로몬 구경

↓

에비스바시스지 상점가에서 쇼핑

↓

라쿠로오지상 치즈케이크 카페

↓

린쿠 프리미엄 아웃렛

↓

간사이공항

맨날 똑같은 것 말고 뭐 새로운 거 없나요?

오사카 **중급자 여행**

3박4일로 오사카를 구석구석 다 보기는 어렵다. 절대적으로 시간이 부족하다. 게다가 교토, 나라, 고베까지 맛보려면 우선 가장 유명한 곳만 찍고 돌아오기 일쑤! 그러나 오사카 여행을 몇 번 해본 여행자라면 와카야마와 같은 새로운 루트를 짜보는 것도 즐겁다.

PLAN

첫 번째 오사카 여행에서 주요 랜드마크 위주로 찍었다면, 이번에는 쉽사리 가지 못했던 곳을 과감히 도전하자. 유니버설 스튜디오 재팬이나 거리상 시내에서 조금 떨어져 있는 덴포잔을 돌아본다. 도톤보리나 신사이바시 거리는 밤에 다시 찾아가는 것이 좋다. 교토와 나라 중 빠진 곳이 있다면 하루 일정으로 넣는다. 또 와카야마처럼 알려지지 않은 곳을 가보는 것도 좋겠다.

🛏️ 숙소

첫날은 유니버설 스튜디오 재팬 근처, 둘째 날부터는 오사카 시내에 숙소를 정하자. 오사카와 주변 도시를 모두 여행할 때는 이동이 가장 편리한 JR오사카역 근처가 좋다. 난바역 근처에 숙소를 정하면 밤늦은 시간에도 신사이바시나 도톤보리까지 도보 이동이 가능하다.

TAXI 이동

3박4일 동안 오사카만 돌아본다면 오사카 주유패스와 1일 지하철 패스를 이용하는 것이 좋다. 교토나 나라, 와카야마와 같은 주변 도시를 함께 여행한다면 간사이 스루패스를 이용하는 것이 교통비 절약에 가장 좋다.

🍽️ 식사

오사카는 항상 새로운 음식이 생겨나는 곳이다. 다코야키나 구시카츠(꼬치에 여러 재료를 꽂아 튀겨내는 오사카 명물 요리. 맥주 안주로 최고) 같은 음식도 유명하지만, 디저트나 커피도 빼놓을 수 없다. 두 번째 여행이라면 조금 더 진화된 오사카의 먹거리를 찾아보자. 교토나 나라에서는 가이세키 전통요리, 딸기가 유명한 와카야마에서는 딸기를 이용한 먹거리를 찾아보자.

🐓 주의사항

첫 번째 여행을 하며 느꼈겠지만, 여러 가지 변수로 계획처럼 움직이기가 쉽지 않을 수도 있다. 각 여행지의 관광안내소 위치나 랜드마크가 될 수 있는 곳들을 잘 알아두어 돌발상황에 대비해야 시간 낭비를 줄일 수 있다.

오사카 중급자 여행 일정표

1일
오사카

간사이공항에서 공항 리무진 타고
유니버설 스튜디오 재팬으로 이동

↓

유니버설 스튜디어 재팬 근처에
숙소를 잡아서 호텔 체크인

↓

셔틀 크루즈나 열차 타고 덴포잔

↓

덴포잔 마켓 플레이스

↓

나니와 구이신보 요코초 푸드 데마파크에서
오사카 별미 맛보기

↓

가이유칸 수족관

↓

신사이바시역

↓

아메리카무라 돌아보고 쇼핑

↓

호리에나 미나미센바로 이동하여
분위기 좋은 카페 가기

↓

난바 파크스, 난바시티

↓

다이키스이산 가이텐 스시(회전초밥)로 식사

2일
오사카

유니버설 스튜디오 재팬에서
하루 종일 놀기

3일
교토

한큐 아라시야마역

↓

도게츠교까지 산책

↓

아라시야마 버거로 식사

↓

덴류지 돌아보기

↓

덴류지 북문과 연결되어 있는 대숲 산책

↓

도롯코 사가역까지 이동

↓

JR교토역에서 5층탑 도지까지 걷기

↓

교토 중심가인 산조가와라마치까지 이동

↓

가와라마치 상점가, 데라마치도리 상점가,
니시키 시장 구경

↓

가모가와 강변의 폰토초 골목

↓

폰토초의 이즈모야에서
'교료리(교토 요리)'로 저녁식사

4일
와카야마

시라하마 도착

↓

버스 1일권 이용하여
린카이역으로 이동

↓

엔게츠토섬 조망

↓

시라라하마까지 버스로 이동 후
해변 산책

↓

산단베키까지 버스로 이동하여
해변가 만끽

5일
오사카

츠루하시 시장

↓

오코노미야키 가게
츠루하시 후게츠에서 식사

↓

난바역 근처 재래시장 구로몬과
에비브바시스지 상점가에서 쇼핑

↓

린쿠 프리미엄 아웃렛

↓

간사이공항

오사카 여행 만들기

오사카까지 비행시간은 1시간 40분. 금요일 하루 휴가를 내면 2박3일 일정으로도 얼마든지 여행이 가능하다. 언제, 누구와, 몇 번째 방문인지에 따라 각기 다른 오사카 여행을 만들어 보자. 교토, 나라, 고베, 와카야마 등 주변의 이름난 도시까지 가려면 몇 번을 가도 모자란다.

여행 일정짜기

오사카만 돌아보려면 2박3일로도 가능하다. 그러나 충분치는 않다. 교토, 나라, 고베, 와카야마 같은 주변의 매력적인 관광 도시를 함께 가고 싶다면 최소 3박4일은 잡아야 한다. 첫 번째 여행에는 오사카+교토+고베를 추천한다. 두 번째 여행이라면 교토에 숙소를 잡고 교토를 좀 더 자세히 보거나 와카야마를 일정에 넣는 것이 좋겠다. 여행지 성격이 비슷한 교토와 나라는 겹치지 않도록 하자. 간사이 일주를 하고 싶다면 6박7일 정도는 잡아야 한다.

항공 스케줄

오사카는 도쿄와 함께 가장 많은 항공사가 취항하는 여행지다. 인천과 김포, 부산 등 3곳에서 매일 항공편이 있다. 저가 항공도 많이 취항해 항공편 선택의 폭이 넓다. 저렴한 항공권을 구하려면 일찍 예약하거나 저가 항공을 이용한다. 그러나 비용보다 더 중요한 것은 시간! 항공권이 조금 비싸더라도 아침 일찍 출발해 저녁 늦게 돌아오는 것이 최선이다. 따라서 가격만 보고 저가 항공을 선택하는 것은 옳지 않다. 한 가지 더. 위탁 수하물도 고려해야 한다. 일부 저가 항공사는 위탁 수하물에 추가요금을 부담하는 경우도 있다. 온통 쇼핑에만 관심이 있는 쇼퍼들에게는 위탁 수하물 요금이 중요한 문제가 될 수 있다. 오사카로 가는 항공편은 김포공항에서 출발하는 것도 있다. 수도권에서 공항으로 이동하는 여행객이라면 김포공항을 이용하는 것이 더 편리하다.

N	일본 오사카 항공권		

네이버 항공권   여행 MY

편도   왕복   다구간

인천 ✈ 오사카
ICN   KIX

| 가는날 선택 | 오는날 선택 | 미정 | 항공권검색 |
| 성인 1명 | 일반석 | 직항 | |

언제 갈까?

오사카의 평균기온은 15.5도. 한겨울에도 영하로 떨어지는 날이 거의 없다. 반면 여름은 고온다습하다. 7~8월 한낮에는 걸어 다니기 힘들 정도다. 가급적 한여름은 피하는 게 좋다. 여름을 제외한 나머지 계절은 다 좋다. 봄에는 오사카성과 교토 곳곳에 흐드러지게 피는 벚꽃이 아름답다. 벚꽃 가득한 사찰과 신사를 위주로 역사문화 탐방을 하기에 좋은 때이다. 여름에는 일본 3대 마츠리로 불리는 오사카 덴진 마츠리와 교토 기온 마츠리 축제가 있어 무더위의 곤혹스러움에도 여행을 부른다. 교토, 나라, 와카야마의 가을도 단풍으로 아름답다. 특히 울긋불긋한 단풍과 어울린 기요미즈데라의 모습은 오랫동안 기억에 남을 것이다. 따뜻한 겨울에는 오사카, 고베 곳곳에 루미나리에와 같은 빛의 축제가 펼쳐진다. 특히, 고건축물이 줄지어 있는 나카노시마와 매년 지진 희생자들을 위로하기 위해 열리는 고베 루미나리에가 유명하다.

얼마나 들까?

오사카의 물가는 서울과 비슷하거나 조금 높다. 최근 엔저로 간격이 더 좁혀졌다. 환율은 100엔에 935원(2023년 5월 기준)이다. 라멘, 오므라이스, 돈가스 정식 등 간단한 점심은 600엔~1,000엔 정도다. 마트에서 파는 도시락이나 식음료도 크게 부담되지 않는다. 다만, 일본 여행에서 가장 부담스러운 것이 교통비이다. 지하철 기본요금은 노선, 지역별로 차이가 있지만 200엔 정도인데, 거리에 따라 추가되는 요금이 꽤 많다. 택시는 기본요금이 660엔이나 된다. 가까운 거리도 택시를 이용하기가 부담스럽다. 그래서 교통패스가 필수다. 간사이 스루패스나 오사카 주유패스, 1일 지하철 패스, 1일 버스 패스 등을 잘만 활용하면 저렴하게 이동할 수 있다. 숙박 비용은 수준에 따라 크게 다르다. 오사카의 경우 민박이나 캡슐 호텔과 같은 저렴한 숙박시설이 잘 갖춰져 있다. 다만, 우리나라와 달리 숙박료가 인원수별로 부과된다는 것을 명심하자.

3박4일 예상 경비

항공료 25만~35만 원(왕복)

숙박료 1박 7만~9만 원
(조식 포함, 비즈니스 호텔 기준)

교통비 1일 2만 원, 공항~시내
(왕복) 2만~3만 원

식대 1일 3만 원

───────────────

총비용 75만~85만 원

PLANNING **08**

오사카
교통 완전정복

간사이 지방은 오사카를 중심으로 그 물망처럼 교통편이 연결되어 있다. 도시 간의 이동은 기차, 시내는 전철이나 버스를 이용한다. 중요한 것은 교통비가 비싸다는 것! 자신의 여행 스케줄에 맞는 적절한 교통패스를 구입하는 게 중요하다.

오사카

간사이공항에서 오사카로 가기

간사이공항에 도착하면 1층 로비에 관광안내소가 있다. 일단 도착하면 관광안내소를 방문하여 필요한 관광정보를 받은 후 필요한 교통패스가 있다면 미리 구입하도록 하자. 기차를 이용하려면 1층 로비에서 2층으로 이동한다. 간사이공항역에서 난카이선을 이용하면 난카이 난바역으로 갈 수 있다. JR열차도 탈 수 있다. 1층 로비에서 밖으로 나가면 유니버설 스튜디오로 갈 수 있다. 자신에게 맞는 교통수단을 선택해 숙소 주변으로 이동하자.

난카이선 南海線으로 난바역 가기

난카이선 급행 약 45분 소요. 930엔. 간사이 스루패스, 오사카 주유패스 난카이 확대판으로 탑승 가능.

난카이선 특급 라피토 약 35분 소요. 일반석 1,450엔, 슈퍼시트 1,650엔. 간사이 스루패스나 오사카 주유패스로 탑승 가능.

JR열차로 오사카 시내 가기

JR선 급행 오사카역, 난바역, 덴노지역 등으로 이동. 오사카역 약 70분(1,210엔), 난바역 약 55분(1,080엔), 덴노지역 약 55분(1,080엔) 소요. 간사이 스루패스나 오사카 주유패스의 혜택은 받을수 없다.

JR선 특급 하루카 덴노지역, 신오사카역 등으로 이동. 덴노지역 약 35분(2,270엔), 신오사카역 약 50분(2,910엔) 소요. 간사이 패스 1일권(2,400엔)을 구입하면 오사카 시내까지 갈 수 있고, 하루 동안 JR열차를 자유롭게 이용 가능하다.

리무진 버스로 이동하기

리무진 버스로 난바역 오사카 에어터미널(OCAT)이나 오사카역까지 갈 수 있다. 유니버설 스튜디오 재팬 노선도 있어 숙소가 근처라면 리무진 버스를 이용하는 것이 가장 편리하다.

공항~난바시티 에어터미널 11번 탑승장, 약 50분 소요(1,100엔)

공항~오사카역 5번 탑승장, 약 70분 소요(1,600엔)

공항~유니버설 스튜디오 재팬 3번 탑승장, 약 75분 소요(1,600엔)

오사카 관광에 유용한 패스

간사이 스루패스

간사이 지역에 가맹된 각 회사(JR은 제외)의 전차와 버스를 이 카드 한 장으로 모두 탈 수 있다. 오사카, 고베, 교토는 물론이고 나라, 와카야마, 고야산까지 모두 이용 가능! 2일권과 3일권 두 종류가 있고 유효기간 내에는 격일 사용이 가능하다. 예를 들면 3일권 티켓의 경우 월, 수, 금요일과 같이 비연속적으로 사용할 수 있다. 국내 여행사나 클룩 같은 온라인 여행 플랫폼에서 구입할 수 있다. 아래 가격은 국내 구입 가격. 자세한 내용은 홈페이지 참조.

Web www.surutto.com

종류	가격	
	어른	어린이(초등학생)
2일권	4,380엔	2,190엔
3일권	5,400엔	2,700엔

 간사이 스루패스 특전

① 오사카, 교토, 고베, 나라, 히메지성, 와카야마, 고야산으로 가는 전철이나 버스를 기간 내에 자유롭게 이용(JR 제외)
② 주변의 주요 관광 시설 260곳의 우대 할인
③ 간사이공항에서 난카이 전철을 타고 오사카 시내로 이동 가능(특급열차 라피토는 추가 요금 부과)
④ 영어, 중국어, 한국어로 된 가이드북 증정

 간사이 스루패스 발매 장소

① 간사이공항 관광안내소
② 간사이공항 난카이 전철역
③ 난바역, JR오사카역, JR덴노지역, JR신오사카역 관광안내소
④ 교토역, 긴테츠 나라역 관광안내소

오사카 주유패스

오사카 시내 지하철과 버스를 이용할 수 있는 교통패스이다. 하지만 인기 관광지의 입장료가 포함되어 있어 단순한 교통패스가 아닌, 오사카 관광을 위한 필수 패스이다. 이 패스가 있으면 관광명소 52개소를 무료 입장할 수 있다. 몇 군데만 이용하더라도 충분히 제값을 한다. 오사카 주유패스를 구입하면 바코드가 있는 카드 승차권과 'TOKU×2' 쿠폰이 포함된 가이드북이 함께 제공된다. 카드 승차권은 교통패스를 겸하며 관광지 입장 때는 바코드를 찍는 방식이다. 카드 승차권과 쿠폰은 분실 시 재발행이 불가하고 쿠폰을 다 쓰면 추가 발행은 되지 않으니 주의하자. 또한 월요일에 휴관인 시설이 많으니, 미리 확인하자.

Web www.osaka-info.jp/osp/kr

종류	가격
1일권	2,800엔
2일권	3,600엔

오사카 주유패스 특전

① 오사카 시영지하철과 사철, 뉴트램, 시영 버스를 기간 내에 자유롭게 이용할 수 있다. 단, 사철은 1일권만 이용 가능하다.
② 카드 승차권으로 오사카 관광명소 52개소를 무료 입장할 수 있고 함께 제공되는 쿠폰으로 15개 시설과 다양한 가게에서 다양한 할인 혜택을 받을 수 있다.

오사카 1일 승차권

오사카 주요 관광지까지 갈 수 있는 지하철과 버스 자유이용 패스이다. 평일 1일권의 가격은 800엔, 주말과 공휴일에는 600엔이며 저렴한 가격으로 횟수 제한 없이 이용할 수 있다. 오사카의 지하철 기본요금이 200엔 정도이니 잘만 이용하면 최고의 효율을 낼 수 있는 패스이다.

오사카 1일 승차권 특전

① 오사카 시내에서 이동이 많은 날 이용하면 저렴한 교통비로 이동 가능하다.

② 오사카성 천수각, 우메다 스카이 빌딩 등 26개소의 관광지에서 입장료 할인을 받을 수 있다.

JR간사이 패스

JR 간사이 패스는 간사이공항에서 특급 하루카를 탑승하고 교토, 오사카, 고베, 나라, 히메지 등 간사이 지역 도시는 물론 유니버설 스튜디오 재팬 근방 유니버설시티역까지도 이용할 수 있는 유용한 패스이다. 외국인만 구입 가능한 패스이며, 미리 온라인상으로 예약한 뒤 JR창구에서 수령하거나 직접 현장에서 구입할 수 있다. 현장 구입 시 반드시 여권이 있어야 한다. 가격은 일본 국외 인터넷 예약, 여행 대리점에서 구매하는 경우 1일권 2,400엔, 2일권 4,600엔, 3일권 5,600엔, 4일권 6,800엔 (6~11세 어린이 반값)이다. 단, 2일권 이상은 연속해서 사용해야 한다.

Web bit.ly/3MYrPl6

Osaka Metro

- (M) 미도스지선
- (T) 다니마치선
- (Y) 요츠바시선
- (C) 주오선
- (S) 센니치마에선
- (K) 사카이스지선
- (N) 나가호리츠루미료쿠치선
- (I) 이마자토스지선
- (P) 뉴트램
- 이마자토 라이너

⚠️
Osaka Metro 이외의 사철 및 JR은 이용할 수 없습니다.

※ 위에 기재되지 않은 노선은 오사카 주유패스 2일권으로 이용할 수 없습니다.
※ 오사카 주유패스로 오사카 시티 버스도 이용할 수 있습니다.
(IKEA 츠루하마 행 버스, 유니버설 스튜디오 재팬TM 행 버스, 공항 리무진 버스 및 온 디멘드on-demand 버스는 제외).
※ 노선도는 2023년 4월 1일 시점입니다.

❓ 관광안내소
00 무료 시설의 번호입니다.

오사카 시티 버스
이용 가능 지역

⚠️ 2일권으로 사카이 지역 시설을 이용하실 경우에는 인근 역까지의 별도 승차요금이 필요합니다.

유니버설
스튜디오재팬 C1
21
C13 벤텐초
16 19 20 21 C12 아사시오바
22 C11 오사카코 N1
17 다이
코스모 C10
스퀘어 P09
23
트레이드 P10
센터마에 P11 나카후토
P12
P13
P14 페리
P15
P16
P17
스미베

※2일권은 Osaka Metro 전 노선, 오사카 시티 버스(일부 노선 제외)에 한함.
이외의 사설 노선은 이용 불가.

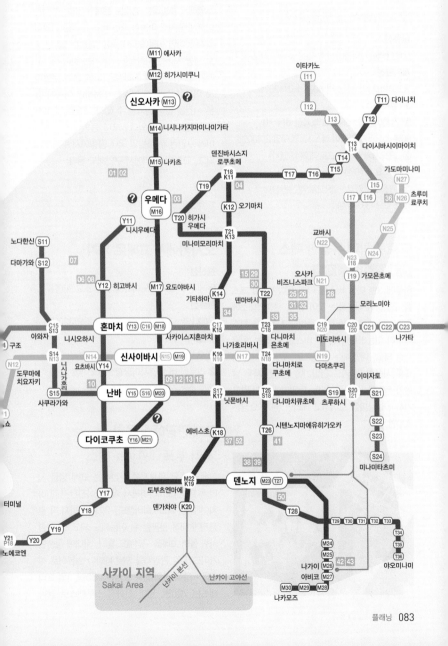

오사카에서 교토로 가기

한큐선
우메다역~가와라마치역 45분 소요(400엔)
게이한선
요도야바시역~산조역 50분 소요(420엔)
JR열차
① 간사이공항~JR교토역(특급 하루카)
90분 소요 (JR 간사이 패스 1일권 구입 2,400엔)
② JR오사카역~JR교토역(쾌속 열차)
30분 소요 (570엔)
③ JR신오사카역~ JR교토역(신칸센)
15분 소요 (3,070엔)

교토 관광에 유용한 패스

시내버스 전용 1일 패스

하루에 3번 이상 버스를 타게 된다면 1일 패스를 구입하여 이용하는 것이 좋다. 관광안내소에 있는 버스 노선도를 미리 준비하고 동선을 최소화하여 이동하도록 한다. 버스를 탈 때는 뒷문으로 타고, 내릴 때는 앞문으로 내린다. 처음 카드를 사용할 때 카드 단말기에 넣으면 사용 날짜가 찍힌다. 그다음부터는 단말기에 넣지 말고 기사에게 날짜를 보여주고 내리면 된다. 요금은 700엔.

버스 지하철 1일 패스

교토에서 버스를 타고 관광지를 이동할 때, 교토역에서 출발하는 경우는 문제가 없다. 하지만 다른 관광지로 이동할 때는 버스 노선을 정확히 알지 못하면 이동에 어려움이 있을 수 있다. 교토 관광 시에는 지하철을 이용하는 것이 편리할 때가 있다. 버스와 지하철을 하루 종일 무한대로 이용할 수 있는 패스를 이용하면 이동에 따른 시간을 많이 절약할 수 있다. 요금은 1,100엔. 여행 전 미니 와그WAUG 등의 사이트에서 미리 구입한 후 출발일 국내 공항에서 수령해도 되고, 교토의 각 역에서 구입해도 된다.

오사카에서 고베로 가기

한신선
우메다역~고베산노미야역 30분 소요(320엔)
한큐선
우메다역~고베산노미야역 30분 소요(320엔)
JR열차
① 오사카역~산노미야역 20분 소요(410엔)
② 리무진 버스 간사이공항~산노미야
65분 소요(2,000엔)

고베 관광에 유용한 '시티 루프City Loop' 버스

고베의 주요 관광지를 순환하는 고베 명물 시티 루프. 산노미야역에서 기타노이진칸, 난킨마치, 메리켄 파크, 하버랜드, 구거류지까지 각 관광지에 내려 관광한 뒤 이동해도 되고 그냥 한 바퀴 돌며 고베를 구경해도 좋다. 차내에 동승한 가이드가 각 관광지를 지날 때마다 일본어로 설명을 해준다. 1회 탑승 요금은 260엔, 1일 프리 패스는 700엔. 얼마 전까지 스루패스로 공짜

탑승이 가능했으나, 이제는 스루패스 특전에서 제외됐다. 카드나 현금으로 내야 한다.

나라

오사카에서 나라로 가기

긴테츠선
오사카난바역~긴테츠나라역 36분 소요(560엔)
JR열차
난바역~나라역 42분 소요(570엔)

나라 자전거 투어

차가 많이 다니지 않는 나라에서는 자전거 투어에 도전해볼 만하다. 긴테츠선 나라역 근처 자전거 렌탈숍에서 자전거를 빌려서 나라 구석구석을 다녀보자. 요금은 24시간 기준 변속기어 없는 자전거 500엔, 전동 자전거 1,000엔이며, 08:30~12:00(유인), 12:00~08:30(무인)으로 운영된다.

와카야마

오사카에서 와카야마로 가기

난카이선
난바역~고야산역 2시간 소요(1,390엔)
난바역~와카야마시역 1시간 소요(930엔)
JR열차
덴노지역~시라하마역 135분 특급(5,370엔)
덴노지역~기이카츠우라역 228분 특급(7,020엔)
리무진 버스
간사이공항~JR와카야마역 40분(1,200엔)

와카야마 관광에 유용한 패스

간사이 스루패스를 이용하면 오사카, 와카야마, 고야산으로 가는 전철과 버스를 기간 내에 자유롭게 탈 수 있다. 하지만 와카야마의 시라하마, 가츠우라 지역은 JR열차로 이동하는 것이 편리하다. JR 간사이 와이드 패스는 오사카, 교토, 나라 등의 간사이 지역과 와카야마의 JR철도를 자유롭게 이용할 수 있다.

JR 간사이 와이드 패스

5일권 10,000엔 (일본 국외 인터넷 예약, 여행 대리점에서 구매하는 경우)
Web bit.ly/3MRdI7l

PLANNING 09

일본의 심장 **간사이를 말하다**

간사이 지방은 남쪽 기이반도에서 북쪽 와카사만에 이르는 일본 혼슈의 중심부에 위치하고 있다. 교토부, 오사카부의 2부와 시가현, 효고현, 나라현, 와카야마현, 미에현의 5현을 포함한다. 아스카 시대부터 헤이안 시대에 이르기까지 일본의 수도가 이곳에 있었다. 메이지 유신으로 수도를 도쿄로 옮기기 전까지 명실상부한 일본의 중심이었다. 지금도 간사이는 서일본의 핵심 역할을 하고 있다.

간사이 지역 확대도

효고

교토

시가

고베

오사카

미에

나라

와카야마

간사이 ◀

간사이의 중심

오사카

오사카는 간사이뿐 아니라 서일본의 정치, 경제, 문화 중심지이자 일본 제2의 도시다. 또한 서일본의 교통 중심지로서 신칸센, 철도, 지하철 등의 도로망이 교토, 나라, 고베, 와카야마와 같은 인근 도시까지 연결되어 있다.

오사카는 일본 문화의 여명기인 아스카 시대(6세기 말~7세기 중엽)부터 교통의 요충지로 주목을 받았다. 특히, 1583년 임진왜란을 일으킨 도요토미 히데요시가 오사카성을 구축하면서 급속한 발전을 이루었다. 그 후 물자교역이 활발한 상업도시로 발전했으며, 에도 시대에는 에도(도쿄의 옛 이름), 교토와 더불어 일본의 3대 도시로 이름을 떨치게 되었다.

오사카는 교토, 나라 등의 인근 도시에 비해 관광자원이 많은 편은 아니다. 다만, 오랜 역사를 지닌 도시인 만큼 유적지가 많다. 오사카성을 비롯하여, 일본에서 가장 오래된 사찰의 하나인 시텐노지, 일본의 3대 민속제전의 하나인 천신제로 유명한 덴만구 같은 사찰과 신사가 있다. 도톤보리, 센니치마에, 난바 등지를 포함하는 미나미와 우메다를 중심으로 하는 기타 지역에는 상점가, 식당가, 미술관, 박물관 및 스포츠 시설 등이 들어섰다. 특히, 최근에는 JR오사카역을 중심으로 최첨단의 쇼핑시설들이 들어서 활기를 더하고 있다. 또 '천하의 부엌'이라 불릴 만큼 음식문화가 발달한 도시이기도 하다.

또 오사카는 일본에서 한국 교포들이 가장 많이(약 30만 명) 살고 있는 도시다. 츠루하시에는 코리아타운이라 불리는 츠루하시 시장도 있다. 한국의 부산과 많이 닮아 있는 곳이다.

KIYOMIZU-DERA TEMPLE
KYOTO

일본의 전통이 살아 숨 쉬는 도시
교토

교토는 794년부터 일본 수도 역할을 하며 400여 년간 헤이안 시대 일본 정치의 중심지 역할을 했다. 1,600년대 에도(도쿄)시대가 시작될 때까지 약 천년 동안 일본 정치, 경제의 중심지였다. 교토는 중국 장안을 모방해 만든 계획도시로 바둑판 모양의 도로가 나 있다. 동서로 9개의 대로가 있고, 남북으로 다른 도로들이 교차해, 걸어서 다니기 편리하다.

교토는 일본의 오랜 전통과 풍습이 아직까지 보존되어 있는 역사와 전통의 도시다. 특히, 기모노 직조기술이 발달해 교토에 가면 기모노를 입은 여성들을 자주 보게 된다. 수많은 문화유산과 아름다운 자연, 그리고 잘 정리된 정원문화까지 모두 이곳 교토에서 볼 수 있다. 오사카가 먹다가 망하는 곳이라면, 교토는 입다가 망한다고 할 정도로 직조업과 염색업이 발달했다. 교토는 또 전통의 도시답게 먹거리도 전통 음식이 유명하다. 특히, 교토의 채소를 사용한 일본 정식 요리 교료리(교토의 전통 요리)는 꼭 먹어야 할 요리다.

대부분 오사카를 여행하는 김에 들러가는 코스로 교토 일정을 넣는 경우가 많다. 하지만 교토도 오사카만큼이나 볼거리가 많은 곳이다. 하루 일정으로는 교토를 돌아보기 힘들다. 교토는 여름에 다른 지역보다 덥고 습기가 많으며, 겨울에는 춥다. 관광지 대부분이 걸어 다녀야 하는 곳이므로 봄과 가을에 교토를 찾는 것이 좋다.

4~5월에는 벚꽃을 보기 위해 외국인은 물론 오사카 등 현지인들도 교토로 몰려든다. 5월 중순 열리는 아오이마츠리 때는 교토고쇼에서 출발해 시내를 도는 전통 의관 차림의 행렬을 구경할 수 있다. 대표적인 여름축제 기온마츠리 또한 빼놓을 수 없는데, 전통 가옥이 늘어선 기온 거리를 행차하는 야마보코 행렬로 유명하다.

아름다운 야경의 도시

고베

효고현의 현청 소재지인 고베는 일본 제3의 무역항이자 국제무역도시이다. 역사적으로는 외래문물이 유입된 항구이기도 하다. 일찍이 서양 문물을 받아들인 항구도시답게 서양문물의 영향을 받은 특산품이 많다. 푸딩, 와인, 커피, 양과자 등 서양의 제조기술을 습득해 디저트나 음료가 발달했다. 독일, 프랑스, 스위스 등 유럽의 음식은 물론 중국, 한국, 홍콩, 인도, 대만, 러시아, 브라질 요리 전문점도 있다. 또한 예전부터 명성이 자자한 고베규(소고기)는 뛰어난 마블링을 자랑하며 세계적으로도 이름이 나 있다.

고베는 1995년 1월 17일 대지진이 발생해 도시가 폐허가 됐다. 당시 고베에서만 사망자 4,484명, 부상자 1만 4,679명, 가옥 완전파괴 6만 7,421동, 반파 5만 5,145동이라는 큰 피해를 입었다. 그 후 고베는 새로운 계획도시로 탈바꿈했다. 지진 피해의 아픔을 딛고 일어선 화려하고 세련된 고층 빌딩들이 지금 고베의 새로운 랜드마크로 부상하고 있다.

고베는 전형적인 해양성 습윤기후이기 때문에 여름에는 습도가 높아 무더운 날씨가 이어진다. 반면 겨울은 비교적 따뜻한 편이며, 기온이 영하로 내려가는 경우가 거의 없다. 지진이 일어난 1995년 12월 이후 매년 12월에는 루미나리에 축제가 개최된다. '고베 대지진' 희생자의 넋을 기리고, 도시의 재건과 진흥을 기원하기 위한 빛의 축제다.

산노미야역에서 시작되는 고베 관광은 하루 정도면 대부분의 관광지를 다 돌아볼 수 있다. 이국적인 일본을 보고 싶다면 고베 여행이 제격이다. 고베는 거의 각 지역 항구에서 페리 노선이 개설되어 있다. 오사카의 난코에서 고베항까지는 페리로 1시간 30분 정도면 갈 수 있으며, 아름다운 야경으로 유명하다.

문화재 가득한 일본 문명의 시작점

나라

교토 남쪽으로 42km 떨어져 있는 곳에 위치한 나라는 교토와 더불어 일본의 오래된 수도였다. 710년에서 784년까지 일본의 수도였으며, 백제로부터 최초로 불교를 전파받은 지역이라서 우리나라의 흔적을 쉽게 찾을 수 있는 지역이기도 하다.

교토로 도읍을 옮긴 뒤 수도로서의 기능을 잃었으나, 가스가타이샤, 고후쿠지, 도다이지 등 많은 신사와 사찰이 남아 있다. 12세기 말에는 전란으로 시가지가 소실되면서 많은 문화재가 불에 타 없어졌었는데, 13세기에 여러 사찰들이 재건되었다. 메이지유신 이후 현청 소재지가 되었고, 오늘날 국제적인 관광도시로 바뀌었다.

나라는 예로부터 전승되고 있는 고전 행사가 많다. 칠기, 먹, 붓 등 전통 공예품 생산도 활발하다. 시내 곳곳에서 사슴을 만날 수 있고, 도시 자체가 자연과 문화재가 어우러져 일본의 역사와 문화를 그대로 보여주기 때문에 수학여행지로도 손꼽히는 곳이다.

자신을 찾고자 하는 수행과 치유의 성지

와카야마

와카야마는 오사카 아래쪽에 위치한 기이반도의 남부지역으로, 세계문화유산에 등재된 구마노고도의 중심 성지가 있는 곳이다. 헤이안 시대의 귀족들이 고행을 통해 구원을 얻고자 걸었던 구마노산잔의 순례길은 지금도 번잡한 도시를 벗어나 여유로운 시간을 즐기고자 하는 이들의 순례지가 되고 있다.

또한 불교 성지마을 고야산은 풍수지리상 명당이다. 816년 일본 진언종의 수행도장으로 시작하여 1832년에는 812개의 사원이 세워졌을 정도로 일본 최고의 불교 성지가 되었던 곳이다. 도시 전체가 세대와 계층을 초월한 역사와 종교, 문화를 전승하고 있다. 고야산 진언종의 총본산인 곤고부지를 비롯하여, 웅장한 규모를 자랑하는 고야산 최초 사찰인 단조가란, 고보(홍법)대사의 묘가 있는 오쿠노인을 돌아볼 수 있다. 특히 수령 천년이 넘는 삼나무들이 2km 가량 이어지는 오쿠노인에서는 오다 노부나가를 비롯한 역사적 인물의 묘를 비롯하여 20만 기가 넘는 각양각색의 위령탑과 묘지를 둘러보며 삶과 죽음을 대하는 모습을 엿볼 수 있다.

또한 와카야마에서는 특별한 온천을 체험할 수 있다. 보키도 동굴 온천에서는 온천탕 바로 앞까지 거친 파도가 부서져 장관이다. 한편 가와유 온천에서는 12월에서 2월까지 자연 그대로의 강에서 노천온천을 즐길 수 있다.

Step 03
Enjoying

·······················

오사카를
즐기다

01 간사이의 밤은 낮보다 아름답다 야경 BEST 4

02 도시가 커다란 갤러리, 오사카의 기념비적 건축물

03 만화천국 그 안에서 놀기, 만화기념관

04 서점이야? 편집숍이야? 오타쿠를 위한 서점

05 지성과 감성의 허기를 채워준다, 특별한 박물관

06 천년 세월의 향기, 교토·나라의 세계문화유산

07 여행의 피로는 여기서 풀자, 오사카 온천
08 오사카를 속속들이 들여다보는 '오사카 아이즈' 대관람차 BIG 3
09 영화 속 그곳, 〈게이샤의 추억〉과 〈20세기 소년〉
10 세계문화유산 순례길 구마노고도
11 천이백 년 사찰마을에서의 특별한 하루 고야산

간사이의 밤은 낮보다 아름답다
야경 BEST 4

간사이 지방의 여름은 무덥다. 그러나 견디기 힘든 더위도 해 저문 뒤 펼쳐지는 황홀한 야경을 보고 나면 위로가 된다. 도심의 야경이 거기서 거기라고 생각할 수도 있다. 하지만 오사카와 고베의 야경은 상상 이상으로 아름답다. 이 멋진 풍경을 보려고 밤을 하얗게 지새우는 젊은이들과 관광객의 열기로 가득하다. 간사이의 밤은 낮보다 아름답다.

오사카의 에펠탑
츠텐카쿠 通天閣

오사카에서도 약간 레트로한 느낌의 야경을 만날 수 있는 곳. 바로 신세카이 츠텐카쿠 주변이다. 파칭코, 게임 센터 등에서 나오는 화려한 불빛과 선술집에서 새어 나오는 어슴푸레한 불빛. 그 한가운데 우뚝 서 있는, 에펠탑을 본떠 만들었다는 츠텐카쿠의 불빛이 오묘하게 어울려 분위기를 완성한다. 두 달에 한 번씩 전체 불빛의 색깔이 바뀌어 계절감도 느낄 수 있다. 탑 윗부분의 램프 색깔로 내일의 날씨를 미리 알려주는 것도 재미있다.

Data Map 298p-C
Access 지하철 사카이스지선 에비스초역 3번 출구에서 도보 3분 **Tel** 06-6641-9555
Web www.tsutenkaku.co.jp

오사카의 정취가 그대로

도톤보리 道頓堀

오사카의 야경 하면 우선 도톤보리 강변을 떠올리면 된다. 이곳은 오사카의 랜드마크라 할 수 있다. 두 손 번쩍 들고 있는 '글리코맨' 간판을 비롯해 형형색색의 아름다운 네온들로 거리가 화려하다. 세련됐다고는 할 수 없지만, 도톤보리의 정취를 느낄 수 있게 해주는 네온사인이야말로 오사카의 분위기를 제대로 설명해준다.

Data Map 264p-C **Access** 지하철 난바역(14번 출구), 지하철 닛폰바시역(2번 출구), 지하철 신사이바시역(6번 출구)

사시사철 다른 얼굴을 보여주는
오사카성 大阪城

꼭 현대적인 건물과 거리에서만 아름다운 야경을 볼 수 있는 것은 아니다. 오사카의 영화로운 시절을 상징하듯 고고한 자태를 잃지 않고 있는 오사카성. 이곳의 야경은 고베나 오사카의 신시가지와는 전혀 다르게 기품이 있다. 오사카성의 야경은 계절마다 느낌이 다르다. 봄날은 화사한 벚꽃과 어울려 특별한 아름다움을 뽐낸다. 성을 감싼 벚꽃은 자체로 빛을 내는 듯이 환하게 빛난다. 폭염이 잦아든 여름밤의 오사카성도 아름답다. 맑은 밤하늘 아래 우뚝 선 자태는 뺄 것도 더할 것도 없이 완벽하다. 500년을 버틴 건물이지만 퇴락한 느낌은 전혀 없다. 오히려 그 어떤 최첨단 빌딩보다 웅장하고 아름답다.

Data Map 314p-C **Access** 지하철 다니마치선 다니마치욘초메역(1-B출구), 덴마바시역 (3번 출구), 지하철 주오선 다니마치욘초메역(9번 출구), 모리노미야역(1번 출구)

바다에 수놓은 그림 같은 타워
고베항 神戸港

야경에 필요한 모든 것이 이곳에 모여 있다고 해도 과언이 아닐 정도로 멋진 풍광을 자랑하는 곳. 바로 고베 하버랜드이다. 고베 포트 타워, 모자이크, 오리엔탈 호텔, 그리고 거울처럼 모든 고베의 불빛을 받아내고 있는 바다에 이르기까지. 고베항은 야경만 봐도 고베를 다 봤다고 할 정도로 아름다운 풍경을 자랑한다.

Data Map 406p-F **Access** 고베 산노미야역 하차. 남쪽으로 도보 30분, 산노미야역에서 포트라이너 이용, 포트 아일랜드 하차, 산노미야역에서 시티 루프 버스 이용, 고베 포트 타워 하차

빛의 르네상스, 오사카의 일루미네이션

오사카의 밤은 겨울에 더욱 빛을 발한다. 이름난 거리와 명소마다
수십만 개의 전구를 이용한 빛의 축제 일루미네이션을 벌인다.
겨울날의 쌀쌀한 추위도 그 황홀한 불빛이 있어 아름답기만 하다.

나카노시마 일루미네이션

오사카 역사와 문화의 중심지 나카노시마 주변의 강변과
공원 주변은 매년 겨울이면 빛의 향연이 펼쳐진다. 중앙공
회당 건물 위로 시시각각 변화하는 레이저 불빛이 꿈과 같
은 빛을 뿜어낸다. 시청 부근에서 시작되는 나카노시마 일
루미네이션 스트리트는 최적의 데이트 코스다. 프로그램
이 매년 새롭게 바뀌어 다채롭고 황홀하다.

Data Map 230p-C Access 게이한 미도스지선 나니와바시역
Tel 06-6208-2002 (중앙공회당) Open 11월 초~12월 말
Web www.hikari-kyoen.com

가이유칸 일루미네이션

매년 겨울 덴포잔 하버 브리지에서 펼쳐지는 대규모 일루
미네이션. 바다 생물을 모티브로 한 가이유칸만의 아름다
운 불빛을 즐길 수 있다. 높이 20m나 되는 펭귄 모양의
불빛이 등장하며, 해양 수족관 같은 일루미네이션을 보여
준다. 빛의 축제는 11월 중순~3월 초까지 계속 된다.

Data Map 332p-B Access 주오선 오사카코역
Tel 06-6576-5501 Open 11월 중순~이듬해 3월 초
Web www.kaiyukan.com

후푸 HOOP의 일루미네이션 게이트

쇼핑몰 후푸 HOOP 1층 야외 플라자부터 펼쳐지는 불빛
터널. 22만 개의 전구를 이용해 120m 거리를 빛의 아치
로 연출한다. 높이 3.5m의 일루미네이션 트리 16개가 설
치돼 아치가 한결 돋보인다.

Data Map 298p-C Access JR 및 지하철 덴노지역 하차
Tel 06-6626-2500 Open 11월 초~이듬해 1월 말
Web www.d-kintetsu.co.jp/hoop

도시가 커다란 갤러리,
오사카의
특별한 건축물

걷다 보면 문득문득 마주치게 되는 유니크한 오사카의 건물과 조형물들이 있다. 미술관이나 갤러리도 아닌데 갑자기 만나게 되면 당혹스럽기까지 하다. 하지만 이런 건물과 조형물들은 어느새 오사카를 상징하는 랜드마크가 됐다. 그냥 거리를 걷는 것만으로도 갤러리에 온 듯 감상하게 되는 멋진 오사카의 건물들을 만나보자.

하라 히로시의 건축예술에 반하다

우메다 스카이 빌딩 & JR교토역 梅田スカイビル&JR京都駅

우메다 스카이 빌딩과 JR교토역은 가나가와현 출신 건축가 하라 히로시가 설계했다. 하라 히로시 설계의 특징은 누드 철골구조, 유리벽, 그리고 옥상정원이다. 그래서인지 우메다 스카이 빌딩과 JR교토역의 옥상정원은 다른 듯하면서도 닮은 느낌이다. 우메다 스카이 빌딩 옥상정원은 철골 구조물로 만든 원통 엘리베이터를 타고 올라간다. 엘리베이터를 타고 올라가면서 창밖으로 펼쳐진 풍경과 경치를 감상할 수 있다. 옥상 바닥에는 야광 별이 흩뿌려져 있어 밤에 보면 더욱 아름답다. JR교토역은 교토의 고루한 이미지를 단박에 진취적이고 활동적인 성향으로 바꾸어 놓았다고 해도 과언이 아니다. 또한 1층부터 계속 에스컬레이터를 타고 가면서 교토 안의 정돈된 모습과 멋진 철골 구조물을 감상할 수 있다. 밤이 되면 에스컬레이터 옆 계단 전체에 전등이 켜져 아름다운 그림 한 폭을 보는 듯하다. 옥상에 올라가면 교토 타워가 있는 밤의 교토 풍경을 볼 수 있다.

Data 우메다 스카이 빌딩

Map 230p-A
Access JR오사카역에서 도보 10분, 한큐 우메다역에서 도보 약 10분
Add 大阪市北区大淀中1丁目1番88号 Tel 06-6440-3901
Open 시설과 점포에 따라 다름 Web www.skybldg.co.jp

JR교토역

Map 345p-G Access JR오사카역에서 JR열차로 교토역까지 30분
Tel 075-343-0548 (교토역 관광안내소) Web bit.ly/2Nir2zE

TIP 하라 히로시

우메다 스카이 빌딩, JR교토역, 삿포로 돔을 설계한 건축가. 현대적이면서 미래지향적인 이미지를 설계하는 것으로 유명하다. 건축 규모도 대단하지만 건축 감각도 뛰어나서 건축가들이 찾아오는 건축물로 유명하다. 그는 현재 도쿄대 명예교수이며, 하라 히로시+아틀리에 파이 건축연구소에서 활동하고 있다.

금방이라도 하늘로 날아 오를 듯한

국립국제미술관 The National Museum of Art. OSAKA

나비의 날개가 연상되는 독특한 모양의 건축물이다. 대나무의 생명력을 모티브로 한 이 미술관
은 프랑스 건축가 시저 펠리Cesar Pelli가 설계했다. 일본과 해외의 현대 미술작품을 수집하기 위
해 1977년 다른 곳에서 개관했으나 2004년 현대적인 느낌이 물씬 나는 나카노시마로 건물을 옮
겼다. 특별전이 열릴 때는 야간 개장도 하고, 관람료도 별도로 책정된다. 월요일과 설 연휴, 12월
28일~1월 4일 연말연시에는 휴관한다.

Data Map 230p-C Access 게이한 나카노시마선 와타나베바시역 2번 출구에서 도보 5분, 요츠바시선
히고바시역 3번 출구에서 도보 10분 Add 大阪市北区中之島 4-2-55 Open 10:00~17:00(금·토 ~20:00),
월요일 휴무 Cost 성인 1200엔, 대학생 700엔, 18세 미만 무료 Tel 06-6447-4680
Web www.nmao.go.jp

빌딩이야 숲이야?
난바 파크스 なんばパークス

오사카 종합경기장 부지에 새로 올려진 오사카 최대 규모의 엔터테인먼트 쇼핑몰이다. 1층에서 9층까지는 티 테라스와 11개의 영화 상영관이, 9층부터 30층까지는 오피스 공간이 들어섰다. 난바 파크스의 설계자는 미국인 건축가 존 쟈디Jon Jerde이다.

존 쟈디는 도쿄의 롯폰기 힐즈, 후쿠오카의 캐널 시티 하카타, 기타큐슈의 리버워크 기타큐슈를 설계했다. 일본뿐 아니라 미국의 랜드마크가 되는 여러 쇼핑몰을 설계한 세계적인 건축가다. 그의 건축물들은 건물의 설계로 끝나는 것이 아니라 주변의 이미지까지 새롭게 변화시키는 힘을 갖고 있다는 평을 받는다. 난바 파크스는 자연과의 공생을 콘셉트로 내부는 그랜드 캐니언을 본떠 만들고, 외관은 건물을 감싸는 정원으로 만들어 도시와 사람, 자연이 하나가 되는 느낌을 준다. 8층과 9층에 있는 파크 가든에 올라가면 이곳이 건물의 상부에 있는 정원이라는 것을 잊어버릴 정도로 잘 꾸며놓았다.

Data Map 264p-C **Access** 난카이선 난바역 중앙 출구나 남쪽 출구와 연결
Add 大阪市浪速区難波中二丁目10番70号 **Open** 상점 11:00~21:00, 레스토랑 11:00~23:00
Tel 06-6644-7100 **Web** www.nambaparks.com

쇼핑몰에 거대한 고래가 산다

헵 파이브 Hep Five

쇼핑몰, 극장, 그리고 기타 오사카의 랜드마크인 대관람차가 있는 헵 파이브. 이 복합 엔터테인몰의 건물 내부로 들어가면 깜짝 놀라게 된다. 천장에 거대한 고래가 달려 있기 때문이다. 이 고래 오브제는 일본의 음악가이자 감각적인 디자인으로 유명한 이시이 타츠야의 작품이다. 이바라키현 출신의 일본 뮤지션인 이시이 타츠야는 1985년 고메고메클럽의 리더이자 보컬리스트로 데뷔했으며, 현재는 솔로 활동을 병행하고 있다. 또한 프로듀서, 영화감독, 의상·가구 디자이너, 화가로서 다양한 분야의 천재성을 발휘하고 있다.

Data Map 230p-B Access JR오사카역, 우메다역에서 도보 5분 Add 大阪市北区角田町5-15 Open 쇼핑몰 11:00~21:00 Tel 06-6313-0501 Web www.hepfive.jp

고베와 교토에서만 만날 수 있는 스타벅스 콘셉트 스토어

미국 시애틀이 고향인 스타벅스. 현대 서구 문물의 상징과도 같은 스타벅스지만 간사이에서는 결코 현대적이지 않다. 오히려 이곳의 오랜 역사가 스민 전통찻집처럼 복고적이다. 교토와 고베에서만 만날 수 있는 스타벅스 콘셉트 스토어 두 곳을 소개한다.

지진도 이기고 다시 선 고베의 명물
고베 기타노이진칸점 北野異人館店

스타벅스 기타노이진칸점은 유형문화재에 등재된 독특한 이력을 가진 건물이다. 1907년 2층 건물로 지어졌으며, 당시에는 미국인 소유였다. 1995년 한신 대지진으로 인한 피해로 훼손 정도가 심해 철거될 예정이었지만 고베시가 건물을 기증받아 해체한 뒤 건물 자재를 보관해 왔다. 그 후 민간 사업자에게 건축 자재를 양도해 현재의 자리에 다시 지어진 것은 2001년의 일이다. 기타노이진칸점은 지역별 특징을 살려 상징적으로 만든 일본의 8개 콘셉트 스토어 중 가장 인기가 높다. 아마도 전통과 현대가 공존하는 고베의 분위기를 담았기 때문일 것이다.

Data Map 412p-A Access 고베 산노미야역에서 도보 11분 Add 神戸市中央区北野町3-1-31北野物語館 Open 08:00~22:00 Tel 078-230-6302

스타벅스가 그대로 하나의 갤러리
교토 가라스마 롯카쿠점 烏丸六角店

교토 중심지에는 쇼토쿠 태자가 창건한 고찰 조호지頂法寺가 있다. 대웅전이 육각형 모양이어서 '롯카쿠도'라 불리는데, 스타벅스 내부로 들어가면 정면에 이 '롯카쿠도'가 보인다. 마치 스타벅스 안에서 한 폭의 그림을 보는 듯하다. 이곳의 특별한 매력은 이것만이 아니다. 예부터 오사카는 먹다가 망하고, 교토는 입다가 망한다고 할 만큼 교토는 의복 문화가 발달한 곳이다. 교토의 이런 분위기를 반영하듯 스타벅스 안에는 기모노 직물로 만든 태피스트리가 걸려 있어 멋진 인테리어 역할을 한다.

Data Map 356p-A
Access 지하철 가라스마오이케역 5번 출구에서 도보 3분 Add 京都市中京区六角通東洞院西入堂之前町254 Open 평일 07:00~22:00, 주말·공휴일 08:00~22:00 Tel 075-257-7325

만화천국 그 안에서 놀기, **만화기념관**

오사카에서는 전철 안에서 만화책을 읽고 있는 40~50대 아저씨들을 심심치 않게 볼 수 있다. 어른들이 만화책을 보면 이상하게 바라보는 우리나라에서는 상상도 할 수 없는 일이다. 그러나 일본은 만화천국이다. 오사카와 고베 등에는 만화강국 일본의 저력을 느낄 수 있는 박물관과 기념관이 많다.

일본 최초의 만화박물관

교토 국제만화박물관 京都国際マンガミュージアム

2006년 11월에 개관한 일본 만화문화의 종합적 거점이 되는 박물관이다. 현대 일본 만화책을 중심으로 메이지 시대 이후의 만화 관련 역사, 세계 각국의 유명 만화책, 잡지, 애니메이션 관련 자료 약 30만 점을 소장하고 있다. 보유한 자료만 따져도 세계 최대 규모다. 그중 25만 점은 워낙 희귀한 자료들이라 연구 목적으로만 공개한다. 1970년대 이후의 자료들인 나머지 5만 점은 너비가 140m나 되는 만화의 벽 코너에 전시하고 있어 누구나 읽을 수 있다.

Data Map 356p-A Access 지하철 가라스마오이케역에서 도보 3분 Add 京都市中京区金吹町 452
Open 10:30~17:30(화·수요일 휴무)일 Cost 성인 900엔, 중고생 400엔, 초등생 200엔
Tel 075-254-7414 Web www.kyotomm.jp

지구도 지키고 신나가타도 살린
철인 28호鉄号

철인 28호는 세계적인 만화가 요코야마 미츠테루 원작의 만화 제목이자 작품 내에 등장하는 가공의 로봇 이름이다. 이 만화는 애니메이션, 실사영화, TV 드라마, 라디오 드라마, 비디오 게임, 연극, 소설로도 만들어졌다. 철인 28호는 한신 대지진 이후 폐허가 된 고베 신나가타를 재건하기 위해 만들어졌다. 이곳은 요코야마 미츠테루의 고향이다. 철인 28호는 높이가 18m에 달할 만큼 크다. 신나가타는 2009년 완공된 철인 28호와 〈삼국지〉를 가상 체험할 수 있는 삼국지 가든까지 오픈하면서 이전의 활기를 찾을 수 있게 되었다.

Data Map 406p-E Access JR신나가타역에서 도보 5분

일본 만화의 아이콘 아톰을 만날 수 있는
다카라즈카 데즈카오사무 기념관 宝塚市立手塚治虫記念館

한국에서도 유명한 애니메이션 〈우주소년 아톰〉의 원작자 데즈카오사무. 그는 일본 애니메이션의 아버지라고 불리기도 한다. 고베 다카라즈카에 있는 이 기념관은 청년 시절까지 다카라즈카에서 지낸 데즈카오사무를 기리기 위해 건립됐다. 기념관에는 그가 창조해낸 만화 속 캐릭터들로 가득하다. 기념관에서 그의 작품들을 직접 읽어볼 수도 있고, 외국에 번역되어 출판된 작품들도 전시되어 있다. 지하에는 화면에 그림을 그려보고, 이를 움직이거나 색과 배경을 바꿔 가며 자신만의 애니메이션을 만들어볼 수 있는 체험관이 있다. 다른 기념관에 비해 사진 촬영의 제약이 거의 없다는 것도 장점 중의 하나다.

Data Access JR다카라즈카역에서 도보 8분 Add 兵庫県宝塚市武庫川町7-65
Open 09:30~17:00(수요일 휴관) Cost 성인 700엔, 중고생 300엔, 초등학생 100엔 Tel 0797-81-2970
Web bit.ly/41mDCo3

〈삼국지〉를 그대로 재현한
고베 철인 삼국지 갤러리 KOBE鉄人三国志ギャラリー

고베 철인 삼국지 갤러리는 철인 28호와 함께 고베의 명물이다. 중국 역사소설 〈삼국지〉를 테마로
한 박물관으로 〈삼국지〉 이야기를 150개 장면, 2,000개 조각물로 표현한 가로 13m, 세로 2.6m
의 거대한 디오라마가 압권이다. 이 밖에 영화 〈적벽대전〉에 사용했던 의상과 소품도 전시하고 있
다. 철인 28호 동상과 박물관이 자리한 신나가타 거리 곳곳에 야외 전시도 하고 있다. 〈삼국지〉에
등장하는 장수들이 썼던 무기를 전시하고 있으며 무게 및 길이를 똑같이 재현한 무기들을 체험하고
의상을 착용해볼 수도 있다. 또 삼국지와 관련된 역사도 자세히 설명해 놓고 있다. 〈삼국지〉와 철
인 28호에 관련된 기념품도 판매한다.

Data Map 406p-E Access 지하철 고마가바야시역에서 도보 1분, JR신나가타역에서 도보 10분
Add 神戸市長田区二葉町6-1-13 Open 12:30~17:30(수요일 및 12월 31일~1월 4일 휴관)
Cost 100엔, 초등학생 무료 Tel 078-641-3594

서점이야? 편집숍이야?
오타쿠를 위한 서점

작은 책방에서 보물찾기를 하는 기분이다. 베스트셀러 위주의 책들에서 벗어나 책방 주인의 취향을 한껏 담은 책방에서 시간을 보내는 일. 오타쿠들에게는 더없이 행복한 놀이다. 오사카에는 아직도 이런 작은 서점들이 많다. 여전히 서점에 서서 책을 읽고 있는 오사카 사람들. 서점은 테마파크처럼 재미있고 독특하다. 지금 오사카의 서점들은 아껴주는 시민들과 여행객들로 여전히 성황 중!

오타쿠라면 이 정도는 봐줘야지 안 그래?

케이북스 K-BOOKS

도쿄 아키하바라와 이케부쿠로 등에 매장이 있는 케이북스의 오사카 지점이다. 덴덴타운에 있는 이 서점은 1층부터 3층까지 만화책으로 가득 들어차다. 매장 안에 들어가면 어린 학생부터 정장차림의 중년 아저씨까지 다양한 세대가 만화책을 읽고 있는 모습을 볼 수 있다. 만화책에 얼굴을 파묻고 무아지경으로 만화를 읽는 그들에게서 일본인들의 유별난 만화사랑을 읽을 수 있다. 서점에는 만화, 애니메이션 CD, DVD, 음반, 그리고 피규어까지 구비되어 있다.

Data Map 264p-C
Access 난카이 난바역 도보 5분 **Add** 大阪市浪速区日本橋4-10-4 日本橋太平ビル
Open 12:00~20:00 **Tel** 06-4396-8982 **Web** www.k-books.co.jp

향기로운 커피향과 함께하는
츠타야 TSUTAYA

일반 서적, 만화, 잡지, 소설, DVD, CD, 음반, 게임, 애니메이션 상품 등을 갖추고 있는 종합 서점 츠타야는 일본 곳곳에서 만날 수 있다. 간사이공항에서도 자투리 시간이 남을 때 츠타야를 한 번 들러볼 수 있다. 도톤보리에 있는 츠타야는 스타벅스와 함께 영업하고 있어 커피를 마시며 책을 읽을 수 있다. 특히 도톤보리 츠타야와 스타벅스는 새벽 4시까지 영업해 언제 찾아도 환영받는다.

Data 에비스바시점(도톤보리) Map 284p Access 지하철 난바역, 닛폰바시역, 신사이바시역 하차 도보 5분 이내 Add 大阪市中央区 道頓堀1-8-19 Open 10:00~22:00

온통 만화투성이, 만화 중고서점
만다라케 まんだらけ

중고서적이나 고서적을 전문으로 취급하는 서점이자 세계 최대의 만화 애니메이션 쇼핑몰이다. 내부에는 만화책은 물론 캐릭터 상품과 피규어 등이 가득하다. 오사카에는 우메다와 아메리카무라 두 곳에 지점이 있다. 매장 외벽에 만화책을 쭉 진열해두어 지나가다 읽어볼 수도 있게 한 것이 인상적이다. 읽다가 맘에 들면 사가라는 귀여운 배려(?)다.

Data 그랜드카오스점(아메리카무라) Map 264p-C Access 지하철 난바역에서 도보 12분 Add 大阪市浪速区日本橋4-12-6 Open 12:00~20:00 Tel 06-6636-7077 Web www.mandarake.co.jp

책과 미식의 만남
혼토야사이 오이오이 本と野菜 OyOy

유기농 농산물을 취급하는 교토의 '사카노토추坂ノ途中'와 도쿄 가쿠라자카의 서점 카모메 북스를 전개한 '오라이도鷗来堂'가 콜라보레이션한 신개념 서점 겸 레스토랑이 교토 신푸칸에 문을 열었다. 사카노토추의 계절 채소를 이용한 요리와 디저트를 즐길 수 있는 공간에 음식, 여행, 삶, 독서 등을 테마로 셀렉트한 책이 벽면 가득 진열되어 있다.

Data Map 356p-B Access 지하철 가라스마선·도자이선 가라스마오이케역에서 남쪽 개찰구 직결, 신푸칸 1층 Add 京都市中京区場之町586-2 新風館1F Open 음식(금·토·일요일) 11:00~15:00, 17:00~21:00 (L.O 20:00) / 음료(월~목요일) 11:00~21:00 (L.O 20:30) Tel 075-744-1727 Web oyoy.kyoto

베스트셀러는 팔지 않아요
스탠다드 북스토어 Standard Bookstore

오사카 신사이바시에 있다. 홈페이지를 클릭하면 '서점이지만 베스트셀러는 팔지 않습니다'라는 커다란 글씨가 나오는 독특한 콘셉트의 서점이다. 베스트셀러보다는 디자인 관련 전문 서적이나 마이너한 감성의 책을 주로 만날 수 있다. 책과 인테리어 소품, 장난감 등이 있고, 간단한 식사도 할 수 있다. 아메리카무라에 있는 신사이바시점이 본점이다.

Data Map 264p-C Access 지하철 덴노지역 7번 출구에서 도보 3분 Add 大阪市天王寺区堀越町8-16 Open 11:30~19:30(화요일 휴무) Tel 06-6796-8933 Web www.standard bookstore.net

지성과 감성의 허기를 채워준다,
특별한 박물관

먹어도 보고 만들어도 본다
컵누들 뮤지엄 오사카 이케다 カップヌードル大阪池田

닛신식품이 운영하는 인스턴트 라면박물관이다. 지금은 한국 라면의 인기도 꽤 높지만 원조는 오사카다. 인스턴트 라면은 닛신식품의 창업주인 안도 모모후쿠가 1958년 오사카 자택에서 발명했다. 당시 발명한 라면은 지금도 인기가 높은 치킨라면이다. 기념관 내부에는 닛신식품에서 개발한 라면을 연도별로 전시해 놓은 라면 터널이 인상적이다. 마이 컵누들 팩토리에서는 500엔을 내면 나만의 오리지널 컵라면을 만들 수 있는 체험 코너도 운영한다.

Data Access 한큐 우메다역에서 다카라즈카행 급행열차를 타고 이케다역 하차, 마스미마치 방면 출구에서 도보 5분 Add 大阪府池田市満寿美町8-25 Open 09:30~16:30 (화요일, 연말연시 휴관) Cost 무료 Tel 072-752-3484 Web www.cupnoodles-museum.jp

박물관이나 미술관은 공부하는 곳이라고? 마음속 깊은 곳을 건드려 울림을 주는 오사카의 재미있고 유니크한 박물관과 미술관을 만나고 나면 당신의 고정관념이 깨질 것이다. 조용하고 분위기 좋은 카페 같은 박물관 쉼터에서 허기진 마음을 채워보시라.

향긋한 커피향이 발길을 잡는다
UCC커피박물관 UCC COFFEE MUSEUM

고베 포트 아일랜드에 있다. 일본에서는 유일한 커피 전문 박물관이다. 전시실에서는 커피의 기원, 재배, 유통, 가공, 문화 등을 영상과 패널로 소개한다. 특별 전시실에서는 UCC CM들을 볼 수 있다. 견학이 끝난 뒤 컴퓨터 퀴즈에 도전하면 자신의 얼굴 사진이 들어간 커피박사 인증서를 받을 수 있다. 세계의 커피를 즐길 수 있는 커피숍(요금 별도)도 있고, 박물관 한정 상품도 판매하고 있다.

Data Map 407p-H Access 산노미야역 출발 포트라이너를 타고 미나미코엔역 하차, 도보 1분
Add 神戸市中央区港島中町6丁目6-2 Open 10:00~17:00(월요일 휴관) Cost 고등학생 이상 300엔, 중학생
이하 무료 Tel 078-302-8880 Web www.ucc.co.jp/museum

세상에 하나뿐인 우키요에 미술관

가미가타 우키요에칸 上方浮世絵館

에도 시대 말기 서민 생활을 중심으로 발전한 전통 회화 양식의 하나인 우키요에. 후에 목판 채색화로 발전한 우키요에는 서양에 전해져 모네, 고흐 같은 화가들이 이 표현 기법을 사용하기도 했다. 호젠지요코초에 있는 가미가타 우키요에칸은 우키요에 작품만을 모아 전시한, 세상에 유일한 우키요에 미술관이다. 이곳에는 도톤보리를 무대로 활약했던 가부키(일본 전통 가무극) 스타들을 새긴 목판화가 전시되어 있다. 도톤보리는 과거 '일본의 브로드웨이'로 불릴 만큼 가부키 공연이 유행했던 곳이다. 오사카 주유패스 무료 이용 가능.

Data Map 284p
Access 난바역에서 도보 5분, 호젠지 절 맞은편
Add 大阪市中央区難波1-6-4
Open 11:00~18:00(월·연말 휴관) **Cost** 성인 500엔, 어린이 300엔 **Tel** 06-6211-0303
Web www.kamigata.jp

은하철도 999도 만날 수 있는 철덕들의 성지

교토 철도박물관 京都鉄道博物館

증기기관차부터 신칸센까지 일본의 열차를 한자리에 모아둔 철도박물관이다. 기존 우메코지 증기기관차박물관 자리에 박물관의 규모를 확충하면서 간사이를 대표하는 철도박물관으로 거듭났다. 역 플랫폼을 본뜬 입구를 따라 들어가면 3층 규모의 기차 전시장이 나온다. 100년도 더 된 증기기관차는 물론, 침대열차 트와일라잇 익스프레스도 전시되어 있다. 거대한 철도 디오라마, 운전 시뮬레이션 등의 다채로운 체험은 철도 마니아는 물론 아이가 있는 가족 여행자들에게도 안성맞춤이다. 하얀 연기를 내뿜는 SL스팀호를 타고 왕복 1km를 달리며 시간 여행을 떠나보는 추억도 놓치지 말자. 이전 박물관의 상징이던 옛 니조 역사는 기념품 매장으로 새로 꾸며졌다.

Data Map 348p-A Access JR교토역 중앙출구에서 도보 20분, JR단바구치역에서 도보 15분 Add 京都市下京区観喜寺町 Open 10:00~17:00, 수요일 휴관 Cost 성인 1,200엔, 대학생·고등학생 1,000엔, 초등·중학생 500엔, 유아(3세 이상) 200엔 Tel 0570-080-462 Web www.kyotorailwaymuseum.jp

사진제공: 교토철도박물관

세상은 요지경, 요지경 속이다

교토 만화경박물관 京都万華鏡ミュージアム

세계 각국의 만화경을 전시하는 박물관이다. 만화경은 1816년 스코틀랜드 물리학자 데이비드 브루스터가 빛의 반사와 거울의 굴절에 관해 연구하다가 발명했다. 그 후 전 세계로 만화경이 알려졌고, 1980년대에는 미국의 유리공예 작가들에 의해 예술로 변모했다. 일본에서는 만화경의 인기가 높다. 교토 만화경박물관은 세계 각국의 만화경을 소장하고 있고, 이중 50여 점을 상설 전시한다. 오전 11시부터 오후 5시까지 매 정시에 5분간 전시실의 천장, 바닥, 벽면에 만화경을 투영시키는 환상적인 '만화경 투영쇼'도 펼쳐진다. 원하면 30분 정도의 간단한 체험을 통해 만화경을 만들어볼 수도 있다. 1층에 만화경 기념품 숍이 있다.

Data Map 356p-A Access 지하철 가라스마오이케역 3-1출구에서 도보 3분 Add 京都市中京区姉小路通東洞院東入曇華院前町706-3 Open 10:00~18:00(월요일 휴관) Cost 성인 500엔, 고등학생 300엔, 초중생 200엔, 만화경 만들기 체험 500~2,000엔 Tel 075-254-7902 Web k-kaleido.org

천년 세월의 향기,
교토·나라의 세계문화유산

교토와 나라는 오랜 세월 일본의 수도로 찬란한 불교문화를 꽃
피웠다. 17개의 세계문화유산이 있는 교토에서는 킨카쿠지(금
각사), 긴카쿠지(은각사), 기요미즈데라, 덴류지를 봐야 교토
여행을 했다고 말할 수 있겠다. 나라는 일본에서 가장 많은 세
계문화유산을 간직한 도시이기도 하다. 고구려 승려 담징이 그
린 금당벽화가 있는 호류지도 꼭 가봐야 할 곳이다.

번쩍번쩍 빛나는 금빛 누각

킨카쿠지 金閣寺

세계문화유산에 등록된 킨카쿠지는 교토의 상징과 같은 누각이다. 로쿠온지鹿苑寺 안에 위치한 이 누각은 외벽 전체가 금빛으로 찬란히 빛난다. 이 누각은 1397년에 지어졌으며, 1950년 방화로 한때 소실되었다가 1955년에 재건됐다. 지금도 일 년에 한 번씩 금박을 보수해 그 모습을 유지하고 있다. 킨카쿠지는 3층 구조의 누각이다. 1층은 헤이안 시대의 귀족주의 건축 양식, 2층은 무사 취향의 양식, 3층은 선실처럼 비어 있는 것이 특징이다. 금빛 누각의 킨카쿠지가 유명하긴 하지만 사찰의 아름다운 정원도 빼놓을 수 없는 볼거리다. 연못 주위로 조성된 산책길을 따라 걸으며 다양한 각도에서 킨카쿠지를 감상할 수 있다. 특히, 연못의 수면에 비치는 또 하나의 금빛 누각은 그림처럼 아름답다. 하지만 사시사철 수많은 관광객이 몰려와 조용히 산책하기란 쉽지 않다.

Data Map 344p-B
Access 시 버스 12, 59번
킨카쿠지마에 하차, 도보 3분.
204, 205번
킨카쿠지미치 하차, 도보 6분
Add 京都市北区金閣寺町1
Open 09:00~17:00
Cost 성인 400엔, 초중생 300엔
Tel 075-461-0013
Web www.shokoku-ji.jp

아름다운 정원이 인상적인

긴카쿠지 銀閣寺

금빛으로 화려한 킨카쿠지(금각사)도 아름답지만 긴카쿠지(은각사)도 결코 뒤지지 않는다. 특히 사찰과 자연이 어우러진 단아한 아름다움은 오히려 킨카쿠지보다 낫다는 평이다. 긴카쿠지는 이름 탓에 은빛으로 꾸며진 절이라 착각하기 쉽다. 하지만 이 절의 건물은 검은색이다. 처음에는 의아하고 실망스럽게 느껴질지도 모르겠다. 그러나 아름답게 꾸며진 정원과 계절감을 만끽할 수 있는 유서 깊은 건물의 모습, 주위에 조성된 산책로로 '철학자의 길'까지 돌아보면 가장 일본다운 사찰이란 것을 느끼게 될 것이다. 사실 이 절은 킨카쿠지를 의식해 만든 별장 건물이다. 이 절을 만든 이가 건물 외벽에 은박을 입히려 했지만 완공을 보지 못하고 죽어 지금처럼 검게 되었다고 한다. 긴카쿠지에는 비록 은을 입힌 건물은 없지만 반짝반짝 빛나는 은빛 모래정원이 있어 아쉬움을 달랠 수 있다. 특히 관음전 앞에 후지산을 본떠 만든 고게츠다이 向月台라는 이름의 모래더미가 인상적이다.

Data Map 245p-D Access 5, 17, 203, 204번을 타고 긴카쿠지미치에서 하차
Add 京都市左京区銀閣寺町2 Open 3~11월 08:30~17:00, 12~2월 09:00~16:30
Cost 성인 500엔, 중학생 이하300엔 Tel 075-771-5725 Web www.shokoku-ji.jp

성스러운 물이 흐르는
기요미즈데라 清水寺

교토 시내가 한눈에 내려다보이는 곳에 자리한 고찰이다. 780년 나라에서 온 승려 엔친이 세운 것으로 알려졌으며, 교토를 찾은 관광객들이 꼭 방문하는 절이기도 하다. 기요미즈데라라는 이름은 '성스러운 물'이라는 뜻이다. 엔친이 꿈속에서 '맑은 샘을 찾아가라'는 계시를 받고 이곳까지 와서 오토와의 폭포를 발견하고는 그 자리에 절을 지었다. 오토와의 폭포 물은 본당 툇마루 기요미즈노부타이清水の舞台로 흘러나온다. 이 물은 일본의 십대 명수로 불리며, 이 물을 마시려고 수많은 순례객이 찾아온다. 1994년 세계문화유산으로 등재된 이 절은 봄의 벚꽃과 가을 단풍이 환상적이다. 특히, 맑은 날은 오사카까지 보이는 탁월한 전망을 갖추고 있다. 봄, 가을에는 야간 레이저쇼도 진행된다.

Data Map 363p-D Access JR교토역에서 100, 206번 버스 이용 기요미즈데라 정류장 하차 후 도보 10분 Add 京都市東山区清水1-294 Open 06:00~18:30(계절마다 다름) Cost 성인 400엔, 초중생 200엔, 야간특별관람 400엔 Tel 075-551-1234 Web www.kiyomizudera.or.jp

교토 정원의 원류가 궁금하다면

덴류지 天龍寺

세계문화유산에 등재된 덴류지는 아름다운 정원과 가을 단풍으로 유명하다. 이 절은 1339년 일왕을 위해 지은 것으로 규모가 30헥타르에 이를 만큼 넓었다고 한다. 그러나 여러 번에 걸친 화재로 막대한 피해를 보았으며, 지금은 본래 규모의 10분의 1만 복원되었다고 한다. 덴류지는 아름다운 정원이 인상적이다. 아라시야마의 아름다운 자연을 배경으로 지천회유식地泉回遊式 (원형의 연못을 중심으로 정원을 꾸민 정원 양식) 정원으로 조성됐다. 다른 건물들은 화재가 날 때마다 소실되었다가 재건됐지만 이 정원만큼은 건설 당시의 원형이 그대로 보존되어 있다. 가을이면 연못과 개울 등에 핏물이 든 것처럼 고운 단풍이 비쳐 환상적이다. 또 덴류지의 북문은 아라시야마의 상징인 지쿠린과 연결되어 있다. 지쿠린은 수천 그루의 대나무가 도열한 대숲길이다. 향기로운 대나무 향을 맡으며 영화 〈게이샤의 추억〉을 떠올리며 걷는 기분은 직접 경험해본 사람만이 알 수 있다.

Data Map 382p-A Access 게이후쿠선 아라시야마역에서 도보 1분
Add 京都市右京区嵯峨天龍寺芒ノ馬場町68 Open 08:30~17:30 (10월 21일~3월 20일 08:30~17:00)
Cost 성인 500엔, 초중생 300엔 Tel 075-881-1235 Web www.tenryuji.com

담징의 금당벽화를 찾아서

호류지 法隆寺

607년 일본의 쇼토쿠 태자가 세운 절로, 세계에서 가장 오래된 목조 건물이 있다. 일본 아스카 시대(593~622년)의 대표적인 사찰인 호류지는 약 2,300여 점의 국보 및 중요 문화재를 소장하고 있으며, 1993년 일본 최초로 유네스코 세계문화유산에 등록되었다. 경내는 서원과 동원으로 분리되어 있는데, 세계에서 가장 오래된 목조 건물인 금당은 서원에 있다. 금당 안에는 벽화가 그려져 있는데, 이 벽화를 그린 사람이 바로 고구려의 승려이자 화가인 담징이다. 당시 이 절을 조성하던 쇼토쿠 태자는 금당의 벽화를 빛나게 꾸미고 싶었지만 일본에서는 그런 그림을 그릴 수 있는 화가를 찾을 수 없었다. 그래서 고구려에 화가를 보내달라고 요청했고, 영양왕이 담징을 이곳에 보냈다. 태자를 만족시킬 만한 벽화를 그린 담징의 금당벽화는 경주의 석굴암, 중국 운강석굴과 함께 동양 3대 미술품으로 유명했으나 1948년 화재로 유실되었다. 현재 호류지의 금당벽화는 모사 작품이다. 이 화재 사건을 계기로 일본에는 문화재 보존법을 제정하였다고 한다.

Data Map 432p-F **Access** JR호류지역에서 도보 20분 **Add** 奈良県生駒郡斑鳩町法隆寺山内1-1
Open 08:00~17:00(11~2월 중순 08:00~16:30) **Cost** 성인 1,500엔, 초등학생 750엔
Tel 0745-75-2555 **Web** www.horyuji.or.jp

ENJOYING 07

여행의 피로는 여기서 풀자,
오사카 온천

일본 하면 온천이다. 하지만 일본 제2의 대도시 오사카에서
한적한 온천이나 료칸을 기대하는 것은 무리다. 그러나 꼭 없
는 것도 아니다. 빌딩 속에서 노천욕을 즐길 수 있는 곳이 있
는가 하면, 테마파크처럼 휘황찬란하게 꾸며진 온천도 있다.
빡빡한 일정에 지친 몸의 피로를 풀고 갈 수 있는 오사카의 온
천을 소개한다. 또 와카야마에는 바다와 눈을 맞추면서 온천
욕을 하는 특별한 온천도 있다.

빌딩 숲속에서 즐기는 스릴 만점 노천 온천욕

스파 스미노에 スパスミノエ

스파 스미노에는 지하철 요츠바시선 종점인 스미노코엔역에 위치한 온천이다. 오사카 도심에 있지만 이곳에만 들어가면 산속 온천에 온 것처럼 깊은 자연의 향기가 난다. 대나무와 여러 종의 나무로 이루어진 숲 가운데 노천탕이 있어 여기가 과연 오사카 도심인지 헷갈린다. 노천탕 외에도 다양한 테마의 탕이 마련되어 있다. 스미노에의 모든 온천을 이용해 보려면 최소한 두 번은 가봐야 한다. 온천수도 진짜다. 지하 700m에서 끌어올리는 천연 온천수로 피부 미용에 좋다고 한다. 이 밖에 대형 사우나와 마사지실 등도 갖추고 있다. 남탕과 여탕은 일주일마다 자리를 바꾼다. 오사카 주유패스 소지자는 무료로 이용할 수 있다.

Data Map 016p
Access 지하철 요츠바시선 스미노코엔역 2번 출구에서 도보 3분 **Add** 大阪市住之江区泉1-1-82 **Open** 10:00~02:00 **Cost** 성인 720엔엔(주말, 공휴일 820엔), 어린이 360엔(주말, 공휴일 410엔), 3세 이하 180엔, 오사카 주유패스 소지자는 무료
Tel 06-6685-1126
Web www.spasuminoe.jp

지상 8층에서 맛보는 노천온천의 참맛

천연온천 나니와노유 天然温泉なにわの湯

스파 스미노에와 함께 오사카 주유패스 소지자는 무료로 이용할 수 있는 온천이다. 온천이 있는 곳은 우메다역과 가까운 덴진바시스지역. 만약 우메다역에 숙소를 잡았다면 야간에 이용하기 좋다. 온천은 건물의 8층에 있다. 나니와노유는 얼핏 보면 우리나라 찜질방과 닮았다. 하지만 노천탕을 갖추고 있어 도심에서도 운치 있는 노천욕을 즐길 수 있다. 이곳은 지하 659m에서 끌어올린 100% 천연온천수를 이용한다. 특히 온천수가 피부에 좋아 '미인탕'이라는 별명을 갖고 있다. 혼자 이용할 수 있는 개인탕과 족욕탕, 버블 목욕탕, 월풀 욕조, 사우나 등 다양한 온천시설을 갖추고 있다. 600엔의 추가요금을 내면 40분 정도 암반욕을 즐길 수 있다. 암반욕은 음이온과 원적외선이 나오는 토르말린과 암염을 사용하는데, 땀을 빼고 나면 한결 가벼워진 몸을 느낄 수 있게 된다. 온천 내에 식당이 있어서 메밀국수나 라멘, 생맥주 등 간단한 음식을 먹을 수 있다.

Data Map 230p-B Access 지하철 덴진바시로쿠초메역 5번 출구에서 도보 10분
Add 大阪市北区長柄西1-7-31 Open 평일 10:00~01:00, 주말 08:00~01:00 Cost 성인 850엔, 어린이 400엔, 3세 이하 150엔, 오사카 주유패스 소지자 무료 Tel 06-6882-4126 Web www.naniwanoyu.com

하루 종일 놀아도 지루할 틈 없는 온천 테마파크

스파월드 スパワールド

온천, 수영, 헬스, 호텔, 사우나, 마사지 시설을 모두 갖추고 있는 테마파크형 온천이다. 지하철 도부츠엔마에역과 근접해 있어 찾아가기도 쉽다. 한국 여행자들이 많이 찾는 덕에 종업원들이 한국어도 곧잘 할 정도다. 스파월드는 가족과 함께 가서 즐기기에도 무리 없는 대규모 온천 테마파크다. 로마, 그리스, 스페인, 핀란드 등의 테마로 꾸민 유럽 존과 일본, 발리, 이슬람, 페르시아 등의 테마로 꾸민 아시아 존이 있다. 두 개의 존은 월별로 돌아가면서 이용할 수 있다. 여자의 경우 홀수 달에는 아시아 존, 짝수 달에는 유럽 존을 이용한다. 실내의 크고 작은 테마탕 외에 노천탕도 마련됐다. 또 가족이 함께 이용할 수 있는 가족혼탕도 있다. 추가요금으로 여러 가지 놀이기구를 함께 즐길 수 있는 수영장, 대형 사우나와 마사지까지 풀 코스로 갖춰져 있다. 가격대가 조금 비싼 게 흠이지만 종종 가격 할인 이벤트를 벌이니 홈페이지를 참고할 것!

Data Map 298p-C Access 지하철 미도스지선, 사카이스지선 도부츠엔마에역 5번 출구에서 바로
Add 大阪市浪速区恵美須東3-4-24 Open 10:00~ 08:45 Cost 중학생 이상 1,500엔, 중학생 이하 1,000엔
Tel 06-6631-0001 Web www.spaworld.co.jp

TIP 스파월드는 심야 할증요금을 받는다. 24:00~05:00 사이에 입장, 퇴장, 연장 이용 시 1,450엔을 추가로 낸다. 또 지정일에 한해 전일 1,000엔에 이용할 수 있는 이벤트를 자주 벌인다. 이용 예정자는 반드시 홈페이지를 확인하고 가자.

바다 보며 즐기는 일본 3고古 온천
시라하마 온천 白浜温泉

오사카 남쪽 와카야마현에 있는 온천이다. 시라하마는 '눈부시게 반짝이는 새하얀 모래사장'이란
뜻이다. 이곳은 와카야마를 대표하는 해변 휴양지이자 바다를 바라보며 온천을 즐기는 온천마을로
유명하다. 시라하마 온천의 역사는 1,300년이나 된다. 아리마有馬, 도고道後와 함께 일본 3고古
온천 명소로 알려졌다. 시라하마 온천에서는 아침 저녁으로 달라지는 하늘을 지붕 삼아, 넓은 바다
와 하나가 되는 체험을 할 수 있다. 특히, 석양이 지는 저녁 무렵에 찾으면 엔게츠토섬의 작은 구멍
속으로 붉은 해가 지는 감동적인 순간을 마주할 수 있다. 시라하마에는 온천 외에도 다양한 즐거움
이 있다. 절벽 위의 멋진 전망을 자랑하는 산단베키, 1,000장의 다다미를 깔아놓은 것 같은 모양
의 암반 센조지키 등 자연이 만들어낸 다이나믹한 절경이 기다리고 있다.

Data 키 테라스 호텔 시모아

Map 463p **Access** 신오사카역에서 특급 구로시오 이용, JR시라하마역 하차 후 무료 셔틀버스 이용
(13:50, 15:00, 16:00, 17:00 출발), 시라하마역에서 택시로 10분, 또는 메이코버스를 타고
신유자키정류장에서 하차(20분 소요) **Add** 和歌山県西牟婁郡白浜町1821 **Open** 체크인 15:00, 체크아웃
11:00 **Cost** 숙박 1만500엔~, 당일 입욕 1,000엔 **Tel** 0739-43-1000 **Web** www.keyterrace.co.jp

파도 소리 부서지는 천연동굴 온천

보키도 온천 忘帰洞温泉

세계문화유산으로 지정된 오래된 순례길 구마노고도 근처에 있는 온천이다. 온천이 자리한 가쓰우라항은 기이반도의 남쪽 끝으로 해안선을 따라 이어지는 구마노고도의 순례길 이세치와 오헤치가 만나는 지점이다. 온천은 바다를 향해 자라목처럼 튀어나온 반도 안에 있는데, 반도 전체가 '호텔 우라시마' 소유이다. 보키도 온천은 자연동굴이 그대로 천연온천이다. 동굴 속에서 온천을 하면서 바다를 조망하는 즐거움이 있다. 바위를 때리는 파도 소리가 동굴 속에서 메아리로 들려 특별한 감동을 준다. 바람이 센 날은 온천 위로 파도가 넘실거린다. 호텔 우라시마에는 이 외에도 다양한 온천탕이 마련되어 있다. 구마노고도 순례객들은 온천욕을 하며 자신이 걸어온 길을 돌아보고, 또 걸어갈 길을 가늠해보는 재미도 누릴 수 있다.

Data Map 452p-D
Access 신오사카역에서 특급 구로시오를 이용해 JR기이가쓰우라역 하차, 가쓰우라항 관광부두에서 호텔 전용 배(무료)로 약 5분 **Add** 和歌山県東牟婁郡那智勝浦町勝浦1165-2
Open 05:00~10:00, 13:00~23:00 **Cost** 1,500엔(호텔 내 모든 온천탕 이용) **Tel** 0735-52-4111
Web bit.ly/41tNoET

ENJOYING **08**

오사카를 속속들이 들여다보는
'오사카 아이즈' **대관람차 BIG 3**

오사카에는 일명 '오사카 아이즈'라 불리는 대관람차가 있다. 헵 파이브, 덴포잔, 그리고 린쿠타운 시클이 그곳이다. 관람차를 타고서 바라보는 오사카는 기대 이상이다. 최고 110m 높이의 허공에서 오사카를 내려다보면 온몸에 짜릿한 전율이 인다. 또 연인들에게는 결코 거부할 수 없는 데이트 장소가 될 것이다.

세계에서 가장 큰 관람차
덴포잔 대관람차 天保山大観覧車

관람차의 직경은 100m, 높이는 112.5m나 된다. 관람차가 가장 높은 곳을 지날 때면 까마득한 높이에 바짝 긴장하게 된다. 특히, 빨간색 관람차 가운데 두 개는 바닥이 투명한 유리로 되어 있다. 강심장 소유자라면 도전해 보시라. 단, 고소공포증이 있거나 담력이 약하다면 절대 타지 말 것! 덴포잔은 밤이 되면 화려한 조명이 켜지는데, 조명의 빛깔로 내일의 날씨를 알려준다고 한다. 맑은 날은 빨간색. 흐린 날은 초록색, 비 예보가 있는 날은 파란색 조명이 켜진다. 관람차가 한 바퀴 도는 데는 15분 정도 걸린다.

Data Map 332p-B Access 지하철 주오선오사카코역 1번 출구에서 도보 5분
Add 大阪市港区海岸通1-1-10 Open 10:00~22:00(계절 변동) Cost 3세 이상 800엔 (오사카 주유패스 이용 시 무료) Tel 06-6576-6222 Web www.senyo.co.jp/tempozan

오사카의 밤을 다 가져라

헵 파이브 Hep Five

세련되고 멋진 쇼핑센터가 몰려 있는 우메다에 있다. 헵 파이브 대관람차는 직경 75m, 최고 높이 106m. 4인승 관람차 52개가 연결되어 있다. 관람차가 한 바퀴 도는 데는 15분 정도 걸린다. 관람차 내부에는 냉난방 시설도 되어 있다. 또 스피커도 있어서 휴대폰에 연결하면 음악을 들으면서 경치를 감상할 수 있다. 오사카의 아름다운 야경을 감상할 수 있게 밤에 타는 것도 좋다.

Data Map 230p-B
Access JR오사카역, 우메다역에서 도보 5분
Add 大阪市北区角田町5-15 **Open** 11:00~23:00
Cost 600엔, 5세 이하 무료(오사카 주유패스 이용 시 무료) **Tel** 06-6366-3634
Web www.hepfive.jp/ferriswheel

린쿠의 별

시클 Seacle

간사이공항 바로 전역인 린쿠타운역에서 내리면 바로 보인다. 린쿠 지역의 상징과도 같아서 '린쿠의 별'이란 애칭으로 불린다. 최고 높이는 85m. 헵 파이브와 덴포잔에 비하면 조금 작다. 이 관람차도 밤이 되면 화려한 빛을 발하며 돌아간다. 관람차를 타는 이도, 밑에서 바라보는 이도 모두 낭만에 젖게 만든다. 관람차 곁에 쇼핑센터 시클과 프리미엄 아웃렛이 있어 쇼핑과 함께 멋진 풍경을 즐길 수 있다.

Data Access JR간사이공항선, 난카이공항선 린쿠타운역에서 직결
Add 大阪府泉佐野市りんくう往来南3番地
Open 10:00~21:00
Cost 700엔(3세 이하 무료) **Tel** 072-458-0222
Web bit.ly/3Aawgbn

영화 속 그곳
<게이샤의 추억>과 <20세기 소년>

아무것도 아닌 장소가 스토리와 영상이 더해져 특별한 명소로 탈바꿈한다. 영화 <게이샤의 추억>과 <20세기 소년>, <나는 내일 어제의 너와 만난다> 등은 교토와 오사카에서 촬영된 대표적인 영화이다. 그곳에 가면 나풀거리는 옷자락을 휘날리며 온통 빨간 문 사이를 무작정 달려가던 소녀와 간절하게 만국박람회 기념탑을 보고 싶어하던 소년의 마음이 헤아려진다.

〈게이샤의 추억〉이 묻어 있는
후시미 이나리타이샤 伏見稲荷大社

장쯔이가 주연을 맡은 영화 〈게이샤의 추억〉. 2006년 개봉된 이 영화는 어린 소녀가 게이샤로 성장하는 과정과 이루어질 수 없는 아픈 사랑을 그리고 있다. 세상의 모든 아름다움을 가질 수는 있어도 사랑만큼은 선택할 수 없다는 게이샤의 숙명은 보는 이들의 마음을 아련하게 만들었다. 이 영화 속 무대가 교토다. 그중에서도 수많은 주홍색 도리이(신사 앞에 겹겹이 세워진 문) 사이를 주인공 소녀가 옷을 나풀거리며 뛰어가는 모습은 손꼽는 명장면이다. 그 끝없이 이어져 있는 도리이가 있는 곳이 바로 후시미 이나리타이샤다. 여우를 모시는 신사답게 많은 여우 동상을 볼 수 있다. 이곳은 또 이나리 신사의 총본산으로 교토에서도 가장 오래된 신사 중 하나이다. 오곡 풍요와 사업 번창의 수호신을 모신 곳으로 유명하며, 새해와 매월 1일에는 많은 사람들로 붐빈다. '센본 도리이'라 불리는 붉은 도리이 터널은 이나리야마산 정상까지 이어진다.

2017년에 개봉한 타임로맨스 영화 〈나는 내일, 어제의 너와 만난다〉에도 후시미 이나리타이샤가 배경으로 나온다. 이 영화의 덕후들에게는 성지 같은 곳이다.

Data Map 345p-G Access JR교토역에서 JR이나리역 하차 역 바로 앞, 게이한선 후시미이나리역 하차, 도보 7분 Add 京都市伏見区深草薮之内町68番地 Open 08:30~16:30 Cost 무료 Tel 075-641-7331 Web inari.jp

〈20세기 소년〉의 무대
반파쿠키넨코엔 万博記念公園

〈20세기 소년〉은 일본의 대표적인 만화가 우라사와 나오키 작품이다. 주인공 켄지가 의문의 죽음을 당한 친구의 사건을 추적하다가 인류 멸망을 노리는 의문의 세력이 있음을 알게 되고, 그들과 한판 싸움을 벌이는 스릴러 액션 만화다. 이 만화에서 중요한 장면으로 등장하는 곳이 반파쿠키넨코엔에 있는 '태양의 탑'이다. 반파쿠키넨코엔은 1970년 오사카에서 만국박람회장이 열린 것을 기념해 조성된 공원으로 켄지가 어린 시절 그토록 가보고 싶어하던 만국박람회의 상징이다. '태양의 탑'에는 세 개의 얼굴이 있다. 두 개의 뿔 사이에 있는 것은 현재의 얼굴, 그 위에 금색은 미래의 얼굴, 그리고 뒤편에는 과거의 얼굴이 있다. 반파쿠키넨코엔에는 아름다운 정원도 있다. 봄에는 벚꽃이 만개해 절경이다.

Data Access 센리추오역에서 오사카 모노레일로 5분 Add 大阪府吹田市千里万博公園1番1号 Cost 공원 내 시설에 따라 다름 Open 09:30~17:00(수요일 휴무) Tel 06-6877-7387 Web www.expo70-park.jp

세계문화유산 순례길
구마노고도

시코쿠와 함께 일본 2대 도보순례길로 불리는 구
마노고도. 오사카 남쪽 기이반도에 있는 1,200
년 역사의 이 길은 고행을 통해 마음의 구원을 얻
으려 했던 수행의 길이다. 지금도 많은 이들이 치
유와 명상을 위해 찾는 옛길을 걸어보자 .

1,200년 역사의 길
구마노고도 熊野古道

구마노고도는 유럽의 성지순례길 '산티아고 데 콤포스텔라'에 이어 두 번째로 세계문화유산에 등재된 일본의 옛길이다. 구마노란 오사카 남부 기이반도의 남쪽 지역을 뜻하는 말이다. 이곳에는 고야산을 비롯해 1,000m를 헤아리는 높은 산들이 솟아 있다. 구마노고도는 이 산군에 자리한 일본의 오랜 신사를 찾아가는 옛길이다. 이 길이 처음 열린 것은 1,200년 전 헤이안 시대다. 교토의 귀족들이 힘든 고행을 통해 마음의 구원을 얻으려고 찾던 수행의 길이 시초다. 구마노고도 순례의 최종 목적지가 되는 세 곳, 구마노 나치타이샤, 구마노 하야타마타이샤, 구마노 혼구타이샤를 합쳐

구마노산잔熊野三山이라 부른다. 구마노산잔은 일본 전역에 3,000여 개가 있는 구마노 신사의 총본산이다. 구마노고도는 이세치, 오헤치, 나카헤치, 기이치, 고헤치 등 다섯 개의 길과 고야산 순례길을 포함해 총 여섯 갈래로 되어 있다. 총 거리는 307km에 이른다. 이중 이세치 코스를 따라 북으로 가면 교토에 이른다. 구마노고도 가운데 가장 인기가 많은 코스는 나카헤치다. 이 길은 머리 위로 시원하게 뻗어 있는 삼나무 길과 천년 세월이 고스란히 묻어나는 이끼 낀 돌계단으로 이어진다. 그 깊고 신비로운 숲길을 걷다 보면 자신도 모르게 마음이 정화되는 깊은 치유력을 느낄 수 있다. 이 밖에도 기이반도의 숲과 해안의 경계를 넘나들며 이어진 길은 누구라도 걷고 싶은 충동을 일게 한다. 순례길 곳곳에 있는 온천이 순례길을 걸으며 지친 몸의 피로를 풀어준다.

일본 최대 폭포를 신으로 모신

구마노 나치타이샤 熊野那智大社

구마노산잔 3대 신사 가운데 하나다. 일본 최대의 폭포 나치노오타키를 자연신으로 모시고 있다.
해발 500m에 자리한 이 신사는 467개의 돌계단을 밟아서 올라간다. 경내에는 6개의 건물이 있는
데, 저마다 모시는 신이 다르다. 특히, 이 신사는 초록이 짙은 원시림 속에 둘러싸여 있는 주황색
건물이 아주 강렬하다. 경내에 수령 850년을 헤아리는 거목이 있는 것도 인상적이다. 매년 7월에
는 나치노오타키 폭포를 무대로 일본 3대 불 축제로 불리는 나치마츠리가 열린다. 다이몬자카에서
구마노 나치타이샤를 거쳐 나치오타키 폭포까지 이어지는 약 1시간의 순례길은 구마노고도의 하이
라이트라 불린다. 구마노고도 전부를 걸을 수 없다면 이 길을 걸어보기를 추천한다.

Data Map 452p-D **Access** JR기이가쓰우라역 앞에서 구마노 교통버스를 타고 나치산 정류장 하차,
도보 10분 **Add** 和歌山県東牟婁郡那智勝浦町那智山1 **Cost** 보물전 300엔 **Open** 08:00~15:30
Tel 0735-55-0321 **Web** www.kumanonachitaisha.or.jp

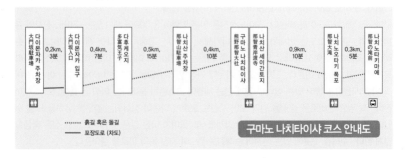

.... 흙길 혹은 돌길
———— 포장도로 (차도)

구마노 나치타이샤 코스 안내도

구마노 나치타이샤 코스 **순례체험**

다이몬자카 주차장에서 나치노오타키 폭포까지는 약 2.7km 거리.
걷는 시간은 한 시간쯤 걸린다. 그러나 경이로운 숲과 폭포, 신사의 매력에 빠지면
2~3시간은 훌쩍 지나간다. 반나절쯤 넉넉하게 잡고 힐링의 시간을 가져보자.

1. 다이몬자카 大門坂

천년 세월의 흔적이 고스란히 묻어나는 돌계단 길이 있다. 구마노 나치타이샤로 올라가는 길목에 커다란 문이 있어서 '다이몬(大門)자카'라 불린다. 이곳은 몇 아름도 넘는 거목들이 돌길을 따라 도열하듯 서 있다. 나무들의 수령은 천년을 헤아린다. 이 길을 걷는 것만으로도 치유받는 느낌이다. 다이몬자카에서 구마노 나치타이샤까지는 30분쯤 걸린다.

Data Map 452p-D Access JR기이가쓰우라역 앞에서 구마노교통버스를 타고 다이몬자카 주차장 앞 하차 바로

2. 나치산 세이간토지 那智山青岸渡寺

구마노 나치타이샤에서 나치노오타키 폭포를 향해 가면 연이어 나오는 절이다. 나치산 세이간토지는 4세기경 인도 승려가 건립했다고 전해진다. 경내에는 주황색이 선명한 25m 높이의 3층탑 산주노토가 있다. 산주노토와 나치노오타키 폭포가 어우러진 풍경이 볼 만하다. 산주노토 3층 전망대에서 바라보는 나치노오타키 폭포의 장엄한 모습도 결코 놓칠 수 없다.

Data Map 452p-D Access 구마노나치타이샤에서 도보 5분
Add 和歌山県東牟婁郡那智勝浦町那智山8
Open 본당 07:00~16:30, 산주노토 08:30~16:00
Cost 산주노토 300엔 Tel 0735-55-0001

3. 나치노오타키 폭포 那智の大滝

산주노토에서 폭포를 감상한 후 계단을 내려간다. 폭포가 조금씩 가까워질수록 폭포수가 떨어지는 소리도 점점 커진다. 마침내 나치노오타키 폭포와 마주하면 탄성이 절로 나온다. 이 폭포의 높이는 133m. 폭 13m에 초당 1t 이상의 물이 떨어진다. 일본 최대 규모의 폭포다. 폭포수가 떨어지는 곳에 깊이 10m 이상의 깊은 소가 있다. 울창한 삼나무 숲과 어우러진 폭포를 보고 있으면 이곳이 오랜 세월 자연 신앙의 성지로 신성시되었던 이유를 알 수 있다.

Data Map 452p-D Access 구마노나치타이샤에서 도보 10분

강물에 배 띄워 찾아가던 신사
구마노 하야타마타이샤 熊野速玉大社

구마노산잔 3대 신사 가운데 하나다. 깊은 숲에 자리한 다른 신사와 달리 마을 가운데 있다. 관광객이 몰리는 구마노 나치타이샤에 비하면 다소 한적한 편이다. 구마노 하야타마타이샤는 거대한 바위를 숭배하는 신사다. 이 바위는 이웃한 가미쿠라 신사에 있는데, 언제부턴가 이곳에 새로 신사를 짓고 바위신을 모시고 있다. 가미쿠라 신사를 구궁, 구마노 하야타마타이샤를 신궁이라 부른다. JR신구역의 이름도 여기서 유래했다.

Data Map 452p-D
Access JR신구역에서 도보 20분
Add 和歌山県新宮市新宮1
Open 06:00~18:00(일출~일몰)
Tel 0735-22-2533
Web kumanohayatama.jp

구마노 신사의 총본산
구마노 혼구타이샤 熊野本宮大社

본궁本宮이라는 명칭 그대로 구마노 지역에서는 가장 으뜸이 되는 신사다. 구마노강의 상류에 있으며, 과거에는 구마노 하야타마타이샤와 배를 타고 오갔다고 한다. 이 신사의 창건연대는 확실하지 않다. 다만, 1889년 대홍수로 사원이 떠내려가면서 지금의 자리로 옮겨왔다. 구 신사가 있던 곳에는 신사의 기둥문이었던 오유노하라가 있다. 이 기둥문은 높이가 33.9m로 일본 신사의 기둥문 가운데 가장 크다. 신사 주변에는 유노미네 온천, 가와유 온천, 와타제 온천 등 온천이 많다.

Data Map 452p-D Access JR기이타나베역에서 류진버스 이용, 혼구타이샤마에정류장 하차
Add 和歌山県田辺市本宮町本宮 Open 06:00~19:00 Cost 보물전 300엔 Tel 0735-42-0009
Web www.hongutaisha.jp

구마노 혼구타이샤의 **온천**

구마노 신사 주변에는 유명한 온천마을이 있다. 신사를 참배하러 온 사람들은
참배 전 이곳에서 몸을 깨끗이 씻고 갔다고 한다.

유노미네 온천 湯の峰温泉

세계문화유산으로 등재된 유일한 온천 츠보유가 있는 온천마을이다. 일본 3대 온천의 하나로,
온천의 역사는 무려 1,800년 전으로 거슬러 올라간다. 원천은 마을 중앙에 있다. 원천의 온도
는 무려 90도! 달걀과 고구마를 직접 삶아 먹을 수 있다. 원천수 곁에 있는 츠보유는 한 번에
2~3명이 30분씩만 이용할 수 있는 온천이다. 죽었던 사람도 살릴 정도로 효험이 있다고 해 인
기가 높다. 티켓은 공중욕탕에서 구매한다. 입욕료는 다소 비싼 편이지만 오묘한 빛깔의 온천수
와 천년 세월이 빚은 탕을 마주하면 본전 생각은 쏙 들어간다.

Data Map 456p Access JR기이타나베역에서 류진버스 또는 메이코버스를 이용. 유노미네온천에서
하차(80분 소요) Add 和歌山県田辺市本宮町 Open 츠보유 06:00~21:00 Cost 츠보유 입욕료 성인
800엔 Tel 0735-42-0074 Web www.hongu.jp/onsen/yunomine

가와유 온천 川湯温泉

강바닥을 파면 뜨거운 온천수가 솟아나는 가와유 온
천. 73도의 온천수에 찬 강물을 적절히 섞으면 온천
욕을 즐기기 딱 알맞은 온도가 된다. 특히 가장 추운
계절인 12월부터 2월까지 온천수가 솟는 곳에 돌을
쌓아 만든 지름 10m의 대규모 노천탕이 유명하다.
'신선이 즐기는 노천온천'이라서 '센닌부로仙人風呂'
라 부른다. 노천온천 이용은 무료이고, 숙박자의 경우 강바닥을 팔 때 사용하는 삽과 몸을 가릴 수
있는 타월 또는 수영복 등을 인근 숙박시설에서 대여할 수 있다.

Data Map 456p Access JR기이타나베역에서 류진버스로 가와유온천 하차(100분 소요)
Add 和歌山県田辺市本宮町川湯 Tel 0735-42-0735(구마노혼구관광협회)
Web www.hongu.jp/onsen/kawayu

천이백 년 사찰마을에서의
특별한 하루 **고야산**

일본 불교의 성지 고야산 사찰 마을. 온종일 고즈넉한 기운이 흐르는 산중 산사에서 묵는 하룻밤.
속세의 근심은 잠시 접고 내면의 자아를 만나보자. 치유와 힐링은 이런 것이다.

1,200년 역사를 간직한 일본 불교의 성지

고야산 사찰 마을

구마노고도와 함께 와카야마를 상징하는 명소다. 구마노고도가
일본 토속신앙의 성지라면, 고야산은 일본 불교의 성지다. 고야
산은 816년 헤이안 시대 고승 고보대사가 해발 900m의 고야산
정상에 진언종교의 수행도장을 지은 후 일본 최고의 불교 성지
가 됐다. 고야산은 1832년에는 812개의 사원이 있었을 정도로
산 전체가 사원이자 불교도시로 번성했었다. 메이지 시대를 거치
면서 산림이 국가에 몰수되고, 많은 사원이 화재로 소실되어 지
금은 117개의 사찰만이 남아 있다. 2015년에 개창 1,200주년
을 맞은 고야산에는 4,000여 명의 주민이 살고 있다. 마을은 고
야산 진언종의 총본산인 곤고부지를 중심으로, 고보대사의 묘가
있는 오쿠노인 방면과 고야산의 대문인 다이몬 방면 등 크게 3
개의 구역으로 나눌 수 있다. 도시 곳곳의 성지는 물론 전통적인
화과자와 두부전문점, 아기자기한 잡화점, 고즈넉한 카페 등 오
랜 전통이 어우러져 중세 종교 도시의 멋스러움을 느낄 수 있다.
세대와 계층을 초월한 역사와 종교 문화가 전승되고 있는 불교
도시인 만큼, 여유롭게 도시 전체를 천천히 걸어서 둘러보자.

Data Map 140p
Access 오사카 난바역에서
난카이고야선을 타고
고쿠라쿠바시역 하차,
난카이고야산케이블을 타고
고야산역 하차. 고야산 내에서는
노선버스 난카이린칸 이용
(고야산 내 1일 버스 자유승차권,
성인 840엔)
Web www.koyasan.or.jp

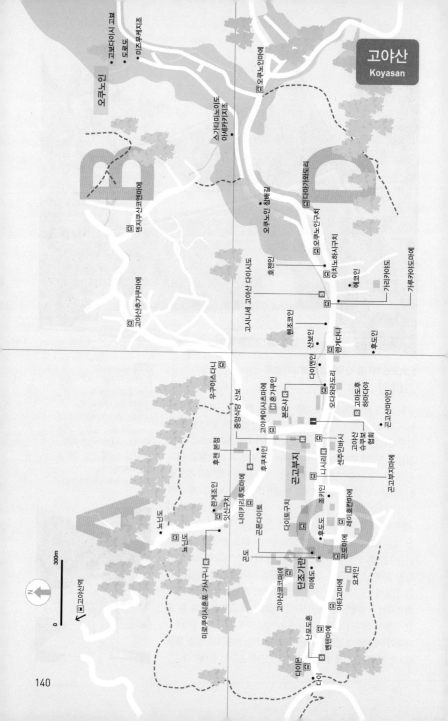

고야산
Koyasan

300m

N

고야산역

오쿠노인

곤고부지

A

B

C

D

140

심신을 맑게 정화해 주는
고야산 템플스테이

고야산을 제대로 즐기기 위해서는 전통 사찰에서 머물며 사찰음식을 맛보는 템플스테이에 참가하는 것이 좋다. 고야산에는 현재 52개의 사찰에서 템플스테이를 운영한다. 사찰 도시에서의 템플스테이는 도시의 호텔이나 관광지의 리조트에서는 체험할 수 없는 특별한 매력이 있다. 산속의 깨끗한 공기와 조용한 공간은 자신을 응시하고 내면의 목소리를 들을 수 있게 해준다. 템플스테이를 운영하는 사찰에는 저마다 정원과 객실이 있고, 그 사찰만의 정성과 멋이 담긴 사찰 요리가 있다. 저녁 식사 후 사찰 마을을 산책하는 것도 큰 즐거움이다. 템플스테이의 가격은 1인 1만 엔부터다. 예약은 고야산관광협회와 고야산 템플스테이조합에서 할 수 있다.

Data 고야산슈쿠보협회
Access 고야산역의 센주인바시 버스정류장 앞
Add 和歌山県伊都郡高野町高野山600番地高野山観光協会
Open 08:30~16:30
Cost 1만 엔~ **Tel** 0736-56-2616
Web www.shukubo.net

조리법과 맛, 색채의 조화
고야산 사찰 요리

사찰도시인 고야산에서는 템플스테이 외에도 정진 요리로 일컫는 사찰 요리를 체험할 수 있다. 고야산의 사찰 요리는 다섯 가지 조리법五法과 다섯 가지 맛五味, 그리고 다섯 가지 색五色으로 요약할 수 있으며, 조리법과 맛, 색의 조화로움이 중시된다. 고야산의 사찰에서는 사원마다 독자적으로 진화시켜 색채가 풍부한 고야산 정진요리를 맛볼 수 있다.

Step 04
Eating

오사카를
먹다

01 오사카 음식 백과사전
02 백 투 더 패스트! 오사카의 전통 디저트
03 지친 여행의 에너지원, 달콤달콤 디저트
04 몸에 좋은 음식이 마음도 치유한다, 오사카·교토 오가닉 푸드 레스토랑
05 맛 좋아 한입, 분위기 좋아 한입 스위티 카페에서 즐기는 런치

06 정성으로 내는 천년의 맛 교토 교료리 명가

07 정신줄 놓고 먹게 된다 고베 고베규

08 여행의 피로는 선술집에서 풀자 오사카 이자카야

09 훈훈한 인심 따라 빙글빙글 돌아간다, 회전초밥 BEST 3

10 누구에게도 알려주고 싶지 않아! 교토 오리지널 커피숍

오사카 음식 백과사전

먹을 것이 너무 많아서 고민인 오사카. 주변 지역인 교토와 고베까지 포함하면 행복한 고민의 영역이 넓어진다. 여행자들은 무엇을 먹고 맛있다고 느꼈을까? 유명한 음식부터 챙기고 가자.

다코야키

밀가루 반죽에 문어 다리를 넣어 철판에 동글동글 구워낸 문어빵. 오사카에서 탄생한 대표 먹거리이다. 간편하게 손에 들고 다니며 먹을 수 있는 길거리 음식이기도 하다. 지금은 전 세계로 소개됐다.

고베규

일본 3대 와규 가운데 하나다. 고베규는 사육할 때부터 소에게 곡물과 맥주를 먹이고 정기적으로 마사지를 해줘 긴장을 풀어준다. 그래서 고베규는 콜레스테롤 함량이 매우 낮다. 입안에서 살살 녹는 고베규의 환상적인 마블링을 즐겨보자.

오코노미야키

밀가루 반죽에 양배추와 해산물, 고기 등을 넣어 부침개처럼 부쳐 먹는 간편한 음식이다. 말 그대로 '자기가 좋아하는(오코노미) 재료'를 넣어 부쳐 먹는다. 요즈음은 김치, 치즈 등 다양한 재료를 넣기도 한다.

구시카츠

'꼬치에 꽂아 튀긴 음식'이라는 뜻의 음식. 오사카에서 탄생했다. 오사카의 이자카야에서는 구시카츠와 생맥주로 하루의 피로를 푸는 샐러리맨들을 볼 수 있다. 야채, 고기, 해산물 등 다양한 재료에 튀김가루를 입혀 튀겨낸다.

하코스시

오사카를 대표하는 스시다. 초밥용 상자에 새우, 고등어, 계란구이 등을 깐 뒤 그 위에 초밥을 올린다. 그다음 남은 재료를 적당히 배합하여 넣고 뚜껑으로 가볍게 누른다. 이것을 꺼내 한입 크기의 네모난 모양으로 잘라 놓으면 하코스시 완성!

기츠네 우동

다시마 가츠오 국물에 우동을 말고, 간장과 맛술로 조린 유부를 올린 담백한 우동. 오사카에서 처음 시작됐다. 달달한 유부와 탱탱한 면발, 담백한 국물이 계속해서 입맛을 당긴다.

뎃치리

복어살에 채소를 넣고 시원한 국물을 내어 먹는 요리이다. 오사카는 일본에서 복어 소비가 가장 많은 곳으로, 특화된 복요리가 많다. 오사카야말로 최고의 복요리를 맛볼 수 있는 도시이다.

교료리

천년고도 교토의 전통 요리다. 코스로 준비되는 교료리는 사찰 요리와 가이세키(정식) 요리, 궁중 요리, 그리고 교토의 반찬을 말하는 오반자이가 융합된 형태다. 교토의 채소 '교야사이'가 듬뿍 들어간 교료리는 꼭 한번 맛보자.

백 투 더 패스트!
오사카의 전통 디저트

단맛을 좋아하는 일본인들. 쌀을 주식으로 하는 아시아 국가이면서도 일본은 유독 디저트와 베이커리가 발달했다. 일본의 기념품이 대부분 과자나 빵인 것은 결코 우연이 아니다. 오사카의 디저트 문화도 다른 지방에 결코 뒤지지 않는다. 특별한 오사카의 전통 디저트에 빠져보자.

부부가 함께 먹으면 사이가 좋아지는 팥죽
메오토 젠자이 夫婦善哉

일본식 팥죽을 젠자이라고 한다. 메오토는 부부라는 뜻. 메오토 젠자이는 1883년 창업한 젠자이집이다. 무려 150년의 역사를 간직했다. 오다 사쿠노스케의 소설 〈메오토 젠자이〉에 등장하는 바로 그 가게이다. 가격은 815엔. 1인분을 시키면 두 개의 그릇에 나누어 담아주는 것이 특이하다. 이렇게 1인분을 부부가 함께 나누어 먹으면 사이가 좋아진다고 한다. 아련한 향수를 불러일으키는 달콤한 젠자이는 고급스런 식감으로 끈적이지 않으며 뒷맛도 깔끔하다. 2013년 8월부터 동명의 TV 드라마가 방영되어 더 유명해졌다.

Data Map 284p Access 지하철 난바역 14번 출구에서 도톤보리 긴류라멘 옆 센니치마에 골목길로 내려가 호젠지 바로 옆
Add 大阪市中央区難波1-2-10 法善寺MEOUTOビル
Open 10:00~22:00 Cost 팥죽 815엔 Tel 06-6211-6455
Web sato-res.com/meotozenzai/

사랑방 스타일의 카페에서 즐기는 전통차와 디저트
와도 오모테나시 카페 wad omotenashi café

'우리 것은 좋은 것이여'를 표방하는 전통차 전문 카페다. 같은 건물 3층에는 도자기를 전시하는 갤러리 겸 매장이 자리하고 있다. 이 카페에서는 이름 있는 녹차부터 맛차(말차), 호지차(차나무의 잎을 볶아서 만든 차), 현미차 등 각종 차와 원두커피뿐 아니라 정갈한 디저트도 맛볼 수 있다. 차를 주문하면 카운터에 전시된 도자기잔을 직접 선택해 마실 수 있고, 카운터에서 오너인 고바야시 씨와 두런두런 얘기도 나눌 수 있는 아늑한 곳이다. 오모테나시라는 카페 이름처럼 사랑방에서 제대로 대접받는 느낌이 든다. 오사카 미나미 지역 미나미 센바에 위치하고 있다.

Data Map 264p-A Access 지하철 신사이바이시역 3번 출구에서 도보 5분 Add 大阪市中央区南船場4-9-3 東新ビル2F Open 12:00~19:00 Cost 차 800엔~, 화과자 추가 380엔 Tel 06-4708-3616
Web wad-cafe.com

차와 함께 먹는 달콤한 시럽

가기젠요시후사 鍵善良房

가기젠요시후사는 에도 중기에 문을 열어 긴 역사를 자랑하는 과자점이다. 이 과자점의 명물은 구즈키리葛切り. 칡가루를 반죽해 익힌 뒤 우동처럼 잘라 설탕 시럽에 찍어 먹는 디저트 중 하나이다. 구즈키리는 교토의 여름에 빠질 수 없는 대표 디저트다. 검은 조청으로 만든 것과 흰 조청으로 만든 것 두 종류가 있는데, 차와 함께 먹으면 최고의 맛을 즐길 수 있다.

Data 본점

Map 357p-D Access 게이한본선 기온시조역 7번 출구에서 도보 3분 Add 京都市東山区祇園町北側264番地 Open 09:30~18:00 (월요일, 공휴일인 경우 다음날 휴무) Cost 구즈키리 1,080엔 Tel 075-561-1818 Web www.kagizen.co.jp

현대적인 일본식 디저트

오모 카페 omo cafe

교토에 있는 일본식의 퓨전 디저트를 판매하는 카페다. 옛날 건어물집이었던 건물을 활용한 점포가 분위기가 있다. 적정한 가격의 캐주얼한 카페이므로 가볍게 도전해도 좋다. 일본식의 디저트는 물론 런치를 대표하는 특제 카레가 인기다. 맥주도 판매한다. 화, 금요일에는 사케와 안주를 평소보다 할인된 680엔에 맛볼 수 있다. 실내가 약간 어두워 눈치보지 않고 느긋하게 쉬어가기에 좋다.

Data Map 356p-B Access 한큐교토선 가와라마치역 9번 출구에서 도보 10분 Add 京都市中京区梅屋町499 Open 11:00~22:00(수요일 휴무) Cost 특제 카레 1,400엔 Tel 075-221-7500 Web www.secondhouse.co.jp/omoya/omocafe

교토의 말차 케이크를 맛볼 수 있는

기노네 季の音

4층 창밖으로 교토의 거리를 내려다보며 한가
로운 한때를 보내기 좋은 카페다. 분위기는 캐
주얼하지만 맛은 제대로 된 카페 그 이상이다.
마시는 말차를 흔히 일컫는 '오우스'의 이름을
빌린 오우스노 몽블랑은 은은한 쓴맛에 농후한
단맛으로 미각을 자극한다. 일본 디저트에서는
빠질 수 없는 찹쌀 옹심이가 들어간 파르페도
판매한다. 계절에 따라 한정메뉴가 있으며, 콩
가루 아이스도 놓칠 수 없는 별미다.

Data Map 357p-C
Access 한큐교토선 가와라마치역 3번 출구에서
도보 2분 **Add** 京都市中京区河原町通四条
上ル米屋町384 4F **Open** 11:30~18:30
(화요일 휴무) **Cost** 차 650엔~, 몽블랑 770엔
Tel 075-213-2288 **Web** kyoto-kinone.jp

지친 여행의 에너지원,
달콤달콤 디저트

한정된 예산과 시간으로 떠난 여행에서 식사도 아닌 디저트를 먹어야 할까? 그것도 일본에서 화과자도 아닌 양과자를? 하지만 오사카와 고베에서는 꼭 한 번쯤 맛보기를 권한다. 두툼한 토스트에 진한 커피도 활기찬 에너지를 줄 것이다. 오후의 달달한 티타임은 지친 몸과 마음에 기분 전환과 위로를 가득 채워줄 것이다.

부드럽고 촉촉한 롤케이크의 유혹!

몽셸 モンシェール

홋카이도산 생크림과 풍부한 계란 향! 몽셸은 촉촉한 케이크 도지마롤로 인기가 높다. 도지마롤은 몇 년 전 크게 히트 친 후 지금은 오사카를 대표하는 기념품으로 자리 잡았다. 절제된 당도가 단맛 싫어하는 사람들에게도 그리 부담스럽지 않다. 도지마롤 외에 다른 종류의 케이크도 많다.

Data 도지마 본점

Map 230p-C **Access** 게이한 전철 와타나베바시역 7번 출구에서 도보 3분 **Add** 大阪市北区堂島浜2-1-2 **Open** 평일 10:00~19:00, 주말, 공휴일 09:00~18:00 **Cost** 도지마롤 1조각 356엔, 홀케이크 1,500엔 **Tel** 06-6136-8003 **Web** www.moncher.com

오너의 자부심으로 탄생한 쌀 롤케이크

고칸 기타하마 본관 五感 北浜本館

오사카산 디저트 왕을 꿈꾸는 오너의 자부심이 느껴지는 베이커리 카페. 이곳은 쌀로 만든 롤케이크 루로가 유명하다. 또 계절감을 만끽할 수 있는 생 케이크도 인기가 높다. 1층은 테이크아웃용 케이크 매장, 2층 살롱에서는 케이크와 런치를 즐길 수 있다. 고칸은 유형문화재로도 지정된 레트로 건축물 아라이 빌딩에 위치해 있다.

Data **Map** 230p-D **Access** 지하철, 게이한 전철 기타하마역 26번 출구에서 도보 2분 **Add** 大阪市中央区 今橋2-1-1 新井ビル **Open** 10:00~19:00, 일요일, 공휴일 09:30~19:00 **Cost** 쌀 롤케이크 1조각 430엔, 홀케이크 1,365엔 **Tel** 06-4706-5160 **Web** www.patisseriegokan.co.jp/shop/kitahama

빵의 올림픽이라 불러다오

블랑제리 콤시누아 Boulamgerie Comme-Chinois

고베를 대표하는 빵집이다. 가게에 들어서면 정직해 보이는 100종 이상의 빵이 따뜻한 조명 아래에서 손님을 맞이한다. 밀가루 향이나 곡물 맛이 고소하게 입에 퍼지는 심플한 빵부터 채소를 가득 넣은 곡물빵 버거, 닭의 간을 사용한 패티와 무화과를 샌드한 빵 등 다양한 맛의 빵 세계를 경험할 수 있다. 가격은 199엔부터 1,000엔까지 다양하다. 오사카 루쿠아에 콤시누아 계열의 숍인 스위티 허티SweeTie Hearty가 입점해 있는데, 이곳은 빵보다는 달콤한 와플, 쿠키 등이 주 상품이다. 러시아식 고로케 소고기 피로슈키도 맛있다.

Data Map 407p-C **Access** 산노미야역 바로 앞 소고SOGO 백화점 신관 건물 바로 뒤
Add 神戸市中央区御幸通7-1-15三宮ビル南館 B1F **Open** 08:00~18:00(월, 수요일 휴무)
Cost 오늘의 런치박스 750엔 **Tel** 078-242-1506 **Web** www.comme-chinois.com/honten

꽃처럼 예쁜 케이크 가게

라베뉴 L'AVENUE

2009년 세계 초콜릿 경연대회에서 우승한 경력의 셰프가 자신이 태어난 고베에 오픈한 가게다. 언뜻 꽃집으로 착각할 만큼 화사한 숍의 쇼케이스에는 꽃에 지지 않는 색색 고운 케이크들이 자리하고 있다. 세계대회에서 우승할 때의 기념 작품 모드와 상쾌한 라임 풍미에 살구의 산미가 살아 있는 치즈무스 포쉬를 추천한다. 초콜릿이 너무 예뻐 먹는 것이 죄처럼 느껴질 정도다.

Data Map 412p-A Access 지하철 산노미야역 서쪽 3번 출구에서 도보 8분, 토어 로드 기타노마이스터 가든 맞은편 Add 神戸市中央区山本通3丁目7-3 ユートピア・トーア1F
Open 10:30~18:00(주말, 공휴일 ~10:00)(화, 수요일 휴무) Cost 모드 680엔, 밀푀유 580엔
Tel 078-252-0766 Web www.lavenue-hirai.com

몸에 좋은 음식이 마음도 치유한다
오사카·교토 오가닉 푸드 레스토랑

여행을 하다 보면 이것저것 맛보려는 욕심에 위를 혹사시키는 경우가 많다. 집밥처럼 편안한 음식을 먹으며 여행할 수는 없을까? 오사카에서는 가능하다! 오사카·교토의 오가닉 푸드 레스토랑은 현미밥에 신선한 고기와 채소 등 몸에 좋은 메뉴로 이뤄진 소박한 정식을 내놓는다. 재료의 맛을 살린 최소한의 양념과 투박함이 이들 레스토랑의 매력이다.

유기농으로 만든 모든 것을 만난다
크레용하우스 crayonhouse

유기농 식품과 화장품, 친환경 장난감과 독특한 그림책을 판매하는 멀티 오가닉 숍이다. 이 가게에서는 라이프 스타일로 자리 잡은 모든 종류의 오가닉 제품을 만날 수 있다. 1층은 어른들을 위한 오가닉 마켓, 2층은 어린이들을 위한 곳으로 꾸며져 있다. 미니 뷔페 형식의 유기농 식사뿐 아니라 유기농 재료의 도시락, 단호박 푸딩 등 디저트류도 만날 수 있다. 한적한 주택가 중간에 위치해 있고 가족 단위 방문객이 많아 동네 사랑방 같은 매력이 풍긴다. 우메다역에서 좀 더 북쪽에 있는 에사카역에서 가깝다.

Data Access 지하철 미도스지선에사카역 1번 출구에서 도보 5분 Add 大阪府吹田市垂水町3-34-24 Open 11:00~19:00 Cost 오가닉 런치 무게에 따라 800엔~ Tel 06-6330-8071 Web www.crayonhouse.co.jp

책과 미식의 만남

혼토야사이 오이오이 本と野菜 OyOy

유기농 농산물을 취급하는 교토 사카노토추坂ノ途中와 도쿄 가쿠라자카의 서점 카모메 북스를 만든 오라이도鴎来堂 대표가 콜라보레이션한 서점 겸 레스토랑이다. 사카노토추의 계절 채소를 이용한 요리와 디저트를 즐길 수 있는 공간에 음식, 여행, 삶, 독서 등을 테마로 셀렉트한 책이 벽면 가득 진열되어 있다. 금, 토, 일은 식물성 재료만 사용한 OyOy플레이트를 맛볼 수 있다.

Data Map 356p-B Access 지하철 가라스마선·도자이선 가라스마오이케역에서 남쪽 개찰구 직결, 신푸칸 1층 Add 京都市中京区場之町586-2 新風館1F Open 음식(금·토·일요일) 11:00~15:00, 17:00~21:00 (L.O.20:00) / 음료, 디저트(월·수·목요일) 11시~21시(L.O 20:30) Close 화요일 Tel 075-744-1727 Web oyoy.kyoto

고르는 즐거움이 더해진

하타케노 쇼쿠도 나추라 畑の食堂ナチュラ

식사뿐만 아니라 디저트에도 오가닉을 접목시켜 다양한 메뉴를 선보이는 아담하고 귀여운 오가닉 식당이다. 오가닉 식당에서 항상 아쉬운 것이 한정된 메뉴인데, 나추라에서는 런치 메뉴도 현미 정식과 건강 덮밥 정식, 채소 샐러드 정식 중에서 고를 수 있다. 유기농 디저트가 포함된 세트도 가능하다. 커피와 홍차 등도 유기농을 고집한다.

Data Map 264p-B Access 지하철 다니마치선 다니야마로쿠초메역 4번 출구 도보 5분 Add 大阪府大阪市中央区谷町7-2-32 Open 11:30~20:00 Cost 런치 현미 정식 1,000엔, 정식과 디저트·음료 세트 1,450엔 Tel 06-4304-0551

맛 좋아 한입, 분위기 좋아 한입
스위티 카페에서 즐기는 런치

맛있는 파이와 빵으로 유명한 고베. 그래서인지 이국적인 인테리어에 분위기 좋은 카페들이 많다. 건강과 맛을 함께 챙기는 런치와 보기만 해도 기분 좋아지는 디저트를 곁들인 티타임. 고베에서 나를 위한 작은 사치를 부려보자.

빛, 바람, 산록의
그린 하우스 실바 Green House Silva

대나무 정원이 내다보이는 안락한 소파 좌석과 아늑한 조명이 있는 카페다. 낮부터 늦은 밤까지 문을 열어 언제라도 피로를 풀고 가기 좋은 곳이다. 다만, 좌석이 너무 넓어 혼자가기에는 조금 민망할 수 있다. 점심시간(11:00~16:00)에는 런치 플레이트와 런치 파스타 중 선택할 수 있는 '오늘의 런치'가 인기. 샌드위치 종류도 다양하다. 어느 것을 선택해도 기본은 한다. 그린 하우스란 이름으로 실바Silva와 왈드 Wald 두 곳의 점포를 운영 중이다.

Data Map 412p-B
Access JR산노미야역 동쪽 출구에서 도보 3분 **Add** 神戸市中央区琴ノ緒町5-5-25 **Open** 11:00~24:00(L.O. 음식 23:00, 음료 23:30)
Cost 오늘의 런치 900엔~, 파스타 1,000엔~ **Tel** 078-262-7044
Web www.green-house99.com

작은 갤러리에서 식사하는 기분이야

트리톤 카페 TRITON CAFÉ

고베 기타노이진칸에서 산노미야역 사잇길로 가면 만날 수 있는 카페 겸 레스토랑이다. 가게가 좁은 골목의 2층에 위치해 발걸음하기가 망설여질지도 모른다. 하지만 일단 카페 안에 들어서면 아늑한 분위기와 맛있는 음식에 반하게 될 것이다. 카페이면서 전시회를 하기도 하고, 한쪽에서 아기자기한 잡화를 팔고 있는 트리톤은 마치 작은 갤러리 같은 분위기이다. 트리톤의 메인 요리는 고기나 생선 등 제철 식재료를 사용해 그날그날 바뀐다. 파스타, 카레와 샐러드 등을 곁들인 런치가 인기 있다. 팬케이크는 오후 3시부터 판매한다.

Data Map 412p-A
Access 지하철 산노미야역 동쪽 8번 출구로 나와 직진 도보 5분
Add 神戸市中央区中山手通 1-23-16 2F
Open 카페 11:30~18:00 (주말, 공휴일 ~19:00)
Cost 팬케이크 플레이트 1,080엔
Tel 078- 251-1886 **Web** www.tritoncafe-kitano.com

감동적인 고베산 쇠고기로 만든 비프 샌드위치

카페 프로인드리브 CAFÉ FREUNDLIEB

유명한 일본 쇠고기 중 하나인 고베 쇠고기를 이용한 비프 샌드위치를 맛볼 수 있는 곳. 숍과 카페가 같이 있으며, 숍에서는 독일식 빵을 판매한다. 카페에서는 평일에 운영하는 모닝과 런치 메뉴 외에 샌드위치와 샐러드, 수프 등과 디저트 메뉴, 맥주와 와인을 맛볼 수 있다. 유럽의 궁전을 닮은 고풍스런 건물도 눈길을 끈다.

Data Map 412p-B Access 지하철 산노미야역 동쪽 2번 출구에서 직진 도보 12분
Add 神戸市中央区生田町4-6-15 2F Open 10:00~18:00(수요일 휴무)
Cost 평일 런치 1,540엔,쿠키류 648엔~ Tel 078-231-6051 Web www.h-freundlieb.com

디저트의 한계를 넘다

히스테릭 잼 ヒステリックジャム

둥글납작하게 구운 크레이프에 생크림을 듬뿍 넣어 둘둘 만 크레이프. 늘 바나나에 초콜릿 소스를 고집하지는 않았는지? 히스테릭 잼의 크레이프는 '정말로 맛있는 것을 만들고 싶다. 그걸 다른 사람들에게 먹이고 싶다'는 오너의 바람에서 계란, 버터, 생크림, 과일 등 각 재료를 엄선하여 만든다. 아이스크림콘처럼 생긴 프리미엄 5종류를 비롯해 디저트류와 라이트밀(참치 마요네즈처럼 식사대용으로 먹을 수 있는 것)을 합해 90여 가지의 크레이프가 있다. 특히 인기 있는 크렘 브릴레와 생라즈베리 쇼콜라는 놓치지 말자. 주문 후 조리까지 기다려야 하는 시간이 있다.

Data Map 406p-B Access JR모토마치역 동쪽 개찰구에서 도보 2분 Add 神戸市中央区北長狭通3-30-77 Open 12:00~18:00 Tel 078-599-5019 Cost 크렘브릴레 680엔, 생라즈베리 쇼콜라 650엔 Web hysteric-jam.com

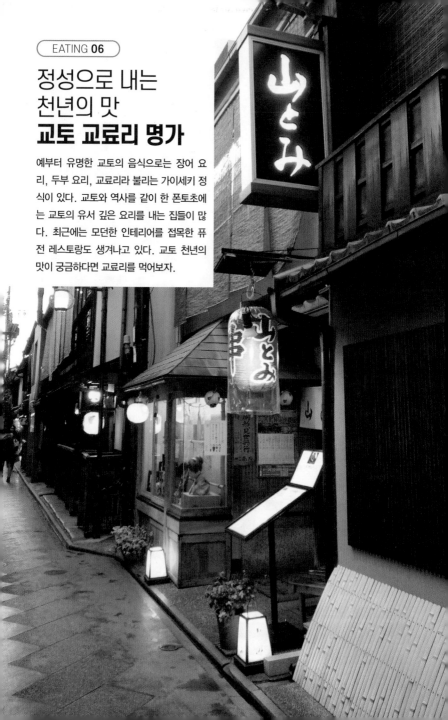

정성으로 내는
천년의 맛
교토 교료리 명가

예부터 유명한 교토의 음식으로는 장어 요리, 두부 요리, 교료리라 불리는 가이세키 정식이 있다. 교토와 역사를 같이 한 폰토초에는 교토의 유서 깊은 요리를 내는 집들이 많다. 최근에는 모던한 인테리어를 접목한 퓨전 레스토랑도 생겨나고 있다. 교토 천년의 맛이 궁금하다면 교료리를 먹어보자.

유바 요리로 명성이 자자한

야마토미 お食事処 山とみ

폰토초 거리에 있는 야마토미는 두부 요리 전문점으로 유
명하다. 이 가게의 명물은 유바. 두유를 끓였을 때 생기는
표면의 얇은 막을 여러 장 붙여 두부처럼 만들어낸 것이다.
유바는 육식을 하지 않는 스님들의 주 단백질 공급원으로,
질 좋은 물과 콩으로 만든다. 사찰이 많은 교토는 유바 요
리가 발달할 수밖에 없는 환경이었다. 유바 요리는 두부와
는 달리 쫄깃한 식감이 특징이다. 야마토미에서는 유바 외
에도 여러 가지 두부 요리와 다양한 야채 등의 재료를 기름
에 튀겨내는 구시카츠도 유명하다.

Data Map 357p-C
Access 가와라마치역에서 도보 5분
Add 京都市中京区柳馬場六角下ル
井筒屋町421 **Open** 17:00~22:00
(수요일 휴무) **Cost** 유바정식 2,700엔
Tel 075-212-2680
Web www.kyoto-yamatomi.com

TALK

교료리란?

'교토의 요리'라는 의미에서 교료리라 이름이 붙었다. 보통 일본의 정식 코스요리를 가이세키
라 부르는데, 교료리도 그중 하나다. 교료리의 특징은 채소와 두부를 중심으로 하여 재료 고유
의 맛을 세련되게 살려낸 것이다. 이는 교토가 일본의 옛 수도로서 영화를 누리면서 많은 사찰
이 있어, 채식 위주로 식단을 짜는 사찰음식에 뿌리를 두었기 때문이다. 여기에 정갈하고 깔끔
한 반찬요리가 가미되면서 교료리가 완성됐다. 교료리는 정성이 많이 들어가는 요리인 만큼 가
격대도 높다. 저녁은 1인 기준 보통 5,000엔 이상이다. 가격이 부담스럽다면 점심에 이용하는
것도 방법이다. 런치는 2,000~3,000엔 선이다.

전통을 지키며 새로운 두부요리를 추구하는
마메하치 豆八

전통의 향기가 물씬 풍기는 폰토초 거리를 걷다 보면 귀여운 콩이 그려져 있는 노렌(상점 앞에 걸린 천)을 볼 수 있다. 두부 요리 전문점으로 유명한 마메하치다. 이곳은 유바(두부 만들 때 생기는 단백질 막)도 맛있기로 소문이 났다. 특히, 이 집의 유바는 검은콩과 시골마을 미야마의 깨끗한 물을 사용해 만든다. 이 가게는 전통을 지키면서 영양을 높이고, 맛을 진화시키기 위해 끊임없이 연구하며 메뉴를 내놓는 것으로 정평이 나 있다.

Data Map 357p-C Access 한큐선 가와라마치역에서 폰토초 거리로 들어가 도보 1분
Add 京都市中京区四条 通先斗町上ル西側22番 Open 11:30~22:30 (점심 11:30~14:00, 화요일 휴무),
브레이크 타임 15:00~17:00 Tel 050-5484-8342 Cost 나마유바 사시미 990엔, 유도후 590엔
Web www.k127209.gorp.jp

장어가 메인인 가이세키 요리가 궁금하다면
이즈모야 いづもや

폰토초 거리 입구에 있는 장어 요리 전문점이다. 오랜 전통을 지닌 요리집으로 관광객은 물론 교토인들도 사랑하는 곳이다. 이즈모야는 1916년 교토의 신쿄고쿠에 오픈했다가 1946년 지금의 자리로 옮겼다. 폰토초에서 가장 큰 레스토랑으로 가모가와강을 바라보며 식사할 수 있다. 여름철에는 테라스에서 식사를 할 수 있다. 6월 중순에서 8월 말은 장어가 제철이다. 제철인 장어는 장어덮밥 같은 단품요리로도 인기가 있지만 가이세키 요리에도 함께 나온다. 이즈모야의 넘버원 메뉴는 미니 가이세키 요리(3,675엔)다. 가이세키 요리와 장어 요리를 한 번에 맛볼 수 있는 최고의 메뉴이다.

Data Map 333C Access 게이한 본선 시조역 1번 출구에서 도보 3분 Add 京都市中京区先斗町通四条上ル柏屋町173-2 Open 11:30~22:00 Cost 장어덮밥 2,090엔~ Tel 075-211-2501 Web www.idumoya.co.jp

전통적인 교료리집이 부담된다면
이치바코지 市場小路

교료리는 맛보고 싶은데 가격이 부담된다면 이치바코지를 찾아가 보자. 캐주얼한 분위기의 창작 다이닝으로, 교료리를 맛볼 수 있으면서 양식 메뉴도 판매한다. 점심시간에는 밥과 두부를 무한리필로 제공하고, 저녁 시간에는 음료 무한리필 코스요리도 있다. 교토 이세탄백화점 9층, 가라스마역 인근에도 지점이 있다.

Data 데라마치 본점
Map 356p-B Access 가와라마치역 3번 출구에서 도보 3분 Add 京都市中京区円福寺前町283 WITH YOUビルB1F Open 평일 11:30~16:00(런치), 17:00~23:00(디너) 주말·공휴일 11:30~23:00 Cost 오반자이런치 1,100엔~, (평일) Tel 075-252-2008 Web www.star-kyoto.co.jp/restaurant/shop-2

정신줄 놓고 먹게 된다 **고베 고베규**

고베규는 일본에서도 명성이 자자하다. 곡물과 맥주를 먹이고, 육질을 부드럽게 하기 위해 정기적으로 마사지를 받는 등 엄격하게 관리된 최고급 쇠고기다. 열을 가했을 때 근육과 지방이 미묘하게 녹아 들어 특유의 감칠맛이 난다. 마블링이 일품인 쇠고기를 센 불에 겉만 살짝 구워 입안에 넣으면 사르르 녹으면서 부드럽게 퍼지는 맛이 일품이다. 고베규는 반드시 맛봐야 할 '먹방 1순위'다.

맛도, 눈도 즐거운 고베규 철판구이

스테이크 랜드 STEAK LAND

셰프가 눈앞에서 철판에 스테이크를 구워주는 레스토랑이다. 가격도 저렴해서 감동이다. 특히, 런치타임(11:00~14:00)에는 착한 가격으로 고베규 스테이크를 즐길 수 있다. 산노미야역 서쪽 출구로 나오면 건너편에 간판이 보일 정도로 찾기도 쉽다. 맞은편 건물 6층의 고베관神戸館, 걸어서 3분 거리의 고베 스테이크 야마자키神戸ステーキ 山崎에서도 즐길 수 있다. 식사 후 바로 뒤편의 이쿠타 로드에서 맛있는 디저트로 마무리하면 완벽하다.

Data 고베점
Map 407p-C Access 한큐 산노미야역 서쪽 출구로 나와 바로 앞 Add 神戸市中央区北長狭通 1-8-2 宮迫ビル1~2F Open 11:00~22:00 Cost 고베규 스테이크 런치 세트(150g) 3,180엔, 고베규 스테이크 디너 세트(180g)6,380엔 Tel 078-332-1653 Web steakland.jp

고베규의 진수를 보여주마

토어 로드 스테이크 아오야마 TOR ROAD STEAK AOYAMA

1963년 오픈한 스테이크 전문점이다. 고베규 본연의 맛을 살리기 위해 2.5cm 두께의 철판에서 요리한다. 뜨겁게 달구어진 두꺼운 철판에서 재빨리 겉만 익히고 속은 육즙이 고스란히 살아 있게 한다. 이렇게 철판에 구운 쇠고기 스테이크에 특제 폰즈 소스를 뿌려 먹으면 최고의 고베규 맛을 즐길 수 있다. 아오야마 특선코스가 가장 인기 있다. 런치 타임(12:00~14:30)에는 비교적 저렴한 가격에 고베규 스테이크를 즐길 수 있다.

Data **Map** 406p-B **Access** 지하철 산노미야역 서쪽3번 출구에서 도보 7분
Add 神戸市中央区下山手通2-14-5 **Open** 12:00~21:00 (수요일 휴무, 공휴일인 경우 다음 날)
Cost 런치 특선 고베규 스테이크 5,610엔~, 아오야마 스테이크 코스 7,150엔, 아오야마 특선 코스 9,900엔
Tel 078-391-4858 **Web** www.steakaoyama.com

여행의 피로는 선술집에서 풀자
오사카 이자카야

오사카처럼 많이 걸어야 하는 여행지가 또 있을까. 하루의 여행을 마칠 때면 갈증과 피로에 맥주 한잔 생각이 절로 날 것이다. 여기에 맛있는 꼬치구이까지 곁들일 수 있다면 금상첨화다. 오사카의 샐러리맨들과 뒤섞여서 술잔을 기울이며 피로를 풀 수 있는 선술집을 소개한다.

맛도, 분위기도, 가격도 만점!

로바타차야 하타고 炉ばた茶屋 旅籠

우메다 도심에서 만나는 본격 화로구이 전문점이다. 우메다처럼 복잡한 도심에서 이렇게 예스러운 분위기의 화로구이집을 만나기란 쉽지 않다. 맛도, 분위기도 좋은데다 대부분의 단품 메뉴가 330엔 균일가인 것까지 너무 매력적이다. 이왕 화로구이 전문점을 찾았다면 1, 2층에 모두 위치한 카운터석을 차지하자. 그래야 스태프가 직접 구워서 긴 주걱으로 요리를 배달해주는 것을 직접 보는 즐거움을 누릴 수 있다. 인기 메뉴는 가리비 버터구이다.

Data Map 230p-A Access 한큐 우메다역 차야마치 출구로 나와 도보 2분
Add 大阪市北区茶屋町10-3 NU茶屋町 1 F Open 16:00~23:15 Cost 단품 330엔 균일가
Tel 06-6359-7189 Web www.rikimaru-group.com/group/hatago

서민적인 분위기로 정감 있는 이자카야

아메무라 샤인쇼쿠도 アメ村社員食堂

혼자서도 나베(냄비요리)를 주문할 수 있는 캐주얼한 이자카야다. 재일교포 출신 오너가 운영하는 곳으로, 대한민국 오사카 총영사관 바로 뒷골목에 있다. '아메무라 사원식당'이란 왠지 코믹한 이름을 가진 실내는 선술집 같은 분위기가 물씬 난다. 이곳은 이자카야 특유의 단품 메뉴들을 내놓는다. 나베의 계절에는 나베 1인분도 가능한 것이 특징. 닭날개와 소고기 전골이 추천 메뉴.

Data Map 264p-C Access 오사카 난바역 25번 출구에서 도보 5분 Add 大阪市中央区西心斎橋2-3-14
Open 18:00~23:00 (일요일 휴무) Cost 1인 나베 980엔, 가리추하이 380엔 Tel 06-6214-0286
Web www.amesya.jp

구시카츠의 귀족 버전

아게하 AGEHA 揚八

오하츠텐진도리 상점가의 뒷길 '우라산도裏参道'에 있는 음식점. 간판에는 구시카츠와 자jar 샐러드집이라 되어 있다. 구시카츠는 주문하면 바로 튀겨주는데 일반적인 소스에 튀김마다 어울리는 별도의 특제 소스가 예쁜 접시에 제공된다. 특히 이 우라산도 지점은 오너가 소믈리에로, 쉽게 마실 수 있는 2만 원 전후의 와인 보틀을 20종류 이상 보유해 두었고, 과일을 꾹꾹 눌러 담은 과일 칵테일도 다양해 구시카츠에 어울리는 음료가 맥주만이 아님을 실감하게 한다.

Data Map 406p-B **Access** 지하철 히가시우메다역 6번 출구에서 도보 5분 **Add** 大阪府大阪市北区曽根崎2-9-18 1F **Open** 17:00~23:00 **Cost** 구시카츠 132엔~, 음료 418엔~ **Tel** 06-6360-7112 **Web** www.ageha-urasan.owst.jp

가격과 맛에 깜짝 놀라는 현지인들의 이자카야

지자카나 야타이 돗찬 地魚屋台とっつあん

오사카역 부근에 있는 선술집들이 관광객을 위한 곳이라면 여기는 현지인을 위한 이자카야다. 이곳은 오사카역에서 JR로 한 정거장, 도보로는 10분 남짓한 JR후쿠시마역에 있다. 튀김 메뉴를 별도의 종이에 적어 주문하는데, 튀김이 놀랍도록 크다. 회는 그날그날 달라진다. 300엔 정도의 가격에 두툼한 회가 대여섯 점씩 나온다. 술의 종류는 일반 이자카야보다 적은 편. 하지만 회의 종류는 40~50가지나 된다. 생선을 활용한 다른 안주들도 있다. 생맥주는 기린 이치반시보리를 낸다. 단, 일본어를 모른다면 어려울 수도 있다. 반대로 일본어를 조금이라도 안다면 강추한다.

Data 후쿠시마 본점
Map 230p-C **Access** JR후쿠시마역 고가도로 아래 **Add** 大阪市福島区福島7-21-7 **Open** 17:30~23:00 (월요일 휴무) **Cost** 생맥주 390엔, 연어회 280엔, 방어회 380엔 **Tel** 06-6453-4649 **Web** t-don.co.jp/tottsuan

오사카 이자카야 대표 단품 메뉴 5선

일본 TV드라마를 보면 느슨한 넥타이 차림의 회사원들이 이자카야에서 시원한 생맥주 한 잔으로 하루 일과를 마무리하는 장면이 자주 나온다. 유튜브 채널 〈오사카에 사는 사람들 TV〉에 나오는 마츠다 부장 같은 모습이다. 이자카야에서는 맥주뿐 아니라 일본 술 사케, 칵테일 사와 등 다양한 주종을 판다. 안주도 다양하다. 오사카 이자카야의 대표 단품 메뉴를 소개한다.

1 가라아게
唐揚げ

이자카야를 대표하는 요리. 작게 자른 닭에 소금과 후추로 밑간을 한 뒤 전분을 입혀 튀겨낸다. 프라이드 치킨과 달리 쫄깃하고 고소한 식감이 특징이다. 한 접시를 시키면 4조각 정도 나오는 것이 보통. 양이 적다고 실망하지 말고 여러 메뉴를 골고루 먹자.

에다마메 2
枝豆

완전히 여물지 않은 풋콩을 콩깍지째 삶아낸 안주다. 삶은 콩은 부드럽고, 의외로 즙이 많다. 단맛과 함께 살짝 풋내가 난다. 한국에서는 기본안주지만 일본에서는 당당한 하나의 메뉴이다. 맛있다고 계속 달라고 했다가는 생각지도 못한 지출을 할 수도 있다.

3 데바사키
手羽先

간장소스로 맛을 낸 닭날개 요리. 달콤하면서 짭짤한 맛이 특징. 지금은 인기가 조금 시들해졌지만 몇 년 전에는 데바사키 전문점이 있을 정도로 큰 인기를 누렸다.

다코와사 4
たこわさ

생물 문어를 이용한 요리. 생물 문어를 작게 썰어서 다진 파나 야채를 넣고 와사비와 함께 비벼 낸다. 매운맛을 좋아하는 한국인이 좋아하는 메뉴이다. 하지만 문어의 짠맛과 와사비의 매운맛이 강하니 너무 많이 먹지는 말자.

5 구시야키
串燒

닭고기, 돼지고기, 각종 야채를 긴 꼬치에 꽂아서 구워내는 꼬치 요리도 빼놓을 수 없는 안주이다. 꼬치도 몇 가지 재료명을 외워두었다가 먹고 싶은 것을 주문해보자. 파는 네기ネギ, 돼지고기는 부타니쿠豚肉, 닭꼬치는 야키토리焼き鳥라고 하면 된다.

훈훈한 인심 따라 빙글빙글 돌아간다
회전초밥 BEST 3

먹거리가 넘쳐나는 오사카에서도 꼭 한 번은 들르게 되는 곳. 바로 회전초밥집이다. 특히, 오사카는 일본에서도 회전초밥이 처음 등장한 원조 도시다. 두툼하게 썬 회를 얹은 초밥을 입안에 넣으면 가득 퍼지는 풍미에 말을 잃게 된다.

일본 회전초밥의 원조
겐로쿠스시 元禄寿司

일본 회전초밥의 원조다. 1950년대 오사카의 공장지대에서 초밥집을 하던 겐로쿠스시 주인은 인건비를 줄여 많은 사람들이 보다 저렴한 가격에 초밥을 먹을 수 있는 방법을 고민했다. 그래서 고안해낸 것이 컨베이어 벨트 시스템! 초밥을 벨트 위에 올려놓으면 자동으로 회전되면서 손님을 찾아간다. 이 획기적인 방법은 일본 전역에 퍼졌고, 지금은 일본 어디서나 볼 수 있다. 겐로쿠스시에서는 130엔부터 시작되는 100여 가지 메뉴의 초밥을 맛볼 수 있다. 가격은 저렴하지만 가격 이상의 만족을 느낄 수 있다.

Data **도톤보리점** Map 284p Access 지하철 난바역 14번 출구로 나와 도톤보리 메인 스트리트 구이다오레 건물 건너 편 Add 大阪市中央区道頓堀1-6-9 Open 11:30~21:30 Cost 한 접시 143엔, 주류450엔~ Tel 06-6211-8414 Web www.mawaru-genrokuzusi.co.jp

우메다점 Access 한큐백화점 앞 길 한큐 히가시도리 상점가 내 Add 大阪市北区堂山町3-16 Open 11:00~22:30 Tel 06-6312-1012

센니치마에점 Access 미도스지선 난바역 11번 출구에서 도보 5분 Add 大阪市中央区千日前2-11-4 Open 11:00~22:30 Tel 06-6644-4908 Web www.mawaru-genrokuzusi.co.jp

그날 들여온 신선한 재료로 만든다

다이키스이산 가이텐스시 大起水産 回転寿司

수산회사 다이키스이산에서 운영하는 회전초밥집이다. 식당 안에서 먹을 수도 있고, 테이크아웃해 가져갈 수도 있다. 초밥 외에 횟감 등도 판매하고 있다. 초밥 가격은 110엔부터 605엔까지 다양하다. 그날그날 들여온 재료를 미리 알리는 팻말이 벨트를 따라 같이 돈다. 날마다 들어오는 생선이 달라지니 그날 들어온 것을 알고 먹는 것이 신선한 초밥을 먹는 요령이다. 오사카 곳곳에 매장이 있다.

Data **도톤보리점** Map 284p Access 지하철 난바역 14번 출구로 나와 도톤보리 메인 스트리트 구이다오레 건물 바로 옆 Add 大阪市中央区道頓堀1-7-24 Open 11:00~23:00 Cost 한 접시 105~525엔 , 디저트 210엔~, 주류 315엔~ Tel 06-6214-1055 Web www.daiki-suisan.co.jp

난바시티점 Access 난카이 난바역과 연결된 난바 시티로 이동. 난바시티 본관 1층 & 남관 1층 Add 大阪市浪速区難波中2-10-1 Open 11:00~22:00 Tel 본관 06-6644-2738, 남관 06-6644-2470

화이티우메다점 Access 지하철 히가시우메다역 북동, 북서 개찰구와 연결된 화이티 우메다로 이동 Add 大阪市北区小松原町梅田地下街4-2号 Open 11:00~22:30(주말, 공휴일 ~22:00) Tel 06-6131-2255

아베노큐즈몰점 Access 지하철 덴노지역 12번 출구와 연결되는 아베노큐즈몰 4층으로 이동 Add 大阪市阿倍野区阿倍野筋1-6-1 Open 11:00~23:00 Tel 06-6644-1500

간사이공항에서 출출할 땐~

간코스시 がんこ寿司

간판에 하얀색 천을 머리에 둘러맨 아저씨의 얼굴이 있는 스시 전문점으로, 간사이 지방 어디서나 볼 수 있는 회전초밥 체인점이다. 초밥뿐 아니라 주류를 파는 주점, 돈가스점 등과 같이 운영되기도 한다. 가격은 저렴하지만 맛은 기본 이상이다. 도톤보리 먹자골목은 물론 곳곳에 분점이 있어 귀국길에 간편하게 이용할 수 있다.

Data **도톤보리점** Map 284p Access 지하철 난바역 14번 출구에서 도보 5분 도톤보리 메인 스트리트 Add 大阪市中央区道頓堀1-8-24 Open 11:30~22:00 Cost 한 접시 150엔~300엔, 3ps 한 접시 200~500엔 Tel 06-6212-1705 Web www.gankofood.co.jp

누구에게도 알려주고 싶지 않아!
교토 오리지널 커피숍

우리나라의 경주와 곧잘 비교되는 일본 천년고도 교토. 전통의 향기가 물씬할 것 같은 이 도시에는 의외로 이름난 토종 커피숍이 많다. 관광객들이 꼭 한 번은 찾는다는 향긋한 교토 커피숍을 찾아가 보자.

70년 역사의 교토 토종 브랜드
이노다 커피 inoda coffee

교토에는 수백 년 역사를 갖고 있는 상점들이 많다. 이노다 커피는 그런 전통 있는 상점들과 어깨를 나란히 하는 교토의 대표 커피숍이다. 1940년 원두 도매상으로 시작한 이노다 커피는 1947년 커피숍을 오픈해 70여 년의 역사를 갖고 있다. 이노다 커피는 산미가 강한 오리지널 브랜드 커피 아라비아노 신주(아라비아의 진주)가 유명하다. 브런치와 케이크도 유명해 늘 사람들로 북적북적하다. 독일 햄 장인이 전통 제조법으로 만든 명품 햄을 이용한 브런치와 샌드위치 메뉴도 이노다 커피의 자랑이다.

Data 본점 Map 345p-A
Access 지하철 가라스마오이케역
5번 출구, 도보 5분
Add 京都市中京区堺町通三条
下ル道祐町140
Open 07:00~18:00 **Cost** 브랜드
커피 650엔, 케이크 630엔,
커피&케이크 세트 1,180엔
Tel 075-221-0507
Web www.inoda-coffee.co.jp

전통 있는 교토의 커피 맛
스마트 커피 Smart Coffee

1932년 '스마트 런치'라는 이름의 식당을 오픈한 것이 원조다. 그 뒤 '스마트 커피'로 상호를 변경한 뒤 지금까지 영업해오고 있다. 스마트 커피는 오픈 당시부터 지금까지 직접 로스팅한 오리지널 블렌디드 커피를 팔고 있는, 교토 커피 맛의 산증인이다.

Data Map 356p-B Access 지하철 교토시야쿠쇼마에역 하차, 데라마치도리 입구에서 100m
Add 京都市中京区寺町通三条上る天性寺前町 5 3 7 Open 08:00~19:00, 런치 11:00~14:30(화요일 휴무)
Cost 스마트 오리지널 블렌디드 커피 600엔, 핫케이크 750엔, 스마트 런치 1,300엔 Tel 075-231-6547
Web www.smartcoffee.jp

향기로운 커피는 기본, 고즈넉한 사찰은 덤
마에다 커피 고다이지점 前田珈琲 高台寺店

1971년 오픈해 교토에만 세 곳의 지점이 있는 교토 브랜드 카페. 고다이지점은 고즈넉한 고다이지를 산책하고 들리기 좋다. 커피와 디저트 모두 호평을 받는다. 이곳에서만 한정 판매하는 옛날 풍의 하야시라이스와 검은깨 말차 소프트도 특별하다.

Data Map 363p-C Access 가와라마치역에서 도보 15분
Add 京都市東山区下河原通八坂鳥居前下る南町415-2 Open 07:00~18:00
Cost 커피 550엔, 파르페 1,150엔~ Tel 075-561-1502 Web www.maedacoffee.com

Step 05
Shopping

오사카를
사다

01 지름신이 무섭지 않다! 오사카 100엔숍들
02 약만 파는 게 아니라구, 만물상 같은 오사카의 약국들
03 몽벨의 고향, 아웃도어의 천국! 오사카 아웃도어몰
04 오사카는 유럽 스타일을 좋아해! 유럽에서 온 숍들
05 없는 게 뭐야? 쇼핑 끝판왕 JR오사카역의 핫 쇼핑몰 3

06 천하의 부엌을 엿보다 오사카 재래시장

07 여행은 엄마만 하나요? 나도 갈래 오사카! 아이들이 좋아하는 키즈숍

08 나를 잊지 마세요 간사이 특산품

09 한국 가면 너무 비싸, 여기서 사 갈래 러쉬 화장품&돔 페리뇽 샴페인

10 귀국길에 꼭 들른다 린쿠 프리미엄 아웃렛

지름신이 무섭지 않다!
오사카 100엔숍들

커도 커도 너~무 큰
에비스바시스지 다이소

일본은 물론 한국에서도 유명한 다이소. 굳이 오사카까지 가서 다이소를 갈 필요가 있을까, 하지만 오사카의 다이소는 한국의 다이소와는 달라도 너무 다르다. 말 그대로 없는 게 없다. 특히, 에비스바시스지에 있는 다이소는 간사이 지역에서도 다양한 물건을 구비해 놓기로 유명한 곳이다. 진열된 물건이 무려 25만 개나 된다. 진열 상태도 최상급이지만 매장이 넓어 구경하는 데만도 몇 시간이 걸릴 정도이다. 오사카 시민들은 기본, 세계 각국에서 온 관광객들로 항상 붐빈다.

Data Map 284p **Access** 지하철 난바역 14번 출구에서 난바 힙스 건물 옆 골목으로 한 블록 걸어가서 오른쪽 **Add** 大阪市中央区難波1-5-16 大阪 B&Vビル 1F **Open** 10:00~23:00 **Tel** 06-6214-3611 **Web** www.daiso-sangyo.co.jp

핑크를 기억해주세요
신사이바시 핑크 다이소

쇼핑의 메카 신사이바시에 있다. 보통 다이소 간판은 빨간색이다. 하지만 이곳은 고급스런 핑크색 간판을 달았다. 가격은 다른 곳과 같다. 하지만 인테리어와 물품 진열은 훨씬 신경 써서 한 느낌이다. 외국인 관광객들이 오사카를 관광한 뒤 기념품 구입을 위해 꼭 들러가는 곳이다.

Data Map 264p-A **Access** 지하철 신사이바시역 1번 출구로 나와 신사이바시 상점가로 들어가 세번째 블록 **Add** 大阪市中央区南船場3丁目10番3号 **Open** 09:00~21:00(주말, 공휴일 09:30~) **Tel** 06-6253-8540 **Web** www.daiso-sangyo.co.jp

캐릭터 상품이 궁금하다면 여기!
세리아 Seria

오사카에서 쉽게 볼 수 있는 100엔숍이다. 다른 100엔숍에 비해 캐릭터 상품이 많은 것이 특징. 특히, 할로윈 축제가 다가오면 매장 전체를 할로윈 의상과 인테리어 용품, 데코레이션을 위한 제품들로 가득 채워놓는다.

Data 덴포잔 마켓 플레이스점
Map 332p-B **Access** 지하철 주오선 오사카코역 1번 출구로 나와 도보 5분
Add 大阪市港区海岸通 1-1-10 天保山マーケットプレース 3F
Open 11:00~20:00 **Tel** 06-6576-5703 **Web** www.seria-group.com

오사카 구석구석에는 주머니 사정이 좋지 않은 젊은 여행자와 쇼핑에 목말라 있는 쇼퍼들을 위한 100엔숍이 있다. 대표적인 100엔숍은 이미 한국에서도 인기가 자자한 다이소를 비롯해 세리아, 내츄럴 키친 등이다. 100엔숍 상품에 만족스럽지 못하다면? 그럼 300엔숍으로 발길을 돌려보자.

주방용품이 필요하신 분!
내추럴 키친 NATURAL KITCHEN

주방용품을 위주로 파는 100엔숍이다. 아기자기하고 앙증맞은 주방용품들이 많다. 가격은 소비세 포함 108엔. 저렴한 가격에 예쁜 디자인, 여성이라면 당연히 마음을 뺏긴다. 그러나 조심! 이것저것 주워 담다 귀국길에 수하물 초과 조심!

Data 난바시티점
Map 264p-C Access 난카이 난바역 1층에서 바로 연결되는 난바시티로 본관 지하 1층 Add 大阪市中央区難波 5-1-60 なんばCITY本館 B1F
Open 10:00~21:00 Tel 06-6644-2763 Web www.natural-kitchen.jp

100엔숍이 만족스럽지 않다면 300엔숍으로
쓰리코인즈 3COINS

오사카의 300엔숍 쓰리코인즈. 100엔숍 상품의 품질과 디자인이 만족스럽지 못하다면 쓰리코인즈로 가보자. 가격이 3배 이상 비싸지만 품질이 그만큼 좋다. 오사카역과 우메다 헵 파이브 4층, 난바시티 2층에서 만나 볼 수 있다.

Data 난바시티점
Map 264p-C Access 난카이 난바역 1층에서 바로 연결되는 난바시티 남관 2층
Add 大阪市中央区難波 5-1-60 なんばCITY 本館2F Open 11:00~21:00
Tel 06-6644-2403 Web www.3coins.jp

숙소 들어가기 전 간식과 음료는 여기!
로손 100엔 스토어

모든 물품이 100엔은 아니지만 간단한 먹거리부터 음료수, 술 등을 품목당 108엔(세금 포함)에 구입할 수 있다. 사과나 바나나 같은 과일도 살 수 있고, 대용량 생수도 있다. 숙소에 들어가기 전 간단히 장을 보기에 부담 없다.

Data 니시신사이바시점
Map 264p-C Access 오사카난바역에서 도보 5분
Add 大阪市中央区西心斎橋 2-15-1 銀泉道頓堀ビル別館
Open 24시간 Tel 06-6214-2199 Web store100.lawson.co.jp

약만 파는 게 아니라구,
만물상 같은 오사카의 약국들

일본의 약국은 한국과 조금 다르다. 의사 처방전이 필요 없는 의약품은 물론 화장품, 건강보조식품, 음료 등을 약국에서 판다. 이런 곳을 드러그 스토어Drug Store라고 한다. 고령화가 빠르게 진행되고 생활습관성 질병이 늘면서 건강에 대한 관심이 높아지자 이런 류의 드러그 스토어가 빠르게 늘고 있다. 간단한 기념품은 물론 한국보다 훨씬 저렴한 가격에 살 수 있는 제품도 많아 한번 들러볼 만하다.

마츠모토 키요시 マツモトキヨシ

선드러그 サンドラッグ

일본 최대 규모의 드러그 스토어 체인이다. 일본 어디에서나 쉽게 만날 수 있다. 다른 드러그 스토어에 비해 내장 인테리어가 깔끔하고 산뜻하다.

Data Web www.matsukiyo.co.jp

슈퍼마켓 등 대형 소매점과 함께 영업하는 곳이 많은 드러그 스토어다. 오사카와 교토를 중심으로 매장 수가 점점 늘고 있는 추세다. 주로 역 근처에 매장이 많다.

Data Web www.sundrug.co.jp

TIP 드러그 스토어마다 상품 가격은 조금씩 차이가 있다. 고쿠민에서는 시세이도 퍼펙트 휩이 가장 저렴한 경우가 많다. 다이코쿠에 가면 향수 종류가 가장 저렴하다. 그러나 항상 그런 것은 아니다. 드러그 스토어에서 진행하는 프로모션에 따라 최저가에 판매하는 상품들이 달라진다. 따라서 1엔, 2엔에 일희일비하지는 말자. 만약 싼 곳을 찾아 오사카의 수많은 드러그 스토어를 다 돌아다니다가는 휴족시간(발, 다리의 피로를 풀어주는 파스)을 붙이는 데 더 많은 돈이 들어갈지도 모른다.

고쿠민 Kokumin

오사카가 본사인 체인 드러그 스토어다. 일본 전역에 200개가 넘는 매장이 있다. 특히, 오사카를 찾는 한국 여행자들의 필수 쇼핑 아이템인 자가리코와 시세이도 퍼펙트 휩을 가장 저렴하게 판매해 인기가 좋다.

Data Web www.kokumin.co.jp

코코카라 파인 COCOKARA FINE

다이코쿠 드러그 ダイコクドラック

화장품과 건강미용 식품을 판매하는 드러그 스토어 체인이다. 파워 드러그Power Drug, 드러그 세가미ドラックセガミ, 코코카라 파인 Cocokara Fine 등 3가지 브랜드가 있다. 간사이 지방 어디서나 만날 수 있다.

Data Web www.cocokarafine.co.jp

오사카에 본사를 둔 드러그 스토어. 일본 전역에 150여 개의 매장이 있다. 100엔숍과 함께 운영하는 곳도 있다. 100엔숍이 있는 매장은 수시로 다양한 프로모션을 진행해 상대적으로 저렴한 쇼핑이 가능하다.

Data Web www.daikokudrug.com

드러그 스토어에서 꼭 사야 할 것들

약국에서 판매하는 것들의 품질은 한국이나 일본이나 비슷하다.
하지만 몇몇 아이템은 일본에서 사야 가격 면에서 이득인 게 있다.
또 어떤 아이템은 아주 기발해서 선물용으로 구입해도 좋다.

곤약젤리 蒟蒻畑

떡처럼 쫄깃쫄깃한 식감의 젤리다. 원래 이름은 '곤나쿠 바타케'지만 대부분 곤약젤리라 부른다. 한국에는 파는 곳이 많지 않아 기념품으로 사기에 좋다. 드러그 스토어에서 사면 일반 슈퍼마켓에서 사는 것보다 200엔 정도 저렴하다. 젤리 12개가 들어 있는 한 봉지 가격은 213엔 정도. 찰기가 있어 어린이나 노인은 먹을 때 주의하라는 경고의 그림이 그려져 있다.

Data Cost 213엔~

동전파스&사론파스

500원 동전 모양처럼 생겼다고 해서 '동전파스'라고 부른다. 로이히츠보코ロイヒつぼ膏가 원래 이름이다. 후끈한 느낌을 좋아하는 어른들께 가볍게 드릴 선물로 좋다. 포장 뒷면에 그려져 있는 '혈' 자리를 보고 통증이 있는 부위에 붙이면 된다. 한 상자에 156개 들었다. 사론파스サロンパスA 는 동전파스와 반대로 시원한 느낌이 좋다. 장시간 걸어서 발이 아플 때 다리와 발에 붙이고 자면 효과가 좋다. 규소쿠지칸休足時間도 같은 효능의 제품이다.

Data Cost
동전파스(156개입) 699엔~,
사론파스(40매입) 594엔~

아이봉 アイボン

안구세정제. 포장용기 안에 있는 컵에 약물을 넣고 눈에 댄 다음 눈을 껌벅거려 안구를 세정한다. 우리나라에서는 의약품으로 분류되어 쉽게 구할 수 없다. 기념품으로 한두 개 사오면 좋다. 여행으로 지친 눈을 깨끗이 할 때도 추천.

Data Cost 500ml 789엔~

규소쿠지칸 休足時間

발과 다리에 쌓인 피로를 풀어주는 제품이다. 파스같이 생긴 시트를 발바닥과 종아리에 붙이고 자면 된다. 시트의 붙이는 면이 올록볼록하게 되어 있어 지압효과도 있다.

Data Cost 18매입 731엔~

시세이도 퍼펙트 휩

SHISEIDO PERFECT WHIP

시세이도 퍼펙트 휩 폼 클렌징은 한국에서도 구입 가능하다. 하지만 두 배 정도 비싼 가격에 판매한다. 몇 개만 사 가도 큰 이득을 볼 수 있다. 특히 여성들에게 선물하기에 좋은 아이템이다.

Data Cost 120g 381엔~

(THEME)

"어머, 이건 꼭 사야 해!"
오사카 가면 꼭 사야 하는 인기 브랜드 쇼핑법

꼼데가르송 카디건

꼼데가르송은 오픈런을 할 정도로 매장마다 한국인들이 줄을 선다. 확실히 일본에서 사면 값이 싸긴 하니까. 꼼데가르송 매장은 신사이바시점이 가장 제품이 많고, 역에서 가깝다. 사이즈 맞는 카디건이 있다면 꼭 살 것! 한국에서 구입하는 것보다 30~40% 이상 싸게 살 수 있다. 특히, 택스 리펀을 받으면 더 저렴하다. 여권을 가지고 가서 결제 시 택스 리펀 받겠다고 꼭 말하자.

Data Add 大阪府大阪市中央区南船場4丁目4-21 Open 매일 11:00~20:00
Tel 06-4963-6150

해리포터 굿즈

TM & © Universal Studios.

오사카 유니버설 스튜디오 재팬을 방문할 예정인데 마침 해리포터 덕후라면? 당장 해리포터 테마파크로 달려가자. 버터맥주도 마시고 마법사 지팡이도 구입할 수 있다. 하루 종일 놀아도 시간 가는 줄 모를 정도. 굿즈도 넘친다. 유니버설 스튜디오 갔으니까 해리포터 굿즈를 사는 게 아니라 해리포터 굿즈를 사기 위해 유니버설 스튜디오를 가야 하는 것! 그래야 진정한 덕후다.

Data Add 2 Chome-1-33 Sakurajima, Konohana Ward, Osaka Open 09:00~21:00
Tel 05-7020-0606

버켄스탁 슬리퍼

한국의 버켄스탁 매장이 철수했다. 여름에 버켄스탁 슬리퍼 하나면 어딜 가든 편하고 예쁘게 신을 수 있으니 오사카 갔을 때 한 켤레 사오면 좋다. 도톤보리에서 10~15분 정도 걸으면 버켄스탁 매장이 있다.

Data Add 大阪府大阪市中央区西心斎橋1丁目1-13 1階 Open 11:00~19:00 (수요일 휴무)
Tel 06-4704-6466

슈프림 저지

Supreme

축구 유니폼 스타일을 일상복으로 입는 '블록코어Blokecore룩'이 인기다. 슈프림에는 특별한 디자인의 블록코어룩이 많다. 오렌지 스트리트에 슈프림 오사카에 가면 한국에 없는 디자인을 할인 가격에 고를 수 있다. 단, 슈프림은 면세 적용은 안 된다.

Data Add 1 Chome-9-8 Minamihorie, Nishi Ward, Osaka Open 11:00~20:00
Tel 06-6533-0705

포켓 몬스터 피규어

파르코Parco 신사이바시점은 키덜트를 위한 꿈의 매장이다. 포켓 몬스터뿐만 아니라 '이웃집 토토로', '짱구는 못말려', 지브리, 미피, 마블 캐릭터까지! 인기 있는 캐릭터 숍이 가득하다. 캐릭터 피규어를 사지 않더라도 재밌는 인증샷 찍기에도 좋다. 아이들을 위한 선물을 고민 중이라면 꼭 들러야 할 핫스폿이다.

Data Add 大阪府大阪市中央区心斎橋筋1丁目8-3 Open 10:00~20:00 Tel 06-7711-7400

몽벨의 고향, 아웃도어의 천국!
오사카 아웃도어몰

한국에도 널리 알려진 아웃도어 브랜드 몽벨. 일본에서는 가장 인기 있는 브랜드다. 몽벨이 탄생한 곳이 바로 오사카다. 오사카에서는 몽벨을 비롯해 다양한 아웃도어 브랜드를 만날 수 있다. 가격도 최대 60%까지 저렴해 아웃도어 마니아라면 득템하기에 최적의 장소이다.

다양한 제품에 놀라고, 가격에 한 번 더 놀라고

몽벨 mont·bell

몽벨은 오사카에서 첫발을 내디딘 일본 아웃도어 종합 브랜드이다. 등산, 캠핑, 낚시, MTB 등 아웃도어 스포츠 관련 용품이라면 무엇이든 갖추고 있다. 몽벨은 일본 전역에 77개의 매장을 갖고 있다. 의류, 신발, 암벽등반, 텐트, 카약 등 없는 게 없다. 성인은 물론, 아기를 위한 제품까지 있어 처음 오사카의 몽벨 스토어를 방문한다면 충격을 받을지도 모르겠다. 갖추고 있는 물품의 다양성에 처음 놀라고, 저렴한 가격에 두 번 놀라게 된다. 신제품 이외의 제품들은 최대 60%까지 할인해서 판매한다.

Data 본사 쇼룸점

Map 230p-A Access 지하철 니시오하시역 2번 출구에서 도보 3분. 지하철 혼마치역 22번 출구, 요츠하시역 2번 출구에서 도보 10분 Add 大阪市西区新町1-33-20 モンベル本社ビル別館 1階 Open 11:00~20:00(비정기 휴무) Tel 06-6538-3896 Web montbell.jp

오토캠핑 마니아들을 위한 꿈의 매장

스노피크 snow peak

일본 토종 아웃도어 브랜드다. 특히, 한국에서는 럭셔리한 오토캠핑장비 브랜드로 인식되어 마니아층이 형성되어 있다. 다만, 한국에서는 가격이 비싸 군침만 흘리는 캠퍼들이 많다. 하지만 루쿠아 이레 6층에 있는 스노피크 직영매장에서는 지갑을 열어도 된다. 한국보다 30~40% 정도 저렴한 값에 제품을 판다. 세일 기간을 잘만 맞추면 최대 50%까지도 할인받을 수 있다. 단, 텐트 등 무게와 부피가 있는 제품들은 항공 수하물 무게를 고려해서 지름신을 모셔야 한다.

Data Map 230p-A Access 오사카역 쇼핑몰 루쿠아 이레 6층 Add 大阪市北区梅田3-1-3 Open 10:30~20:30 Tel 06-6147-5779 Web www.snowpeak.co.jp

럭셔리한 아웃도어 상품을 저렴하게

린쿠 프리미엄 아웃렛 아웃도어 매장

간사이공항 근처 린쿠타운에 있다. 아웃도어 브랜드가 한자리에 모여 있어 쇼핑하기 편리하다. 아웃렛 매장답게 가격대가 파격적이다. 신상만 고집하지 않는다면 품질 좋은 제품을 저렴한 값에 득템할 수 있다.

Data Access 난카이 공항선 린쿠타운역 하차 후 바로 연결 Add 大阪府泉佐野市りんくう往来南3-28 Open 10:00~20:00 Tel 072-458-4600 Web www.premiumoutlets.co.jp/rinku

아웃도어 전문 멀티숍

슈퍼 스포츠 제비오 SUPER SPORTS XEBIO

일본의 대표적인 스포츠 아웃도어 전문 멀티숍이다. 다양한 브랜드의 제품을 한 매장에서 볼 수 있다. 브랜드가 다양하기도 하지만 가격대가 저렴한 것도 이 숍의 장점이다.

Data 난바 파크스점
Map 264p-C Access 난카이 난바역과 연결된 쇼핑몰 난바 파크스 4층 Add 大阪市浪速区難波中 2-10-70 Open 11:00~21:00 Tel 06-6641-1525 Web www.supersports.co.jp

오사카는
유럽 스타일을
좋아해!
유럽에서 온 숍들

일본에서도 가장 먼저 서양 문물을 받아
들였던 간사이. 서구에 대한 갈망은 지금
도 여전(?)하다. 오사카에는 유럽에서 온
숍들이 있다. 플라잉 타이거 코펜하겐과
이케아가 그곳. 이케아는 아시아 여러 나
라에서 볼 수 있지만 오사카의 이케아는
더 특별하다.

덴마크의 천냥 백화점
플라잉 타이거 코펜하겐 FLYING TIGER COPENHAGEN

플라잉 타이거 코펜하겐은 실용적이고 심플한 디자인으로 유명한 덴마크 생활용품점이다. 전 세계
적으로는 200여 개의 점포가 있는데, 아시아에서는 오사카 아메리카무라에 처음 문을 열었다. 북
유럽 스타일의 가구나 문구, 팬시, 식기, 인테리어 소품, 생활용품 등 다양한 디자인의 상품을 판
매한다. 대부분의 제품이 합리적인 가격대(100~300엔)라 큰 인기를 끌고 있다.

Data 덴노지점
Map 264p-C Access 덴노지역 쇼핑몰 미오플라자 3층 Add 大阪市天王寺区悲田院町10-48
Open 11:00~21:00 Tel 06-6777-3039 Web www.flyingtiger.jp

북유럽 스타일의 생활용품이 한자리에

이케아 IKEA

스웨덴 국민기업 이케아. 이제는 세계 어디서나 만날 수 있는 세계적인 브랜드가 됐다. 합리적인 가격과 높은 실용성을 갖춘 제품, 매장의 동선을 따라가며 제품을 구경하는 독특한 쇼룸 방식은 쇼퍼들을 열광케 했다. 오사카의 이케아는 여타 유럽이나 아시아 매장에 비해 매장을 잘 꾸며놓기로 유명하다. 한번 들어가면 빈손으로 나올 수 없도록 솔깃하게 꾸며놨다. 가구와 생활소품, 인테리어 용품, 장난감 등 이케아에서 생산하는 모든 제품의 라인업은 기본. 1층에는 싸고 맛있는 음식을 먹을 수 있는 푸드코트도 있어 원스톱 쇼핑이 가능하다. 오사카에서 이케아로 갈 때는 오사카역, 난바역에서 셔틀버스(210엔)를 타면 된다.

Data Access 오사카역(45분), 난바역(25분)에서 셔틀버스 이용 **Add** 大阪市大正区鶴町2-24-55 **Open** 평일 11:00~19:00, 주말·공휴일 10:00~20:00 **Tel** 050-5833-9000(일본 전체 이케아 안내전화) **Web** www.ikea.com/jp/ja/store/tsuruhama/access

없는 게 뭐야? 쇼핑 끝판왕
JR오사카역의 핫 쇼핑몰 3

JR오사카역이 있는 기타 오사카는 오사카 쇼핑의 메카다. 역과 연결된 그랑 프론트 오사카, 오사카 스테이션 시티는 물론 한큐 3번가, 누 차야마치, 헵 파이브 등 역 주변의 쇼핑 스폿까지 더해져 오사카 최고의 쇼핑 명소로 군림하고 있다. 여기에 화룡점정을 찍는 스폿이 오픈했는데, 기존의 루쿠아 맞은편, 이세탄 백화점이 있던 자리의 루쿠아 이레(LUCUA 1100)가 그것! 역과 연결된 메인 스폿 세 곳을 간단히 소개한다.

오사카 쇼핑의 새로운 랜드마크
그랑 프론트 오사카 GRAND FRONT OSAKA

최근 오사카에서 가장 핫한 플레이스를 꼽으라면 당연히 그랑 프론트 오사카다. 오사카 최고의 번화가 우메키타에 들어선 이곳은 새로운 쇼핑 랜드마크가 됐다. JR오사카역을 중심으로 양쪽에 쌍둥이 빌딩이 세워진 이곳은 9층까지가 패션, 잡화, 레스토랑 등의 매장으로 채워져 있다. 매장 수는 266개에 이른다. 1일 평균 이용객은 약 25만 명이나 된다. 2013년 처음 오픈할 때는 3일 만에 누적이용객 100만 명을 돌파하기도 했다.

Data Map 230p-A
Access JR오사카역과 바로 연결
Open 상점 11:00~21:00,
레스토랑 11:00~23:00, 우메키타
셀러 10:00~22:00, 우메키타
다이닝 11:00~23:00, Knowledge
Capital 10:00~21:00, 우메키타
플로어 11:00~23:30
Tel 06-6372-6300 **Web** www.
grandfront-osaka.jp

그랑 프론트 오사카 주요 매장

무인양품 無印良品

▶북관 4층 '브랜드 없는 양질의 제품을 판매한다'는 의미의 무인양품이다. 그랑 프론트 오사카의 무인양품은 일본 최대 면적을 자랑한다. 내부를 다 돌아보려면 두 시간은 족히 걸릴 정도로 넓고 많은 제품이 전시되어 있다.

세계 맥주 박물관 世界のビール博物館

▶북관 지하 1층 세계의 맥주와 와인을 맛볼 수 있는 대형 비어가든이다. 이곳에서는 세계적으로 유명한 450종의 맥주와 와인을 판매한다. 좌석은 700석. 맥주는 300ml 한 잔에 650엔, 500ml는 800~1,200엔 정도 한다.

우메키타 다이닝
UMEKITA DINING

▶남관 7층 레스토랑이 모여 있는 공간이다. 일식, 중식, 한식은 물론 이태리, 스페인, 터키, 프랑스, 하와이 등의 세계 요리와 일본 오카나와 요리에 이르기까지 28개의 레스토랑이 몰려 있다. 런치는 1,000~3,000엔 정도 예산을 잡으면 된다. 디너는 최소 2,000엔 정도는 예상해야 한다.

더 랩 The Lab

▶북관 지하1층~지상3층 지식의 수도 Knowledge Capital이란 닉네임에서 알 수 있듯 최첨단 과학기술을 체험할 수 있는 곳. 기업이나 대학에서 연구, 개발한 것을 전시한다. 시제품을 테스트할 수도 있다. 지하 1층은 이벤트 랩, 지상 1층은 카페 랩, 2~3층은 기업, 대학, 연구소의 기술과 제품, 서비스 등에 관한 설명과 소개 등을 하는 액티브 랩으로 운영된다.

우메키타 플로어
UMEKITA FLOOR

▶북관 6층 어른들을 위한 놀이터다. 밤 11시까지 이용할 수 있는 다양한 콘셉트의 바가 있다. 긴 복도 양쪽으로 아이리시 펍, 이자카야, 스페인 와인바, 바비큐 비어홀, 사케바, 스포츠 바 등 16개의 바가 나란히 들어서 있다. 한 곳에서 놀다가 바로 옆 테이블로 옮기면 다른 분위기를 느낄 수 있는 재미있는 장소이다.

JR 기차 타고 오는 쇼퍼들의 종착역

오사카 스테이션 시티 OSAKA STATION CITY

오사카역사에 오픈한 복합상업시설이다. JR오사카역과 붙어
있어 유동인구가 많은 데다, 어디서나 쉽게 접근할 수 있어 쇼
퍼들의 사랑을 받고 있다. 쇼핑몰은 북관과 남관, 구내의 상
업시설 에키 마르셰의 3개 구역으로 되어 있다. 북관에는 루
쿠아와 루쿠아 이레(1100)가 있다. 루쿠아 이레(1100)는 이
세탄 백화점이 가졌던 장점을 살려 백화점 브랜드와 루쿠아에
서 인기있었던 점포, 지역에 처음 선보이는 점포들을 함께 소
개하는 테마로 영업하고 있다. 남관은 다이마루 백화점이 대
표하는데, 일반 백화점처럼 명품숍이나 브랜드 매장에 더해
10~12층의 도큐핸즈&핸즈카페, 5층의 산리오, 13층의 포
켓몬 센터와 토미카 숍 등 취미잡화 매장을 추천. 에키 마르셰
는 크게 '마르셰 키친', '마르셰 카페 앤 다이닝', '마르셰 스타
일'로 나뉘는데 키친 및 카페에는 줄이 생기는 가게들이 많다.
마르셰 스타일에서는 Albi 패션몰 오사카에 본사를 둔 아웃
도어 매장인 몽벨이 인기 있다. 오사카 스테이션 시티만으로
도 기타 오사카에서의 쇼핑을 완결지을 수 있다.

Data Map 230p-A
Access JR오사카역과 바로 연결
Tel 06-6458-0212(인포메이션)
Open 10:00~22:00(상점마다 다름)
Web osakastationcity.com

젊은 감성을 사로잡는 복합 쇼핑몰
루쿠아&루쿠아 이레 LUCUA & LUCUA 1100

오사카 스테이션 시티는 가운데에 오사카역을 두고 동관
과 서관 구역이 이세탄백화점과 루쿠아로 나뉘어 있었는데,
2015년 4월 루쿠아 이레(1100)가 오픈하면서 루쿠아로 합
쳐졌다. 오사카 첫 점포인 '니혼이치', 간사이 첫 '디즈니 스
토어' 등 흥미로운 숍뿐만 아니란 최근 휴식과 서점의 복합
공간으로 새롭게 문을 연 '츠타야 서점蔦屋書店'도 루쿠아
이레(1100)에서 만날 수 있다. 지하 2층에는 식당가인 '바르
치카バルチカ'가 조성되었다. '바르バル'는 스페인어 'bar'에
서 온 것으로 식당과 바를 합쳐놓은 분위기의 음식점을 통
칭한다. 일본에서는 몇 년 전부터 유행하는 형식으로 수준
높은 음식과 편안한 분위기, 적당한 가격으로 직장인들의
지지가 높다. 바르치카에는 스페인 요리 바르, 멕시코 요리
바르, 와인을 즐길 수 있는 바르 등 개성만점의 점포 9곳이
자리하고 있다.

Data Map 230p-A
Access JR오사카역과 바로 연결
Open 쇼핑 10:30~20:30,
바르치카(지하 식당가) 11:00~23:00,
루쿠아 다이닝 11:00~23:00(상점마다
다름) **Tel** 06-6151-1111
Web www.lucua.jp

천하의 부엌을 엿보다
오사카 재래시장

먹다 죽는다는 오사카. 오사카의 부엌을 책임지는 것은 누가 뭐래도 재래시장이다. 제아무리 깔끔함이 미덕인 일본이지만 재래시장만큼은 구수한 인정이 넘친다. 눈요깃거리도 많고 주전부리도 넘쳐난다. 오사카의 옛 정취를 찾아 설렁설렁 재래시장을 거닐어보자.

여기가 오사카의 부엌!
구로몬 시장 黑門市場

오사카의 대표 재래시장이다. 식재료에서 다양한 생활용품에 이르기까지 없는 게 없다. 그래서 '오사카의 부엌'이라는 별명이 붙었다. 시장은 580m의 아케이드에 180여 개의 점포가 있다. 최고급 식자재와 꽃, 과자 등 파는 상품이 다양하다. 아케이드 천장에는 각종 해산물의 모형이 매달려 있어 보는 재미도 쏠쏠하다.

Data Map 264p-C Access 지하철 닛폰바시역 10번 출구와 연결 Add 大阪市中央区日本橋2丁目4番1号 Open 09:30~18:00(일요일 휴무) Tel 06-6631-0007 Web www.kuromon.com

한국 재래시장의 재림
츠루하시 시장 鶴橋市場

오사카의 동쪽 끝자락에 있다. 츠루하시 시장은 구수한 부침개 냄새와 익숙한 김치 냄새를 맡을 수 있는 곳이다. 츠루하시역에서 나가면 바로 츠루하시 상점가가 연결되고, 이 상점가는 츠루하시 시장으로 연결된다. 이곳은 오사카의 코리안 타운이라 해도 과언이 아닐 정도로 한국 상품을 많이 판매한다. 또 불고기, 육개장, 떡볶이, 빈대떡, 막걸리 등 한국과 비교해도 손색없는 먹거리가 넘쳐난다. 시장 안에 있으면 여기가 일본인지 한국인지 헷갈릴 정도이다.

Data Map 298p-B
Access 지하철 츠루하시역과 바로 연결 **Tel** 06-6971-2465
Web www.turuhasi-ichiba.com

400년 역사를 간직한 교토의 부엌
니시키 시장 錦市場

교토의 대표적 상점가 데라마치도리寺町通り에서 다섯 블록 내려와서 오른쪽으로 돌아가면 시장과 연결된다. 이곳이 400년 역사를 가진 '교토의 부엌' 니시키 시장이다. 시장의 길이는 약 400m. 생선, 청과물, 건어물, 반찬을 파는 140여 개의 점포가 있다. 교토 일반 가정의 먹거리는 물론, 호텔과 료칸, 레스토랑에 들어가는 식자재를 모두 니시키 시장이 책임지고 있다. 관광객들은 떡, 고로케, 도넛 등 시장의 먹거리로 간단한 요기를 할 수 있다.

Data Map 356p-B **Access** 지하철 가와라마치역 9번 출구에서 도보 5분 **Add** 京都市中京区西大文字町609 **Open** 09:30~17:30(점포마다 다름) **Tel** 075-211-3882 **Web** www.kyoto-nishiki.or.jp

여행은 엄마만 하나요? 나도 갈래 오사카!
아이들이 좋아하는 키즈숍

아이와 엄마 모두 만족하는 캐릭터 숍

키디랜드 우메다점 KIDDY LAND 梅田店

한큐 우메다역에 있는 한큐 3번가의 키디랜드는 캐릭터 숍으로 유명세를 타는 곳이다. 이곳에는 디즈니의 캐릭터를 비롯해 헬로키티, 리락쿠마 스토어, 스누피 스토어, 페코짱 스토어, 미피 스타일까지 아이들이 좋아하는 캐릭터 숍이 가득하다. 아이들은 물론, 엄마들도 캐릭터 상품에 반해 떠나기 싫어할 정도다.

Data Map 230p-B **Access** 한큐 우메다역에서 바로 연결, 한큐 3번가 북관 지하 1층 **Add** 大阪市北区芝田 1-1-3 阪急三番街北館 B1F **Open** 10:00~21:00 **Tel** 06-6372-7701 **Web** www.kiddyland.co.jp/umeda/

오사카에는 쇼핑 플레이스가 많다. 이곳의 공통점은 아이들을 위한 공간을 꼭 마련해 둔다는 것! 어디를 가도 아이들이 좋아할 만한 숍이나 놀이 공간이 꼭 있다. 이 때문에 오사카는 아이들과 함께 여행해도 신난다. 또, 유아·어린이를 위한 다양한 용품을 판매해 자녀가 있는 부모들에게는 필수 쇼핑 코스가 된다. 아이들이 가면 까무러치게 좋아할 만한 쇼핑 플레이스를 소개한다.

아기와 엄마를 위한 모든 것

아카찬혼포 アカチャンホンポ

오사카에서 창립된 임신, 유아, 어린이 용품 체인점이다. 기저귀, 면봉, 물티슈 등 일회용품부터 유모차, 아기침대, 장난감 등 내구재까지 육아에 관한 모든 물품을 갖추고 있는 아기용품 전문점이다. 유명 브랜드의 아기용품도 상당히 저렴하게 판매한다. 디자인과 용도도 다양하고, 기발한 아이디어가 돋보이는 아기용품도 많다. 최근 한국에서도 일본 기저귀를 사용하는 엄마들이 많은데, 이곳에서는 아주 저렴한 가격에 구입이 가능하다. 숍은 모두 5층이다. 1층은 어린이 의류, 식품, 유아용품, 2층은 침대, 침구류, 쿨매트 등 계절상품, 3층은 유아의류, 모자, 4~5층은 장난감 및 임신복을 판매한다.

Data 오사카 혼마치점
Map 230p-F Access 지하철 미도스지선 혼마치역 9번 출구로 나와 바로
Add 大阪府大阪市中央区南本町3-3-21 Open 10:00~19:00
Tel 06-6258-7300 Web www.akachan.jp

미국에서 상륙한 따끈따끈한 유아·어린이용품숍

토이저러스 & 베이비저러스 Toys"R"Us&Babies"R"Us

고베의 쇼핑몰 우미에UMIE에 있다. 미국 최대 어린이 유아용품 매장인 토이저러스와 베이비저러스. 오사카와 고베 등의 대형 쇼핑몰에서는 이들 매장을 어렵지 않게 찾아볼 수 있다. 토이저러스에서는 장난감, 게임기, 스포츠용품, 소프트웨어 등을 판매한다. 한국에는 시판하지 않는 제품도 많다. 베이비저러스는 유아용 의류, 임산부 의류 및 용품, 가구, 유아식 제품, 유아용품 등을 판다. 한국에서는 고가에 판매되는 제품들을 저렴하게 구입할 수 있다.

Data 고베 하버랜드점
Map 406p-E Access JR 고베역과 지하철 하버랜드역에서 도보 5분, 고베하버랜드우미에 스노몰 4층
Add 神戸市中央区東川崎町1-7-2 Open 10:00~20:00 Tel 078-382-2888 Web www.toysrus.co.jp

어린이를 위한 체험형 파크

시클 SEACLE

간사이국제공항 맞은편 린쿠타운에 오픈한 어린이를 위한 체험형 테마파크이다. 넓은 대지에 다양한 상점과 오락시설, 음식점, 패션용품점이 입점해 있는 종합쇼핑센터. 대부분의 상점들이 어린이와 유아들을 위한 의류 및 용품들을 판매하고 있고, 실내 놀이터도 갖추고 있다. 또 시클 대관람차도 있어 가족이 함께 즐기기에 좋다. 아이가 있는 여행자라면 귀국하는 날 시클에서 놀다가 이웃한 아웃렛에서 쇼핑을 하는 것도 좋겠다.

Data Access JR간사이공항선, 난카이공항선 린쿠타운역 하차 후 바로 연결
Add 大阪府泉佐野市 りんくう往来南3番地
Open 상점 10:00~20:00, 레스토랑 11:00~22:00, 관람차 10:00~21:00
Tel 072-461-4196
Web www.seacle.jp

호빵맨을 만나러 가는 시간

고베 앙팡만 칠드런스 뮤지엄 & 몰

KOBE ANPANMAN CHILDEN'S MUSEUM & MALL

대관람차로 유명한 고베 하버랜드에 있는 호빵맨(앙팡만) 캐릭터 뮤지엄이다. 〈호빵맨〉은 아나세 다카시 원작의 애니메이션으로 한국에서도 크게 인기를 끌었다. 캐릭터 숍은 하버랜드에서 모자이 크 대관람차 바로 앞 호빵맨 얼굴이 그려진 건물로 들어가면 된다. 뮤지엄 안에 들어가면 〈호빵맨〉 과 〈세균맨〉, 애니메이션에 등장하는 여러 캐릭터를 직접 보고, 만지고, 살 수 있다. 이곳에서는 호 빵맨을 극화시킨 공연도 정기적으로 열린다. 또 호빵맨 캐릭터를 응용한 레스토랑과 베이커리도 있 다. 캐릭터 숍을 둘러보기만 해도 즐겁고 재미있다.

Data Map 406p-F **Access** JR고베역, 지하철 하버랜드역에서 도보 8분. 시티 루프 버스를 타고 하버랜드(모자이크 앞)에서 하차, 도보 6분 **Add** 兵庫県神戸市中央区東川崎町1-6-2 **Open** 뮤지엄 10:00~18:00, 상점 10:00~19:00 **Cost** 뮤지엄 2,000~2,500엔(날짜에 따라 다름) **Tel** 078-341-8855 **Web** www.kobe-anpanman.jp

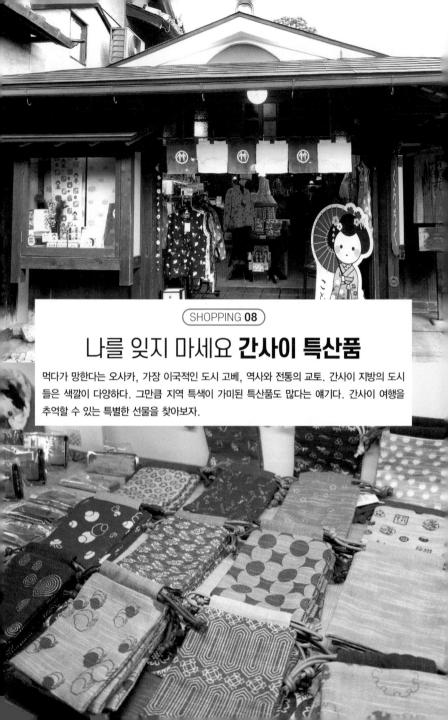

나를 잊지 마세요 **간사이 특산품**

먹다가 망한다는 오사카, 가장 이국적인 도시 고베, 역사와 전통의 교토. 간사이 지방의 도시
들은 색깔이 다양하다. 그만큼 지역 특색이 가미된 특산품도 많다는 얘기다. 간사이 여행을
추억할 수 있는 특별한 선물을 찾아보자.

오사카를 추억하라 1
다코야키 키링

오사카의 대표 음식인 다코야키. 모형이 달린 핸드폰 줄이다. 365일 날짜
별로 있어 생일 등 기념일을 맞춰 선물하기에 좋다. 도톤보리와 난바에 있
는 오사카 대표 기념품점 이치비리안에서 구입 가능하다. 다코야키 핸드폰
줄은 이치비리안에서 기념품 판매 랭킹 1위에 빛나는 인기 상품이다.

오사카를 추억하라 2
자가타코

새롭게 태어난 오사카의 먹거리다. 감자 스낵의 지존이라 할 수 있는 자가리코에
오사카의 먹거리인 다코야키 맛을 더했다. 맛과 재미, 오사카의 특징 3요소를 두
루 갖춘 기념품이라 신제품으로 등장한지 얼마 되지 않았지만 폭발적 인기를 끌고 있다.

오사카를 추억하라 3
오코노미야키 센베이

다코야키와 더불어 오사카의 또 다른 대표 먹거리 오코노미야키. 오코노미야키 맛
센베이 또한 오사카 여행의 기념품으로 인기 만점이다. 오코노미야키 맛 사탕도 있고, 음료
도 있지만, 누가 부침개 맛 사탕과 음료를 먹고 싶겠는가. 선물로 줄 사람을 골탕 먹일 작정이라면
오코노미야키 사탕과 음료를, 그렇지 않다면 센베이가 좋다. 이치비리안에서 구입 가능하다.

Data **이치비리안 도톤보리점** Map 64p-C Access 지하철 난바역 14번 출구에서 도보 5분 도톤보리 메인 스트리트
Add 大阪市中央区道頓堀1-7-21 Open 11:00~19:30 Tel 06-6212-5104 Web www.ichibirian.jp

이치비리안 난바점 Map 240C Access 난카이 난바역 동쪽 2번 출구에서 도보 10분
Add 大阪市中央区千日前2-11-10 Open 11:00~20:00 Tel 06-6647-5728

고베에 스민 서양의 달콤한 추억
푸딩 프리미엄

일찍이 서양 문물이 들어온 고베에는 외국인들이 오래전부터 터를 잡고
살아온 거류지가 있다. 서양의 주거문화는 물론 식문화가 고베에 그대
로 들어왔다. 고베 교통의 중심지인 산노미야역에서 거류지인 기타노이
진칸에 이르는 길목에는 양과자, 빵, 푸딩, 커피를 파는 카페, 베이커리,
티룸이 줄지어 있다. 다양한 고베의 푸딩 중에서 가장 기본에 충실하면서
도 농후한 맛이 특징인 고베 푸딩 프리미엄. 푸딩과 양과자를 파는 가게에서 쉽게 구할 수 있다.

유럽도 부러워할 케이크
크림 치즈케이크

일본은 유제품이 유명하다. 그중에서 고베는 서양으로부터 일찍 베이커리, 디저트 제과 제빵기술을 받아들였다. 이 기술을 바탕으로 우유와 치즈를 이용한 맛있는 치즈케이크를 만들고 있다. 작은 크기의 치즈케이크는 선물로 사서 많은 사람들과 나눠 먹기에 좋다. 고베에는 치즈케이크로 유명한 집이 많다. 그중 기타노이진칸의 가자미도리혼포의 치즈케이크(3개 790엔)가 기념품으로 좋다. 간사이공항 기념품점에서도 고베 치즈케이크(1개 1,300엔)를 구입할 수 있다.

Data 가자미도리 혼포
Map 412p-A Access 고베 산노미야역 서쪽 출구에서 기타노이진칸 언덕으로 도보 15분 Add 神戸市中央区北野町3-5-5
Open 10:00~17:00 Tel 078-231-7656 Web www.kazamidori.co.jp

전통의 향기 물씬 풍긴다
수건과 잡주머니

천년고도 교토와 나라를 느낄 수 있는 제품이다. 일본풍의 무늬와 색감으로 염색한 직물 소품으로, 작은 물건을 넣을 수 있는 주머니나 '데누구이'라 부르는 수건은 선물용으로 좋다. 교토나 나라의 전통적인 분위기도 갖고 있으면서 실용적이다. 외견도 아름답고 고급스럽기까지 하다. 하지만 작은 주머니나 수건이라고 해서 가격이 아주 저렴하지는 않다. 주머니나 수건은 한 장에 450~630엔 정도는 줘야 구입할 수 있다.

Data 구로치쿠 산넨자카점
Map 363p-C Access 시버스로 기요미즈미치 정류장 하차, 기요미즈자카에서 산넨자카로 도보 10분
Add 京都市東山区清水三丁目334青龍苑内 Open 10:00~18:00
Tel 075-532-5959 Web www.kurochiku.co.jp

교토의 화과자
야츠하시

얇게 편 떡에 팥소를 넣어 접어 놓은 형태의 화과자 야츠하시도 빼놓을 수 없는 교토의 기념품이다. 에도 시대 야츠하시 겐교라는 거문고의 명인이 있었다. 앞을 보지 못하는 장님이었지만, 연주 하나는 모든 이들을 매혹시킬 정도로 훌륭하였다고 한다. 그가 죽은 뒤 그를 기리기 위해 그의 이름을 따서 야츠하시라는 거문고 모양의 화과자를 만들어 판 것이 시초다. 1689년 찻집으로 창업하여 야츠하시를 제조, 판매하기 시작한 쇼고인聖護院이 원조집이다. 교토 시내 상점가, 니넨자카, 산넨자카 상점가 어디에서나 쉽게 찾아 볼 수 있다. 가격은 10개들이 한 상자가 594엔 정도.

Data 쇼고인 야츠하시 총본점
Map 363p-A Access 진구마루타마치역 5번 출구로 나와 도보 8분. 교토역에서 100번 버스로 헤이안 진구 정거장에 하차, 도보 15분 Add 京都市左京区聖護院山王町6番地 Open 09:00~17:00
Tel 075-752-1234 Web www.shogoin.co.jp

교토의 미인이 궁금하다면
요지야 기름종이&립밤

1904년 교토에 처음 문을 연 교토 토종 브랜드 요지야. 교토 미인의 얼굴이 로고인 요지야는 아부라토리가미(기름종이)와 향긋한 유자 향이 특징인 유즈츠야야(유자 향 립밤)가 대표 상품이다. 이 외에도 각종 미용용품과 화장품을 판매하고 있다. 보통 교토를 여행했다고 하면 한두 개씩은 반드시 사 가는 기념품이다.

Data 요지야 기온점
Map 357p-D Access 게이한기온시조역 하차 후 시조길 동쪽으로 도보 5분. 교토역에서 100번, 206번 버스로 야사카신사 정류장에 하차
Add 京都市東山区祇園町北側270-11 Open 11:00~19:00
Cost 아부라토리가미 20장들이 5개 1,900엔, 유즈츠야야 1,210엔
Tel 075-541-0177 Web www.yojiya.co.jp

한국 가면 너무 비싸, 여기서 사 갈래
러쉬 화장품&돔 페리뇽 샴페인

한국에도 파는 곳이 있다. 그런데 오사카에서는 싸도 너무 싼 게 있다. 안 사 가면 괜히 후회하게 되는 러쉬 화장품과 돔 페리뇽 샴페인이 그것. 귀한 분께 드리는 선물용이라면 고려할 만하다.

영국 화장품이 반값!
러쉬 LUSH

러쉬는 영국 코스메틱 브랜드다. 물론 한국에서도 어렵지 않게 만나볼 수 있는 브랜드이다. 하지만 가격은 많이 차이가 있다. 일본에는 러쉬 공장이 있어 한국에 비해 평균 20% 정도 저렴하다. 품목에 따라 다르지만 한국에서 가장 인기가 많은 버블바 1,100엔, 보디밤 680엔, 샤워젤 1,120엔 정도이다. 오사카 신사이바시 스지 상점가와 난바 파크스에 러쉬 매장이 있으니 한번 들러보자.

Data 신사이바시점
Map 264p-A Access 지하철 난바역 14번 출구에서 도보 5분. 신사이바시스지 상점가 내
Add 大阪市中央区心斎橋筋2-3-20
ボストンビル1階 Open 11:00~21:00
Tel 06-6211-3051 Web www.lush.com/jp

와인 애호가들이 탐내는 신의 물방울
돔 페리뇽 DOM PERIGNON

일본은 전 세계적으로 샴페인 소비가 높기로 유명하다. 특히 프랑스 최고의 샴페인으로 찬사를 받는 돔 페리뇽의 전 세계 매출 1위가 바로 일본이다. 일반적으로 일본이 한국보다 와인 가격이 저렴한데, 그중에서도 돔 페리뇽은 확실하게 싸다. 한국에서 50~60만 원대인 빈티지 제품도 일본에서는 30만~40만 원대에 구입할 수 있다. 예를 들면 1998년 돔 페리뇽 로제는 한국에서 60만 원대에 판매하고 있는데, 일본에서는 3만2,000엔 정도면 구입할 수 있다. 귀한 분께 드리는 선물용이나 혹은 와인 애호가라면 노려볼 만하다. 백화점 와인 판매점이나 면세점을 이용하면 된다.

귀국길에 꼭 들른다
린쿠 프리미엄 아웃렛

신상 명품이 풍부한
린쿠 프리미엄 아웃렛 りんくうプレミアム・アウトレット

간사이공항에서 가까운 오사카의 쇼핑 명소. 한국의 프리미엄 아웃렛보다 신상품과 상품 종류가
풍부해 쇼핑을 즐기는 이라면 꼭 한번 가봐야 한다. 이곳은 의류, 액세서리, 아동복, 아웃도어 용
품, 인테리어 제품이 주요 품목으로, 이름난 외국 명품과 일본 브랜드를 골고루 만날 수 있다. 어
반 리서치나 빔스 같은 일본의 유명 편집숍, 코치, 돌체앤가바나 같은 명품부터 중가 브랜드의 패
션상품, 르 크루제 같은 주방용품, 인테리어 소품 매장 등도 다양하게 만나볼 수 있다. 할인율도
30~70%까지로 높은 편. 단, 매장이 워낙 넓어 지도를 보면서 관심 브랜드 위주로 돌아보아야 시
간을 절약할 수 있다. 간사이공항과 가깝기 때문에 귀국하는 날 들러 쇼핑하는 사람들이 많다.

Data **Access** 난카이공항선 린쿠타운역 하차 후 연결되는 쇼핑몰 시클을 통과하면 바로
Add 大阪府泉佐野市りんくう往来南3-28 **Open** 10:00~20:00 **Tel** 072-458-4600
Web www.premiumoutlets.co.jp/rinku

Step 06
Sleeping

오사카에서
자다

01 How to Choose **오사카 숙박에 관한 Q&A**
02 저렴하다 럭셔리하다 독특하다 **캡슐 호텔**
03 머무는 시간을 더욱 쾌적하게 **시티 호텔**
04 침대 깨끗하고 화장실만 있으면 OK! **비즈니스 호텔**

05 건축가의 공간 미학 디자인 호텔
06 일본에 왔으면 그래도 한 번쯤은 온천료칸
07 오사카에서만 자야 하나? 주변 도시에서의 숙박

SLEEPING 01

How to Choose
오사카 숙박에 관한 Q&A

1. 간사이 여행 숙박은 오사카에서?

간사이 지역을 여행하는 많은 사람들이 주로 오사카에 숙소를 잡고 주변 지역인 나라, 고베, 교토 등을 여행한다. 쇼핑과 맛집에서 빼놓을 수 없는 오사카에 편리한 교통과 다양한 목적에 맞는 숙박시설이 몰려 있기 때문이다. 특별히 꼭 묵고 싶은 숙소가 없는 한, 자신의 예산과 목적에 맞는 숙소에 머물도록 하자. 먹고 놀고 마시며 밤문화도 만끽할 수 있는 오사카에 숙소를 잡는 것이 알뜰한 간사이 여행의 포인트라 할 수 있다.

2. 오사카 숙박의 요지는?

오사카 숙박의 요지는 북쪽 기타 오사카의 오사카역과 우메다역, 남쪽 미나미 오사카의 난바역이다. 오사카역과 우메다역에서는 고베, 교토로 이동하기 편리하다. 난바역은 나라로 이동할 때 갈아타지 않고 갈 수 있다.

3. 오사카를 벗어나고 싶다면?

교토나 와카야마는 현지에서 숙박해도 좋다. 교토는 하루 만에 돌아볼 수 없을 정도로 관광지가 많다. 여유가 있다면 2~3일 정도의 일정으로 아라시야마까지 다녀오면 좋겠다. 와카야마는 전망이 뛰어난 온천료칸과 일본 불교의 성지 고야산 템플 스테이 등 매력 있는 숙소가 많아 현지 숙박이 전혀 아깝지 않다.

4. 숙박료 계산은?

일본은 룸이 아니라 인원수를 기준으로 숙박료를 부과하는 게 일반적이다. 같은 방을 2인이 사용하든 3인이 사용하든 1인이 내는 비용은 큰 차이가 없다. 특히, 료칸처럼 저녁식사에 많은 공을 들이고 있는 숙소들은 더욱 그러하다. 그러나 서양에서 들어온 체인 호텔들 일부는 객실당 숙박료를 표시하는 곳들도 있다. 숙박료를 확인할 때에는 1인당 요금인지, 식사는 포함되어 있는지를 꼭 확인하자.

5. 오사카 숙박시설의 종류는?

❶ 료칸

한자로는 우리나라의 여관과 같이 표기하지만 일본에서 료칸은 사뭇 다른 이미지를 갖는다. 전통적인 옷을 입은 여주인이 손님을 맞이하고, 아침저녁으로 색색의 아름다운 요리가 나온다. 서양식 호텔과 달리 주인이 하나부터 열까지 손님 수발을 들어준다. 오사카는 료칸, 특히 온천료칸으로는 잘 알려진 곳이 없었으나 시야를 살짝 넓혀 시내에서 벗어나면 선택지가 늘어난다. 저녁 식사와 다음날 아침 식사를 포함한 플랜이 일반적이고, 혼자서는 묵을 수 없는 경우가 많다. 혼자 묵으려면 2인에 상응하는 요금을 지불하기도 한다. 숙박료는 2식을 포함해서 1박 1만 5,000~5만 엔까지 다양하다.

❷ 시티 호텔

일반적으로 한국에서 떠올리는 호텔들을 말한다. 방의 상태와 서비스를 신뢰할 수 있는 만큼 살짝 가격대도 높다. 리츠칼튼, 쉐라톤 등 일반적으로 알려져 있는 세계적인 체인호텔은 물론 제국호텔처럼 일본 내에서 명성을 쌓아온 호텔들도 있다. 최근에는 테마를 가지고 꾸며놓은 디자인 호텔이나 부티크 호텔도 포함된다. 가격은 1인 1박 조식 포함에 1만 엔 전후부터 비싼 것은 수십만 엔까지도 있다.

❸ 게스트하우스&호스텔

젊은 여행객들이 주로 찾는 숙박시설이다. 대부분은 관리인이나 주인이 함께 숙박하며 부엌과 거실, 욕실, 화장실을 공통으로 사용하는 대신 매우 저렴하다. 곳에 따라서는 모르는 사람들과 함께 방을 쓸 수도 있고, 밥상을 함께 할 수도 있다. 타월, 세면도구 등은 직접 준비해야 한다. 드물지만 혼숙을 할 수도 있으니 미리 확인하자.

❹ 비즈니스 호텔

일본 여행에서 가장 편리하게 이용할 수 있는 호텔이다. 깔끔한 방에 욕실과 화장실이 딸려 있는 룸이 일반적이다. 기본적인 쾌적함을 제공한다. 싱글룸이 충분해서 혼자 여행하는 경우에 이용하기 좋다. 1인 조식 포함에 5,000엔~1만 엔 정도 한다. 오사카는 호텔이 많고 경쟁이 심해서 훨씬 저렴한 가격에도 괜찮은 비즈니스 호텔을 찾을 수 있다.

❺ 캡슐 호텔

오사카에서 역사가 시작된 캡슐 호텔은 1인이 캡슐처럼 분리된 한 칸의 공간에서 숙박할 수 있도록 만들어진 시설이다. 이름은 호텔이지만 간이 숙소로 분류되며, 욕실과 화장실 등을 공동으로 사용한다. 캡슐 안에는 짐 보관함도 있다. 그러나 작은 공간에서 많은 사람들을 수용하도록 지어져 있어 타인의 움직임이나 소리에 민감한 사람에게는 추천하지 않는다. 1인 1박에 3,000~6,000엔 정도.

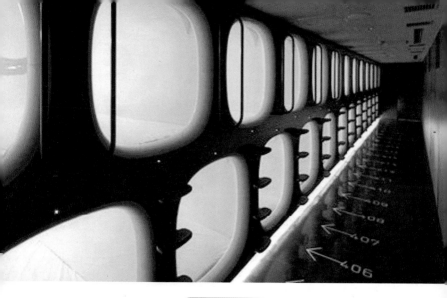

저렴하다 럭셔리하다 독특하다 **캡슐 호텔**

늦은 시간 차가 끊겼다고요? 숙박비가 부담된다고요? 오사카에서는 걱정하지 말자. 캡슐 호텔이
있다. 주머니가 가벼운 여행자와 출장길에 오른 비즈니스맨들이 저렴한 가격으로 부담 없이 하룻
밤 쉬었다 가는 곳이다. 럭셔리한 캡슐에서의 하룻밤! 한 번쯤 경험해보고 싶지 않은가. 단, 이웃
캡슐 손님의 코골이가 심하다면 힘든 하룻밤이 될 수도 있다. 복불복이다.

비행기 1등석처럼 편안하게 하룻밤

퍼스트 캐빈 FIRST CABIN

'퍼스트 캐빈'이란 말 그대로 비행기의 일등석을 콘셉트로 한 캡슐 호텔이다. 비행기 일등석이 편하기는 하지만 호텔만큼 편하지 않은 것처럼 퍼스트 캐빈도 호텔만은 못한 것이 사실! 하지만 저렴한 가격에 넓은 공간의 깨끗한 객실을 혼자 이용할 수 있다는 것은 매력적이다. 호텔에는 식사를 하고 음료를 마실 수 있는 라운지와 휴게실이 있다. 단, 샤워실과 화장실은 공용이다. 객실은 비행기 좌석처럼 퍼스트 클래스와 비즈니스 클래스로 나뉜다. 다양한 프로모션과 패키지 상품이 있기 때문에 잘 찾아보면 정가보다 훨씬 저렴하게 숙박할 수 있다. 두 명 이상이라면 비즈니스 호텔이 더 저렴하고 편리하겠지만 싱글 여행자라면 퍼스트 캐빈을 욕심낼 만하다. 게다가 캡슐 형태가 아니라 일반적인 객실의 형태라 지불한 돈이 아깝다는 생각은 들지 않는다.

Data 오사카 미도스지 난바점
Map 356p-C Access 지하철 미도스지선 난바역 13번 출구와 바로 연결 Add 大阪市中央区難波4-2-1 難波御堂筋ビル3F
Cost 퍼스트 클래스 6,900엔 Tel 06-6631-8090
Web first-cabin.jp

TIP 제공되는 서비스
❶ 객실 안 TV(캡슐 호텔의 특성상 이어폰 끼고 시청)
❷ 치약, 칫솔, 수건 2장, 실내복, 빗, 샴푸, 린스, 바디 샴푸 (면도기는 판매)
❸ 객실 내 와이파이
❹ 조식 별도(500엔)

오사카 관광에 최적

프리미엄 캡슐 호텔 신사이바시
카고 心斎橋 Cargo

오사카 중심가에 자리한 캡슐 호텔로 관광에 있어서 최적의 입지를 자랑한다. 기존 캡슐 호텔에 비해 널찍한 4㎡의 방에는 100cm 폭의 침대 옆으로 여유 공간이 꽤 있다. 24인치 텔레비전이 있고 다양한 영화를 무료로 관람할 수 있는 점도 플러스 포인트. 9층에는 대욕장이 마련되어 있는데, 한 사람씩 이용 가능한 노천탕도 갖추고 있다.

Data Map 230p-F
Access 지하철 미도스지선 신사이바시역·지하철 사카이스지선 나가호리바시에서 도보 6분
Add 大阪府大阪市中央区博労町2丁目6-3
Cost 4,500엔~ Tel 06-6251-1066
Web www.hotel-cargo.com

핀란드 감성 캡슐 호텔

마자 호텔 교토 MAJA HOTEL KYOTO

교토 중심부 가와라마치 인근에 2020년 문을 연 마자 호텔 교토는 핀란드 디자이너가 설계한 캡슐 호텔이다. 오두막hut이라 불리는 60개의 캡슐로 구성된 이 호텔은 삼각형 지붕으로 된 두 가지 크기의 방을 선택할 수 있다. 천연 나무로 된 공간에 오리지널 패턴 디자인의 커튼과 마리메코의 린넨 커버, 에어위브 매트리스로 꾸며진 방은 나를 위해 준비된 작은 은신처 같다. 알바 알토가 디자인한 의자와 테이블에서 시나몬롤과 커피를 즐길 수 있다.

Data Map 345p-C Access 지하철 가라스마선·도자이선 가라스마오이케역에서 도보 6분
Add 京都市中京区槌屋町92 Cost 슬립인 헛(2㎡) 4,324엔~, 워크인 헛(3㎡) 5,571엔~
Tel 075-205-5477 Web maja-hotel.com

머무는 시간을 더욱 쾌적하게 **시티 호텔**

갈 곳 많은 오사카 특성상 비싼 호텔보다는 저렴한 숙소에서 잠만 해결하는 경우가 많다. 하지만 조금 여유가 있다면 1박 정도는 좋은 호텔을 경험해보는 것은 어떨까? 쾌적한 숙소에서 편안하고 행복하게 잠을 자면 다음날 여행이 산뜻하다.

새로운 오사카를 만나다

OMO7오사카 OMO7大阪

호시노 리조트의 시티 호텔 브랜드 OMO7오사카가 간사이공항에서 접근하기 좋은 덴노지 동물원과 신세카이 인근에 오픈했다. 총 436객실로 일반적인 1~2인실뿐 아니라 비밀기지 같은 2층 침대와 소파, 칸막이 등을 활용해 6명까지 수용 가능한 객실 타입을 갖추고 있어서 다인원 여행에 안성맞춤. 호텔 직원인 OMO레인저가 안내하는 신세카이 투어, 다시(국물 요리) 투어 등 현지 문화를 경험할 수 있는 프로그램이나 유니버설 스튜디오 왕복 셔틀버스 운행 등 단순한 숙박 이상의 매력과 장점이 가득한 도심형 체험 호텔이다.

Data Map 298p-C **Access** JR신이마미야역에서 도보 2분 **Add** 大阪市浪速区惠美須西3丁目16-30 **Cost** 1인 12,000엔~ **Tel** 050-3134-8095 **Web** hoshinoresorts.com/ja/hotels/omo7osaka

간사이를 대표하는 전망 좋은 호텔
리가 로열 호텔 오사카 RIHGA ROYAL HOTEL OSAKA

간사이의 영빈관이라는 애칭을 가질 정도로 훌륭한 서비스가 유명한 호텔이다. 요도가와강이 두 갈래의 물줄기로 나뉘어지는 나카노시마에 있다. 모든 객실이 나무랄 데 없는 전망을 갖추고 있다. 특히, 1층 메인 로비의 카페에서는 합리적인 가격으로 일본식과 서양식 디저트를 맛볼 수 있어 일반 손님들도 많이 찾는다. 투숙객에게는 JR오사카역까지 무료 셔틀버스 서비스를 제공한다.

Data Map 230p-C Access 게이한 전차 나카노시마선 나카노시마역에서 직결 Add 大阪市北区中之島5-3-68 Cost 트윈룸(조식 포함) 1인 1만 엔~ Tel 06-6448-1121 Web www.rihga.co.jp/osaka

네 가지 테마의 럭셔리한 부티크 호텔
하모니 엠브라쎄 오사카 HARMONIE EMBRASSÉE OSAKA

내가 선택한 공간에서 럭셔리하게. '스몰 럭셔리'를 내세우는 차야마치의 브라이덜 호텔이다. 우아하게, 모던하게, 품격있게, 편안하게 등 네 가지 타입으로 인테리어를 했다. 객실은 모두 38개. 레스토랑에서는 셰프가 최고의 음식을 제공하고, 세련된 공간 연출로 고급스러움을 더했다. 우메다역에서 3분 거리에 호텔이 있다는 것도 여행자를 혹하게 만든다.

Data Map 230p-B Access 한큐 우메다역 차야마치 출구에서 도보 3분 Add 大阪市北区茶屋町7-20 Cost 트윈룸(조식 포함) 1인 13,500엔~ Tel 06-6376-2255 Web harmonie-hotel.jp/osaka

침대 깨끗하고 화장실만 있으면 OK!

비즈니스 호텔

비즈니스 호텔은 이름에서 알 수 있듯이 원래는 출장 온 직장인을 타깃으로 한 심플한 스타일의 숙소다. 지금은 좋은 입지와 저렴한 가격으로 관광객들이 많이 이용한다. 오사카에서 관광객들에게 절대적인 지지를 받는 비즈니스 호텔들을 소개한다.

신한큐 호텔 아넥스 新阪急ホテルアネックス

한큐 우메다역 바로 옆에 있다. 공항 리무진 버스가 선다. 레이디즈 플로어도 운영한다. 오사카역과 부근의 관광지가 전부 도보 5분 거리.

Data Map230p-A Access 오사카역 미도스지 출구, 우메다역 미도스지선 출구에서 도보 5분 Add 大阪市北区芝田1-8-1 Cost 트윈룸(조식 포함) 1인 6,800엔~ Tel 06-6372-5101 Web www.hankyu-hotel.com/hotel/hh/shhannex

호텔 마이스테이스 사카이스지 혼마치 ホテルマイステイズ堺筋本町

머무는 공간과 지내는 공간의 니즈에 부합할 수 있도록 만들어진 호텔. 언뜻 보기에도 일본의 흔한 맨션처럼 보이는 깔끔한 외관에 위클리, 먼슬리 플랜도 운영한다. 식사도 필요 없이 묵을 장소만 필요한 경우에 추천.

Data Map 230p-F Access 사카이스지선 사카이스지혼마치역 12번 출구에서 도보 7분 Add 大阪市中央区淡路町1-4-8 Cost 싱글룸 6,500엔~ Tel 06-7711-3939 Web www.mystays.jp/location/sakaisujihonmachi

아로우 호텔 ARROW HOTEL アローホテル

저렴한 요금(600엔)으로 조식 뷔페 이용이 가능하다. 건물 내에 이자카야, 레스토랑이 있어 편리하다. 특히, 릴랙제이션 숍은 1시간에 2,800엔부터 이용할 수 있다. 여행으로 지친 몸을 회복시키기에 괜찮은 가격이다.

Data Map 264p-C Access 미도스지선 신사이바시역 7번 출구, 난바역 25번 출구에서 도보 4분 Add 大阪市中央区西心斎橋2-9-32 Cost 트윈룸 1인 5,100엔~ Tel 06-6211-8441 Web www.arrow-hotel.com

호텔 다이키 ホテルダイキ

JR오사카역에서 한 정거장인 텐마역에서 바로 보인다. 역이 가까운 만큼 열차소리는 감수해야 한다. 덴진바시스지 상점가를 거쳐 우메다역으로 도보 이동하며 관광, 쇼핑하기에 좋다. 객실에 랜선 커넥터 설비는 있으나 와이파이는 없다.

Data Map 230p-B Access 사카이스지선 오기마치역 1번 출구에서 도보 1분 Add 大阪市 北区天神橋 4-9-5 Cost 트윈룸(조식 포함) 1인 3,400엔~ Tel 06-6351-0168 Web www.hotel-daiki.com

호텔 그란비아 오사카
HOTEL GRANVIA OSAKA

JR오사카역 다이마루 백화점 옆으로 호텔 로비가 있다. 역 바로 위에 있어 짐을 들고 돌아다니는 수고로움이 없다. 주변을 관광하다 잠깐 들러 짐을 놓거나 쉬다 나갈 때도 적합하다.

Data Map 230p-A Access JR오사카역 직결 Add 大阪市北区梅田3丁目1-1 Cost 트윈룸 12,500엔~ Tel 06-6344-1235 Web www.granvia-osaka.jp

호텔 리브맥스 난바
ホテルリブマックスなんば

비즈니스 호텔로는 드물게 다다미방 객실이 있다. 다다미방이라도 잠은 침대에서 잔다. 가장 가까운 역은 사쿠라가와역이지만 버스터미널 OCAT에서 도보 7분, 난바역까지도 도보권 내에 있다.

Data Map 264p-C Access 센니치마에선 사쿠라가와역 7번 출구에서 도보 4분 Add 大阪市浪速区稲荷2-1-3 Cost 트윈룸 1인 5,100~ Tel 06-6567-6111 Web www.hotel-livemax.com/osaka/namba

그란파스 인 오사카
グランパス inn 大阪

산뜻함을 이미지화한 인테리어로 심플하면서도 기능적인 호텔이다. 싱글룸에서도 더블 사이즈의 널찍한 침대에서 편안하게 지낼 수 있다. 침구도 깃털이불을 사용하여 포근하다.

Data Map 264p-C Access 미도스지선 난바역 5번 출구에서 도보 2분 Add 大阪市浪速区難波中1-13-18 Cost 트윈룸 1인 4,250엔~ Tel 06-6633-5500 Web www.grampus.biz/osaka

스마일 호텔 난바
スマイルホテルなんば

객실 내에 있는 샤워실과 별도로, 몸을 담글 수 있는 목욕탕을 남녀 시간제로 무료 운영한다. 샴푸를 골라서 사용할 수 있고, 전자레인지 사용도 가능하다.

Data Map 264p-C Access 센니치마에선 사쿠라가와역 2번 출구에서 도보 1 Add 大阪市浪速区幸町3丁目3-9 Cost 트윈룸 1인(조식 무료) 4,450엔~ Tel 06-6561-1155 Web www.smile-hotels.com/hotels/show/namba

비즈니스 인 센니치마에 호텔
ビジネスイン千日前ホテル

편안한 잠자리를 위해 프리미엄 브랜드인 씰리침대를 사용한다. 도톤보리까지는 도보 2분, 난바역에서는 도보 5분 거리.

Data Map 264p-C
Access 사카이스지선 닛폰바시역 2번 출구에서 도보 2분 Add 大阪市中央区千日前1-5-17
Cost 트윈룸 1인 4,000엔~
Tel 06-6211-3001
Web www.hpdsp.jp/1000nichi-hotel

비즈니스 인 난바
ビジネスインナンバ

2013년에 생긴 콤팩트한 비즈니스 호텔이다. 홈페이지에서 예약하면 믿을 수 없는 가격의 플랜이 나올 때도 있다. 자정 이후에 방문하면 객실이 있을 경우 1박 1,000엔에 묵을 수 있다.

Data Map 264p-C Access 난바역에서 도보 5분
Add 大阪市浪速区難波中1-1-2
Cost 싱글룸 4,000엔~ Tel 06-6649-7777
Web business-inn-namba.com

호텔 힐라리즈 Hotel Hillarys

로비가 널찍해서 체크인을 기다리기에도 편리하다. 레이트 체크아웃Late Check-Out도 저렴한 가격으로 이용할 수 있다.

Data Map 264p-C
Access 난바역 동쪽 출입구 1에서 도보 5분
Add 大阪市浪速区日本橋3-4-10
Cost 트윈룸 1인 5,500~ Tel 06-6633-0600
Web www.hillarys.jp

건축가의 공간 미학
디자인 호텔

최근 일본 호텔의 트렌드는 건축가나 크리에이터의 철학이 반영된 디자인 호텔이다. 공간 설계는 물론 가구부터 음식에 이르기까지 일관된 콘셉트로 완성된 호텔은 숙박 그 이상의 감동을 선사한다. 마침, 세계적인 건축가 구마 겐코의 에이스 호텔이 교토에, 안도 다다오의 W 호텔이 오사카에 각각 문을 열었다.

오사카의 위트를 닮은 럭셔리 호텔
W 오사카 W 大阪

유수의 명품 브랜드가 늘어선 신사이바시 거리에 27층의 묵직한 검은색 파사드로 반전의 존재감을 드러내는 호텔이 문을 열었다. 세계적인 건축가 안도 다다오가 디자인 감독으로 참여한, 메리어트 호텔의 럭셔리 라이프 스타일 호텔 W 오사카다. W 호텔의 첫 일본 진출로, 미니멀한 외관과 달리 인테리어는 네온 조명과 알록달록한 색으로 대비를 이룬다. 이는 과거 오사카 상인들이 에도 막부에 의해 사치가 금지되자 겉으로는 수수하고 소박한 복장으로 하면서 속으로는 화려하게 꾸미고 즐겼다는 데서 착안했다. 위트 넘치는 로비와 네온 조명이 비치는 20m의 실내 수영장, 총 337 객실에서 대담하고 시크한 공간을 경험할 수 있다.

Data Map 230p-F Access 지하철 미도스지선 신사이바시역에서 도보 4분 Add 大阪市中央区南船場4-1-3 Tel 06-6484-5355 Cost 45,000엔~ (세금 별도) Web www.whotels-asiapacific.com/ja/w-osaka

건축으로 구현한 동서양의 만남

에이스 호텔 교토 Ace Hotel Kyoto

100년 된 옛 교토 중앙 전화국을 활용한 복합상업시설 신푸칸
내에 미국 시애틀에서 온 호텔이 오픈했다. 도쿄 올림픽 경기장
설계로 잘 알려진 건축가 구마 겐코가 디자인 감독으로 참여해
더욱 화제가 된 에이스 호텔 교토다. 삼나무 루버로 전통적인 멋
을 살린 외관과 교토의 작은 안뜰坪庭을 품은 호텔에는 'East
meets West'를 콘셉트로 일본의 섬유 아티스트 유노키 사미로
의 작품을 포함한 미술과 조각이 로비와 객실에 전시되어 있다.
포틀랜드 스텀프 타운 커피의 일본 1호점을 비롯해 현지 셰프가
선보이는 미국, 이탈리안 레스토랑 등 부대 시설도 세계적이다.
총 213실로 다다미 스위트나 프라이빗 발코니 룸 등 9개 타입
중 선택할 수 있다.

Data Map 345p-G
Access 지하철
가라스마선·도자이선
가라스마오이케역에서 도보 1분
Add 京都市中京区車屋町245-2
Tel 075-229-9000
Cost 14,500엔~
Web acehotel.com/kyoto

SLEEPING 06

일본에 왔으면 그래도 한 번쯤은 **온천료칸**

일본 여행의 로망 중 하나는 온천이 있는 료칸에 머무는 것이다. 로텐부로(노천온천)에 몸을
담그고 자연과 마주하면 저절로 힐링이 된다. 여기에 정성 가득한 가이세키 요리까지 더해지면
제대로 대접받은 느낌이다. 오사카 근교에서 만날 수 있는 온천료칸을 소개한다.

TIP 온천 이용 노하우

❶ 여행 일정이나 예산상의 문제로 온천료칸에서 숙박을 하기 어렵다면 히가에리(당일치기 입욕)에 도전
해보자. 료칸 중에는 묵지 않고 온천만 할 수 있거나, 점심 식사와 온천욕이 가능한 점심 플랜도 있으니
참고할 것!

❷ 온천은 사람마다 좋고 나쁜 경우가 있으니 미리 확인해 보는 것이 좋다. 일반적으로는 활동성 결핵,
악성종양, 중도의 심장병, 호흡부전, 신부전, 출혈성질환, 고도 빈혈이 있는 사람이나 급성질환자(특히
열이 있는 사람), 임산부(특히 초기와 말기)는 피하도록 권장한다.

❸ 온천에 몸을 담그기 전, 전체적으로 깨끗이 몸을 씻고 들어간다. 온천욕은 3~10분 정도 담갔다가
몸을 식히기를 3번 정도 반복한다. 온천의 성분을 남기기 위해 온천에서 나온 뒤에는 달리 씻어내지 않
으나 온천이 특히 강한 경우에는 민감한 부분을 일반 물로 헹군다.

❹ 온천수에 수건 등을 담그는 것은 위생상의 이유로 대부분의 온천에서 금지하고 있다.

❺ 온천료칸에 묵을 때에는 보통 방에 준비된 수건을 가지고 온천으로 가야 한다.

❻ 온천의 이름이 새겨진 얇은 수건은 기념으로 가져도 괜찮다.

저마다 다른 객실을 선택하는 재미

후시오카쿠 不死王閣

자동차로 오사카 시내에서 북서쪽 방면으로 약 30분 거리에 있는 온천이다. 봄에는 벚꽃이 날리고, 가을에는 붉게 물든 단풍이 비치는 노천온천을 자랑하는 곳이다. 저녁은 멧돼지 전골, 복어 전골 등 특색 있는 요리와 계절마다 주제를 바꾸는 가이세키 요리를 내놓다. 특히, 가을에는 송이버섯 요리도 선택할 수 있다. 객실은 다양한 타입이 있어 선택하는 즐거움이 있다. 모던한 분위기, 토속적인 분위기, 자연미가 좋은 방, 아시안 테이스트 등 객실마다 각각의 특징이 있다. 대가족이 이용할 수 있는 넓은 방도 마련되어 있다. 온천은 천연 라듐천 탄산천으로 류머티즘과 통풍, 동맥경화, 고혈압, 만성 간질환 등에 좋다고 알려져 있다.

Data Map 452p-A Access 한큐 다카라즈카선 이케다역에서 한큐버스 타고 후시오역에서 하차(15분 소요) 이케다역에서 예약제 픽업버스 운행(1일 4편) Add 大阪府池田市伏見町128-1 Cost 트윈룸(2식 포함) 1인 15,400엔~, 점심 플랜 3,300엔~ Tel 072-751-3540 Web www.fushioukaku.co.jp

일본의 전통 정원을 보며 힐링

난텐엔 南天苑

총 객실 수 13개의 자그마한 온천이다. 오사카시에서 남쪽으로 50분쯤 내려가면 나오는 아마미라는 곳에 위치한다. 온천 주변의 공간은 일본의 전통적인 정원으로 꾸몄다. 객실에서의 조망이 좋아 창문을 통해 정갈한 정원과 벚나무 등을 볼 수 있다. 일본 료칸의 전통적인 정취를 잘 살린 객실에는 모두 다다미가 깔려 있다. 1935년에 지어진 료칸 건물은 국가문화재로 등록되어 있다. 천연라듐천으로 신경통, 근육통, 관절통, 오십견, 만성소화기질환, 수족냉증, 동맥경화, 화상 치료에 좋다고 한다. 여름(7월 20일~8월 말)에는 야외풀장도 이용이 가능하다.

Data Map 452p-A **Access** JR신이마미야역에서 환승, 난카이전철 고야선 아마미역 하차 후 도보 1분
Add 大阪府河内長野市天見158 **Cost** 트윈룸(2식 포함) 1인 18,700엔~, 점심플랜 1인 8,800엔
Tel 0721-68-8081 **Web** www.e-oyu.com

계곡물 소리 들으며 신선처럼

후도구치칸 不動口館

간사이국제공항에서 약 30분, 오사카 시내 난바역에서는 약 50분이면 도착하는 이누나키야마온천. 여름에 서늘하게 느껴지는 산기슭 계곡 옆에 위치해 노천온천탕에서는 계곡을 내다볼 수 있다. 계절마다 여러 가지 가이세키 요리를 내놓는 다양한 플랜을 판매한다. 여성 숙박객은 무료로 색색의 유카타를 골라 입을 수 있다(점심 입욕 플랜인 경우 525엔). 단순유황냉광천 저장성 알칼리성 온천으로 신경통, 근육통, 관절통, 오십견, 멍, 염좌, 치질, 수족냉증, 당뇨병, 만성부인병 치료에 좋다. 좌식이 불편한 사람들을 위해 다다미방에서도 테이블 식사가 가능하고, 일본식 침구류나 침대 중에서 고를 수도 있다.

Data Map 452p-A Access JR한와선 히네노역에서 난카이버스 이누나키야마행 15분, 종점 하차하면 바로. 숙박 및 점심플랜 예약 시는 역까지 셔틀 운행 Add 大阪府泉佐野市大木7番地 Cost 트윈룸(2식 포함) 1인 14,800엔~, 점심플랜 3,300엔~(10명 이상), 입욕권 성인 900엔, 어린이 450엔 Tel 072-459-7326 Web www.fudouguchikan.com

오사카에서만 자야 하나?
주변 도시에서의 숙박

간사이 여행의 정석은 오사카에서 숙박하며 주변 도시를 돌아보는 것이다. 그러나 여의치 않거나, 그곳에 꼭 머물고 싶다면 어쩔 수 없이 주변 도시에서 숙박해야 한다. 또 와카야마처럼 오사카에서 다소 먼 곳은 아예 그곳에서 1박을 하는 것이 이로울 수도 있다. 오사카 주변 도시에서 머물 숙소를 소개한다.

저렴하면서 천연온천욕도 할 수 있는

호텔 도미 인 프리미엄 교토에키마에

HOTEL dormy inn PREMIUM 京都駅前

교토역에서 도보 3분 거리. 간사이 지방을 열차로 여행하는 관광객들에게 추천할 수 있는 호텔이다. 저렴한 비즈니스 호텔이면서도 천연온천을 경험할 수 있는 호텔 체인이다. 편안한 잠을 위해 침대는 시몬스를 사용한다. 전실 와이파이 사용이 가능하다. 다다미방도 있다. 9층에 위치한 천연온천은 알칼리성 단순천으로 피부에 자극이 적고 부드럽다. 스마트폰 충전기도 준비되어 있고, 1층에 컴퓨터 코너도 있다.

Data Map 349p-C Add 京都市下京区東塩小路町558-8 Cost 트윈룸(조식 포함) 1인 6,495엔~ Tel 075-371-5489 Web www.hotespa.net/hotels/kyoto

교토의 문화를 경험하는 호텔

노가 호텔 기요미즈 교토 NOHGA HOTEL KIYOMIZU KYOTO

'MEET HOT KYOTO'를 콘셉트로 다채로운 교토 체험을 제안하는 호텔이다. 관내에 교토와 인연이 있는 작가의 예술 작품, 오리지널 음악, 협업 제품 등을 통해 교토의 문화를 경험할 수 있다. 녹차, 명상, 향도 등 교토의 대표 문화를 체험하는 프로그램도 있어서 호텔에 머무는 시간이 아깝지 않다. 도보로 기요미즈데라까지 갈 수 있어 분비지 않는 아침 시간대 산책하기 좋다.

Data Map 349p-D Access 게이한 전철 기요미즈고조역에서 도보 7분 Add 京都市東山区五条橋東4 丁目450-1 Cost 더블룸 1인 5,560엔~ Tel 075-323-7120 Web nohgahotel.com/kiyomizu

고베

고베항의 야경이 아름다운
포트피아 호텔 PORTPIA HOTEL

고베항 부두 옆, 바다가 내려다보이는 훌륭한 뷰를 기대할 수 있는 호텔. 저렴한 가격에 묵을 수 있는 심플 플랜부터 관광, 미식 등의 테마 숙박까지 가능하다. 산노미야역과 신고베역, 하버랜드까지 셔틀버스를 운행해 고베 여행에 적합하다. 조식은 사람이 붐비면 대기시간이 길 수도 있다.

Data Map 407p-H Access 산노미야역 앞 버스터미널 8번에서 하버랜드까지 셔틀버스 운행 Add 神戸市中央区港島中町6-10-1 Cost 트윈룸 1인 5,500엔~ Tel 078-302-1111 Web www.portopia.co.jp

호텔에 이자카야까지 있는
더 비 고베 the b kobe

고베 교통의 중심지인 산노미야역에 위치한 호텔. 지하 1층에서 2층까지 레스토랑, 바, 이자카야 등 13개의 매장이 있어 편리하다. 그중에는 예약을 못 할 정도로 인기 있는 고베규 스테이크 하우스도 입점해 있다. 로비에서 무료 간식 서비스도 제공한다. 메뉴가 소진되면 종료되니 서두르자.

Data Map 406p-B Access 지하철 산노미야역 서쪽 출구에서 도보 1분 Add 神戸市中央区下山手通 2-11-5 Cost 트윈룸 1인 4,900엔~ Tel 078-333-4880 Web kobe.theb-hotels.com

나라

긴테츠 나라역에서 도보 1분
호텔 하나코미치
People's Inn Hanakomichi

오사카에서 오는 여행자들이 많이 이용하는 긴테츠 나라역과 도보 1분 거리이다. 상점가와 가까워 입지가 좋다. 프런트는 3층에 있다. 객실 수는 적지만 다다미방도 있다. 프런트 앞에 무료로 이용할 수 있는 컴퓨터가 설치되어 있다.

Data Map 433p-G Access 긴테츠 나라역 4번 출구에서 도보 1분 Add 奈良市小西町23番地 Cost 트윈룸 1인 5,500엔~ Tel 0742-26-2646 Web www.hanakomichi.co.jp

정원과 바다를 함께 즐기는
하마치도리노유 가이슈
浜千鳥の湯 海舟

센조지키 근처에 위치한 온천료칸으로, 잔잔한 물이 흐르는 정원과 세련된 로비, 객실에서는 시라하마 바다를 조망할 수 있고, 바다 향을 맡으며 혼욕 온천탕浜千鳥の湯에서 온천을 즐길 수 있다. 노천온천이 있는 객실도 있어, 료칸 곳곳의 세심한 서비스와 고급스러운 분위기는 특별한 날의 여행으로 추천한다. 혼자서도 묵을 수 있다.

Data Map 463p Access 시라하마역에서 무료 셔틀버스 이용 Add 和歌山県西牟婁郡白浜町 1698-1 Tel 0739-82-2220 Cost 트윈룸(2식 포함) 1인 26,150엔~ Web www.resort/hotel/list/kaishu

푸른 바다를 보며 즐기는 온천욕
시라하마 키 테라스 호텔 시모아
SHIRAHAMA KEY TERRACE ホテルシーモア

대대적인 리노베이션을 통해 모던하면서 세련된 스타일로 완벽히 변신한 호텔 시모아. 원목과 화이트의 감각적인 공간 디자인이 눈길을 사로잡는다. 바다를 향해 상단으로 이어진 온천탕은 석양이 지는 바다와 별빛이 흐르는 밤하늘을 감상할 수 있다. 탄산수소염천으로 신경통, 근육통 등에 좋다.

Data Map 463p Access JR시라하마역에서 무료 셔틀버스 이용(14:00, 15:00, 16:00, 17:00) 혹은 메이코버스를 타고, 신유자키정류장에서 하차 (20분 소요) Add 和歌山県西牟婁郡白浜町 1821 Cost 트윈룸(2식 포함) 1인 10,800엔~ Tel 0739-43-1000 Web www.keyterrace.co.jp

고야산에서 템플스테이
헨조코인 遍照光院

고야산 사찰마을의 유서 깊은 사원에서 국가 중요문화재인 불상과 함께하는 템플스테이. 비교적 큰 사찰로 현대식 화장실과 공동욕실도 있어 편안한 휴식을 취할 수 있다. 가을 단풍이 멋진 정원도 있다. 조용한 사찰에서 사찰음식과 명상을 체험한 후 다음날 새벽법회에 참가하는 것도 좋다.

Data Map 140p-D Access 난카이전철 고야산역에서 오쿠노인행 버스로렌게다니 하차 Add 和歌山県伊都郡高野町高野山575 Cost 트윈룸(2식포함) 1인 15,400엔 Tel 0736-56-2124

01 **기타 오사카** 나카노시마 | 우메다 | 덴진바시스지 | 나카자키초

02 **미나미 오사카** 난바 | 도톤보리 | 신사이바시 아메리카무라 | 호리에

03 **덴노지** 신세카이 | 덴노지 | 츠루하시

Osaka
By Area
....
오사카
지역별 가이드

04 **오사카성** 오사카성 | 가라호리
05 **베이 에어리어** 유니버설 스튜디오 재팬 | 덴포잔 | 난코

Design
Tshirts
Store
granlph

01

기타 오사카

KITA OSAKA 北大阪

나카노시마 | 우메다 |
덴진바시스지 | 나카자키초

오사카 북부의 다운타운이다. 나카
노시마 강변 정비사업과 우메다 건
축 프로젝트를 완료하면서 오사카
트렌드를 이끄는 쇼핑과 먹거리의
중심지가 됐다. 레트로한 건물과 깜
찍한 카페 골목, 아기자기한 소품 가
게 등은 난바와 도톤보리 등과는 또
다른 재미와 야경을 선사한다.

······················· 기타 오사카 ·······················

미 리 보 기

오사카 여행의 주된 목적이 쇼핑이라면 기타 오사카에 숙소를 정하는 것이 좋다. 고베나 교토
와 같은 다른 지역 관광에도 유리하다. JR오사카역이나 우메다역 근처에 숙소를 잡으면 최고!

SEE

물의 도시 오사카의 진면목을 보여주는 나카노시마 공원, 오사카 시립동양도자
미술관과 멋진 구조물이 인상적인 국립국제미술관, 오사카 시립과학관, 오사카
시립주택박물관 등 돌아볼 곳이 가득하다.

EAT

신규 오픈한 쇼핑몰의 레스토랑을 가보자. 특히 기타 우메다와 에키 마르셰 같
은 유명한 푸드코트에서는 최고의 분위기와 최고의 음식을 만날 수 있다. 서민
적인 분위기를 보려면 신우메다 쇼쿠도가이로 가자. 강변 풍경을 보며 커피나
식사를 하려면 나카노시마가 좋다. 단, 이름난 곳은 예약하고 가는 것이 좋다.

BUY

우메다에는 그랑 프론트 오사카, 오사카 스테이션 시티를 비롯한 대형 백화점과
쇼핑몰이 밀집해 있다. 일본에서 가장 긴 상점가인 덴진바시스지에 600여 개의
숍이 있어 쇼핑의 진수를 맛볼 수 있다. 독특한 개성을 원한다면 주저할 것 없
이 홍대와 같은 자유로운 분위기의 나카자키초로 향한다.

어떻게 갈까?

우메다역과 JR오사카역은 같은 지역에 있는
같은 역이다. 이 지역에는 JR오사카역은 물론
한신, 한큐 등의 철도 종착지가 모여 있다. 이
곳부터 JR열차를 이용하여 유니버설시티역까
지 17분, 한큐 열차로 교토까지 45분, 한큐나
한신 열차로 고베까지 30분에 갈 수 있는 교통
의 요지이다.

어떻게 다닐까?

JR오사카역과 우메다역에 있는 쇼핑몰과 백화
점. 그리고 그 주변에 있는 한큐 3번가, 헵 파
이브, 누 차야마치, 로프트 등의 쇼핑몰은 모
두 도보로 이동 가능하다. 그 외의 지역은 1일
전철 프리패스를 이용하여 나카노시마, 오사카
성, 미나미 지역으로 이동하는 것이 좋다.

기타 오사카
📍 1일 추천 코스 📍

강변 도시 오사카의 랜드마크인 나카노시마에서는 강변 레스토랑 및 레트로 건축 투어를 하자. 나카자키초에서는 분위기 있는 카페로 떠나보자. 나니와노유에서는 피로 싹 풀리는 온천욕이 기다린다. 밤에는 우메다 스카이 빌딩에서 환상적인 야경을 즐기자.

지하철로 20분 →

지하철로 10분 →

나카노시마에서 걸어다니며 멋진 건축물 감상하기

나카자키초의 분위기 있는 카페에서 점심 식사와 티타임 즐기기

덴진바시스지 상점가에서 쇼핑하기

지하철로 5분 ↓

도보 10분 ←

도보 5분 ←

JR오사카역 지하 에키 마르셰에서 저녁 식사하기

우메다역 근처의 쇼핑몰 누 차야마치, 한큐 3번가, 헵 파이브 등 순례하기

JR오사카역의 쇼핑몰 그랑 프론트 오사카와 오사카 스테이션 시티에서 쇼핑하기

도보 15분 ↓

도보 15분 →

우메다 스카이 빌딩 공중정원에서 야경 즐기기

다양한 종류의 주점과 바가 있는 그랑 프론트 오사카 북관 6층 우메키타 플로어에서 맥주 한 잔과 안주로 하루 마무리하기

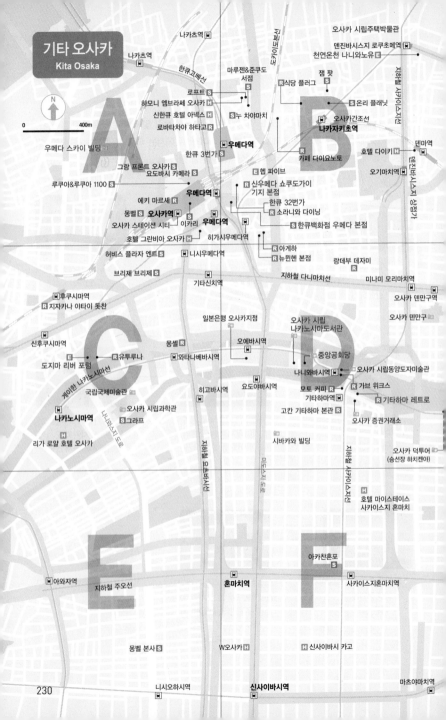

기타 오사카
Kita Osaka

N

0   400m

오사카 시립주택박물관
덴진바시스지 로쿠초메역
천연온천 나니와노유
나카츠역
나카츠역
한큐고베선
마루젠&준쿠도 서점
로프트
잼 팟
식당 플러그
하모니 엠브라헤 오사카
신한큐 호텔 아넥스
온리 플래닛
누 차야마치
로바타차야 하타고
오사카간조센
나카자키초역
우메다역
한큐 3번가
카페 다이요노토
호텔 다이키
우메다 스카이 빌딩
그랑 프론트 오사카
요도바시 카메라
덴마역
오기마치역
헵 파이브
루쿠아&루쿠아 1100
우메다역
신우메다 쇼쿠도가이
기지 본점
에키 마르셰
한큐 32번가
몽벨
오사카역
소라니 다이닝
오사카 스테이션 시티
이카리
우메다역
한큐백화점 우메다 본점
호텔 그란비아 오사카
히가시우메다역
아게하
뉴윈헨 본점
허비스 플라자 엔트
니시우메다역
랑데부 데사미
브리제 브리제
기타신치역
지하철 다니마치선
미나미 모리마치역
오사카 덴만구역
후쿠시마역
지자카나 야타이 돗찬
오사카 덴만구
신후쿠시마역
유토루나
일본은행 오사카지점
오사카 시립 나카노시마도서관
도지마 리버 포럼
국립국제미술관
몽셀
와타나베바시역
오에바시역
중앙공회당
나니와바시역
오사카 시립동양도자미술관
나카노시마역
가브 위크스
리가 로얄 호텔 오사카
오사카 시립과학관
그라프
히고바시역
요도야바시역
모토 커피
기타하마역
기타하마 레트로
고칸 기타하마 본관
오사카 증권거래소
시바카와 빌딩
오사카 덕투어
(승선장 하치켄야)
호텔 마이스테이스 사카이스지 혼마치
아카찬혼포
아와자역
지하철 주오선
혼마치역
W오사카
신사이바시 카고
사카이스지혼마치역
몽벨 본사
니시오하시역
신사이바시역
마츠야마치역

나카노시마

물의 도시 오사카를 만끽하는
나카노시마 中之島

강변 도시 오사카의 매력을 만끽할 수 있는 지역이다. 100여 년 역사의 레트로 건축물, 강변의 카페와 레스토랑, 박물관이 모여 있다. '물의 도시' 오사카를 대표하는 곳으로, 파리 시테섬에 빗대어 '오사카의 시테섬'으로도 불린다. 근대 건축물과 박물관이 많아 아트기행에 최적이다. 최근에는 강변 정비사업을 통해 나카노시마와 그 주변 강변(기타하마, 도지마)을 중심으로 멋진 카페와 레스토랑이 대거 들어서면서 기타 오사카의 새로운 명소로 급부상하고 있다. 크리스마스를 뜨겁게 달구는 환상적인 불빛쇼 '오사카 빛의 르네상스'도 이곳에서 열린다. 또 나카노시마공원에서는 계절마다 꽃축제도 열린다. 나카노시마는 수상버스나 나니와 크루즈 등 유람선을 타고 둘러보는 것도 좋다. 난바역 근처의 미나토마치 리버 플레이스에서 출발하는 나니와 탐험 크루즈나 수상버스 아쿠아라이너 등의 유람선으로도 나카노시마의 매력을 만끽할 수 있다.

Data Map 230p-C **Access** 지하철 히고바시역 4번 출구로 나와 바로. 지하철 요도야바시역 1번 출구에서 도보 1분 **Web** www.nakanoshima-style.com

나카노시마의 복합문화공간

도지마 리버 포럼 堂島リバーフォーラム

문화와 정보, 창의성을 테마로 2012년 오픈한 복합상업시설. 도지마강 북쪽에 있다. 강과 조화를 이룬 건물에는 3,200명(좌석 1,200석, 스탠드석 2,000석)을 수용할 수 있는 콘서트홀과 다목적 갤러리가 있다. 2층에는 나카노시마를 전망하며 코스요리와 와인을 즐길 수 있는 레스토랑 유투루나JUTURNA가 자리한다.

Data Map 230p-C Access JR신후쿠시마역 2번 출구에서 도보 7분 Add 大阪市福島区福島 1-1-17 Open 전시나 공연에 따라 다름 Tel 06-6341-0115 Web www.dojimariver.com

1937년 개관한 일본 최초의 과학관

오사카 시립과학관 大阪市立科学館

우주와 에너지를 테마로 하는 과학관으로 생활 속의 과학을 다양하게 체험할 수 있다. 1937년 일본 최초의 과학관으로 개관했으나 오사카시 100주년 기념사업의 일환으로 1989년 지금의 건축물이 재탄생했다. 지상 1~3층의 상설전시실에서는 체험을 중심으로 한 200여 개의 아이템을 만나볼 수 있고, 사이언스 쇼도 자주 개최된다. 지하 1층에는 환상적인 밤하늘의 별자리 체험을 할 수 있는 플라네타리움이 있다.

Data Map 230p-C Access 지하철 히고바시역 3번 출구에서 도보 10분 Add 大阪市北区中之島4-2-1 Open 09:30~17:00(월요일 휴관) Cost 전시장 성인 400엔, 고교·대학생 300엔, 중학생 이하 무료 / 플라네타리움 성인 600엔, 고교·대학생 450엔, 중학생 이하 300엔 Tel 06-6444-5656 Web www.sci-museum.jp

한중일 도자기의 빼어난 자태
오사카 시립동양도자미술관 大阪市立東洋陶磁美術館

한국과 중국, 일본 등 동양의 도자기를 전시한 미술관. 스미토모 그룹에서 기증한 아타카 컬렉션을 중심으로 1982년에 설립되었다. 301점에 달하는 이병창 컬렉션의 영향으로 한국 도자기의 전시 비율이 절반가량을 웃돌 만큼 매우 높다. 재일 사업가 이병창 박사는 1949년 초대 오사카 영사를 지낸 분으로, 고려청자와 조선백자 등 작품성 높은 도자기를 기증했다. 세계 최초로 자연채광 방식을 채택한 전시실에서 도자기 본연의 아름다움을 만끽할 수 있어 여성들에게 특히 인기가 높다. 공사로 2023년 가을까지 휴관 중이다.

Data Map 230p-D **Access** 게이한 나니와바시역 1번 출구 바로. 지하철 요도야바시역 1번 출구에서 도보 9분 **Add** 大阪市北区中之島1-1-26 **Open** 9:30~17:00(월요일 휴관) **Cost** 성인 500엔, 고교·대학생 300엔, 중학생 이하 무료. 기획전은 별도 요금 **Tel** 06-6223-0055 **Web** www.moco.or.jp/ko

일본과 세계 현대미술을 한자리에서
국립국제미술관 国立国際美術館

춤추는 듯한 철골 구조의 외관이 인상적인 미술관. 시립과학관 바로 옆에 있다. 2차 세계대전 이후의 일본과 세계의 현대미술 작품을 중심으로 전시하고 있다. 이 미술관은 독특하게 지하에 전시실을 설치했다. 지하 1층에 입구와 강당, 뮤지엄숍, 레스토랑이 있고, 지하 2~3층에 전시실이 있다. 지하 1층의 카페와 레스토랑은 나카노시마 클럽과 같은 계열의 레스토랑으로, 미술관 개관 35주년인 2012년 '나카노시마 뮤즈'로 리뉴얼 오픈했다. 미술 작품 감상후 오므라이스, 햄버거, 파스타 등의 간단한 식사나 디저트를 즐길 수 있다.

Data Map 230p-C **Access** 게이한 나카노시마선 와타나베바시역 2번 출구에서 도보 5분. 요츠바시선 히고바시역 3번 출구에서 도보 10분 **Add** 大阪市北区中之島4-2-55 **Open** 10:00~17:00 금, 토요일 ~20:00, 월요일 휴무) **Cost** 성인 1,200엔, 대학생 700엔, 고등학생 이하 무료 **Tel** 06-6447-4680 **Web** www.nmao.go.jp

나카노시마 레트로 건축기행

나카노시마에는 눈여겨볼 만한 건물이 많다.
이 건물들은 100여 년의 역사를 가진 오사카의 근대문화유산들이다.
모던한 도심 한복판에서 떠나는 근대문화기행은 특별한 감흥을 준다.

'오사카 빛의 르네상스'가 열리는 바로 그곳!

오사카 중앙공회당

大阪市中央公会堂

나카노시마의 랜드마크 같은 존재다. 1918
년 건축된 네오 르네상스 양식의 위엄 있는
석조건축이지만 외관의 붉은 벽돌이 자아내
는 발랄함 때문에 인기가 높다. 구 서울역을
설계한 다츠노 킨고의 작품으로도 잘 알려져
있다. 크리스마스 시즌에 열리는 '오사카 빛
의 르네상스'는 바로 중앙공회당 건물을 배
경으로 진행되는데, 3D 영상이 건물 전면을
따라 흐르며 환상적인 입체 애니메이션을 보
여준다. 지하 1층에는 기념품 숍과 레스토
랑&바 나카노시마 소셜 클럽 잇 어웨이크가
있다.

Data Map 230p-D
Access 게이한 나니와바시 1번 출구에서 도보
1분, 지하철 요도야바시역 1번 출구에서 도보
5분 Add 大阪市北区中之島1-1-27
Web www.osaka-chuokokaido.jp

도서 50만 권을 소장하고 있는

오사카 시립나카노시마도서관

大阪府立中之島図書館

중앙공회당 바로 뒤편에 위치한 네오 바로크
양식의 건물로 1904년 완공되었다. 그리스
신전을 연상시키는 웅장한 건축이 이곳의 매
력. 일본의 재벌가 중 하나인 스미토모 가문
에서 기증한 도서관으로 50만여 권의 장서
를 자랑한다. 오사카의 역사자료와 함께 고
서적도 다수 소장하고 있다. 1974년에 중요
문화재로 지정됐다. 오사카 빛의 르네상스
기간에는 전면이 샤이닝 아트월로 변신해 중
앙공회당과는 또 다른 감동을 선사한다.

Data Map 230p-D
Access 지하철 요도야바시역 1번 출구에서 도보
4분 Add 大阪市北区中之島1-2-10

일본 근대 건축의 아버지가 설계한
일본은행 오사카지점
日本銀行大阪支店

한국은행처럼 일본의 중앙은행 역할을 하는 일본은행의 오사카지점. 이 건물 또한 중앙공회당을 설계한 다츠노 킨고의 작품으로 1903년에 완공됐다. 다츠노 킨고는 한국은행 본점과 도쿄역도 설계한 인물이다. 네오 바로크 양식과 네오 르네상스 양식이 혼합된 외관에서 중후함을 느낄 수 있다. 1935년 완공된 요도야바시 다리는 파리 센강변의 부르고뉴궁전과 콩코르드 다리를 참고로 만들었다. 나카노시마에서 미도스지를 이어준다.

Data Map 230p-D Access 게이한 오에바시역 6번 출구에서 바로. 지하철 게이한 요도야바시역 7번 출구에서 도보 5분 Add 大阪市北区中之島2-1-45

마야와 잉카를 떠올리게 하는 독특한 건물
시바카와 빌딩 芝川ビル

시부야 고로와 혼마 오토히코의 합작품으로 1927년 준공된 건물이다. 건물 입구의 마야 문명과 잉카제국을 연상시키는 장식이 인상적이다. 같은 해 기타하마에 건축된 노무라 빌딩과 함께 독창적이고 이국적인 듯한 디자인으로 주목을 받는다. 지금은 프랑스풍 베트남 요리와 초콜릿 전문점 등이 입점해 있다.

Data Map 230p-D
Access 지하철 요도야바시역 11번 출구에서 도보 1분 Add 大阪市中央区伏見3-3-3

벽이라도 남길 만큼 중요한
오사카 증권거래소 大阪証券取引所

나니와바시難波橋 남동쪽에 위치한 기타하마의 얼굴 같은 존재다. 1935년 완공되었는데, 2002년 고층빌딩을 세우면서 정면 벽만 보존해 놓았다. 이곳은 역사적으로는 쌀 거래를 했던 미곡거래소였다가 증권거래소로 변천된 곳이다. 오사카 증권거래소 곁에 기타하마역과 나카노시마를 이어주는 나니와바시 다리가 있다. 1915년 완공된 이 다리는 석조건축으로 지어졌다. 네 귀퉁이에 위엄 있는 사자상이 있어 '라이온바시'라고도 불린다.

Data Map 230p-D
Access 지하철 기타하마역 1B 출구, 게이한 기타하마역 27, 28번 출구에서 바로 연결 Add 大阪市中央区北浜 1-8-16

생활을 테마로 한 일본 최초 박물관

오사카 시립주택박물관 大阪市立住まいのミュージアム

19~20세기의 오사카 서민의 생활상을 소개하는 전시관이다. 생활을 테마로 한 일본 최초의 박물관으로 2001년에 개관했다. 생활정보 빌딩 8~10층에 위치한 오사카 시립주택박물관은 구라시노 곤자쿠칸くらしの今昔館 이라는 애칭으로도 불린다. 에도 시대 말부터 근현대 오사카의 거리와 주택의 변천사를 체험할 수 있어 인기가 높다. 8층에서는 1900년대 초의 오사카를 영상으로 만난다. 9층에는 에도 말기의 오사카 거리를 실제 크기로 재현해 놓았다. 9층에서는 기모노 체험(30분 대여, 200엔)도 가능하다.

Data Map 230p-B Access 지하철, 한큐 덴진바시스지 로쿠초메역 3번 출구에서 건물로 연결 Add 大阪市北区天神橋6-4-20 住まい情報センタービル8階 Open 10:00~17:00(화요일 및 12월 29일~1월 2일 휴관) Cost 성인 600엔, 고교·대학생 300엔, 중학생 이하 무료 Tel 06-6242-1170 Web www.osaka-angent.jp/konjyakukan

나카노시마 투어는 수상버스로

아쿠아라이너 AQUA-LINER

오카와강을 따라 오사카성에서 나카노시마를 거쳐 오사카의 주요 관광 명소를 돌아보는 수상버스다. 특히, 나카노시마 주변에 강과 다리, 강변을 에워싸고 멋진 건물들이 있어 배를 타고 바라보면 한결 운치가 있다. 오사카성에서 시작되는 코스를 왕복하면 소요 시간이 40분이다. 도톤보리까지 오카와강의 옛 수도를 따라갈 수 있는 아쿠아 미니도 운행한다.

Data Map 314p-B Access 요도야바시코 탑승장 : 지하철 미도스지선, 또는 게이한 요도야바시역 14-A 출구 앞 Open 10:00~17:00 Cost 아쿠아라이너 오사카성&나카노시마 일주(40분) : 성인 1,600엔, 어린이 800엔 아쿠아라이너 미니 오사카성~도톤보리(50분) : 성인 1,200엔, 어린이 600엔 Tel 0570-03-5551 Web suijo-bus.osaka

기타 오사카의 쇼핑과 놀이의 중심!
우메다 梅田

대형 백화점과 쇼핑몰, 오피스 등이 밀집해 있는 기타 오사카의 중심지다. JR오사카역을 중심으로 쇼핑몰과 고층빌딩이 속속 들어서면서 쇼핑과 화려한 야경, 맛집까지 두루 섭렵할 수 있는 매력적인 곳이다. 오사카역 남쪽에는 대형 백화점과 고급 브랜드숍이, 북쪽에는 서민적인 먹자골목과 젊은 취향의 쇼핑센터가 위치해 있다. 역 주변의 지하 쇼핑시설만 해도 엄청난 규모다. 또 교통 중심지로 유동 인구가 워낙 많아 자칫 인파에 휩쓸려 방향과 목표를 잊어버리기 쉽다. 이곳에서는 미리 목적지를 정해 신속히 움직이는 것이 좋다.

Data Map 230p-A Access JR오사카역, 한큐우메다역 지하철 우메다역, 히가시 우메다역, 니시 우메다역 이용

오사카의 미래를 형상화한
우메다 스카이 빌딩 梅田スカイビル

1993년 완공된 우메다 지역의 랜드마크다. JR 교토역을 건축한 하라 히로시의 작품으로 건물 중앙과 상층부를 뚫어 하늘을 작품 안으로 끌어들여 오사카의 미래지향적인 이미지를 형상화했다. 39층에 있는 공중정원 전망대는 데이트 코스로 유명하다. 1층 야외공간은 크리스마스 시즌에 독일 크리스마스 마켓으로 변신한다. 또 1층에는 나카시젠노모리라는 인공정원이 있어 잠시 쉬어가기에 좋다. 지하에는 100년 전 오사카의 거리를 재현한 다키미코지 식당가가 있다. 오사카의 과거로 잠시 시간여행을 떠나보는 것도 좋다. 우메다역에서 도로를 건너고 긴 지하도를 지나는 등 찾아가는 길이 복잡한 편이니 구글지도를 확인하며 이동하자!

Data Map 230p-A Access JR오사카역, 지하철 한큐우메다역에서 도보 10분 Add 大阪市北区 大淀中1-1-88 Open 나카시젠노모리 06:30~23:00, 다키미코지 식당가 11:00~22:00(상점마다 다름) Tel 06-6440-3901(종합안내) Web www.skybldg.co.jp

오사카의 환상적인 야경이 발아래

공중정원 전망대 空中庭園展望台

우메다 스카이 빌딩 옥상에 있는 전망대다. 360도로 오사카의 아름다운 야경을 감상할 수 있다. 수만개의 LED가 바닥에 수놓여 연출하는 빛의 아트 역시 잊을 수 없는 장관을 선사한다. 우메다 스카이 빌딩과 공중정원 전망대를 연결하는 에스컬레이터는 길이가 무려 150m나 된다. 공중에 떠 있는 듯한 짜릿한 기분을 느껴보고 싶다면 이용해보자. 에스컬레이터 이용은 무료.

Data Map 230p-A Access JR오사카역에서 도보 10분, 한큐 우메다역에서 도보 10분. 스카이빌딩 39층 매표소 Add 大阪市北区大淀中1丁目 1番88号 Open 09:30~22:30 (계절마다 변동) Cost 성인 1,500엔, 초등학생 이하 700엔. 오사카 주유패스 소지자 무료 Tel 06-6440-3899(종합안내) Web www.kuchu-teien.com

오사카의 야경, 하늘에서 즐기자

헵 파이브 Hep Five

기타 오사카를 대표하는 관람차다. 헵 파이브는 대형 백화점과 오락시설이 결합된 공간이다. 특히, 건물 옥상에 설치된 빨간 대관람차는 우메다 어디서나 금방 찾을 수 있다. 대관람차의 지름은 75m. 정상 높이는 106m에 달한다. 오사카 시내는 물론 고베까지도 감상할 수 있다. 7층에서 이용할 수 있다. 8~9층에는 게임회사로 유명한 남코의 어뮤즈먼트 센터가 있다. 게임 마니아라면 실감나는 버추얼 어트랙션에 도전해보자.

Data Map 230p-B Access JR오사카역, 우메다역에서 도보 5분 Add 大阪市北区角田町5-15 Open 관람차 11:00~23:00 Cost 1인 600엔(5세 이하 무료), 오사카 주유패스 소지자 무료 Tel 06-6366-3634 Web www.hepfive.jp/ferriswheel/

야경 감상하는 빌딩 위 하늘정원
한큐 32번가 阪急32番街

오피스 빌딩인 한큐 그랜드 빌딩 고층(27~31층)에 위치한 전망 레스토랑이다. '소라니와 다이닝'이라는 애칭으로도 알려져 있다. 이곳에 있는 무료 전망대는 오사카의 야경을 새롭게 쓰고 있다는 평을 들을 만큼 아름답다. 소라니와(하늘정원)라는 명칭과 너무 잘 어울리는 야경을 선사한다. 30층에 있는 만화 전문점 코믹하우스도 볼만하다.

Data Map 230p-B Access 지하철 우메다역 6번 출구에서 도보 3분. JR오사카역, 한큐 우메다역에서 도보 5분 Add 大阪市北区角田町8-47 Open 11:00~23:00 (카페 08:00~23:00) Tel 06-6315-8370 Web hankyu32.hankyu.co.jp

오사카 쇼핑의 새로운 심장
그랑 프론트 오사카
Grand front Osaka

2013년 4월 26일 JR오사카역에 오픈한 일본 최대 규모의 종합 쇼핑몰이다. 쇼핑몰은 남관과 북관으로 나뉜다. 우메키타 광장에 가까운 남관에는 지하 1층부터 지상 9층까지 187개의 숍이 있으며, 주로 패션 관련 상점이 많다. 북관은 1~6층까지 주로 상업시설로 사용되며, 약 58개의 숍이 있다. 특히, 북관에 있는 날리지 캐피탈Knowledge Capital은 지적 엔터테인먼트의 공간으로 남녀노소 모두가 즐길 수 있는 최첨단 기술을 만나볼 수 있다.

Data Map 230p-A
Access JR오사카역과 바로 연결
Open 상점 11:00~21:00, 레스토랑 11:00~23:00

기차 타고 오는 쇼퍼들은 모두 여기로 모여!
오사카 스테이션 시티
大阪ステーションシティ

우메다 지역개발사업의 일환으로 2011년 오픈한 복합상업시설이다. 역과 직결된 쇼핑몰이라 기차로 가면 편하다. 오사카역을 중심으로 이세탄, 다이마루, 루쿠아 등 대형 백화점이 들어서 있다. 건물 안에 있는 8개의 광장은 휴식공간을 제공한다. 하지만, 유동 인구가 워낙 많은 편이라 느긋하게 돌아보기가 쉽지 않다. 그중 '바람의 광장', '천공의 농원' 등이 무료 도심 전망대로 인기가 높은 편. 쇼핑몰 중에는 루쿠아가 여행자에게 인기다.

Data Map 230p-A Access JR오사카역과 바로 연결 Open 상점 10:00~22:00(상점마다 다름), 레스토랑 11:00~23:00 Tel 06-6458-0212(인포메이션) Web www.osakastationcity.com

일본에서 가장 긴 상점가

덴진바시스지 상점가 天神橋筋商店街

길이 2.6km에 달하는 대형 상점가. 지하철 사카이스지선의 미나미모리마치역에서 덴진바시스지로쿠초메역까지 이어지는 쇼핑 아케이드로 일본에서 가장 긴 쇼핑가다. 미나미 오사카 센니치마에 도구상점가가 있다면 이곳은 기타 오사카의 대표적인 서민 상점가인 셈. 상점가 안에 학문의 신(스가와라노 미치자네)을 모신 오사카 덴만구가 있어 입시철에는 수험생과 학부모들이 운집한다. 어린이를 위한 박물관을 표방한 오기마치 키즈파크(성인 1,400엔, 어린이 800엔)는 가족단위 방문객뿐 아니라 디자인에 관심 있는 이들도 볼만하다.

Data Map 230p-B **Access** 지하철 미나미모리마치역 4-A출구에서 도보 3분 덴진바시스지로쿠초메역 12번 출구에서 도보 1분 **Web** tenjin123.com

합격의 소원을 들어주는 학문의 신

오사카 덴만구 大阪天満宮

덴만구는 학문의 신을 모시는 신사로, 후쿠오카와 교토에도 있다. 한국 못지 않은 입시경쟁으로 유명한 일본에서 입시철이 되면 합격을 기원하는 학생들과 학부모들로 북적거리는 곳이다. 매년 7월 24일부터 25일까지 오사카의 대표 여름축제 '오사카 덴진마츠리'가 열리는 곳이기도 하다.

Data Map 230p-D **Access** 지하철 다니마치선, 사카이스지선 미나미모리마치역 4-B출구에서 도보 5분 **Add** 大阪市北区天神橋2-1-8 **Open** 09:00~17:00 **Web** www.osakatemmangu.or.jp

물과 뭍을 오가며 전천후로 오사카 관광
오사카 덕투어 大阪ダックツアー

지상과 수상을 오가는 수륙양용버스를 타고 오
사카 시내투어를 즐길 수 있는 색다른 여행 코
스. 덴마바시天満橋역 인근 가와노에키하치
켄야川の駅はちけんや에서 출발해 미도스지,
NHK, 오사카부청, 오사카성 등을 지나 벚꽃
명소인 사쿠라노미야 공원까지 지상에서 둘러
본 후 강으로 풍덩 미끄러져 수로를 따라 느긋
하게 유람하는 60분의 코스. 관광 정보에 정
통한 가이드가 오사카의 거리를 재미있게 소개
해준다. 창이 뚫려 있으므로 추운 겨울에는 따
뜻한 복장이 필수. 코스 범위도 축소된다.

Data Map 230p-D Access 지하철 덴마바시역에서
도보 1분 Add 大阪市中央区北浜東1-2
Cost 성인 3,700엔, 초등생 이하 2,200엔, 2세 이상
600엔(계절에 따라 다름) Tel 06-6941-0008
Web www.japan-ducktour.com/osaka

응답하라, 20세기 소년
반파쿠키넨코엔 万博記念公園

1970년 오사카에서 개최된 만국박람회장을 공
원으로 꾸몄다. 공원 자체보다 우라사와 나오키
가 그린 〈20세기 소년〉에 등장하는 '태양의 탑'
이 더 유명하다. 이 만화는 후에 영화로도 제작
됐다. '태양의 탑'에는 3개의 얼굴이 있다. 각각
의 얼굴은 과거와 현재, 미래를 상징한다.

Data Access 센리추오역에서 오사카 모노레일을
타고 반파쿠키넨코엔역, 고엔히가시구치역 하차 후
바로 Add 大阪府吹田市千里万博公園1番1号
Cost 정원 입장료 성인 250엔, 초중생 70엔(공원내
별도 요금 시설 있음) Tel 06-6877-7387 Open
09:30~17:00(수요일 휴무) Web park.expo70.or.jp

8층 옥상에서 즐기는 여유로운 노천탕
천연온천 나니와노유
天然温泉なにわの湯

8층 옥상 노천탕에서 온천욕을 즐길 수 있는 나
니와노유. 한국의 찜질방 같은 편안한 분위기다.
음이온과 원적외선이 나오는 토르말린, 암염 위
에서 찜질할 수 있는 암반욕실도 좋다. 기본적인
목욕용품은 비치되어 있다. 하지만 수건은 무료
로 사용할 수 없으니 챙겨가자.

Data Map 230p-B Access 지하철 덴진바시로쿠초메역
5번 출구에서 도보 10분 Add 大阪市北区長柄西
1-7-31 Open 평일 10:00~01:00, 주말 08:00~01:00
Cost 성인 850엔, 어린이 400엔, 오사카 주유패스
소지자 무료

EAT

강변 야경이 아름다운
유투루나 JUTURNA

도지마 리버 포럼 2층에 위치한 카페 레스토랑. 자동차 불빛이 흐르는 듯한 인상적인 강변의 야경이 아름답다. 야경을 안주 삼아 마시는 글라스 와인은 600엔부터다. 간단한 알라카르트(단품 메뉴)와 식사 메뉴, 음료도 다양하다. 디저트 세트(1,000엔)와 애프터눈 티 세트(1,200엔~)도 좋다. 식사시간에 맞춰 가는 것이 좋다.

Data Map 230p-C Access JR신후쿠시마역에서 도보 7분, JR후쿠시마역에서 도보 8분 Add 大阪市福島区福島 1-1-17 堂島リバーフォーラム 2F Open 카페 11:30~22:30 (주말·공휴일 10:00부터), 런치 11:30~13:15 (LO), 디너 17:30~19:45(화요일 휴무)(LO), 목요일 휴무 Cost 런치코스 3,960엔~, 디너코스 8,920엔~, 글라스 와인 600엔~ Tel 06-6341-0020 Web www.juturna.asia

전통미가 물씬한 호텔 속 특별한 커피숍
리가 로열 호텔 오사카
リーガロイヤルホテル

호텔 외관과 달리 일본의 전통미가 살아 있는 공간이다. 보라색 구름을 형상화한 샹들리에와 유명 화가들의 회화, 일본식 인공 정원이 묘한 조화를 이루고 있다. 기모노를 차려 입은 여성 스태프가 손님을 맞는다. 라운지 전체 면적도 꽤 넓지만 테이블간 공간도 넉넉해 애프터눈 티 세트 등과 함께 티타임을 즐기기에 정말 좋다. 애프터눈 티는 커피와 다양한 홍차 중에서 고를 수 있다. 다른 종류의 디저트 세트도 2,000엔 전후로 즐길 수 있다.

Data Map 230p-C Access 게이한전철 나카노시마역에서 직접 연결, JR오사카역에서 정기운행 무료셔틀 버스로 10분 소요 Add 大阪市北区中之島5-3-68 リーガロイヤルホテル 1F Open 10:00~18:30 Cost 음료 1,518엔~, 케이크 세트 2,277엔~ Tel 06-6441-0956 Web www.rihga.co.jp/osaka/restaurant/list/mainlounge

부드럽고 촉촉한 롤케이크의 유혹!

몽셸 モンシェール

홋카이도산 생크림과 풍부한 계란 향의 촉촉한 케이크 도지마롤로 인기가 많다. 도지마롤은 몇 년 전 크게 히트를 친 후 지금은 오사카를 대표하는 기념품으로 자리 잡았다. 절제된 당도라서 그리 부담스럽지 않다. 도지마롤 외에 다른 종류의 케이크도 많다.

Data 도지마 본점

Map 230p-C Access 게이한 전철 와타나베바시역 7번 출구에서 도보 3분 Add 大阪市北区堂島浜2-1-2
Open 평일 10:00~19:00, 주말, 공휴일 ~18:00 Cost 도지마롤 1조각 356엔, 홀케이크 1,500엔
Tel 06-6136-8003 Web www.mon-cher.com

나카노시마를 전망할 수 있는 몇 안 되는 카페

모토 커피 MOTO Coffee

시원한 강바람과 함께 즐기는 진한 커피 향, 생각만 해도 멋스럽다. 기타하마에 위치한 모토 커피 는 나카노시마의 경치를 즐길 수 있는 몇 안 되는 카페. 흰 벽과 테라스에 심플한 목제 테이블과 의 자가 있어 경치에 집중할 수 있게 한다. 중앙공회당과 오사카 시청이 바로 보인다. 로스팅 강도도 선택 가능. 홍차와 허브티 등 음료도 다양하다. 빵과 토스트, 케이크 등 디저트도 함께 맛보자.

Data Map 230p-D Access 지하철 기타하마역 26번 출구에서 도보 1분 Add 大阪市中央区北浜2-1-1
北浜ライオンビル Open 11:00~18:00 Cost 커피 495~700엔 Tel 06-4706-3788
Web www.shelf-keybridge.com/motocoffee/

중앙공회당이 한눈에 드는 이탈리안 레스토랑

가브 위크스 GARB weeks

중앙공회당이 바로 보이는 곳에 단독으로 위치한 단독건물의 카페 레스토랑. 훌륭한 맛은 기본, 중앙공회당의 아름다운 야경까지 덤으로 즐길 수 있다. 농가에서 직접 제공받는 신선한 채소로 파스타와 피자 등을 요리한다. 수제 스모크햄도 맛볼 수 있다. 식사뿐 아니라 신선한 과일과 채소를 사용한 디저트 메뉴도 훌륭하다. 야경이 아름다운 디너타임에는 데이트 코스로 추천! 런치 메뉴는 1,000엔 이하, 디너는 3,000~4,000엔 정도 예산을 잡는 것이 좋다.

Data Map 230p-D Access 게이한전철 나니와바시역에서 바로 연결 지하철 기타하마역에서는 도보 3분 Add 大阪市北区中之島1-1-29 中之島公園内 Open 11:30~22:00 (계절마다 변경), 런치 11:30~15:00, 디너 17:30~21:30 Cost 오늘의 런치 900엔 Tel 050-3627-9872 Web www.garbweeks.com

레트로 건축에서 즐기는 영국식 티타임

기타하마 레트로 北浜レトロ

1912년 건축된 서양식의 벽돌 건물 기타하마에 있는 홍차 전문점. 카페가 있는 건물은 초기 증권회사 건물로 사용되다가 1997년 현재의 영국식 티룸으로 오픈했다. 레트로 건축인 데다 나카노시마공원까지 전망할 수 있어 일석이조다. 1층은 핸드메이드 컨트리 케이크, 홍차와 영국 잡화 등을 파는 매장이며, 2층이 티룸이다. 인기 메뉴는 애프터눈 티 세트. 철저히 영국식 레시피를 따른 스콘 2종과 케이크, 핑거 샌드위치, 홍차를 맛볼 수 있다. 홍차와 케이크 세트는 1,300엔.

Data Map 230p-D Access 지하철, 게이한전철 기타하마역 26번 출구에서 도보 1분 Add 大阪市中央区北浜1-1-26 北浜レトロビルヂング Open 11:00~19:00, 주말·공휴일 10:30~19:00 Cost 애프터눈 티 세트 2,700엔 Tel 06-6223-5858

유기농 채소와 비오와인이 있는 본격 자연파 레스토랑
고칸 기타하마 본관 五感 北浜本館

오피스 거리이면서도 차분한 분위기의 기타하마 사카이스지에 위치했다. 한큐백화점 우메다 본점에서도 인기를 누렸던 고칸의 본점으로 오사카산 디저트의 왕을 꿈꾸는 오너의 자부심이 느껴진다. 이곳은 쌀로 만든 롤케이크 루로가 유명하다. 또 계절감을 만끽할 수 있는 생케이크도 인기가 높다. 1층은 테이크아웃용 케이크 매장, 2층 살롱에서는 케이크와 런치를 즐길 수 있다. 고칸은 유형문화재로도 지정된 레트로 건축물 아라이 빌딩에 위치해 있다. 1922년 건축된 이 빌딩은 황거 니주바시와 나라 호텔 등을 설계한 가와이 코조의 작품이다.

Data Map 230p-D Access 지하철, 게이한 전철 기타하마역 26번 출구에서 도보 2분 Add 大阪市中央区今橋2-1-1 新井ビル Open 10:00~19:00 Cost 쌀 롤케이크 1조각 430엔, 홀케이크 1,365엔
Tel 06-4706-5160 Web www.patisserie-gokan.co.jp/shop/kitahama

나카자키초

가격은 저렴하고 요리 내공은 높은 프렌치 레스토랑
랑데부 데자미 ランデヴー・デ・ザミ

프랑스 요리는 코스요리와 가격에 대한 부담으로 진입장벽이 꽤 높은 편이다. 하지만 랑데부 데자미에서는 그런 걱정을 하지 않아도 된다. 메인 런치가 1,000엔, 주말용 코스 런치도 2,300엔으로 가격이 부담스럽지 않다. 레스토랑 분위기도 캐주얼하면서 차분한 편이다. 가격이 싸다고 맛이 떨어질 것이라는 편견은 버려라. 와인 선별에도 특히 공을 들이고 있으니 요리와 함께 글라스 와인을 즐겨도 좋다. 평일 메인 런치가 모두 판매되면 일찍 문을 닫는다. 또 주말 코스 런치는 미리 전화로 예약을 해야 한다.

Data Map 230p-D
Access 지하철 미나미모리마치역 1번 출구에서 도보 5분
Add 大阪市北区西天満5-10-16 植月ビル1F
Open 런치 11:30~14:00, 디너 18:00~21:00. 일요일, 3번째 월요일 휴무
Cost 평일 메인 런치 1,000엔, 주말 코스 런치 2,300엔
Tel 06-6362-1575
Web rendez-vousdesamis.com

인기 급부상 중인 이탈리안 레스토랑

식당 플러그 食堂 PLUG

이탈리안 레스토랑을 10년 이상 운영해온 두 사람의 오너가 뉴욕의 레스토랑 콘셉트로 2015년 8월에 오픈한 곳. 깔끔하고 세련된 내부 인테리어 센스와 편안한 분위기. 현미밥과 수프, 샐러드가 예쁘게 플레이팅 되어 나오는 런치세트는 돼지고기와 생선 중 선택하는데 200엔을 추가하면 커피, 홍차 등의 음료를 추가할 수 있다. 날씨가 좋은 날이면 야외 테라스 자리도 인기. 낮에는 레스토랑 겸 카페로 영업하고, 저녁에는 레스토랑 겸 바로 영업한다.

Data Map 230p-B Access 지하철 나카자키초역 4번 출구에서 도보 2분 Add 大阪市北区中崎西1-8-3 Open 11:30~22:00(월요일 휴무) Cost 플러그 햄버거 플레이트 1,200엔 Tel 06-6225-8498

치느님은 만국 공통

뉴뮌헨 본점 ニューミュンヘン本店

우메다 지역 동쪽, 츠유노텐 신사에서 북쪽을 향해 뻗은 오하츠텐진도리 상점가お初天神通り商店街, 줄여서 오하텐 상점가에 있는 맥주 레스토랑이다. 분위기는 독일 맥줏집인데 메인 생맥주는 삿포로. 1000리터짜리 생맥주 탱크는 창업 당시인 1958년부터 계속 사용해온 것이다. 전체적으로 묵직한 나무로 외장 및 테이블 등을 꾸며 유럽의 술집 같은 느낌을 준다. 널찍한 1층에 벽면의 계단은 복층까지 연결되어 있는데 저녁이 되면 늘 사람으로 꽉 찬다. 맥주가 물론 유명하지만 아삭한 식감과 부드러운 풍미를 함께 갖춘 닭튀김도 이 집의 트레이드마크. 백화점 지하에도 이 닭튀김으로 진출했을 정도다.

Data Map 230p-B Access 지하철 히가시우메다역 6번 출구에서 도보 5분 Add 大阪府大阪市北区曽根崎 2-3-17 Open 14:00~22:30, 주말 · 공휴일 12:00~) Tel 050-5487-2234 Web www.newmunchen.co.jp

구시카츠의 변신을 맛보다

아게하 AGEHA 揚八

"매일매일을 축제처럼"이라는 오하츠텐진도리 상점가의 뒷길 '우라산도裏参道'에 있는 음식점. 이자카야라 하기에도, 술집이라 하기에도 부족하여 음식점이라 적어본다. 내부는 카페처럼 깔끔하고, 쇼케이스에는 예쁘게 유리병(자)에 담긴 샐러드가 놓여 있다. 안에서는 꼬치를 튀기며 와인도 판다. 말하자면 예쁘고 맛있게 먹고 마실 수 있는 가게다. 재료 하나하나 본연의 맛에 중점을 둔 구시카츠에 포인트를 한두 가지 더해 노릇노릇 아삭아삭하게 튀겨낸다. 특히 베이컨을 아스파라거스에 말아 튀긴 아스파라(330엔)를 꼭! 먹어보자. 한입 먹을 때마다 미소가 멈추지 않는다. 그랑 프론트 오사카 7층, 다카시마야 난바 8층에도 지점이 있다.

Data Map 230p-B Access 지하철 히가시우메다역 Add 大阪府大阪市北区曽根崎2-9-18 1F Open 17:00~23:00 Cost 구시카츠 132엔~, 음료 418엔~ Tel 060-6360-7112 Web www.ageha-urasan.owst.jp

우메다의 서민적인 식도락 거리

신우메다 쇼쿠도가이 新梅田食堂街

JR철도 고가 밑에 있는 서민적인 맛집 거리. 2층 건물 전체에 식당이 빽빽하게 들어섰다. 1950년에 오픈해서 1970년 지금의 장소로 옮겨 왔는데, 약 100곳의 점포가 입점해 있다. 관광객보다 현지인의 이용이 월등히 높은 편. 특히, 평일 저녁에는 샐러리맨들로 좁은 복도가 꽉 찰 정도다. 다치노미야(서서 먹는 이자카야), 오코노미야키, 중화요리 등 다양한 종류의 음식점이 있어 저렴하게 식사를 해결하기에 좋다.

Data Map 230p-B
Access JR 오사카역,
지하철 우메다역에서 바로 연결
Add 大阪市北区角田町9-
26新梅田食道街
Tel 06-6372-0313
Web shinume.com

오코노미야키로 유명한 그곳!

기지 본점 きじ 本店

신우메다 쇼쿠도가이의 유명 오코노미야키 전문점. 1층 입구로 들어서서 좁은 계단을 오르면 지글지글 오코노미야키를 굽는 소리와 자욱한 연기가 식욕을 마구 자극한다. 눈앞에서 직접 구워주는 카운터석(8석)도 좋고, 마주보고 맥주잔을 기울일 수 있는 테이블석도 좋다. 겉옷과 소지품을 의자 밑에 두어야 하고, 좌석도 넉넉하지 않다. 그래서 더 활기차고 서민적인 분위기가 풍긴다. 워낙 인기가 높아 평일 저녁에도 조금 기다려야 한다. 넘버원 메뉴는 모던야키!

Data Map 230p-B **Access** 신우메다 쇼쿠도가이 1층
Open 11:30~21:30(일요일 휴무) **Cost** 모던야키 750엔
Tel 06-6361-5804

눈앞에서 바로 구워주는
로바타차야 하타고 炉ばた茶屋 旅籠

우메다 도심에서 만나는 본격 화로구이 전문점이다. 옛날 술집 같은 분위기에 맛있는 음식, 시원한 생맥주를 판다. 대부분의 단품 메뉴가 330엔 균일가인 것까지 너무 매력적이다. 1, 2층에 위치한 카운터석에 앉아 스태프가 구워주는 맛있는 음식을 맛보자. 화로에 구운 요리는 긴 주걱에 올려 손님에게 건네준다. 인기 메뉴는 가리비 버터구이다.

Data Map 230p-A
Access 한큐 우메다역 차야마치 출구로 나와 도보 2분
Add 大阪市北区茶屋町10-3 NU茶屋町1F
Open 16:00~23:15
Cost 단품 330엔 균일가
Tel 06-6359-7189
Web www.rikimaru-group. com/group/hatago

우메다 야경을 즐기며 먹는 우아한 디너
소라니와 다이닝 空庭ダイニング

한큐 32번가 쇼핑몰 27층부터 31층에는 카페, 레스토랑이 몰려 있다. 이곳은 우메다 야경을 즐기며 식사를 할 수 있어 '소라니와 (하늘정원) 다이닝'이라 불린다. 카페나 레스토랑 위치에 따라 야경에 편차가 있다. 레스토랑을 선택하기 전에 미리 양해를 얻어 내부를 들어가 보는 것도 좋다. 자리가 좋은 만큼 대부분 레스토랑에서 기본안주로 제공하는 메뉴에 자릿세 비용을 부과하기도 한다. 주머니가 가벼운 여행자라면 에스컬레이터 라인을 따라 야경만 즐기자.

Data Map 230p-B
Access 지하철 우메다역에서 도보 3분 **Add** 大阪市北区角田町8-47 阪急グランドビル 1F・27F~31F **Open** 레스토랑 11:00~23:00, 카페 11:00~23:00
Tel 06-6315-8370
Web hankyu32.hankyu.co.jp/

세계의 하우스맥주를 맛보라

크래프트 비어 하우스 몰토 Craft Beer House Molto

한큐 32번가 31층에 있는 맥주집. 몰토의 장점은 일본 전역과
세계의 하우스맥주들을 경험할 수 있다는 것. 크래프트 비어만
24종이 있다. 아름다운 야경은 기본! 추천 맥주는 오사카산 기
조 골드貴醸GOLD. 발효 단계에서 청주를 첨가하는 독자적인 제
조법으로 만들어 기분 좋은 쌉쌀함이 여운으로 남는다. 고급스
러우면서도 구수한 맛의 보리와인 '엘 디아블로'도 좋다. 가격은
각각 650엔이며 3종의 맥주를 선택해 맛볼 수 있는 맥주 3종 시
음세트는 1,280엔이다. 자릿세는 300엔, 프리미어 맥주 M사이
즈는 1,000엔이다. 맥주뿐 아니라 와인도 좋다.

Data Map 230p-B Access 한큐 32번가 소라니와 다이닝 31층
Open 런치 11:30~15:00, 디너 17:00~21:00(주말, 공휴일 브레이크타임X)
Cost 바차지 300엔, 하우스맥주 650엔~ Tel 050-5385-3424 Web www.molto-umeda.com

대관람차가 바로 보이는

키펠 카페 다이닝 Kiefel cafe dining

한큐 32번가 30층에 위치한 카페 레스토랑. 헵 파이브 대관람
차가 바로 내려다보인다. 평일 저녁 시간대에도 크게 붐비지 않
는 것이 장점이다. 케이크 세트나 파르페, 크레이프류의 인기가
높다. 블렌드 커피 500엔.

Data Access 한큐 32번가 소라니와 다이닝 30층
Open 09:00~23:00 Cost 프렌치 팬케이크 800엔
Tel 06-6315-9211 Web hankyu32.hankyu.co.jp/shops/341

내 몸에 좋은 것만 주고 싶은 유기농 레스토랑

크레용하우스 crayonhouse

유기농으로 만든 모든 것을 판매하는 숍이자 레스토랑이다. 1층
은 유기농 식품과 야채, 오가닉 화장품 등을 판매한다. 2층은 아
이들을 위한 친환경 장난감과 독특한 그림책을 판매하는 멀티 오
가닉 숍이다. 미니 뷔페 형식의 유기농 식사뿐 아니라 도시락,
단호박 푸딩 등 디저트류도 만날 수 있다.

Data Map 017p Access 지하철 미도스지선 에사카역 1번 출구에서
도보 5분 Add 大阪府吹田市垂水町 3-34-24 Open 11:00~19:00
(연중 무휴) Cost 오가닉 런치 무게에 따라 800엔~ Tel 06-6330-8071
Web www.crayonhouse.co.jp

JR오사카 역내 작은 시장

에키 마르셰 エキマルシェ

JR오사카역 1층에 있는 복합 상업시설이다. 키친, 카페&다이닝, 스타일, 알비(Albi 아웃도어) 네 코너로 이루어져 있다. 자연과 전통을 테마로 석재와 목재를 사용해 내장과 인테리어를 했는데, 그 것을 보는 것만으로도 충분히 방문할 만한 가치가 있다. 여기에 규탄(우설구이)으로 유명한 리큐, 마담 요코 케이크, 캠핑 카레, 가니차한노 미세(게살볶음밥) 등 유명 체인점이 몰려 있다. 우메다에 서 딱히 먹을 것이 떠오르지 않는다면 에키 마르셰로!

Data Map 230p-A Access JR오사카역 지하에 위치 Add 大阪市北区梅田3-1-1 エキマルシェ大阪 Open 10:00~22:00 Web www.ekimaru.com

바비큐처럼 짭조름한 우설구이

리큐 利久

센다이가 원조인 규탄(우설구이)으로 유명한 체인점 리큐의 에키 마르셰점. 숯불에 구운 도톰한 규 탄은 스팸을 바비큐로 요리한 것처럼 짭조름하고 맛이 있어 밥을 부른다. 런치용 규탄 정식 1인분 은 1,575엔이다.

Data Map 230p-A Access JR오사카역 지하 에키 마르셰 Add 大阪市北区梅田3-1-1 エキマルシェ大阪 Open 11:00~23:00 Cost 규탄 정식 1,771엔 Tel 06-6343-0910 Web www.rikyu-gyutan.co.jp

©Yasunori Shimomura

BUY

라이프 스타일 전반을 다루는 디자인 잡화 가구점

그라프 Graf

생활과 관련된 모든 것들을 만드는 디자인 그룹 '데콜라티브 모드 넘버3'의 사무실 겸 전시매장이다. 건축가, 제품 디자이너, 요리사, 목수, 가구장인, 예술가 등 전혀 다른 6명의 멤버로 구성된 이 그룹은 생활 공간을 무대로 다양한 디자인을 선보이고 있다. 가구와 식기류 등 인테리어와 주방 관련 잡화들도 함께 만날 수 있다. 1층은 오리지널 가구와 다양한 공예품을 전시 판매하는 매장과 카페가 있고, 2층은 사무실로 사용된다.

Data Map 230p-C Access 게이한 전철 나카노시마역 6번 출구에서 도보 8분 Add 大阪市北区中之島4-1-9 Open 11:30~18:00(월, 두 번째 화요일 휴무) Tel 06-6459-2082 Web www.graf-d3.com

여성들의 절대적인 지지를 받는 핸드메이드 타운

나카자키초 中崎町

나카자키초는 구역 전체가 핸드메이드 타운을 형성하고 있다. 골목마다 디자인 잡화, 소품점, 갤러리 카페들이 들어찼다. 따뜻한 감성의 디자인 소품이나 생활잡화들을 개성 넘치게 전시해 여성들의 절대적인 지지를 받고 있다. 흡사 신사동 가로수길이나 홍대 주차장 골목을 연상시킨다.

Data Map 230p-B Access 지하철 나카자키초역 2번 출구 Web nakazaki-cho.kitatenma.com

나카자키초의 대표적인 디자인 소품점

잼 팟 JAM POT

나카자키초 입구에 있는 이 지역의 대표적인 디자인 소품점. 나카자키초가 핸드메이드 타운으로 알려지기 이전인 2004년에 오픈했다. 대부분의 방문객이 잼 팟을 기준으로 나카자키초 탐험을 시작한다. 조그마한 가게에 빼곡히 전시된 디자인 소품과 액세서리들은 80명의 핸드메이드 작가들 작품. 작은 갤러리를 만들어 기획전도 자주 연다. 백화점에서 가끔 전시회를 열기도 한다. 2011년에는 프랑스 잡화만 전문으로 취급하는 자매점 기뇰Guignol 을 근처에 오픈했다. 두 곳을 함께 둘러보는 것도 좋다.

Data Map 230p-B Access 지하철 나카자키초역 2번 출구에서 도보 1분 Add 大阪市北区中崎 3丁目2-31 Open 12:00~19:00(월, 화요일 휴무) Tel 06-6374-2506 Web www.jampot.jp

동물 액세서리와 인테리어를 취급하는 잡화 전문점

온리 플래닛 Only Planet

일본 현지 TV에도 여러 번 소개된 온리 플래닛은 행운을 부르는 동물 잡화가 테마다. 액세서리, 다양한 크기의 장식뿐 아니라 동물과 관련된 모든 것이 있는 재미난 가게다. 최근에는 쿠키까지 판매하기 시작했다. 뭐든 하나만 구입하면 싹싹한 주인 아저씨가 기념촬영을 해준다. 기념사진은 온리 플래닛의 홈페이지에서 확인할 수 있다. 독특한 가게들이 잔뜩 입점해 있는 사쿠라 빌딩 맞은편에 있다.

Data Map 230p-B Access 지하철 나카자키초역 2번 출구에서 도보 3분 Add 大阪市北区中崎3丁目1-6, エルヴェールキャトル 1階 Open 11:00~19:00(수시로 변경, 홈페이지 참고) Tel 06-6359-5584 Web www.onlyplanet.net

유럽식 홈 인테리어 토털숍
자라 홈 ZARA HOME

스페인 패션 브랜드 자라의 자매 브랜드다. 자라 홈은 주방, 인
테리어, 키즈에 이르기까지 다양한 상품을 갖추고 있는 홈 인테
리어 토털숍이다. 디자인과 높은 품질에 비해 상대적으로 저렴한
가격의 여러 상품을 만나볼 수 있다. 특히 인테리어에 관심이 많
지만 주머니가 가벼운 2030세대의 취향을 제대로 저격한다.

Data Map 230p-A
Access JR오사카역 그랑 프론트
오사카 북관 1층
Open 11:00~21:00
Tel 06-6359-2651
Web www.zarahome.com/jp

캠핑 마니아라면 놓칠 수 없다
스노피크 snow peak

아웃도어 브랜드의 명품이라 할 수 있는 스노피크는 일본 토종
브랜드다. 한국에서 사려면 특히 비싸기로 유명하지만 루쿠아 이
레에 있는 스노피크 직영매장에서는 국내보다 30~40% 정도
저렴한 값에 구입할 수 있다. 세일 기간을 잘 맞추면 최대 50%
까지도 할인받을 수 있다. 이곳은 또 신상품을 가장 먼저 만날
수 있는 곳이기도 하다.

Data Map 230p-A
Access 우메다역 쇼핑몰 루쿠아
6층 Add 大阪市北区梅田3-1-3
루쿠아 Open 10:30~20:30
Tel 06-6147-5779
Web www.snowpeak.co.jp

차야마치의 랜드마크 패션 쇼핑몰
누 차야마치 NU Chayamachi

서민적 이미지의 차야마치에 모던함을 불어넣어 준 쇼핑몰. 2030세대를 겨냥한 이 쇼핑몰은 뜨거운 햇볕을 차단하기 위해 여름에 치는 발을 연상시키는 모양으로 건물 외벽을 디자인한 것이 인상적이다. 스탠더드 북스토어와 옥상의 하와이안 카페 레스토랑 '무무 다이너 파인 하와이안 퀴진'이 주목할 만한 숍들이다.

Data Map 230p-B
Access 한큐 우메다역 차야마치 출구에서 도보 1분. 지하철 우메다역 1번 출구에서 도보 4분
Add 大阪市北区茶屋町10番12号
Open 상점 11:00~21:00, 레스토랑 11:00~23:00
Tel 06-6373-7371
Web nu-chayamachi.com/langs/kra

트렌드에 민감한 젊은 여성을 위한 패션 빌딩
루쿠아 Lucua

JR오사카역 노스 게이트 빌딩에 있는 루쿠아는 Lifstyle, Urban, Current, Axis의 약자로, 도회적인 유행을 선도하는 라이프 스타일의 중심지라는 의미를 담고 있다. 인기 높은 편집숍과 브랜드점이 입점해 있는데, 가격대가 높지 않아 실속파 여성들이 많이 찾는다. 1층부터 7층까지는 패션숍, 8층엔 인테리어 잡화숍 프랑프랑과 무인양품, 9층에는 서점이 있다. 1층의 이카리 슈퍼마켓도 구경하는 재미가 쏠쏠하다.

Data Map 230p-B Access JR오사카역에서 바로 연결, 오사카 스테이션 시티 Add 大阪市北区梅田3丁目1番3号 Open 상점 10:30~20:30, 레스토랑 11:00~23:00 Tel 06-6151-1111
Web www.lucua.jp/lang/hangeul

라이프 스타일 제안, 눈으로 즐기는 백화점

한큐백화점 우메다 본점 阪急うめだ本店

한큐백화점 우메다 본점은 단순한 백화점이 아니다. 이곳은 백화점을 극장식 테마로 꾸며 보기만 해도 눈이 즐겁다. 여성이라면 2층의 뷰티 월드를 방문하기를 추천한다. 2012년에 본점 2호동을 신규 오픈했는데, 건축과 인테리어 관점에서도 매우 흥미로운 곳이다. 보는 이를 압도하는 1층의 대형 쇼윈도와 9층의 축제광장, 13층의 레스토랑 거리는 둘러보기만 해도 후회하지 않을 스케일의 향연!

Data Map 230p-B Access 지하철 우메다역에서 도보 2분, 한신, 한큐 우메다역에서 도보 3분 Add 大阪市北区角田町8番7号 Open 평일 10:00~20:00, 주말 10:00~21:00, 레스토랑·카페 11:00~22:00(점포마다 다름) Tel 06-6361-1381 Web www.hankyu-dept.co.jp/honten

간사이를 대표하는 고급 슈퍼마켓

이카리 JR오사카점 いかりJR大阪店

JR오사카역 구내의 미도스지 개찰구 밖에 있는 이카리는 효고현 니시노미야시에 본사를 둔 고급 슈퍼마켓 브랜드다. 간사이 지방의 주요 한큐 전철역을 중심으로 만나볼 수 있다. 빵, 화과자, 양과자 등 제과류와 조미료, 음료뿐 아니라 간단한 식사거리까지 모두 품질이 높다. 소량 포장인 것도 이곳의 장점. 현지 싱글 여성들의 이용률이 무척 높다.

Data Map 230p-A Access JR오사카역 미도스지 개찰구 앞 Add 大阪市北区梅田3-1-1 Open 07:30~22:30 Tel 06-6348-2347 Web www.ikarisuper.com/author/jr_osaka

오사카 최대 규모의 거대 쇼핑타운

브리제 브리제 Breeze Breeze

인기 편집숍과 엄선한 패션 브랜드들이 있는 쇼핑몰. 33층 높이의 건물 전체에 42개의 매장과 18개의 레스토랑이 전부다. 다른 용도의 숍은 없다. 이곳은 여백의 미를 살린 과감한 공간 활용이 인상적이다. 개성있는 패션 브랜드(2층), 자신감이 넘치는 편집숍(3층)과 스타일을 업그레이드시켜주는 라이프 스타일 잡화점(4층)은 돌아보는 것만으로도 안목을 한층 높여줄 것이다. 오사카의 시티 뷰를 만끽할 수 있는 33층의 전망대와 타워 다이닝의 레스토랑들은 데이트 코스로도 좋다.

Data Map 230p-C **Access** JR오사카역 사쿠라바시 출구에서 도보 5분 **Add** 大阪市北区梅田2丁目4-9 **Open** 쇼핑몰 11:00~20:00(주말 공휴일 ~19:00), 레스토랑 11:00~22:00 **Web** www.breeze-breeze.jp

럭셔리를 입은 극장식 쇼핑몰

허비스 플라자 엔트 Herbis Plaza ENT

허비스 플라자 바로 옆에 있다. 철저히 럭셔리를 추구하는 쇼핑몰로 패션과 뷰티 중심의 테마관이 꾸며졌다. 6층은 마사지&스파 전문숍을 중심의 뷰티 공간, 지하 2층~지상 2층은 식품관과 명품 브랜드관이다.

Data Map 230p-C **Access** 지하철 니시우메다역, 한신 우메다역에서 바로 연결 **Add** 大阪市北区梅田2丁目2番22号 **Open** B2F~4F 11:00~20:00, 5F 11:00~23:00, 6F 11:00~21:00 **Tel** 06-6343-7500 **Web** www.herbis.jp

우메다에서 즐기는 유니크한 쇼핑

요도바시 카메라 ヨドバシカメラ

기타 오사카에서 가장 규모가 큰 전자제품 전문점. JR오사카역과 지하철 우메다역 5번 출구 바로 앞에 있다. 전자제품 매장뿐 아니라 유니클로 등의 패션숍, 뷰티, 잡화 등까지 폭넓게 다루고 있다. 전자제품 매장과 패션 매장은 09:30부터 22:00까지 개장한다.

Data Map 230p-A Web www.yodobashi-umeda.com

한큐 3번가 리락쿠마 스토어 阪急3番街リラックマストア

한큐 3번가 북관 1층에 있는 키디랜드의 리락쿠마 스토어. 보기만 해도 긴장과 스트레스가 해소되는 곳이다. 미피 관련 상품도 함께 다루고 있다. 한큐 우메다역 에서 직접 연결, 혹은 지하철 우메다역 북쪽 개찰구에서 도보 1분 거리다.

Data Map 230p-B Web blog.san-x.co.jp/rilakkuma-store/cat112

로프트 Loft

인테리어 및 DIY 상품 전문 백화점. 세련되면서도 부담스럽지 않은 가격의 상품을 다뤄 10대부터 30대까지 인기가 높다. 여행 자들에겐 2층의 건강 및 뷰티 제품, 3층의 생활 잡화, 6층 문구 코너 인기가 높다. 한큐 우메다역에서 도보 4분, 지하철 우메다 역에서 도보 10분 거리.

Data Map 230p-B Web www.loft.co.jp/shoplist/umeda

마루젠&준쿠도 서점 우메다점

MARUZEN&ジュンク堂書店 梅田店

간사이 최대 규모 서점. 도서관처럼 분야별 책을 체계적으로 구분해 진열해 놓은 것이 볼만하다. 매장 중간중간 책을 읽을 수 있는 테이블과 의자가 있는 것도 기쁘다. 1층 만화 매장과 2층 문구 매장이 특히 인기가 많다. 한큐 전철 우메다역에서 230m거리.

Data Map 230p-B **Web** www.junkudo.co.jp

혼마치

오사카가 고향인 아웃도어 브랜드

몽벨 mont·bell

몽벨은 1975년 일본 산악인 다츠노 이사무가 세운 오사카 출신 브랜드다. 등산, 캠핑, 낚시, MTB 등 아웃도어 스포츠 관련 용품이라면 무엇이든 갖추고 있다. 성인은 물론, 아기를 위한 제품까지 있어 처음 오사카의 몽벨 스토어를 방문한다면 충격을 받을지도 모르겠다. 갖추고 있는 물품의 다양성에 처음 놀라고, 저렴한 가격에 두 번 놀라게 된다. 신제품 이외의 제품들은 최대 60%까지도 저렴하게 판매한다. 루쿠아에도 매장이 있다.

Data Map 230p-A **Access** 지하철 혼마치역 22번 출구에서 도보 10분
Add 大阪市西区新町1-33-20 モンベル本社ビル別館 1 F **Open** 11:00〜20:00(비정기 휴무)
Tel 06-6538-3896 **Web** montbell.jp

02

미나미 오사카

MINAMI OSAKA 南大阪

난바 | 도톤보리 | 신사이바시 |
아메리카무라 | 호리에

오사카 시내 남부의 다운타운. 먹거
리와 쇼핑, 볼거리가 넘쳐나고, 오사
카 특유의 푸근한 인심까지 느껴볼
수 있는 오사카의 안방 같은 곳이다.
한국 여행자들이 숙소로 가장 많이
이용하는 곳이며 거리는 늘 관광객
으로 붐빈다.
저렴한 잡화에서 명품까지, 길거리
음식에서 최고급 요리까지, 경계를
넘나들며 다양한 체험과 놀거리를
보장하는 곳, 바로 미나미 오사카다.

미 리 보 기

미나미 지역에서는 짧은 시간에 많은 곳을 돌아볼 수 있도록 계획을 잘 세워야 한다. 난바에서 출발해 북쪽으로 도톤보리, 신사이바시를 둘러보는 것이 베스트 코스. 방대한 지역을 도보로 둘러보기 때문에 무리하지 말고 정말 끌리는 곳이 아니라면 과감히 패스하자. 식사와 간식, 그리고 분위기 좋은 카페에서 차 한잔의 여유를 갖고 충분히 휴식을 취하며 돌아보자.

SEE

미나미 오사카는 도톤보리를 중심으로 북쪽의 신사이바시, 남쪽의 난바 세 구역으로 이뤄진다. 도톤보리는 간사이 제일의 먹자골목이 있는 유흥가이자 오사카의 대표적인 관광지! 인증샷은 여기서 남기자. 패션 타운 신사이바시에는 쇼핑 거리와 멋진 카페 레스토랑이 있다.

EAT

식사할 곳이 안 정해졌다면 주저할 것 없이 도톤보리로 직행하자. 간식 거리부터 전통 있는 맛집, 24시간 영업하는 체인점 등 원하는 거의 모든 음식점들이 모여 있다. 분위기 좋은 카페 레스토랑과 디저트를 희망한다면 신사이바시의 호리에, 미나미 센바를 추천한다.

BUY

오사카에서 쇼핑은 필수다. 패션 아이템과 오사카 오리지널 기념품을 모두 볼 수 있기 때문이다. 도톤보리 구이다오레와 구리코야에서는 오리지널 기념품, 신사이바시에서는 패션과 디자인 소품, 난바에서는 오리지널 전통 소품, 덴덴타운에서는 게임 캐릭터 상품을 만날 수 있다.

어떻게 갈까?

간사이공항에서 난카이선 열차로 50분이면 난바역에 닿을 수 있다. 난바역에서는 오사카 시내 어디라도 통하므로 숙소를 잡기에 최적의 장소다. 오사카 시내에서의 이동이라면 하루 동안 자유롭게 사용할 수 있는 지하철 1일 프리패스(평일 800엔, 주말 600엔)를 이용하자.

어떻게 다닐까?

난카이 난바역에서 난바 워크, 난바 난난, 난바 파크스와 같은 쇼핑 거리와 쇼핑몰은 모두 도보로 이동 가능하다. 또한 도톤보리와 아메리카무라, 에비스바시, 덴덴타운, 구로몬 시장 등도 모두 걸어서 갈 수 있다. 가급적 많이 걸을 작정을 하고 길을 나서면 된다.

미나미 오사카
📍 1일 추천 코스 📍

걷고 걷고 또 걷고. 미나미 오사카에서는 온종일 걸을 각오를 해야 한다. 하지만 신상 쇼핑몰이 눈을 즐겁게 한다. 무엇보다 맛있는 음식이 줄지어 기다리고 있는 도톤보리가 이곳에 있다는 것을 기억하자. 24시간 즐거운 곳이 바로 도톤보리!

난바역에서 난바
파크스~난바시티~
난바 워크~난바 난난 등
쇼핑 지역 섭렵하기

도보 10분 →

구로몬 재래시장과
덴덴타운 둘러보고
미나미 오사카에서만
가능한 쇼핑하기

도보 20분 →

도톤보리로 이동해
점심식사

↓ 도보 6분

신사이바시스지~
미도스지~아메리카무라
관광 및 쇼핑하기

← 도보 10분

호리에의 분위기 좋은 카페에서
아픈 다리도 쉬어 갈 겸 티타임!

← 도보 15분

미나미 센바로 이동해 명품
브랜드 숍 관광 및 쇼핑

↓ 도보 20분

도톤보리로 이동해
이자카야에서 저녁식사

미나미 오사카
Minami Osaka

N

0　　　　300m

A

B

아카찬혼포 S

혼마치역

사카이스지혼마치역

다니마치욘초메역

몽벨 본사 S

가라호리

와도 오모테나시 카페

우사미테이 마츠바야 R

오가닉 빌딩 R

핑크 다이소 S

고코코토 니지유라 S

가오

미나미 센바

마츠야마치역

다니마치로쿠초메역

도큐 핸즈 S

신사이바시역

렌 S

에크 추아 R

오리오리

크리스타 나가호리 S

미카즈키모모코 S

유니클로 S

나가호리바시역

크리데리 카페 S

토링턴 티 룸

요츠바시역 S

신사이바시스지 상점가

오파

다이마루 S

러쉬 S

비스트로 갈로 R

소 S

애니스 버거 R

호텔 신사이바시 라이온즈록 H

빅스텝 S

우지엔 신사이바시 본점 R

니코 S

플라잉 타이거 코펜하겐 S

혼후쿠스시 R

하타케노 쇼쿠도 나추라 S

아메리카무라

아로우 호텔 H

스탠다드 북스토어 S

만다라케 S

아메무라 샤인쇼쿠도 R

로손 100엔 스토어

훗쿄쿠세이 신사이바시 본점 S

미나토마치 리버 플레이스

오사카 난바역

도톤보리

C

비즈니스 인 센니치마에 호텔

스마일 호텔 난바 H

닛폰바시역

난바역 H

긴테츠닛폰바시역

JR난바역

퍼스트 캐빈

이치비리안 S

비즈니스 인 난바

리쿠로 오지상 본점 R

호텔 미소노 H

호텔 리브맥스 난바

NMB48 시어터

구로몬 시장 S

난바역

무인양품 무지 S

그란파스 인 오사카 H

센니치마에 도구 상점가

난바 파크스

케이북스 S

호텔 힐라리즈 S

D

시텐노지마에유히가오카역

덴덴타운 S

에비스초역

📷 SEE

난바

오사카의 관문이자 쇼핑의 메카
난바 なんば

난바는 남부 관광의 중심지다. 난바에서 도톤보리는 도보 거리에 있고, 난바의 지하 쇼핑몰은 신사이바시역과 이어져 있다. 간사이국제공항과 오사카 시내를 잇는 관문일 뿐 아니라 나라, 고베 지역으로 이동도 편리하다. 다카시마야, 마루이 등 백화점과 난바 파크스 등 대형 쇼핑몰, 아케이드 쇼핑몰 등이 연결되어 있어 시종 활기가 넘친다. 신사이바시에서 에비스바시 스지, 닛폰바시역 방향으로 이어지는 난바 난카이도 쇼핑 아케이드가 메인 쇼핑가. 의류와 액세서리를 메인으로 생활잡화와 기념품 상점가들이 많다.

우메다역과 함께 오사카 교통의 허브
난바역 なんば駅

난바역은 우메다역과 함께 오사카 최고의 교통 요지다. 난바역은 간사이국제공항과 고야산으로 갈 수 있는 난카이선, 고베로 가는 한신선, 나라로 가는 긴테츠선은 물론 오사카 지하철인 미도스지선, 요츠바시선, 센니치마에선이 지난다. 따라서 오사카와 주변 도시를 여행할 때 난바를 기점으로 잡으면 편리하다. 난바역에 있는 인포메이션 센터에서는 외국어 안내는 물론, 각종 교통패스를 구입하는 것도 가능하다. 기차역에서 구입할 수도 있지만, 일정에 맞는 저렴한 패스를 추천받으려면 이곳에 들러 정보를 얻는 것이 좋다.

Data 종합 인포메이션 센터 난바
Access 난카이 난바역 2층 중앙 개찰구 앞
Open 09:00~19:00 (12월 31일~1월 3일 휴무)
Tel 06-6631-4500

빌딩 속으로 들어온 숲

난바 파크스 なんばパークス

난바 파크스는 그랜드 캐니언 같은 거대 협곡을 연상시키는 빌딩의 곡선 디자인이 특징이다. 도쿄의 롯폰기 힐즈와 후쿠오카의 캐널 시티 하카타 등을 설계한 미국인 건축가 존 저드의 작품이다. 쇼핑가와 레스토랑, 공중정원까지 함께 있어 대형 쇼핑 타운을 형성하고 있다. 특히, 8~9층에 조성한 공중정원 '파크 가든'이 가장 큰 볼거리. 봄과 가을에 방문할 것을 추천한다. 쇼핑몰에는 수백 개의 숍이 입점해 있으니 돌아보기 전에 관심 브랜드 숍의 위치를 미리 체크해 두는 것이 좋다.

Data Map 264p-C Access 난카이 난바역 중앙 출구와 남쪽 출구에서 바로 연결 Add 大阪市浪速区難波中 2-10-70 Open 상점 11:00~21:00, 레스토랑 11:00~23:00 Tel 06-6644-7100 Web www.nambaparks.com

게임과 애니메이션 오타쿠의 놀이터

덴덴타운 でんでんタウン

도쿄의 아키하바라와 함께 일본의 대표적인 전자제품 전문 할인 상가다. 컴퓨터와 일반 가전제품 등의 전자제품은 물론, 애니메이션, 게임과 캐릭터 상품 등으로 대표되는 오타쿠 문화의 성지이기도 하다. 애니메이트, 도라노아나 등의 유명 체인점뿐 아니라 전문점 등 200곳 넘는 전문상가가 타운을 형성하고 있다. 굳이 캐릭터 상품에 관심이 없더라도 특이한 상품과 메이드 카페 등은 경험 삼아 둘러보기에도 좋다.

Data Map 264p-C Access 지하철 에비스초역 북A·1B 출구1 바로 앞. 난바역, 닛폰바시역에서 도보 5분 Add 大阪市浪速区日本橋3丁目~5丁目 Open 10:00~20:00(상점마다 다름) Web www.denden-town.or.jp

아이돌 그룹 NMB48의 전용극장

NMB48 시어터 NMB48 Theater

간사이 지역을 중심으로 활동하는 아이돌 그룹 NMB48의 전용극장이다. 센니치마에 도구 상점가 직전 우측에 위치해 있다. 인근에 기념품점도 있으니 굳이 팬이 아니라도 경험 삼아 들러보는 것도 좋겠다.

Data Map 264p-C
Access 난카이 난바역 중앙 출구에서 도보 5분. 지하철 닛폰바시역 5번 출구에서 도보 7분 **Add** 大阪市中央区難波千日前 12-7 **Open** 12:00~21:00(기념품 가게) **Tel** 06-6643-7848
Web www.nmb48.com

주방용품은 다 모여!

센니치마에 도구 상점가

千日前道具屋筋商店街

서민적인 아케이드 상점가다. 그릇, 냄비, 도기 등을 파는 주방용품 전문점 50여 곳이 모여 있다. 그릇류와 일본식 조리기구, 주방용 소품 등 재미있는 주방 관련 용품을 저렴하게 구입할 수 있다. 실물 뺨치는 음식 모형 기념품도 여행자에게 인기가 많다.

Data Map 264p-C **Access** 난카이 난바역 중앙 출구에서 도보 5분. 지하철 닛폰바시역 5번 출구에서 도보 7분 **Add** 大阪市中央区難波千日前 **Open** 10:00~18:00(상점마다 다름) **Web** www.doguyasuji.or.jp/map_kor.html

'오사카의 부엌'이라 불리는 재래시장

구로몬 시장 黒門市場

서민적인 분위기가 물씬 풍기는 재래시장. 주로 식료품과 생필품을 판매해 쇼핑의 매력이 크지는 않다. 하지만 '오사카의 부엌'이라는 애칭처럼 오사카 사람들이 무엇을 먹고 사는지를 들여다볼 수 있다. 사람 냄새나는 재래시장 특유의 분위기를 만끽할 수 있다. 아케이드식 천장에 시장에서 취급하는 대형 생선 모형이 걸려 있다.

Data Map 264p-C
Access 지하철 센니치마에선닛폰바시역 10번 출구에서 바로 **Web** www.kuromon.com

오사카를 대표하는 유흥가
도톤보리 | 道頓堀

도톤보리는 간사이 지방 제일의 맛집 골목이자 오사카 최
고의 관광명소다. 도톤보리강을 중심으로 수많은 음식점들
이 자리해 여행자의 식욕을 충족시켜주는 오사카의 대표적
인 유흥가다. 도톤보리에는 현지인과 관광객들이 뒤섞여 언
제나 활기 넘친다. 오사카 여행 인증샷으로 유명한, 두 팔
을 번쩍 든 '글리코맨' 주변, 에비스바시 다리 부근에는 도톤
보리의 맛집이 몰려 있다. 강변 산책로는 데이트하기에도 좋
다. 도톤보리강 남쪽은 저렴한 음식점이 많은 서민적인 거리
로 초행자들에게 인기가 높다. 오사카 여행 경험이 있다면
클럽이나 바 등이 있는 강 북쪽의 고급 유흥가 소에몬초에

도전해보면 좋겠다. 도톤보리는 현지인에겐 난파라 불리는 '헌팅 명소'로도 알려져 있다. 여성 여행
자는 초면의 현지인에게 데이트 신청을 받는 특이한 경험을 할 수도 있다.

Data Map 264p-C Access 지하철 미도스지선, 센니치마에선, 요츠바시선 난바역 14번 출구에서 도보 2분
Web www.dotonbori.or.jp

밤이면 초롱불 밝히는 소박한 주점 골목
호젠지 요코초 法善寺横丁

미나미 오사카의 번화가인 도톤보리 근처에 위치해 있으면서도 오사카의 예스런 정취를 만끽할 수 있는 곳. 사찰 호젠지 옆 골목이라는 지명에 걸맞게 3m 정도의 좁은 골목길을 따라 식당과 주점이 몰려 있다. 화려한 도톤보리에 비해 은은한 초롱불이 자아내는 소박한 매력이 돋보인다. 저녁 시간에 더욱 빛이 난다.

Data Map 284p Access 지하철 미도스지선, 센니치마에선, 요츠바시선 난바역 14번 출구에서 도보 3분

고흐도 반했던 우키요에 작품이 한자리에
가미가타 우키요에칸 上方浮世絵館

우키요에 작품만을 모아 전시한 세계 유일의 우키요에 미술관이다. 우키요에는 에도 시대 말기 서민 생활을 중심으로 발전한 전통 회화 양식의 하나로 주로 목판 채색화로 제작됐다. 우키요에는 서양에도 전해져 모네, 고흐 같은 화가들이 이 표현 기법을 사용하기도 했다. 우키요에는 조선 말기 화가 김홍도와도 연관이 있다. 1794년 오사카에서 열 달 동안 140여 점의 작품을 남기고 홀연히 사라진 도슈사이 사라쿠라는 천재 화가가 있는데, 그가 활동하던 시기가 김홍도가 행적을 감춘 시기와 겹친다. 또 두 사람의 화풍이 비슷한 점이 많아 동일인일 것이라는 설이 제기됐고, 오랜 기간 연구되고 있다고 한다.

Data Map 284p Access 지하철 난바역에서 도보 5분, 호젠지 절 맞은편 Add 大阪市中央区難波1-6-4 Open 11:00~18:00(월요일, 연말 휴관) Cost 성인 500엔, 어린이 300엔. 오사카 주유패스 무료 Tel 06-6211-0303 Web www.kamigata.jp

도톤보리 야경 즐기는 낭만 크루즈
도톤보리 리버 크루즈 とんぼりリバークルーズ

오랜 시간 미나미 오사카의 중심지 역할을 해온 도톤보리. 도톤보리강을 따라가면 마치 하나의 테마파크를 돌아보는 듯하다. 베니스의 곤돌라처럼 톤보리 리버 크루즈를 타고 유람을 하며 오사카의 낭만을 즐겨보자. 미니 유람선을 타고 돈키호테 에비스타워 앞 선착장에서 캐널 테라스 호리에까지 2km 남짓한 거리를 왕복한다. 소요 시간은 20분 정도다. 일본어 가이드가 부근에 관련된 에피소드를 들려준다. 크루즈 유람을 하며 도톤보리의 상징이라 할 수 있는 '글리코맨'과 상업의 신 '에비스'가 인상적인 돈키호테 간판 등, 밤이라서 더 멋진 도톤보리의 네온 간판들을 감상해보자.

Data Map 284p Access JR·지하철 긴테츠·난카이선을 타고 난바역, 신사이바시역, 닛폰바시역에서 도보 5~10분 Open 평일 13:00~21:00, 시기별로 다름, 30분 간격으로 운행 Cost 중학생 이상 1,000엔, 초등학생 이하 400엔 Tel 06-6441-0532 Web www.ipponmatsu.co.jp/cruise/tombori.html

도톤보리 강변의 아름다운 야경이 펼쳐진
미나토마치 리버 플레이스 湊町リバープレイス

강변 도시 오사카의 매력을 만끽할 수 있는 호리에 남부의 랜드마크다. 이곳은 오사카 강변 정비사업을 벌일 때 탄생했다. 도톤보리 강변을 전망할 수 있는 테라스와 공중 다리, 고급 레스토랑 '캐널 테라스 호리에'가 있다. 만담가가 들려주는 재미난 이야기를 들으며 오사카의 강을 유람하는 노란색 유람선 나니와 탐험 크루즈가 바로 앞의 선착장에서 출발한다.

Data Map 264p-C Access 지하철 난바역 26-B출구로 나와 바로

미나미 오사카의 대형 아케이드 쇼핑가

신사이바시 心斎橋

신사이바시는 오사카 남부의 대표적인 대형 아케이드 쇼핑가다. 난바와 함께 남부의 2대 쇼핑명소로 꼽힌다. 입구의 유니클로 플래그십 스토어뿐 아니라 H&M과 ZARA 등의 패션 전문 브랜드, 백화점, 드러그 스토어 등이 모여 있어 현지 젊은이들도 즐겨 찾는다.

Data Map 264p-A **Access** 지하철 신사이바시역 5번, 6번, 남쪽 10번 출구에서 바로 연결
Web www.shinsaibashi.or.jp

자유를 추구하는 오사카 젊은이들의 거리

아메리카무라 アメリカ村

자유를 표방하는 오사카의 젊은이들을 만날 수 있는 곳이다. 이곳을 즐겨 찾는 1020세대의 개성 넘치는 패션은 이름처럼 '미국'스러우면서도 매우 일본스러운 묘한 매력이 있다. 서일본의 하라주쿠로도 불리는 이곳의 애칭은 '아메무라'. 10대와 20대

를 겨냥한 캐주얼 패션이 주류. 빅스텝 등의 쇼핑몰과 저렴한 구제의류와 액세서리, 생활잡화 등 다양한 숍들도 포진해 있다. 젊은이 특유의 독특하면서 과감한 패션 구경으로 눈이 즐거운 곳이다.

Data Map 264p-C **Access** 지하철 신사이바시역 7번 출구, 요츠바시역 5번 출구에서 도보 3분

명품 숍이 도열한 4km의 대로
미도스지 御堂筋

은행나무 가로수길이 아름다운 명품 브랜드 쇼핑가다. 난바에서 JR오사카역까지 남북을 일직선으로 잇는 4km 길이의 대로에 800그루가 넘는 은행나무 가로수가 늘어서 있다. 곳곳에 유명 조각가의 작품도 전시되어 있다. 대로를 따라 다이마루백화점을 비롯해 루이비통, 구찌, 샤넬 등의 명품 브랜드 숍이 줄지어 있다.

Data Access 지하철 미도스지선, 나가호리츠루미료쿠치선 신사이바시역 4번, 남쪽 12번, 북쪽 10번 출구 바로 앞

핫한 패션숍과 카페가 몰린 쇼핑가
호리에 堀江

아메리카무라 서쪽에 있는 쇼핑가다. 신사동 가로수길처럼 핫한 패션숍과 카페 등이 몰려 있다. 20대와 30대 초반을 위한 중급 이상의 브랜드뿐 아니라 인테리어 전문점과 분위기 좋은 카페 등이 많아 고급스러운 쇼핑과 티타임을 즐기기에 좋다. 패셔너블한 편집숍과 유명 스트리트 패션 브랜드가 모여 있는 오렌지 스트리트, 매력적인 잡화 카페가 산재한 호리에 공원이 중심 쇼핑가다.

Data Access 지하철 요츠바시선 요츠바시역 6번 출구에서 도보 3분

센스 있는 패셔니스트를 위한 편집숍 거리

미나미 센바 南船場

오사카의 패션 트렌드가 한눈에 들어오는 패션 중심지. 20대 후반 이상의 럭셔리 여성 부티크와 수준 높은 레스토랑, 카페가 모여 있어 서울의 압구정동이나 청담동과 비슷한 분위기를 풍긴다. 쇼핑에 관심 있다면 스타일리시한 편집숍들도 놓치지 말자!

Data Access 지하철 요츠바시선 요츠바시역 1A 출구에서 도보 1분. 지하철 신사이바시역 3번 출구에서 도보 3분

건물 전체가 화분으로 둘러싸인

오가닉 빌딩 オーガニックビル

미나미 센바의 상징과도 같은 독특한 디자인의 아트 건축물이다. 붉은 벽돌색의 건물 외벽을 132개의 화분이 둘러싸고 있다. 각각의 화분에는 자연과의 공존을 표방해 132종의 식물이 심어져 있다. 이탈리아 건축가 가에타노 페체가 설계한 작품이다. 건축물을 의뢰한 식품회사뿐 아니라 디자인사무소, 건축사무소 등이 입주해 있다.

Data Access 지하철 신사이바시역
3번 출구에서 도보 6분

\ 🍽 EAT /

난바

오사카의 대표적인 고기만두

551 호라이 에비스바시 본점 551蓬莱 戎橋本店

현지인은 물론 외국인에게도 유명한 551 호라이의 간판 상품은 니쿠만(고기만두). 호빵처럼 도톰
하면서도 쫄깃한 만두피와 육즙 가득한 소가 절묘하게 조화를 이룬다. 하나만 먹어도 속이 든든해
간식으로 인기가 높다. 니쿠만 외에도 딤섬과 군만두, 라멘 등 다양한 메뉴가 있다. 오사카 전역에
체인점이 있지만 난바역에 가까운 본점에서 맛보는 니쿠만은 더 특별하다.

Data Map 284p Access 지하철 난바역 11번 출구에서 도보 1분 Add 大阪市中央区難波3-6-3
Open 10:00~21:30(1, 3주 화요일 휴무) Cost 니쿠만 1개 210엔 Tel 06-6641-0551
Web www.551horai.co.jp

1956년 창업한 치즈케이크의 대명사격인 가게

리쿠로오지상 난바 본점

りくろーおじさんの店 なんば本店

가게에서 갓 구워내는 치즈케이크를 먹기 위해 항상 긴 줄이 늘
어서 있다. 리쿠로 아저씨네 가게. 엄선한 재료와 제조법이 빚어
내는 특별한 맛으로 인기가 엄청나다. 덴마크의 크림치즈를 사
용해 향긋한 향과 부드러운 식감이 일품. 단, 바닥에 깔린 건포
도는 취향을 탈 수도. 오사카에 11개의 점포가 있지만 난바 본
점을 추천한다.

Data Map 264p-C Access 난카이 전철 및 지하철 난바역 2번
출구에서 도보 2분 Add 大阪市中央区難波3-2-28
Open 09:00~20:00 Cost 야키타테 치즈케이크(18cm) 865엔
Tel 0120-57-2132 Web www.rikuro.co.jp

하와이가 고향인 엄청난 크기의 버거

쿠아 아이나 난바 파크스점 クアアイナ なんばパークス店

하와이에서 가장 유명한 수제버거&샌드위치 레스토랑의 오사카 지점이다. 쿠아 아이나는 하와이 시골마을에서 1975년 탄생했으며, 하와이어로 '시골 사람'이라는 의미를 갖고 있다. 쿠아 아이나는 하와이를 연상시키는 알로하 분위기로 실내를 꾸몄다. 인기 메뉴는 누가 뭐래도 엄청난 볼륨을 자랑하는 빅 버거와 샌드위치다. 하나만 먹어도 속이 든든할 정도다. 맛도 수준급.

Data Map 264p-C Access 난카이 난바역 중앙 출구에 바로 연결되는 난바 파크스 6층
Add 大阪市浪速区難波中2-10-70 なんばパークス 6F Open 11:00~22:00
Cost 아보카도 버거(150g) 1,360엔, 팬케이크 750엔 Tel 06-6635-1610 Web www.kua-aina.com

난바의 원조 꼬치구이 전문점

원조 구시카츠 다루마 도톤보리점

元祖串かつ だるま 道頓堀店

오사카의 대표 음식 중 하나인 구시카츠 전문점이다. 서민적이면서도 비교적 깔끔한 분위기의 매장은 구시카츠를 튀기는 곳과 먹는 곳으로 나누어져 있다. 구시카츠는 단품 메뉴 외에 9종부터 15종까지 맛볼 수 있는 4가지 세트로 구성됐다. 초행자는 9종 세트인 '레이디스 세트'나 '도톤보리 세트'를 주문한 후 부족하다면 단품을 추가하는 것이 좋다. 양배추는 무한 리필 된다. 양철통의 소스는 손님 모두가 공유하기 때문에 한 번만 찍어 먹는 것이 매너다.

Data Map 284p Access 지하철 난바역 14번 출구에서 도보 5분
Add 大阪市中央区道頓堀1-6-8 Open 11:00~22:30
Cost 레이디스 세트 1,300엔, 도톤보리 세트 1,400엔
Tel 06-6213-8101 Web www.kushikatu-daruma.com

일본 스타일을 고수하는 전통차 카페

와도 오모테나시 카페 Wad Omotenashi Café

멋있는 도자기와 예술품이 어우러져 일본 정취를 흠뻑 느끼며 차를 마실 수 있는 공간이다. 이름 있는 녹차부터 말차, 호지차, 현미차 등 각종 차와 원두커피뿐 아니라 정갈한 디저트도 맛볼 수 있다. 차를 주문하면 카운터에 전시된 도자기잔을 직접 선택해 마실 수 있다. 같은 건물 3층에는 도자기를 전시하는 갤러리 겸 매장이 자리하고 있다.

Data Map 264p-A Access 지하철 신사이바이시역 3번 출구에서 도보 5분
Add 大阪市中央区南船場4-9-3 東新ビル2F Open 12:00~19:00 Cost 차 800엔~, 화과자 추가 380엔
Tel 06-4708-3616 Web wad-cafe.com

오지야 우동과 키츠네 우동의 원조

우사미테이 마츠바야 うさみ亭マツバヤ

1893년 창업해 3대째 이어오고 있는 우동집이다. 오사카 내에서도 전통 있는 우동 가게로 명성이 자자하다. 초대 점주가 서비스로 내놓았던 튀긴 유부를 우동에도 넣어보았는데, 폭발적인 반응이 돌아오자 기츠네 우동(유부 우동)을 정식 메뉴로 만들었다. 무쇠 나베에 나오는 오지야 우동은 밥과 우동을 베이스로 다양한 건더기가 속을 따뜻하게 덥혀준다. 간이 좀 달게 느껴지는 기츠네 우동보다는 국밥에 가까운 오지야 우동이 한국인에게 더 만족도가 높은 편. 별미이다.

Data Map 264p-A Access 지하철 신사이바시역 1, 2번 출구에서 도보 7분 Add 大阪市中央区 南船場3-8-1 Open 월~목 11:00~19:00, 금, 토 11:00~19:30 (일요일, 공휴일 휴무) Cost 기츠네 우동 600엔, 오지야 우동 820엔 Tel 06-6251-3339

오사카에서 맛보는 교토 전통차와 디저트

우지엔 신사이바시 본점 宇治園 心斎橋本店

전통차로 유명한 우지엔의 본점으로, 매장과 카페를 겸하고 있다. 우지엔의 베스트 메뉴는 녹차로
유명한 오카메와 호지차로 유명한 홋토코. 매장 안쪽의 카페 깃사코喫茶去에서 녹차와 호지차를
활용한 다양한 디저트도 맛볼 수 있다. 베스트 메뉴는 깃사코 파르페, 말차와 호지차 파르페. 말차
는 우지말차를, 호지차는 간판차인 홋토코를 사용한다. 직접 만든 젤리를 넣어 한결 맛있다. 양이
꽤 많아 말차 파르페가 달게 느껴질 수도 있다. 말차+호지차 파르페 세트를 추천한다. 신사이바시
다이마루 백화점 뒤편에 위치해 찾기도 편리하다.

Data Map 264p-A Access 지하철 신사이바시역 6번 출구에서 도보 2분
Add 大阪市中央区心斎橋筋1-4-20 Open 10:00~20:00 Cost 젠자이 세트 1,760엔, 말차 파르페 1,210엔
Tel 06-6252-7800 Web uji-en.co.jp

50여 년 역사의 게 요리 전문점

가니도라쿠 かに道楽

움직이는 게 간판으로 유명한 게 요리 전문점. 도톤보리가 본점이다. 1962년 오픈해 50여 년의 역
사를 지녔다. 오랜 세월 도톤보리의 상징과 같은 존재로 지금도 그 전통을 지켜오고 있다. 게 요리
초보자라면 구이를, 게 요리를 좋아하는 사람이라면 대게 요리 정식 등 코스로 즐기는 것이 좋겠
다. 점심 특선 코스가 저렴한 편이다.

Data Map 284p Access 도톤보리 참조 Add 大阪市中央区道頓堀 1 丁目6-18 Open 11:00~22:00
Cost 런치 특선 코스 3,300엔~, 디너 특선 코스 5,830엔~ Tel 06-6211-8975 Web douraku.co.jp

오사카 오므라이스의 발상지

홋쿄쿠세이 신사이바시 본점 北極星心斎橋本店

아메리카무라 근처에 위치한 고풍스런 오므라이스 전문점. 1925년 오사카에서 오므라이스를 처음 선보인 가게다. 가장 인기 있는 메뉴인 치킨 오므라이스와 함께 후식으로 맛보는 아이스크림 토마토 셔벗이 개운하다. 오래된 민가를 개조한 건물은 정원과 고풍스러운 조화를 이루고 있다. 부드러운 계란과 새콤달콤한 토마토 소스가 중독성 있다. 닭고기와 돼지고기, 버섯, 새우 등을 재료로 한 13종의 오므라이스가 있으며, 토핑과 양도 고를 수 있다. 오므라이스 마니아라면 기념으로 특제 케첩 소스를 구매해도 좋겠다.

Data Map 264p-C Access 지하철 난바역 25번 출구에서 도보 6분 Add 大阪市中央区西心斎橋2-7-27 Open 11:30~21:30 Cost 치킨 오므라이스와 포크 오므라이스 각 980엔 Tel 06-6211-7829 Web hokkyokusei.jp

사랑하는 사람과 함께 드세요

메이토 젠자이 夫婦善哉

1883년 창업한 일본식 팥죽집 메오토 젠자이. 150년의 역사를 간직한 호젠지요코초의 명물이다. 오다 사쿠노스케의 소설 〈메오토 젠자이〉에 등장하는 팥죽집으로 부부가 팥죽 1인분을 나눠 먹으면 금슬이 좋아진다는 속설로도 유명하다. 아련한 향수를 불러일으키는 달콤한 젠자이는 고급스런 식감으로 끈적이지 않으며 뒷맛도 깔끔하다.

Data Map 284p Access 지하철 난바역 14번 출구에서 도톤보리 긴류라멘 옆 센니치마에 골목길로 내려가 호젠지 바로 옆 Add 大阪市中央区難波1-2-10 法善寺MEOUTO빌딩 Open 10:00~22:00 Cost 메오토 젠자이 815엔 Tel 06-6211-6455 Web sato-res.com/meotozenzai/

오사카 샐러리맨 틈새에서 생맥주 한잔
아메무라 샤인쇼쿠도 アメ村社員食堂

대한민국 오사카 총영사관 바로 뒷골목의 캐주얼한 이자카야다. 이자카야 이름이 '사원식당'이니 샐러리맨들이 언제라도 들를 수 있는 편안한 분위기라는 것은 자명한 사실! 혼자서도 나베(냄비 요리)를 주문할 수 있다. 주인장이 재일교포라 현지 샐러리맨 틈에서도 편하게 먹고 마실 수 있다. 이자카야 특유의 단품 메뉴도 있으니 생맥주와 간단한 안주로 목을 축여 보자.

Data Map 264p-C
Access 오사카 난바역 25번 출구에서 300m 거리
Add 大阪市中央区西心斎橋 2-3-14 **Open** 18:00~23:00 (일요일 휴무) **Cost** 1인 나베 980엔 **Web** www.amesya.jp

TALK

최근 100만 구독자로 인기몰이 중인 〈오사카에 사는 사람들 TV〉라는 유튜브 채널이 화제다. 일명 '오사사'라 불리는 이 채널은 바로 일본 샐러리맨 콘셉트! MZ들의 부장님으로 통하는 '마츠다 부장' 캐릭터가 등장하여 오사카 샐러리맨들이 즐기는 다양한 맛집과 여행 정보 등을 알려준다. 마츠다 부장이 소개하는 현지인들의 찐 맛집이 여행자들 사이에서도 화제가 되는 바람에, '마츠다 부장님 추천 맛집 코스'가 검색될 정도. 아메무라 샤인쇼쿠도에서 이 시대의 수많은 마츠다 부장님들을 만나보자. 몸은 피곤하고, 배는 출출한 퇴근길. 해가 뉘엿뉘엿 질 무렵 샐러리맨들이 삼삼오오 찾아가는 오사카의 선술집! 자, 오늘 하루도 열심히 일한 당신을 위해 건배!

미나미 오사카의 먹자골목

도톤보리 道頓堀

도톤보리는 오사카를 대표하는 먹자골목이다. 최근 간판들을 모두 깔끔하게 리뉴얼해 현란했던 예전 느낌은 사라졌지만 오사카의 대표적인 맛집 체인들이 밀집해 있어 많이 고민하지 않아도 다양한 오사카의 맛을 체험할 수 있다. 현지인뿐 아니라 관광객들도 많아서 대부분의 가게가 한국어와 영어 메뉴를 갖추고 있다. 다른 지역에서 관광을 하는 중에도 도톤보리로 돌아와 식사를 하고 가는 이들이 적지 않다.

Data Map 284p Access 지하철 미도스지선, 센니치마에선, 요츠바시선 난바역 14번 출구에서 도보 2분
Web www.dotonbori.or.jp/ko/

오사카 여행자라면 꼭 한 번은 들른다

긴류라멘 金龍ラーメン

도톤보리에 가면 초록색 거대한 용이 여의주를 물고 있는 간판이 있다. 이곳이 오사카 관광객이라면 한 번은 꼭 들렀다 간다는 라멘 전문점 긴류라멘이다. 이 집은 파와 김치를 양껏 가져다 먹을 수 있어 인기가 높다. 돼지뼈와 닭뼈를 고아낸 국물에 말아주는 생라면이 일품이다. 24시간 영업하는 것도 매력이다.

Data Map 284p Access 도톤보리 참조
Add 大阪市中央区道頓堀1-7-26 Open 24시간
Cost 긴류라멘 800엔, 챠슈라멘 1,100엔 Tel 06-6211-6202

빨간 도깨비와 함께 먹는 다코야키
아카오니 다코야키 赤鬼たこ焼き

가게 입구에서 빨간 도깨비(아카오니)가 반겨주는 다코야키 전문점. 단맛, 매운맛, 간장맛 등 세가지 소스와 빅 사이즈의 다코야키가 특징이다. 의자에 앉아 편하게 먹을 수 있는 것도 아닌데, 긴줄을 기다려 서서 먹는 수고로움을 견딜 만큼 환상적인 다코야키 맛을 자랑한다.

Data Map 284p Access 미야코지마역에서 도보 8분 Add 大阪市都島友渕町2-13-34 Open 10:00~20:00 Cost 6개 380엔, 12개 760엔, 18개 1,140엔 Tel 06-4253-0202 Web www.doutonbori-akaoni.com

초밥, 일식, 주류까지 한 번에 즐기는
간코스시 がんこ寿司

머리에 하얀색 천을 둘러맨 무서운 주방장 캐릭터 간판이 상징인 초밥 전문 체인점. 간사이 지방 어디서나 쉽게 찾아볼 수 있는 간코스시는 초밥과 일본 요리, 그리고 술까지 모두 즐길 수 있는 공간이다. 지하 1층과 지상 1~2층에서 스시와 일식을 판다. 3~4층은 로바타야키와 예약석 공간으로 이루어져 있다.

Data Map 284p Access 도톤보리 참조 Add 大阪市中央区道頓堀1丁目8-24 Open 11:30~22:00 Cost 한 접시 150~300엔, 3ps 한 접시 200~500엔 Tel 06-6212-1705 Web www.gankofood.co.jp

TALK

회전초밥은 누구나 좋아하는 일본 요리다. 주문하는 방법은 그야말로 초간단! 재료 이름만 알면 컨베이어 벨트에 없는 요리도 당당히 시켜 먹을 수 있다. 단, 접시에 따라 가격이 다르다는 것은 알아둘 것!

1. 일본어 몰라도 OK

회전초밥은 일본어를 하지 못해도 걱정이 전혀 없다. 복잡한 주문 없이 벨트 위를 돌아가고 있는 군침 도는 초밥을 냉큼 집으면 그만이다. 또 회전초밥은 가격 대비 퀄리티가 높다는 것도 매력이다. 물가 비싼 일본에서도 회전초밥 만큼은 한국과 비슷한 가격대다. 단, 초밥은 담긴 접시에 따라 가격이 다르다. 자신이 얼마나 먹었는지 체크하면서 먹어야 예산초과를 막을 수 있다. 또 회전초밥집은 회전율이 높을수록 신선한 재료로 만든 초밥을 먹을 수 있다. 조금 기다리더라도 인기 있는 식당을 찾아가는 게 좋다.

2. 없으면 당당히 주문하자

회전초밥집에 갔는데 벨트 위에 내가 좋아하는 메뉴의 스시가 없다면? 그래도 당당히 주문해서 먹자. 간단한 재료명만 외우면 얼마든지 눈앞에서 만들어 주는 신선한 초밥을 먹을 수 있다. 주문을 할 때는 재료 이름 뒤에 '부탁합니다'라는 '오네가이시마스'를 붙여주자. 예를 들어 새우초밥은, '에비 오네가이시마스'로 충분하다.

재료명	일본어	발음	재료명	일본어	발음
새우	海老・えび	에비	참치	鮪・まぐろ	마구로
오징어	烏賊・いか	이카	참치 뱃살	おおとろ	오토로
문어	蛸・たこ	타코	참치 붉은살	マグロ赤身	마구로아카미
붕장어	穴子・あなご	아나고	도미	鯛・たい	타이
연어알	いくら	이쿠라	광어	ヒラメ	히라메
성게알	うにの卵	우니	방어	鰤・ブリ	부리
꽁치	さんま	산마	전어	こはだ	고하다
유부초밥	いなり	이나리	연어	さけ	사케
김말이밥	のりまき	노리마키	전갱이	あじ	아지
전복	鮑・あわび	아와비	대합	蛤・はまぐり	하마구리

다양한 다코야키를 맛볼 수 있는

고나몬 뮤지엄 コナモンミュージアム

고나몬은 밀가루 음식을 뜻한다. 고나몬 뮤지엄은 구이다오레 맞은편에 위치한 도톤보리의 명소로 다양한 다코야키를 맛볼 수 있는 곳이다. 다코야키 전문 체인점 구쿠루에서 운영한다. 오후에는 기다리는 줄이 긴 편이니, 오전 시간에 방문하면 좋겠다.

Data Map 284p
Access 도톤보리 참조
Add 大阪市中央区道頓堀1-6-12
Open 평일 11:00~22:00, 주말, 공휴일 10:00~22:00
Cost 다코야키(8개) 790엔
Tel 06-6214-6678 Web www. shirohato.com/konamon-m

실패하지 않는 군만두 전문점

오사카오쇼 大阪王将

야키교자(군만두)와 마파두부, 각종 덮밥 등을 맛볼 수 있는 중화요리 전문점이다. 간판의 야키교자가 인상적. 일본에서 실패하지 않는 메뉴 중 하나인 야키교자 중에서도 맛있는 집이다. 프렌차이즈 식당이라 가격도 저렴하다. 일본 샐러리맨처럼 일과 후 야키교자와 생맥주 한 잔으로 하루 피로를 달래보는 것도 좋겠다.

Data Map 284p
Access 도톤보리 참조
Add 大阪市中央区道頓堀 1-6-13 Open 11:00~22:30
Cost 야키교자(6개) 290엔, 볶음밥 570엔, 라멘 605엔
Tel 06-6213-0400
Web www.osaka-ohsho.com

고급스럽게 진화된 오코노미야키

치보 千房

오코노미야키 전문으로 유명한 치보의 프렌차이즈. 치보는 처음으로 오코노미야키 위에 소스와 마요네즈로 멋을 낸 선구자다. 치보 중에서도 프레지던트 치보로 고급스런 오코노미야키를 맛볼 수 있었던 곳이었지만 최근 베이직 스타일로 전환했다.

Data Map 284p **Access** 도톤보리 참조 **Add** 大阪市中央区道頓堀1-5-5 千房道頓堀ビル1~6F **Open** 평일 17:00~23:00, 주말, 공휴일 17:00~23:00 **Cost** 도톤보리야키 1,820엔 **Tel** 06-6212-2211 **Web** www.chibo.com

난바

오사카 최대 규모의 쇼핑타운

난바 파크스 なんばパークス

거대 복합 쇼핑몰인 난바 파크스. 패션 브랜드뿐 아니라 유명 레스토랑과 인테리어 매장까지 갖추고 있고, 20~30대 취향에 맞춘 트렌디한 브랜드가 많다. 전체는 9층 규모. 패션 및 액세서리(1~4층), 인테리어 소품과 잡화(5층), 레스토랑(6~8층), 갤러리 등이 자리잡고 있다. 워낙 규모가 크기 때문에 플로어 가이드에서 관심 브랜드를 체크하며 돌아보는 것이 좋다. 여성이라면 프랑프랑(5층) 같은 인테리어 소품숍을 꼭 둘러보길 추천한다.

Data Map 264p-C Access 지하철 난바역 1번 출구에서 왼쪽으로 도보 5분. 난카이 난바역 중앙 출구나 남쪽 출구와도 바로 연결 Add 大阪市浪速区難波中2-10-70 Open 상점 11:00~21:00, 레스토랑 11:00~23:00 Tel 06-6644-7100 Web www.nambaparks.com

주방용품 100엔숍
내추럴 키친 Natural Kitchen

내츄럴 키친은 100엔숍 중에서도 주방용품을 위주로 파는 숍이
다. 다이소나 보통의 100엔숍처럼 많은 매장이 있는 것은 아니
지만 대형 쇼핑몰에 하나 정도는 있으니 꼭 들러보도록 하자. 아
기자기하고 앙증맞은 주방용품들이 많다. 가격은 소비세 포함
108엔. 저렴한 가격에 예쁜 디자인, 여성이라면 당연히 마음을
뺏길 것이다.

Data 난바시티점
Map 264p-C Access 난카이 난바역 1층에서 바로 연결되는
난바시티로 도보 이동 후 본관 지하1층으로 이동 Add 大阪市中央区
難波 5-1-60 なんばCITY本館 B1F Open 10:00~21:00
Tel 06-6644-2763 Web www.natural-kitchen.jp/shoplist/nanba

동전 3개면 아쉬울 것 없는
쓰리코인즈 3COINS

100엔숍 물건보다 조금 더 세련되고 내구성 있는 상품을 원한다
면 300엔숍(소비세 포함 318엔) 쓰리코인즈를 찾아가 보자. 실
용적인 아이디어 상품은 물론 인테리어 아이템, 생활잡화 등 맘
에 드는 게 한두 가지가 아니다. 100엔숍의 물건에 만족하지 못
했던 이들도 흡족할 만한 아이템을 찾을 수 있을 것이다.

Data 난바시티점
Map 264p-C Access 난카이 난바역 1층에서 바로 연결되는 난바시티
본관 2층 Add 大阪市中央区難波 5-1-60 なんばCITY 本館2F
Open 11:00~21:00 Tel 06-6644-264p-3 Web www.3coins.jp

내추럴한 라이프 스타일 상품을 파는
무인양품 無印良品

한국에도 진출해 잘 알려진 무인양품이지만 그 매력은 일본 현지
에서 제대로 느낄 수 있다. 단순히 의류와 액세서리뿐 아니라 인
테리어와 주방용품, 식품류까지 내추럴한 라이프 스타일 상품을
폭넓게 다루고 있다. 유니클로보다는 가격대가 높지만, 심플하
면서도 세련된 디자인 때문에 마니아들의 충성도가 높은 편이다.

Data 난바 CITY점
Map 264p-C Access 난카이철도 난바역 남쪽 출구에서 도보 3분
Add 大阪市中央区難波5-1-60 なんばCITY南館 2F
Open 11:00~21:00 Tel 6646-2688 Web www.muji.com

주방용 소품과 잡화 전문 상점가
센니치마에 도구 상점가 千日前道具屋筋商店街

난바역에 가까운 서민적인 아케이드 상점가. 주방용품 전문점 50여 곳이 모여 있다. 그릇류와 도기류, 냄비류뿐 아니라 전문 업소용품도 저렴하게 구입할 수 있는 곳이다. 식당 간판용으로 자주 쓰이는 노렌(상호명을 적어 상점이나 가게 입구에 걸어놓은 천)같은 아이템들은 기발한 인테리어 용품으로도 활용할 수 있다. 또 실물 같은 음식물 모형을 판매하는 곳에서 기념품을 살 수도 있다. 다코야키 마니아라면 전용 구이판도 구매할 수 있으니 매의 눈으로 득템에 나서보자!

Data Map 264p-C Access 난카이 난바역 중앙 출구에서 도보 5분. 지하철 닛폰바시역 5번 출구에서 도보 7분
Add 大阪市中央区難波千日前周辺 Open 10:00~18:00 (상점마다 다름)
Web www.doguyasuji.or.jp/map_kor.html

저렴하고 튼튼한 칠기를 만난다
오사카 칠기 大阪漆器

식탁 위에 일본 칠기 특유의 이국적인 매력이 담긴 그릇을 올리고 싶다면 이곳이 제격이다. 센니치마에 도구 상점가에 위치한 오사카 칠기는 나무로 만든 전통 칠기와 달리 수지로 대량 생산한 업소용 칠기를 파는 곳이다. 이곳의 칠기는 가볍고 튼튼한 데다 전통 칠기의 다양한 컬러도 살렸다. 찻잔과 국그릇용 칠기를 1,000~2,000엔 정도에 구매할 수 있어 인기가 높다. 식기에 관심이 많은 이라면 다양한 칠기와 도기류도 꼭 체크해보자!

Data Map 264p-C Access 지하철 난바역에서 도보 10분. 난카이 난바역에서 도보 5분
Add 大阪市中央区難波千日前8-19 Open 09:30~18:00(시기별로 변경, 홈페이지 참고)
Tel 06-6632-1612 Web osakashikki.co.jp

장인 정신으로 만들어 실물 뺨치는 음식물 모형
디자인 포켓 デザインポケット

메뉴 없이도 주문할 수 있도록 고안된 실물 크기의 음식물 모형 기술은 본래 일본의 레스토랑에서 먼저 시작한 것이다. 센니치마에 도구 상점가의 도모 라보 2층에 위치한 디자인 포켓은 음식물 모형 전문인 모리노 샘플에서 운영하는 전시매장. 업소용 음식물 모형과 함께 기념품으로 좋은 키링 미니어처도 판매한다. 가장 인기 있는 다코야키 미니어처 키링은 690엔이다.

Data Map 264p-C Access 난카이 난바역, 지하철 난바역에서 도보 3분. 지하철 닛폰바시역에서 도보 5분 Add 大阪府大阪市中央区 難波千日前10-11 Open 11:00~17:00 Tel 06-6586-6251 Web www.designpocket.net

오타쿠의 성지
케이북스 K-BOOKS

일본의 대표적인 오타쿠 성지 K-BOOKS의 오사카점. 1층에서 3층까지 각층에 만화, 애니메이션 CD, DVD, 음반, 그리고 피규어까지 오타쿠들을 만족시키기에 충분한 아이템들이 모여 있다. 한국에서 구할 수 없는 여러 아이템을 찾아온 한국인 관광객들을 쉽게 만날 수 있고, 층별 안내도 한글로 되어 있다. 덴덴타운에 있다.

Data Map 264p-C Access 지하철 난바역 도보 10분, 난카이 난바역에서 도보 5분 Add 大阪市浪速区日本橋4-10-4 日本橋太平ビル Open 12:00~20:00 Tel 06-4396-8982 Web www.k-books.co.jp

난바역에서 북유럽으로 떠나는
이케아 IKEA

북유럽 가구의 대명사인 이케아는 동선을 따라 제품을 구경하는 독특한 쇼룸 방식을 갖추고 있다. 국내는 물론 세계 여러 곳에 지점이 있지만 특히, 오사카 이케아는 쇼핑하기에 가장 편한 상품 전시와 시스템으로 유럽, 아시아 매장 중 베스트 매장으로 유명하다. 가구와 생활소품, 인테리어 용품, 장난감 등 이케아에서 생산하는 모든 제품의 라인업은 기본. 1층에는 싸고 맛있는 음식을 먹을 수 있는 푸드코트도 있어 원스톱 쇼핑이 가능하다. 오사카에서 이케아로 갈 때는 난바역, 오사카역에서 셔틀버스를 이용(210엔)하면 된다.

Data Access 오사카역(45분), 난바역(25분)에서 셔틀버스 이용 Add 大阪市大正区鶴町2-24-55 Open 평일 11:00~19:00, 주말·공휴일 10:00~20:00 Tel 050-5833-9000 Web www.ikea.com/jp/ja/store/tsuruhama/access

신사이바시

생활용품 종합 쇼핑몰

도큐 핸즈 Tokyu Hands

라이프 스타일과 관련된 모든 종류의 DIY상품을 취급하는 DIY 마니아의 성지. 인테리어 아이템뿐 아니라 문구와 파티 용품까지, 취급하는 상품이 다양하다. 9~11층에 걸쳐 도큐 핸즈 매장이 자리하고 있으며 특히, 미용 관련 제품이 다양하다. 작고 사용하기 쉬운 마사지 기계나 화장품류를 구입하려는 여성 고객들이 많다.

Data Map 264p-A **Access** 신사이바시역 연결 쇼핑몰 파르코 **Add** 大阪市中央区心斎橋筋1-8-3 心斎橋パルコ9~11F **Open** 10:00~20:00 **Tel** 06-6243-3111 **Web** www.shinsaibashi.hands.net

---

오사카 쇼핑의 메카로 불리는 백화점

다이마루백화점 大丸

서울 명동에 롯데백화점이 있다면 오사카 신사이바시엔 다이마루백화점이 있다. 이 백화점은 신사이바시역에서 직접 연결되는 교통의 요지이자 명품숍이 몰려 있는 미도스지에 있어 오사카 쇼핑의 메카로 불린다. 겨울에는 백화점 건물 전체를 일루미네이션으로 치장해 이 일대 야경에 한몫을 담당한다. 데파치카로 불리는 백화점 지하의 식품 코너는 디저트로 특히 인기가 높다.

Data Map 264p-A **Access** 지하철 신사이바시역 4, 5, 6번 출구에서 도보 2분 **Add** 大阪市中央区心斎橋筋 1-7-1 **Open** 상점 10:00~20:00, 레스토랑 10:00~22:00 **Tel** 06-6271-1231 **Web** www.daimaru.co.jp/shinsaibashi/index.html

20대 여성 취향의 패션 백화점

신사이바시 오파 心斎橋 OPA

오사카의 패션 트렌드를 한눈에 파악하고 싶다면 신사이바시 OPA가 제격. 20대 취향의 발랄한 중저가 상품이 메인 아이템이다. 규모가 그리 크지 않아 9층까지 다 돌아봐도 그리 오랜 시간이 걸리지 않으므로 실속 있게 쇼핑을 즐길 수 있다. 로컬 브랜드의 패션, 액세서리 브랜드와 화장품 브랜드 등이 있고, 뒤편에는 뷰티, 여성 패션 전문인 오파 전용관이 있다.

Data Map 264p-A **Access** 지하철 신사이바시역 7번 출구 오른편에 위치 **Add** 大阪市中央区西心斎橋1丁目4-3 **Open** 상점 11:00~21:00, 레스토랑 11:00~23:00 **Tel** 06-6244-2121 **Web** www.opa-club.com/shinsaibashi

일본의 대표적인 SPA 브랜드

유니클로 UNIQLO

일본에서 시작되어 전 세계에 매장을 두고 있는 유니클로의 플래
그십 스토어이다. 유행을 타지 않는 베이직한 캐주얼 아이템들이
다양한 연령층으로부터 폭넓은 지지를 받고 있다. 일본의 유니
클로에는 한국보다 저렴한 가격에 구입 가능한 아이템이 가득하
다. 세일을 자주 한다는 것도 장점. 스테디셀러인 폴라폴리스(일
명 후리스) 외에 히트텍과 다운재킷 등이 인기가 높다. 여성들에
게는 브라탑의 인기가 상당하다.

Data Map 264p-A Access 지하철 신사이바시역 6번 출구에서
도보 1분 Add 大阪市中央区心斎橋筋2-1-17 B1~4F
Open 11:00~21:00 Tel 06-6484-6570 Web www.uniqlo.com/jp

하이마트 말고 요기로 가요~

빅 카메라 ビックカメラ

빅 카메라(현지 발음은 빅쿠 카메라)는 미나미 오사카 최대 종합 전
자제품 전문상가이다. 특히, 이름처럼 카메라에 관련된 모든 것
을 구입할 수 있다. 전국에 30여 개의 매장을 갖고 있어 카메라
마니아라면 꼭 들러야 하는 성지이다. 건물 하나에 모든 카메라
전자제품 관련 숍들이 있다. 동선의 효율성을 따지면 덴덴타운
보다 낫다.

Data Map 284p Access 지하철 난바역 19번 출구에서 도보 3분
Add 大阪市中央区千日前2-10-1 Open 10:00~21:00(연중무휴)
Tel 06-6634-1111 Web www.biccamera.com

쇼핑에서 식사까지 원스톱!

크리스타 나가호리 クリスタ長堀

1997년 지하철 나가호리츠루미료쿠치선 개통과 함께 탄생한 전체 길이 730m의 대형 지하상점가. 신사이바시역과 나가호리바시역, 요쓰바시역에서 직접 연결되어 교통이 편리하다. 패션 부티크 및 잡화점, 음식점 등이 몰려 있어 원스톱 쇼핑이 가능하다. 상점가에는 총 8개의 광장이 있는데, 때에 따라 다양한 벼룩시장이나 전시가 열리기도 한다.

Data Map 264p-A Access 지하철 신사이바시역, 나가호리바시역, 요쓰바시역 지하로 직접 연결
Add 大阪市中央区南船場4 長堀地下街8号 Open 상점 11:00~21:00(일요일 11:00~20:30), 레스토랑
11:00~22:00 Web www.crystaweb.jp

아로마 용품 및 마사지 전문 힐링 살롱

몽셍미셸 モンサンミッシェル

크리스타 나가호리 지하상점가의 웨스트 타운에 있는 마사지 숍과 아로마 용품 판매숍이다. 마사지에 관심이 없는 이라도 가볍게 들러 쇼핑하기에 좋다. 따뜻한 물에 2~3방울만 떨어뜨리면 방 안을 아로마 향으로 가득 채워 리프레시하기에 좋은 고급 아로마 오일과 오가닉 입욕제 등이 많다. 오가닉 허브티 등 관련 식품류까지 다양한 상품들을 만날 수 있다.

Data Map 264p-A
Access 지하철 신사이바시역, 나가호리바시역, 요쓰바시역 지하로
직접 연결. 크리스타 나가호리 지하상점가 웨스트 타운 내 위치
Add 大阪市中央区南船場4丁目クリスタ長堀 ウエストタウン内
Open 11:00~21:00(일요일 11:00~20:30) Tel 06-6282-2194
Web www.montsaintmichel.jp/sp/salon/crysta

영유아용품 전문 매장

아카찬혼포 アカチャンホンポ

오사카에서 창립된 임신, 유아, 어린이용품 체인점이다. 기저귀, 면봉, 물티슈 등 일회용품부터 유모차, 아기 침대, 장난감 등 내구재까지 육아에 관한 모든 물품을 갖추고 있다. 유명 브랜드의 아기용품도 저렴하게 판매한다. 1층은 어린이 의류, 식품, 유아용품, 2층은 침대, 침구류, 쿨매트 등 계절상품, 3층은 유아 의류, 모자 등, 4~5층은 장난감 및 임부복을 판매한다.

Data Map 264p-A Access 지하철 미도스지선 혼마치역 9번 출구 앞 Add 大阪府大阪市中央区南本町3-3-21 Open 10:00~19:00 Tel 06-6258-7300 Web www.akachan.jp

아메리카무라·호리에·도톤보리

아메리카무라에 위치한 패션 백화점

빅 스텝 Big Step

아메리카무라의 랜드마크격 쇼핑몰이다. 위치에 걸맞게 10~20대 취향의 중저가 캐주얼 패션이 메인이다. 20~30대 비율이 높은 한국인 여행자에게는 패션 취향이 조금 거세게 느껴질 수도 있다. 지하 2층 및 지상 7층까지 9층 규모이지만 영화관과 스포츠 클럽 등을 제외하면 실제 면적은 크지 않은 편. 쇼핑에 시간이 오래 소요되지는 않는다.

Data Map 264p-A Access 지하철 신사이바시역 7번 출구에서 도보 4분 Add 大阪市中央区西心斎橋 1-6-14 Open 상점 11:00~20:00, 레스토랑 11:00~23:00 Tel 06-6258-5000 Web big-step.co.jp

만화천국 일본의 면모를 확실히 보여주는

만다라케 まんだらけ

아메리카무라를 걷다 보면 빨간색 건물에 벽을 따라 빨간색 책장이 쭉 늘어서 있는 곳이 나온다. 바로 세계 최대 만화 애니메이션 쇼핑몰 만다라케다. 중고서적이나 고서적을 전문으로 취급하는 서점이기도 하다. 매장에는 더 많은 종류의 만화책들이 있다. 한 권에 110엔, 세 권에 210엔이라는 저렴한 가격에 자꾸 찾게 된다. 우메다에도 지점이 있다.

Data Map 264p-C
Access 난바역에서 도보 12분
Add 大阪市浪速区日本橋4－12－6
Open 12:00~20:00 **Tel** 06-6636-7077
Web www.mandarake.co.jp

온갖 생활잡화로 유명한 도톤보리의 만물상

돈키호테 ドン・キホーテ

없는 것 빼고 다 있다는 말은 바로 돈키호테를 위한 것. 심지어 인테리어 제품까지 온갖 종류의 생활잡화를 할인 판매하는데, 중저가 제품이 주력 상품이다. 1, 2층의 식료품과 화장품 코너가 일반적으로 인기가 높다. 돈키호테에서만 판매되는 화장품도 있으니 미리 체크해 두자. 3층 코스프레 상품, 4층 파티용품은 관광 삼아 둘러보는 것이 좋다.

Data 도톤보리점
Map 284p **Access** 지하철 난바역 14번 출구에서 도보 5분 **Add** 大阪市中央区宗右衛門町7-13
Open 11:00~다음 날 03:00
Tel 0570-026-511 **Web** www.donki.com

03

덴노지

TENNOJI 天王寺

신세카이 | 덴노지 | 츠루하시

'도쿄타워보다 너와 함께 보는 츠텐
카쿠가 더 좋아. 오사카 아줌마라고
불릴 각오도 되어 있는 걸.'
일본의 유명 혼성 그룹 드림스 컴 트
루가 노래한 '오사카 러버'의 가사
다. 이 노래 가사에 등장하는 츠텐카
쿠는 오랫동안 오사카의 랜드마크
였다. 츠텐카쿠와 함께 천년 고찰 시
텐노지, 7080세대의 낭만이 있는 신
세카이가 있는 덴노지를 기억해 둔
다면 오사카 여행이 더욱 흥미진진
해질 것이다.

미리보기

숙소는 미나미 오사카나 기타 오사카에 잡고, 이동은 지하철로 한다. 볼거리는 신세카이 주변에 몰려 있다. 에비스초역에서 시작해 츠텐카쿠, 신세카이, 잔잔요코초를 둘러보며 소소한 매력을 만끽한다. 그다음 주변의 쇼핑몰로 넘어가 쇼핑을 즐긴다. 츠루하시와 시텐노지까지 둘러보려면 츠루하시역에서 출발해 시텐노지와 아베노 쇼핑몰, 신세카이의 순으로 거꾸로 둘러보는 것이 좋다.

SEE

소박한 분위기를 선호하는 여행자라면 신세카이와 잔잔요코초를 중심으로 돌아본다. 쇼핑에 관심이 있는 여행자라면 세련된 아베노의 쇼핑몰을 돌아보도록 한다. 역사에 관심이 많다면 시텐노지나 리틀 코리아타운인 츠루하시를 둘러보는 것도 좋다. 츠텐카쿠나 신세카이의 야경도 놓치기 아깝다.

EAT

서민적인 먹거리는 신세카이와 잔잔요코초에서 맛볼 수 있다. 특히 신세카이는 구시카츠(튀김꼬치)의 발상지로도 알려져 있으니 꼭 도전해보자. 또 오사카의 명물 다코야키와 오코노미야키, 초밥까지 부담 없이 먹을 수 있는 저렴한 식당이 많다. 세련된 레스토랑을 원한다면 아베노의 쇼핑몰로 가자.

BUY

아베노는 지하철 덴노지역과 아베노역 인근에 새로 생긴 쇼핑몰들을 말한다. 복잡한 기타 오사카와 달리 테마별로 엄선된 상품을 한갓지게 만날 수 있다. 아베노 큐즈몰과 긴테츠백화점이 운영하는 후프, 안도 같은 쇼핑몰도 이곳에 포함된다.

어떻게 갈까?

지하철이나 JR열차를 이용하는 것이 가장 좋다. 오사카 여행자들은 대부분 패스를 갖고 있으니 지하철을 이용하자. 신세카이, 잔잔요코초는 지하철 미도스지선, 또는 사카이스지선을 이용해 도부츠엔마에역에서 내린다. 츠텐카쿠는 지하철 사카이스지선으로 에비스초역, 덴노지 공원은 지하철 미도스지선이나 다니마치선으로 덴노지역에서 하차한다.

어떻게 다닐까?

신세카이에서 츠텐카쿠, 잔잔요코초는 모두 도보로 이동할 수 있다. 덴노지 동물원, 덴노지 공원, 오사카 시립박물관도 모두 도보 이동이 가능하다. 덴노지 공원 부근에서 도보 10분이면 아베노 큐즈몰까지도 갈 수 있다. 꼭 들러볼 곳을 정해 가장 가까운 지하철역에서 내려 걸어다니자.

덴노지
📍 1일 추천 코스 📍

오사카의 서민 거리를 찾아 다니는 여정이다. 쇼핑에 관심이 없다면 반나절 일정으로 짜도 충분하다. 대신 원조 구시카츠를 먹어보고, 츠텐카쿠에서 오사카를 조망하는 일은 빼놓지 말자.

일본에서 가장 오래된 사찰
시텐노지 관광

→ 도보 10분

덴노지 공원으로 이동.
공원 내 동물원, 오사카
시립미술관 관람

→ 도보 10분

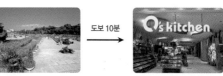

아베노 큐즈몰로 이동.
3층 푸드코트 큐즈 키친,
큐즈 다이닝에서 점심 식사

↓ 도보 1분

스파월드에서 여행 피로도
풀고 다양한 테마 온천
즐기기

← 도보 5분

츠텐카쿠로 이동, 전망대에서
오사카의 멋진 풍경 즐기기

← 도보 20분

아베노 큐즈몰~
아베노 후프~아베노 안도
쇼핑 센터 순례하기!

↓ 도보 2분

잔잔요코초에서
오사카 명물 구시카츠와
생맥주로 저녁 식사

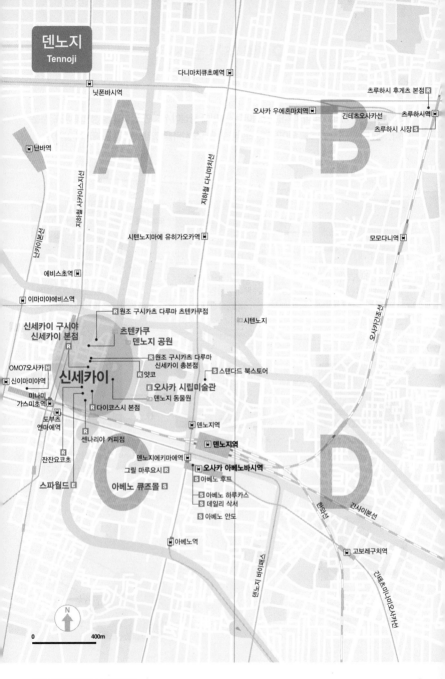

덴노지
Tennoji

다니마치큐초메역

닛폰바시역

츠루하시 후게츠 본점

오사카 우에혼마치역

긴테츠오사카선

츠루하시역

츠루하시 시장

난바역

A

B

시텐노지마에 유히가오카역

모모다니역

에비스초역

이마미야에비스역

원조 구시카츠 다루마 츠텐카쿠점

시텐노지

신세카이 구시야
신세카이 본점

츠텐카쿠
덴노지 공원

OMO7오사카

원조 구시카츠 다루마
신세카이 총본점

스탠다드 북스토어

신이마미야역

야츠코

신세카이

오사카 시립미술관

미나미
가스미초역

덴노지 동물원

도부츠
엔마에역

다이코스시 본점

덴노지역

잔잔요코초

덴노지역

센나리야 커피점

C

오사카 아베노바시역

D

덴노지에키마에역

아베노 후프

스파월드

그릴 마루요시

아베노 큐즈몰

아베노 하루카스

데일리 삭서

아베노 안도

아베노역

고보레구치역

건테츠미나미오사카선

N

0   400m

신세카이

서민적인 분위기가 매력적인 맛집 골목
신세카이 新世界

1903년 오사카박람회를 겨냥해 새롭게 조성된 신도시라 신세카이(신세계)라는 이름을 얻었다. 박람회 이후에는 츠텐카쿠를 포함해 루나 파크라는 유원지가 조성되었는데, 유원지의 폐관과 전쟁 등으로 한동안 사람들의 발길이 끊겼다. 지금은 1970~80년대 분위기의 레트로한 선술집과 상점, 오락실 등이 모여 있는 번화가가 됐다. 신세카이에는 이곳에서 시작된 것으로 알려진 구시카츠와 함께 대표적인 오사카의 먹거리들을 만날 수 있는 저렴한 식당이 많이 있다. 지하철 도부츠엔마에역 1번 출구에서 굴다리만 지나면 바로 연결되는 상점가 잔잔요코초에서 시작해 신세카이와 츠텐카쿠를 함께 돌아보면 좋다.

Data Map 298p-C
Access 지하철 도부츠엔마에역 5번 출구에서 도보 3분. 지하철 에비스초역 3번 출구에서 도보 3분 JR신이마미야역 동쪽 출구에서 도보 3분

TIP 신세카이의 마스코트, 빌리켄 ビリケン

장난꾸러기 소년 같은 이미지의 빌리켄. 신세카이의 마스코트로 행운의 신을 상징한다. 언뜻 보기에도 물 건너온 풍모의 빌리켄은 미국 여류화가 플로렌스 프릿츠가 꿈에서 본 행운의 신을 형상화한 것이다. 오사카에 진출한 것은 1912년으로 100년이 넘는 역사를 지녔다. 빌리켄의 발바닥을 만지면 행운이 온다는 이야기가 있다. 지금은 오사카뿐 아니라 일본 전역의 상점에서 볼 수 있다.

하늘과 통하는 건물
츠텐카쿠 通天閣

1912년에 세워진 츠텐카쿠는 파리의 에펠탑을 본떠 만들었다는 신세카이의 상징적 건물이다. 2차 세계대전 때는 군수품 생산을 위해 해체되어 무기로 만들어지는 아픈 과거를 간직하고 있기도 하다. 지금의 모습으로 재건된 것은 1956년이다. 츠텐카쿠라는 이름은 '하늘과 통하는 건물'이라는 뜻으로 건립 당시의 명성을 알 수 있다. 일본에서는 처음으로 엘리베이터가 설치된 건물이기도 하다. 츠텐카쿠 꼭대기에는 네온 불빛이 들어오는데, 네온의 색깔로 내일의 날씨를 알려준다고 한다. 흰색 불이 들어오면 맑음, 주황색은 흐림, 파란색은 비가 내릴 것을 말해준다. 앞쪽에 있는 대형 시계는 직경 5.5m, 분침이 3.2m, 바늘 하나의 무게가 25kg이나 되며, 일본에서 제일 큰 시계이다. 츠텐카쿠는 6

가지 색깔로 변화하면서 계절에 따라 그 색을 달리한다. 높이가 103m에 달하는 전망대에서는 신세카이 주변과 오사카 일대의 풍경을 감상할 수 있다.

Data Map 298p-C Access 지하철 사카이스지선 에비스초역 3번 출구로 나와 도보 3분 Add 大阪市浪速区惠美須東1-18-6 Open 09:00~21:00(마지막 입장 20:30, 연중무휴) Cost 전망대 성인 900엔, 중학생 이하 400엔. 오사카 주유패스 소지자 무료 Tel 06-6641-9555 Web www.tsutenkaku.co.jp

온천과 워터파크를 함께 즐기며 여행의 피로를 푸는

스파월드 スパワールド

세계 11개국 16종의 천연 온천이 있는 온천 테마파크. 오사카에서 가장 큰 규모의 대형 온천으로, 한국의 테르메덴과 캐리비안 베이가 결합된 것이라 상상하면 된다. 온천은 크게 유럽의 온천, 아시아의 온천으로 나뉘어 있다. 그 밖에도 수영복을 입고 츠텐카쿠를 전망하며 친구나 가족끼리 온천을 즐길 수 있는 제트스파, 일본에 처음 등장한 낙하회전식 슬라이드 데스루프 등의 워터파크 시설이 가득하다. 또 다양한 메뉴를 갖춘 푸드존이 있어 식사도 할 수 있다. 오사카 여행 중 가까운 곳에서 여독을 풀고 싶을 때 방문하면 좋다. 암반욕은 800~1,000엔이 추가된다. 데스루프 등의 놀이기구는 별도 요금이 부과되므로 프리패스(1,500엔)를 구입하는 게 좋다. 홈페이지에서 가끔 요금 할인 행사도 하니 방문 계획이 있다면 미리 체크해보자.

Data Map 298p-C **Access** 지하철 도부츠엔마에역 5번 출구에서 도보 3분
Add 大阪市浪速区恵美須東3-4-24 **Open** 10:00~08:45 **Cost** 성인 1,500엔 중학생 이하 1,000엔심야 (00:00~05:00) 1,450엔 추가 **Tel** 06-6631-0001 **Web** www.spaworld.co.jp

건물도, 정원도, 소장품도 모두 예술!
오사카 시립미술관 大阪市立美術館

일본의 국보 및 중요문화재를 비롯해 중국의 고미술품을 전시한 미술관이다. 덴노지 공원 안에 있는 이 미술관은 스미토모 가문의 정원 딸린 저택이었으나 오사카시에서 미술관 용도로 기증받아 1936년 현재의 건물로 리뉴얼해 개관했다. 안내 표지를 따라 희미한 불빛의 통로를 따라가면 미술관에 소장된 다채로운 그림과 도자기를 볼 수 있다. 상설 전시장에는 박물관에 소장된 일본과 중국의 예술 작품 8,500여 점이 번갈아 전시된다. 서양식의 미술관 외관도 볼만하다. 스미토모 가문의 정원이었던 일본식 정원 게이타쿠엔의 고요하고 정갈한 아름다움도 볼거리다. 2025년까지 공사로 휴관.

Data Map 298p-C Access 지하철 덴노지역 5번 출구에서 도보 10분 Add 大阪市天王寺区茶臼山町1-82 Open 09:30~17:00(월요일 휴관) Cost 성인 300엔, 고교·대학생 200엔, 중학생 이하 무료(특별전 요금 별도) Tel 06-6771-4874 Web www.osaka-art-museum.jp

일본에서 가장 오래된 사찰
시텐노지 四天王寺

593년 쇼토쿠 태자가 불교 진흥을 목적으로 세운 곳으로, 일본에서 가장 오래된 사찰이다. 오사카가 무역도시로 번성하며 외국의 사신들이 자주 들 때는 사신들을 모시던 영빈관으로도 사용되었다. 시텐노지는 건축면에서도 볼거리가 많다. 이 사찰은 남대문과 오층탑, 금당이 일직선으로 세워졌다. 또 석조로 된 기둥문 도리이와 무게가 1톤이나 되는 거대한 인왕상 등이 있다. 이곳만의 특별한 건축 기법을 '시텐노지 양식'이라 부른다. 시텐노지 동쪽에 위치한 일본식 전통 정원인 본방정원도 인기가 높다. 시텐노지에서는 또 마츠리(축제)가 많이 열린다. 이 가운데 도야도야 마츠리(1월 14일)와 조선과의 문화교류를 기념해 열리는 시텐노지 왓쇼이(11월 3일)가 볼만하다.

Data Map 298p-D Access 지하철 텐노지마에 유히가오카역 4번 출구에서 도보 5분 Add 大阪市天王寺区四天王寺1-11-18 Open 중심가람&정원 08:30~16:30, 금당 08:30~16:30, 외부 가람 24시간 Cost 정원·중심가람 각각 입장료 성인 300엔, 대학생·고등학생 200엔, 초중생 100엔 Tel 06-6771-0066 Web www.shitennoji.or.jp

계절마다 형형색색 꽃 수놓는

덴노지 공원 天王寺公園

1909년 개장한 유서 깊은 공원이다. 공원 내에 오사카 시립미술관과 일본식 정원인 게이타쿠엔, 40여 종의 동물이 있는 덴노지 동물원이 있다. 1987년 열렸던 덴노지박람회를 계기로 호수와 정원이 보강되었고, 지금은 식물원 성격이 강하다. 계절마다 형형색색의 꽃을 피우는 식물들이 있어 언제 방문해도 아름답다. 특히, 크리스마스 때는 대규모 일루미네이션이 설치되어 더욱 화려하게 빛난다.

Data Map 298p-C
Access 지하철 덴노지역 4번 출구 왼편에 위치 JR덴노지역의 공원 출구에서 도보 2분
Add 大阪市天王寺区 茶臼山町1-108
Open 07:00~22:00 09:30~17:30
Cost 무료(일부 시설 유료)
Tel 06-6761-1770 **Web** www.osakapark.osgf.or.jp/tennoji

츠루하시

한국 재래시장을 그대로 옮겨놓은 듯한

츠루하시 시장 鶴橋市場

오사카 내 코리아타운으로 알려진 한인시장. 츠루하시는 오랫동안 타향살이의 외로움을 견뎌낸 재일동포들의 애환이 서려 있는 곳이다. 또 일본에서 가장 큰 코리아타운이기도 하다. 오사카에는 현재 20만 명의 재일동포가 살고 있다. 츠루하시는 지금 일본 현지인들에게 한국의 음식문화를 비롯해 한류를 전파하는 먹자골목으로 활약하고 있다. 국제시장이라는 이름으로도 알려진 이곳에 들어서면 좁은 시장통에 빼곡히 들어선 가게들이 한국의 재래시장 모습 그대로이다. 김치나 반찬, 떡 등 한국의 먹거리를 주로 판매한다. 시장 안쪽에는 한복집과 한식당도 있다.

Data Map 298p-B **Access** 지하철 츠루하시역 5, 6, 7번 출구에서 바로 연결 **Add** 大阪市生野区桃谷3丁目周辺 **Open** 10:00~20:00(상점마다 다름) **Web** www.ikuno-koreatown.com

\ 🍴 EAT /

Data Map 298p-C
Access 지하철 도부츠엔마에역
1번 출구에서 도보 5분 Open
10:00~20:00(업소마다 다름)

가끔은 현지인처럼 편하게
잔잔요코초 ジャンジャン横丁

츠텐카쿠 주변으로는 저렴하게 한 끼를 해결할 수 있는 지역 명물 음식점이 많다. 신세카이에서도 좁은 골목을 따라 자그마한 가게들이 이어진 잔잔요코초는 허름해 보이는 외관과는 달리 의외로 괜찮은 가게들이 많이 숨어 있는 먹자골목이다. 가끔은 현지인처럼 아무 식당이나 들러 동네 할아버지들 틈에서 음식을 먹어보자.

60년 역사의 생과일 주스맛이 궁금해
센나리야 커피점 千成屋珈琲店

커피숍이라기보다는 다방에 가까운 분위기의 센나리야 커피. 1948년에 오픈해 60년도 더 된 유서 깊은 커피 전문점이다. 현재의 인테리어는 1960년에 리뉴얼한 것. 이 집은 또 오사카에서 처음으로 믹스 주스(과일 주스)를 개발한 곳이기도 하다. 여행 중 문득 비타민 부족이 느껴질 때 이곳에서 든든한 믹스 주스를 마시거나 땅콩이 딸려 나오는 커피로 재충전해 보자.

Data Map 298p-C Access 지하철 도부츠엔마에역 1번 출구에서 도보 2분 Add 大阪市浪速区恵比寿東 3-4-15 Open 11:30~19:00, 금~일요일 09:00~21:00 Cost 믹스 주스 600엔
Tel 06-6645-1303 Web www.sennariya-coffee.jp

20년간 동결된 놀라운 가격, 맛은 수준 이상!
다이코스시 본점 大興寿司 本店

신세카이 지역에서 담백한 것을 먹고 싶다면 역시 초밥. 잔잔요코초에 위치한 다이코스시 본점은 20년 이상 동결된 가격에도 불구하고 맛과 내공만큼은 결코 무시할 수 없다. 8개 초밥 모듬에 미소시루(된장국)가 딸려 나오는 A세트가 1,000엔! 가격도 놀랍지만, 초밥과 어우러지는 미소시루와 서비스의 편안함은 꼭 직접 경험해봐야 한다. 계절에 따라 1인 나베도 가능하니 혼자 가서 식사하기에도 무리가 없다. 신세카이 100주년을 기념해 100세 이상은 무료다.

Data Map 298p-C Access 지하철 도부츠엔마에역 1번 출구에서 도보 2분 Add 大阪市浪速区恵美須東 3-2-18 Open 11:00~21:00(목요일 휴무) Cost A세트 1,000엔, 초밥 단품(3개) 150엔~ Tel 06-6641-4278

경양식 본고장에서 우아하게 칼질하기

그릴 마루요시 Grill Maruyoshi

1946년 창업한 정통 경양식 전문점으로 여성에게 인기가 높다. 함박 스테이크, 돈카츠 등으로 알려진 경양식은 원래 일본에서 유래했다. 메이지유신으로 서양 문물이 본격적으로 들어오면서 육식을 장려하는 경양식 음식문화가 생겨났다. 일본은 경양식 본고장인 만큼 수준 높고 깔끔한 경양식 레스토랑이 많다. 마루요시도 그중 하나. 이 집은 햄버그와 새우튀김을 기본으로 고로케, 돈카츠, 비프커틀릿 등을 선택할 수 있는 런치 세트가 인기가 높다.

Data Map 298p-C Access 지하철 덴노지역 12번 출구에서 직접 연결, 비아 아베노 워크 내 Add 大阪市阿倍野区阿倍野筋1-6-1 ヴィアあべのウォーク 130 Open 런치 11:00~15:00, 디너 17:00~2:00 (화요일 휴무, 월요일 런치만) Cost 런치 세트 1,320엔~ Tel 06-6649-3566 Web viaabenowalk.jp/shop130

츠루하시

눈앞에서 구워주는 오코노미야키

츠루하시 후게츠 본점 鶴橋風月 本店

오코노미야키의 전설 후게츠의 본점이다. 한국에도 진출할 정도로 유명한 곳으로 창업한 지 60년이 넘는 역사를 가졌다. 풍부한 재료에 달콤한 오리지널 소스를 넣은 오코노미야키를 스태프가 눈앞에서 직접 구워준다. 아삭한 양배추와 함께 쫄깃한 면이 조화를 이룬 모던야키는 변함없는 스테디셀러. 오코노미야키는 각종 토핑을 선택해 자기만의 맛을 주문할 수 있는 것도 매력적이다. 야키소바도 맛있고, 돼지고기 계란말이 돈페이야키(600엔)도 인기다.

Data Map 298p-B Access 지하철 긴테츠와 JR츠루하시역에서 도보 1분 Add 大阪市天王寺区下味原町2-18 Open 11:00~22:30 (주말 · 공휴일 ~23:00) Cost 오코노미야키 900엔~, 모던야키 1,190엔~ Tel 06-6771-7938 Web fugetsu.jp

신세카이 구시카츠 4인방

튀김요리 구시카츠의 원조는 신세카이다. 신세카이에 간다면 당연히 구시카츠를 먹어봐야 한다. 계절별로 속속 업데이트 되는 튀김 재료가 매력적이다. 겉은 바삭바삭하고, 속은 촉촉한 구시카츠는 맥주와 기가 막히게 잘 어울린다.

원조 구시카츠 다루마 신세카이 총본점 元祖串かつ だるま 新世界総本店

구시카츠계의 지존이라 할 수 있다. 이곳이 1929년 구시카츠를 오사카에서 처음 선보인 곳이다. 특제 소스와 튀김옷, 튀김용 기름에 정성을 기울이기로 유명하다. 총본점은 카운터석의 좌석이 13석밖에 없으니 츠텐카쿠점을 포함한 분점을 이용하는 것도 방법이다. 일반 꼬치류는 132엔, 가리비 등은 286엔이다.

Data Map 298p-C Access 지하철 에비스초역 3번 출구에서 도보 4분 Add 大阪市浪速区恵美須東2-3-9 Open 11:00~22:30 Tel 06-6645-7056 Web http://kushikatu-daruma.com/tenpo_sinsekai_honten.html

원조 구시카츠 다루마 츠텐카쿠점 元祖串かつ だるま通天閣店

원조 구시카츠 다루마의 츠텐카쿠점이다. 관광객들이 워낙 많이 찾다 보니 다루마는 지점들도 모두 한국어 메뉴를 보유하고 있다. 구시카츠에 처음 도전하는 것이라면 세트 메뉴보다는 단품으로 시키는 것이 좋다. 카운터석만 52석이나 되니 자리 걱정은 안 해도 된다. 현지인들 틈에서 막 튀겨낸 바삭바삭한 구시카츠를 맥주와 함께 음미해보자!

Data Map 298p-C Access 지하철 에비스초역 3번 출구에서 도보 5분 Add 大阪市浪速区恵美須東 1-6-8 Open 평일 11:00~22:30 Tel 06-6643-1373 Web kushikatu-daruma.com/tenpo_tsutenkaku.html

신세카이 오야지노 구시야 新世界おやじの串や

1, 2층으로 이루어진 넓은 실내에 레게 음악이 흘러나오는 독특한 구시카츠집. 신세카이 출신으로 요리경력 30년인 주인장이 선보이는 오리지널 소스가 맛있다. 50종 가까운 구시카츠는 90엔부터, 생맥주 가격도 착하기 짝이 없는 290엔이다.

Data Map 298p-C Access 지하철 에비스초역에서 도보 2분, 도부츠엔마에역에서 도보 5분 Add 大阪市浪速区恵美須東2-4-14 Open 10:00~23:00 Tel 06-6647-0711 Web kushiya.com/access/honten

얏코 やっこ

맛있는 구시카츠를 맛볼 수 있는 곳이지만 아직 다른 곳에 비해 많이 알려지지 않은 가게다. 튀김옷을 얇게 입혀 재료 본연의 맛을 살리는 것이 특징이다. 소기름으로 튀겨내 부드러운 뒷맛이 일품이다. 가격은 100엔부터다. 모듬 메뉴는 없고 단품으로만 주문할 수 있다.

Data Map 298p-C Access 지하철 에비스초역 3번 출구에서 도보 5분 Add 大阪市浪速区恵美須東2-3-10 Open 12:00~20:30 (월, 화, 금요일 휴무) Tel 06-6643-6954

BUY

소통을 테마로한 쇼핑공간

아베노 큐즈몰 あべの Q's mall

'소통'을 테마로 꾸며진 지역밀착형 쇼핑몰. 아베노 큐즈타운 내에 위치해 있으며, 큐즈몰과 비아 아베노 워크로 구성되어 있다. 1층과 지하 1층에 있는 '친구의 숲'은 기둥을 부조작품으로 꾸며 친근감을 주는데, 약속 장소로 인기가 높다. 2층의 '만화경 정원'은 파우더 라운지로 꾸며졌다. 식물 테마의 그림과 독특하게 배치된 거울 사이에서 휴식과 메이크업을 함께 할 수 있다. 유니클로와 도큐핸즈, 지하철 덴노지역과 아베노역에서 지하통로로 쇼핑몰까지 직접 연결되어 있다. 비아 아베노 워크에서는 덴카잇핀, 요시노야 등의 음식점뿐 아니라 마츠모토 키요시 등의 드러그 스토어도 만나볼 수 있다.

Data Map 298p-C Access 지하철 덴노지역 12번 출구에서 직접 연결 Add 大阪市阿倍野区阿倍野筋1-6-1 Open 10:00~21:00 Tel 06-6556-7000 Web www.qs-mall.jp/abeno

수예의 모든 것

ABC크래프트 ABC クラフト

비즈나 뜨개질이 취미라면 누구나 한 번쯤은 일본의 잡지, 일본의 재료를 사본 적이 있을 것이다. 자기 손으로 무언가를 만들어내기 좋아하는 사람들의 천국, ABC크래프트는 비즈, 뜨개질은 물론 자수 재료, 재봉 재료, 액세서리 재료, 미니어처나 플레밍 등 아트 계열 재료, 플라워 및 웨딩 장식 재료 등을 넓은 매장에서 직접 보고 살 수 있도록 배치했다.

Data Map 298p-C
Access 지하철 덴노지역 12번 출구에서 직접 연결
Add 아베노 큐즈몰 3층
Open 10:00~21:00
Tel 06-6649-5151
Web www.abc-craft.co.jp

긴테츠백화점의 패션 전문관

아베노 후프 あべのHoop

긴테츠 전철에서 운영하는 긴테츠백화점의 패션 전문 쇼핑몰이다. 갭, 빔즈, 바나나 리퍼블릭 등의 매장이 있다. 슈즈 전문인 ABC마트와 일본 스포츠 브랜드인 오니츠카 타이거, 음식과 관련된 생활잡화점 겸 카페인 살롱 아담 엣 로페SALON adam et rope 등이 입점해 있다. 지하 1층 식당가는 고메이Gourmet 가든으로 꾸며져 있다. 추천 레스토랑은 팬케이크 전문점 '버터 그란데バターグランデ', 수프 전문점 '수프 스탁 도쿄Soup Stock Tokyo'다.

Data Map 298p-C
Access 지하철 덴노지역 9번 출구에서 도보 1분
Add 大阪市阿倍野区阿倍野筋 1-2-30 Open 상점 11:00~21:00, 레스토랑 11:00~23:00
Tel 06-6626-2500 Web www. d-kintetsu.co.jp/hoop

긴테츠백화점의 라이프 스타일관

아베노 안도 あべのAnd

긴테츠백화점 쇼핑몰 아베노 후프를 지나면 바로 뒤편에 위치해 있다. 대형 로프트 매장(1~3층)과 마리메코 등의 인테리어 잡화숍, 자연주의 화장품 및 액세서리 잡화숍, 편집숍이 있다. 이곳에 있던 무인양품은 아베노 하루카스로 이전했다.

Data Map 298p-C
Access 지하철 덴노지역 9번 출구에서 도보 3분
Add 大阪市阿倍野区阿倍野筋 2-1-40 Open 11:00~21:00
Tel 06-6625-2800
Web www.d-kintetsu.co.jp/ and

여성에게 인기 높은 종합 쇼핑몰

아베노 로프트 あべの Loft

아베노 안도의 1~3층을 차지하고 있는 로프트의 대형 매장. 1층에서는 건강 관련 잡화류와 시계, 액세서리를 판다. 2층은 생활 인테리어 잡화와 여행용품, 3층은 문구 및 잡화류를 판매한다. 로프트는 화장품과 액세서리, 생활잡화까지 워낙 광범위한 상품을 다루고 있는 곳이라 특히 여성에게 인기가 높다.

Data Map 298p-C Access 지하철 덴노지역 9번 출구에서 도보 3분
Add 아베노 안도 1~3층

인기 없는 책을 파는 인기 서점
스탠다드 북스토어 Standard Bookstore

홈페이지를 클릭하면 '서점이지만 베스트셀러는 팔지 않습니다'라는 커다란 글씨가 나오는 독특한 콘셉트의 서점이다. 관광 책자에도 많이 소개되고 많은 사람들이 찾는 서점이지만 잘 팔리는 책은 팔지 않는다. 디자인 관련 전문 서적이나 마이너한 감성의 책들을 만날 수 있다. 간단한 식사도 할 수 있어 인기가 높다. 신사이바시에 본점이 있다.

Data Map 298p-C
Access 지하철 덴노지역
7번출구에서 도보 3분
Add 大阪市天王寺区堀越町8-16
Open 11:30~19:30(화요일 휴무)
Tel 06-6796-8933

북유럽 감성의 소품이 갖고 싶다면
플라잉 타이거 코펜하겐 FLYING TIGER COPENHAGEN

덴마크의 생활잡화를 취급하는 숍이다. 일본 다이소처럼 대부분의 제품이 100~300엔대로 저렴하다. 하지만 디자인이나 색감이 뛰어나 전 세계에서 사랑을 받고 있다. 아시아 최초로 오사카에 오픈해 일본인은 물론 외국 관광객도 꼭 들러보는 필수 코스다. 특히, 덴마크 스타일의 가구나 문구, 팬시, 인테리어 소품 등이 인기다. 미나미 오사카에도 매장이 있다.

Data Map 298p-C
Access 덴노지역 쇼핑몰
미오플라자 3층 **Add** 大阪市
天王寺区悲田院町10-48
Open 11:00~21:00
Tel 06-6777-3039
Web www.flyingtiger.jp

패션 양말의 모든 것!
데일리 삭서 DAILY SOXER

양말 전문점 타비오의 매장으로 아베노 하루카스 2층에 있다. 이곳에서 파는 양말은 그냥 양말이 아니다. 모자나 스카프처럼 패션 센스를 더해줄 수 있는 액세서리다. 매장에는 탐이 나는 아이템들이 무척 많다. 메이드 인 재팬의 섬세함을 특징으로 고정관념에 사로잡히지 않는 자유로운 발상의 양말을 선보이고 있다. 특히 여성들이 좋아한다. 기능성 면에서도 한 번쯤 있으면 좋겠다 싶은 아이디어 상품이 많다. 내 발에 날개를 달아주고 싶다면 꼭 한번 들러보자!

Data Map 298p-C **Access** 지하철 덴노지역 9번 출구에서 직접 연결, 아베노 하루카스 2층
Add 大阪市阿部区阿倍野筋1-1-43あべのハルカス 2F **Open** 10:00~20:30 **Tel** 06-6624-1111
Web www.tabio.com

04

오사카성

Osaka Castle 大阪城

오사카성 | 가라호리

오사카성은 오사카의 얼굴이다. 임진왜란을 일으킨 도요토미 히데요시가 세운 이 성은 파란만장한 역사의 소용돌이 한가운데 있었다. 그러나 지금은 봄이면 벚꽃이 만발하는 공원이 됐다. 성곽을 따라 거닐면 진한 역사의 향기에 가슴이 뜨거워진다.

미리보기

오전에는 오사카성과 공원을 중심으로 오사카 비즈니스 파크까지 살짝 둘러본 후, 점심때쯤 잡화점과 카페들이 위치한 가라호리로 넘어가 식사와 쇼핑을 하면 좋다. 오사카성 일대는 5~7시간 정도면 관광을 마칠 수 있어 저녁에는 덴노지나 기타 오사카 등 다른 곳으로 이동해 관광과 쇼핑을 계속할 수 있다.

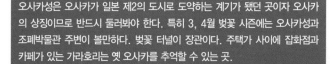

SEE

오사카성은 오사카가 일본 제2의 도시로 도약하는 계기가 됐던 곳이자 오사카의 상징이므로 반드시 둘러봐야 한다. 특히 3, 4월 벚꽃 시즌에는 오사카성과 조폐박물관 주변이 볼만하다. 벚꽃 터널이 장관이다. 주택가 사이에 잡화점과 카페가 있는 가라호리는 옛 오사카를 추억할 수 있는 곳.

EAT

오사카성과 오사카 비즈니스 파크 주변에는 식사와 쇼핑에 적당한 곳이 많지 않다. 오전 중에 관광을 마친 후 점심은 가라호리로 이동해 먹는 게 좋다. 만약 반나절에 여행을 마칠 계획이라면 맛집이 많은 다른 지역으로 이동하는 것도 괜찮다.

BUY

오사카성 일대에는 특별한 쇼핑몰이 없다. 서민적인 주택가에 잡화점과 카페들이 점점이 위치한 가라호리가 그나마 눈여겨볼 만한 곳이다. 이곳에서 점심도 먹고 과거 일본의 향수를 느낄 수 있는 골목과 잡화의 매력에 빠져보자.

어떻게 갈까?

오사카성 공원은 규모가 커서 출입구에 따라 교통편이 달라진다. 지하철 다니마치선이나 주오선 다니마치욘초메역에서 하차하면 오사카 역사박물관을 돌아본 뒤 오사카성을 관람할 수 있다. 역사박물관을 볼 계획이 없다면 지하철 주오선이나 나가호리츠루미료쿠치선을 타고 모리노미야역에서 내려 오사카성과 공원을 보자. 오사카 비즈니스 파크까지 둘러본 다음에는 동명의 지하철역 OBP(오사카 비즈니스 파크)역에서 여행을 마무리하는 것이 베스트!

어떻게 다닐까?

오사카성까지만 지하철로 이동하면 주변 관광지는 모두 도보로 이동 가능하다. 오사카성 안이 의외로 넓어 한참을 걸어야 하니 편한 차림과 신발을 준비하도록 하자. 비즈니스 파크까지는 도보로 이동하고, 가라호리로 넘어갈 때는 다시 지하철로 이동한다.

오사카성
📍 1일 추천 코스 📍

반나절이면 충분한 여행지. 일정이 빠듯하면 오사카성만 보고 빠지자.

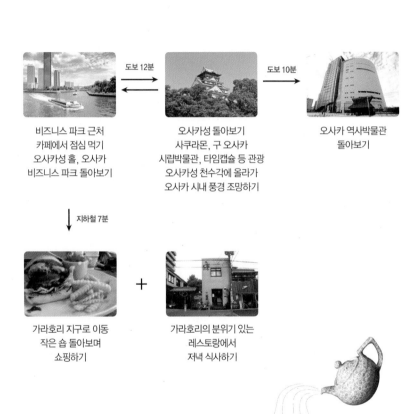

도보 12분

비즈니스 파크 근처
카페에서 점심 먹기
오사카성 홀, 오사카
비즈니스 파크 돌아보기

오사카성 돌아보기
사쿠라몬, 구 오사카
시립박물관, 타임캡슐 등 관광
오사카성 천수각에 올라가
오사카 시내 풍경 조망하기

도보 10분

오사카 역사박물관
돌아보기

지하철 7분

가라호리 지구로 이동
작은 숍 돌아보며
쇼핑하기

＋

가라호리의 분위기 있는
레스토랑에서
저녁 식사하기

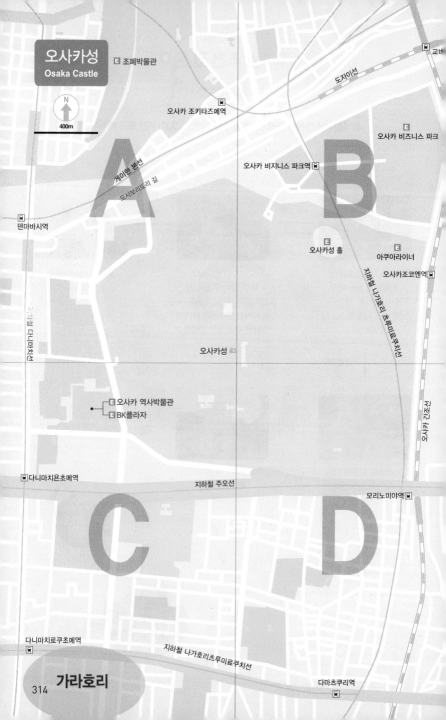

SEE

오사카의 상징이자 심장부
오사카성 大阪城

오사카성은 오사카의 상징이다. '오사카성=오사카'라는 등식이 성립할 만큼 유명세를 타고 있다. 오사카성은 임진왜란을 일으킨 인물이자 이순신 장군의 라이벌로도 잘 알려진 도요토미 히데요시가 세웠다. 도요토미는 사분오열되어 있던 일본을 하나로 통일한 장본인 가운데 한 사람이다. 오사카에 기반을 둔 그는 통일정국의 기반을 마련하며 15년 동안 난공불락의 요새를 지었는데, 그것이 바로 오사카성이다. 그러나 천하를 호령하던 도요토미도 오사카성에서의 영화를 얼마 누리지 못하고 비참하게 생을 마감한다. 오사카성은 1583년 완공되었지만 숱한 전란을 겪으며 대부분의 시설이 소실되었다. 그 후 1931년 천수각 등 일부 시설을 복원했다. 지금은 초기 오사카성 전체 규모의 5분의 1 정도만이 남아 있다. 오사카성의 심장이라 할 수 있는 천수각에 오르면 오사카 시내를 전망할 수 있다. 오사카성은 사계절 내내 아름답다.

Data Map 314p Access 지하철 다니마치욘초메역 9번 출구에서 왼편으로 도보 5분 JR오사카조코엔역 출구에서 도보 13분 Add 大阪市中央区大阪城1-1 Open 09:00~17:00 (벚꽃 시즌&여름방학 기간에 개관시간 연장, 12월 28일~1월 1일 휴관) Cost 성인 600엔, 중학생 이하 무료, 오사카 주유패스 소지자 무료 Tel 06-6941-3044 Web www.osakacastle.net

오사카성을 둘러싸고 있는 대규모 녹지 공원

오사카성 공원 大阪城公園

오사카성은 공원이 감싸고 있다. 이 공원은 오사카성 천수각을 비롯해 역사적인 건축물을 품고 있다. 1920년대 전쟁으로 황폐화된 오사카성 터를 개조한 것으로, 1970년 오사카 엑스포를 계기로 지금과 같이 울창한 녹지를 갖게 되었다. 공원을 푸르게 빛내주는 나무는 매화와 벚나무가 주종을 이룬다. 봄이면 벚꽃이 만개해 공원이 화사하게 빛난다. 공원에는 다양한 시설도 들어서 있다. 대규모 음악 콘서트가 활발하게 개최되고 있는 오사카 음악당과 오사카성 홀, 유도와 검도 등을 연마하는 궁도장 수도관 등 스포츠 관련 시설도 있다. 공원의 많은 부분을 차지하는 호수는 오사카성의 방어용 해자였다. 원래는 이중 해자(우치보리와 소토보리)였으나 잦은 전란을 겪으면서 지금과 같은 모습으로 변했다. 지금은 평화로운 휴식처가 되었지만 도요토미가 난공불락의 요새를 꿈꾸며 세운 높은 성벽과 일부 복원된 해자의 모습에서 지난 역사의 편린을 느낄 수 있다. 오사카성 공원은 다니마치욘초메역을 출발점으로 소토보리에서 입구인 오테몬을 지나 천수각과 각인석(고쿠인세키) 광장을 거쳐 아오야몬으로 돌아보는 편이 좋다. 오사카조코엔역에서 출발할 때는 정반대의 코스로 돌아보면 된다. 공원은 24시간 무료 개방한다.

Data Map 314p
Access 지하철 다니마치욘초메역 9번 출구에서 왼편으로 도보 5분 지하철 모리노미야역 1번 출구 바로 앞 JR오사카조엔역 출구에서 도보 1분 **Add** 大阪市中央区大阪城 **Tel** 06-6755-4146
Web osakacastlepark.jp

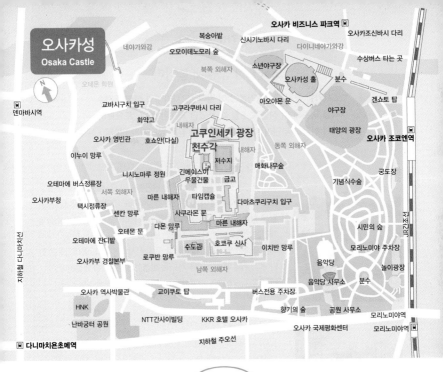

오사카성
Osaka Castle

덴마바시역

네야가와강
오테몬 측위

복숭아밭
오모이데노모리 숲
신시기노바시 다리
오사카 비즈니스 파크역
오사카조신바시 다리
다이니네야가와강
수상버스 타는 곳
북쪽 외해자
소년야구장
오사카성 홀
분수
겐쇼토 탑
교바시구치 입구
고쿠라쿠바시 다리
아오야몬 문
야구장
화약고
내해자
고쿠인세키 광장
천수각
동쪽 외해자
태양의 광장
오사카 조코엔역
오사카 영빈관
호쇼안(다실)
내해자
저수지
매화나무숲
이누이 망루
니시노마루 정원
긴메이스이
우물건물
금고
기념식수숲
궁도장
오테마에 버스정류장
서쪽 외해자
마른 내해자
타임캡슐
다마츠쿠리구치 입구
오사카부청
택시정류장
센칸 망루
사쿠라몬 문
마른 내해자
시민의 숲
오테몬 문
다몬 망루
수도관
호코쿠 신사
이치반 망루
모리노미야 주차장
오사카부 경찰본부
로쿠반 망루
남쪽 외해자
음악당
놀이광장
오사카 역사박물관
교이쿠토 탑
버스전용 주차장
음악당 사무소
분수
HNK
향기의 숲
공원 사무소
모리노미야역
난바궁터 공원
NTT간사이빌딩
KKR 호텔 오사카
오사카 국제평화센터
모리노미야역
다니마치욘초메역
지하철 주오선

지하철 다니마치신
JR순환선

HISTORY

일본을 통일한 3명의 쇼군과 오사카성

일본에는 이런 속담이 있다. '오다가 쌀을 찧고 하시바(도요토미)가 반죽한 떡을, 도쿠가와가 힘 안 들이고 먹었다.' 이 속담에 등장하는 3명의 쇼군(장수)이 바로 전국시대를 끝내고 일본을 통일했던 오다 노부나가, 도요토미 히데요시, 도쿠가 이에야스다. 이들 3인은 일본 역사상 가장 중요한 인물들이며 리더십 면에서도 자주 다뤄진다. 세 사람은 동시대를 살면서 천하통일이라는 같은 꿈을 꾸었지만 운명을 개척하는 방식은 각기 달랐다. 오다 노부나가가 무로마치 막부가 분열되어 망해가는 전국시대에 통일정국의 기반을 세웠다면, 도요토미 히데요시는 통일정국의 체계와

틀을 잡은 인물이다. 도쿠가와 이에야스는 오랜 세월 인내해 결국 통일국가 완성이라는 떡을 손에 쥔다. 도요토미는 도쿠가와와의 전쟁에서 패해 자결함으로써 자신이 구축한 영화를 얼마 누리지 못한다. 그의 아들 역시 도쿠가와와의 전쟁에서 패한 후 이 성에서 자결한다.

오사카성 317

THEME

오사카성 공원 내 볼거리

오사카성 공원에는 둘러볼 것이 많다. 오사카성의 상징인 천수
각을 비롯해 이 성을 축조할 때 쓰였던 거대한 바위, 도요토미
의 아들과 부인이 자결한 터 등 역사 깊은 유적지가 많다.

천수각 天守閣

오사카성을 상징하는 건물이다. 난공불락의 요새를 지으려 했던 도
요토미의 원대한 꿈이 서려 있는 건물이기도 하다. 건물 꼭대기 지붕
끝은 황금색으로 장식해 화려함을 자랑한다. 오랜 전란으로 소실과
재건을 반복하다 1931년 지금의 모습으로 복원되었다. 천수각 내부
에는 귀중한 역사자료와 미술품 등이 전시되어 있다. 꼭대기층은 전
망대다. 저녁 때는 조명을 켜 더욱 환상적인 분위기를 연출한다.

Data Open 09:00~17:00 Cost 입장료 성인 600엔, 중학생 이하
무료, 오사카 주유 패스 소지자 무료

호코쿠 신사 豊国神社

오사카성을 세운 도요토미 동생 히데나가, 아들 히데요리 3명을 모
신 신사다. 도요토미 동상과 사당이 있다. 이 신사의 진짜 볼거리는
바위정원이다. 바위정원은 오사카의 경쟁력을 바다에 있다고 보고
해양의 모습을 재현했는데, 풀과 나무 하나 없이 수석만으로 이뤄진
모습이 볼만하다.

Data Cost 무료

소토보리(외해자) 外濠

오사카성 바깥쪽에 만들어놓은 거대한 해자. 적의 침입을 막기 위해
건설된 인공호수인 해자는 깊이 6m, 폭 75m의 규모다. 도쿠가와
이에야스는 오사카성을 함락시키기 위해 공격했지만 이 해자와 견
고한 성벽에 부딪혀 실패했다. 결국 히데요리가 이 해자를 메우도록
모략을 꾸민 후에야 성을 함락시킬 수 있었다.

자결터

豊臣秀頼淀ら自刃の地

도쿠가와에게 패한 도요토미 아들 히데요리가 어머니와 함께 비참한
최후를 맞은 곳. 히데요리는 도요토미를 따르던 무사들과 함께 오사
카성을 지켰지만 도쿠가와의 속임수에 넘어가 성이 함락되자 이곳에
서 어머니와 함께 자결했다.

오사카성의 문

오사카성으로 드는 문은 여러 개가 있다. 오테몬은 오사카성의 정문으로 1620년에 세워졌다. 높이 6m에 이르는 이 문은 벼락을 맞아 불탄 것을 1967년에 재건했다. 이 문은 한반도에서 전래된 양식이라 고라이몬(고려문)으로도 불린다.

사쿠라몬

사쿠라몬은 천수각으로 들어가는 문으로, 건립 당시 벚나무가 주변에 많은 것에서 이름이 유래되었다 한다. 성문 바로 앞 성벽을 이루고 있는 거석은 오사카성에서 가장 큰 거석이다.

아오야몬

아오야몬은 최후의 승자였던 도쿠가와가 오사카성을 재건하던 당시 세운 문이다. 사쿠라몬과 비슷한 용도로 유사시 군사를 집합시킬 수 있는 공터가 있었다.

오사카성의 거석

오사카성은 엄청난 규모의 축조물이었던 만큼 볼만한 돌이 많다. 다코이시는 오사카성의 거석 중 가장 크다. 무게가 무려 130톤이나 된다. 오테몬 안쪽에 있는 오테구치마스가타는 네 번째로 큰 거석으로 무게가 108톤에 달한다. 오테몬에 있는 거석은 1620년 이후 오사카성을 재건하면서 오사카에서 200km 떨어진 세토 내해 지역에서 가져온 것이다.

고쿠인세키(각인석) 광장

도요토미 히데요시가 오사카성을 지을 때 지방 호족묘들이 가문의 이름을 새긴 돌(각인석)을 보내왔다. 도요토미에게 충성을 맹세하는 의미로 헌납된 것. 각인석 광장에는 돌들이 전시되어 있다. 이 돌들은 운반 시 파손되는 등 여러 가지 이유로 성벽 축조에 채택되지 못한 것들이다. 오사카 비즈니스 파크에서도 잔넨세키로 만든 오브제를 볼 수 있다.

잔넨세키란?

오사카성 축조 용도로 채굴되었으나 결국 사용되지 못하고 400년 이상 방치되어 있는 돌이다. 천수각 정문 왼편에 두 개의 돌이 세워져 있는데, 이 돌이 잔넨세키다. '아쉽다', '유감스럽다'는 뜻 그대로 아쉬움과 한이 느껴진다.

1,400년간 이어진 오사카 역사가 궁금하다면

오사카 역사박물관 大阪歷史博物館

1,400년에 가까운 오사카의 역사를 리얼하게 재현한 박물관. 특히 7~10층에는 실제 크기로 복원한 건물과 각종 모형 그래픽 등이 상설 전시되어 있어 10층부터 내려오며 시대순으로 관람하면 된다. 아스카 시대로부터 현대에 이르까지 오사카에 관련된 풍부한 실물 자료를 전시하고, 체험형 이벤트를 개최한다. 오사카 변천사와 고고학의 매력을 한꺼번에 체험할 수 있다. 한국어 안내문도 갖춰져 있으니 언어의 장벽을 걱정할 필요도 없다. 특히, 엘리베이터 앞에 오사카성이 내려다보이는 전망대가 있어 오사카성을 전망하기에도 좋다.

Data Map 314p
Access 지하철 다니마치욘초메역 9번 출구에서 도보 2분 **Add** 大阪市中央区大手前4-1-32
Open 09:30~17:00(화요일 휴관) **Cost** 성인 600엔, 고교·대학생 400엔, 중학생 이하 무료. 오사카 주유패스 소지자 무료 **Tel** 06-6946-5728 **Web** www.mus-his.city.osaka.jp

NHK 오사카 방송국 견학홀
BK플라자 BKプラザ

오사카 역사박물관과 같은 건물에 있다. NHK 오사카 방송국의 견학홀이다. BK플라자는 공개방송을 하는 스튜디오를 견학하고 최신 방송기술도 체험해볼 수 있다. 또 라이브러리에서 지난 방송도 관람 가능한 방송광장 등으로 이루어져 있다. 9층의 전망창에서는 나니와궁 사적 공원이 한눈에 보인다. NHK의 마스코트인 도모군의 캐릭터 상품을 취급하는 기념품 숍(1층)도 볼만하다.

Data Map 314p **Access** 지하철 다니마치욘초메역 9번 출구에서 도보 2분 **Add** 大阪市中央区大手前4-1-20 **Open** 10:00~18:00(화요일 휴관) **Cost** 무료 **Tel** 06-6941-0431 **Web** www.nhk.or.jp/osaka/bkplaza

오사카성과 오사카의 명소를 찾아가는 수상버스
아쿠아라이너 アクアライナー

오사카성 주변을 돌아볼 수 있는 유람선. 나카노시마까지 돌아볼 수 있는 아쿠아라이너와 도톤보리 쪽까지 둘러보는 아쿠아 미니(4월 말~10월 말, 주말과 공휴일에만 한정 운항)가 운항된다. 오사카조코(오사카성항) 선착장을 출발해 나카노시마까지 둘러보게 되는 아쿠아라이너는 매시간 정시에 출발하며, 역사 깊은 오사카성 주변과 붉은 벽돌 건물이 인상적인 조폐국 건물, 중앙공회당, 덴마바시 등의 레트로 건축물과 현대적인 모습의 오사카를 만날 수 있어 인기가 높다. 구간 이용도 가능하기 때문에 기타 오사카로 넘어갈 때 이용하는 것도 유용하다.

Data Map 314p-B
Access JR오사카조코엔역 에서 도보 5분 지하철 오사카비지니스 파크역 1번 출구에서 도보 5분 Add 大阪市中央区 大阪城2番地先 Open 10:00~17:00 (계절에 따라 변동있음)
Cost 아쿠아라이너 오사카성& 나카노시마 일주(40분) :
성인 1,600엔, 어린이 800엔
아쿠아 미니 오사카성~도톤보리(40분) :
성인 1,200엔, 어린이 600엔
Tel 0570-03-5551
Web suijo-bus.osaka

오사카성 주변의 대규모 오피스 상업지구
오사카 비즈니스 파크 Osaka Business Park

KDDI, 후지쯔 등 대기업 사옥과 고층 빌딩 15개 동이 밀집되어 있는 오피스 타운. 전통의 상징인 오사카성과 조화를 이루도록 1980년대에 집중적으로 조성됐다. 지상 37층의 크리스탈 빌딩과 쌍둥이 타워인 트윈21 빌딩, 호텔 뉴오타니 오사카 등의 건물이 눈에 띈다. 이곳은 오사카성공원을 전망하며 식사를 즐기기에도 좋다. 특히, 강변을 따라 오사카 비즈니스 파크를 둘러싸고

있는 리버사이드 프롬나드 공원은 도심 속의 휴식을 선사한다. 오사카 비즈니스 파크는 관광하기에 적당한 곳은 아니지만 오사카성을 여행하다 간단히 식사를 해결하기 좋다. 또 운이 좋으면 흥미로운 이벤트를 만나게 될 수도 있다.

Data Map 314p-B
Access 지하철 오사카비즈니스파크역 4번 출구 바로 앞
Tel 06-6946-1310
Web www.obp.gr.jp

Data Map 314p-A
Access 오사카조키타즈메역
3번 출구에서 도보 10분.
사쿠라노미야역 서쪽 출구에서
도보 15분
Add 大阪市北区天満1-1-79
Open 09:00~16:45
(주말·공휴일, 셋째주 수요일 휴무)
Cost 무료 **Tel** 06-6351-8509
Web www.mint.go.jp/enjoy/
plant-osaka/plant_visit_
museum_h.html

세계와 일본 화폐의 역사를 알 수 있는

조폐박물관 造幣博物館

오사카성과 함께 벚꽃 명소로 손꼽히는 곳이다. 세계의 화폐를 수집 전시하는 곳으로 4,000종의
화폐를 만나볼 수 있다. 관내에는 네 개의 전시실이 있어 창업 당시 조폐국의 모형과 화폐·훈장의
제조 공정 등을 전시하고 있다. 또 일본 화폐의 역사 소개, 공장 견학 등의 코너가 있다. 붉은 벽돌
로 지어진 건물은 1911년에 완공돼 화력발전소로 사용되던 것을 1969년 지금의 모습으로 리뉴얼
오픈했다.

오사카성 축조 400주년 기념으로 만든 복합문화공간

오사카성 홀 大阪城ホール

오사카성 천수각에서 북동쪽으로 500m거리에 위치한 오사카성 홀. 1만 6,000명을 수용할 수
있는 거대한 아레나홀과 500명을 수용할 수 있는 체육관 스타일의 서브 홀이 있다. 1983년 오
사카성 축조 400년을 기념해 오픈했으며, 콘서트와 전시회, 스포츠, 컨벤션 등 다양한 용도로
사용되고 있다. 일본뿐 아니라 해외 유명 아티스트들의 공연이 자주 열려 관심 있는 이들은 홈페
이지를 체크해보면 좋다. 호텔 뉴오타니 오사카에서 직영하는 레스토랑도 있는데, 평일에는 오늘
의 런치(히가와리 런치)가 저렴해 인기가 높다.

Data Map 314p-B
Access JR오사카조코엔역 1번
출구에서 도보 7분 지하철 오사카
비즈니스파크역에서 도보 7분
Add 大阪市中央区大阪城3-1
Tel 06-6941-0345
Web www.osaka-johall.com

전통가옥 골목에서 잡화점 찾는 재미

가라호리 空堀

주택가에 위치한 잡화점과 카페들이 매력적인 상점가. 마츠야마치역과 다니마치로쿠초메 남쪽 뒷길을 일자로 잇는 800m 거리다. 가라호리, 하이 가라호리, 가라호리도리까지 세 개의 상점가가 나란히 위치해 있다. 그 외에도 한적한 주택가 골목 사이사이에 매력적인 잡화점들이 있어 골목을 돌아보는 재미를 느낄 수 있다. 이곳은 메이지 시대 말기부터 태평양 전쟁 전까지 활기를 띠었던 곳이다. 지금도 전통 민가주택 양식인 나가야(옆으로 길쭉한 복합임대주택)가 남아 있어 전통과 현대가 빚어내는 묘한 매력이 있다. 특히 나가야를 개조해 복합상업시설로 사용되는 호萌, 렌練, 소惣 세 개의 건물은 이곳의 상징적 건물이다. 옛 민가주택을 보전하기 위한 노력은 지금도 계속되고 있다. 도보로 충분히 다닐 수 있는 기타오사카의 나카자키초에 비해 구역이 꽤 넓은 편이므로 자전거를 대여해 돌아보는 것도 좋다.

Data Map 264p-B **Access** 지하철 마츠야마치역 3번 출구에서 도보 2분. 지하철 다니마치로쿠초메역 3번 출구에서 도보 1분

가라호리

프랑스 가정요리를 맛볼 수 있는 프렌치 레스토랑

비스트로 갈로 Bistro Galop

캐주얼한 분위기에 가격대가 부담스럽지 않은 프렌치 레스토랑
이자 와인 바이다. 에피타이저, 메인 요리, 디저트를 본인이 좋
아하는 것으로 각각 선택하여 먹을 수 있는 코스가 유명하다.
(디저트 포함 시 500엔 추가) TV에도 등장했을 정도로 인기가
많아 미리 예약하고 가는 게 좋겠다. 레드 와인에 어울리는 디저
트도 맛있다.

Data Map 264p-B Access 지하철 마츠야마치역, 다니마치로쿠초메역
에서 도보 5분 Add 大阪市中央区瓦屋町1-1-1 Open 런치
18:00~22:00(토, 공휴일 17:00~), 일요일 휴무 Cost 오마카세 디너
3,850엔~ Tel 06-6762-1016 Web bistrogalop.com

1950~60년대 미국 분위기의 햄버거 전문점

애니스 버거 ANY's BURGER

1950~60년대 미국을 연상시키는 인테리어와 음악이 인상적인
레스토랑이다. 마스터 추천 메뉴인 치즈에그버거는 1,200엔이
다. 부드러운 치즈와 스크램블 에그가 입안에서 살살 녹는다. 양
상추를 포함해 과일과 채소가 듬뿍 든 것도 매력적이다.

Data Map264p-B Access 지하철 다니마치로쿠초메역 3번 출구에서 남쪽으로 290m
Add 大阪市中央区谷町7-1-39 新谷町第2ビル1F Open 11:30~21:30(월요일 휴무)
Cost 치즈버거 1,100엔, 치즈에그버거 1,200엔 Tel 06-6768-3307

달콤함으로 피로를 녹여주는 초콜릿 카페

에크 추아 Ek Chuah

가라호리의 정체성을 대표하는 렌 건물 입구 왼쪽에 자리한 에크 추아는 초콜릿 판매점 겸 카페이다. 따뜻한 초콜릿 음료는 독특한 디자인의 전용컵에 담겨 나온다. 옛 건물을 사용해 묵직하고 안정감 있는 분위기를 연출한다. 인원이 적다면 2층의 바 자리도 운치 있다. 산뜻하면서도 진한 초콜릿 음료와 어울리는 베리와 치즈 계열의 케이크도 함께 판매한다.

Data Map 264p-B Access 지하철 마츠야마치역 3번출구 오른쪽 계단 바로 위 Add 大阪市中央区 谷町6-17-43 練ーLENー Open 월~토 11:00~20:00 (수요일 휴무) Cost 핫초콜릿 630엔, 프로마주 무스 693엔 Tel 06-4304-8077 Web www.ek-chuah.co.jp

본격적인 영국식 티 전문점

토링턴 티 룸 Torrington Tea Room

토링턴은 대항해 시대 영국 런던에 홍차를 운반했던 영국 최초의 배 이름이다. 유럽식 오리엔탈 도자기잔에 실론산 홍차를 담아낸다. 영국의 유명한 핫케이크인 크럼펫과 에그베네딕트 등의 식사 메뉴에 곁들일 수 있다. 바로 옆의 편집숍에서 앤티크 스타일의 가구와 빈티지 잡화를 구경하는 것도 잊지 말 것!

Data Map 264p-B
Access 지하철 다니마치로쿠초메역에서 도보 2분
Add 大阪市中央区上本町西2-5-56
Open 평일 11:30~18:30, 주말·공휴일 10:30~
18:30(월요일 휴무) Cost 크럼펫 세트 1,380엔~
에그 베네딕트 세트 1,600엔 Tel 06-6191-9870
Web www.torrington-tearoom.com

매일 먹어도 질리지 않는 건강식

하타케노 쇼쿠도 나추라 畑の食堂 ナチュラ

카운터석과 몇 개의 테이블석에 다양한 연령대의 손님들이 앉아 조용히 식사를 하고 있다. 가게 안쪽에는 감자, 당근 등의 식재료가 놓여 있어 신뢰감을 더해준다. 매일 바뀌는 메인 메뉴에 고심한 흔적이 역력하다. 신선한 반찬은 페이스북에 영업 시작 전 실물 사진을 공개하기 때문에 어제 먹은 메뉴를 오늘 또 먹는 일이 없다. 몸에 좋은 현미밥과 된장국은 얼마든지 더 먹어도 된다. 당근케이크, 우엉 바바로아, 현미 롤케이크 등 디저트까지 유기농으로 챙길 수 있는 소중한 가게.

Data Map 264p-B Access 지하철 다니마치선다니야마로쿠초메역 4번 출구 도보 5분
Add 大阪府大阪市中央区谷町7-2-32 Open 11:30~21:00(L.O. 20:30)(월요일 휴무)
Cost 런치 현미 정식 950엔, 현미 롤케이크 400엔 Tel 06-4304-0551

BUY

가라호리

인테리어에 활용하고픈 전통 염색수건 전문매장
고코코토 니지유라 こここと にじゆら

오사카의 전통 염색방식인 주염注染은 틀을 만든 후 염료를 붓는 방식으로 만드는데, 판화를 찍어낸 듯한 느낌이 특징이다. '니지유라'는 바로 이 주염 방식으로 제작하는 나카니의 전문 브랜드다. 이곳에서는 자연이나 사물, 오사카의 역사와 문화, 기하학 무늬 등 다양한 문양의 가제수건을 전시, 판매한다. 실제 수건으로 사용되기보다는 액자나 족자에 넣어 활용하는 인테리어 장식 성격이 강하다. 크리스마스 등 계절에 따른 테마의 작품들도 볼 수 있어 계절감을 살린 인테리어에도 좋다.

Data Map 264p-B Access 다니마치로쿠초메역 5번 출구에서 도보 3분 Add 大阪市中央区安堂寺町2-3-28 Open 11:00~17:00(목요일 휴무) Cost 1,365엔~ Tel 06-7492-1436 Web nijiyura.com/shop

가라호리의 상징적인 숍
렌 練

잡화와 의류점, 카페 등 14개의 점포가 위치한 가라호리의 복합상업시설. 100년에 가까운 역사의 목조 연립주택을 개조했으며, 호萌, 소惣와 함께 가라호리의 상징적인 건물로 사랑받고 있다. 도자기, 액세서리 등 오리지널 수제 잡화를 취급하는 오리지널 가죽 핸드백점인 팔로우 FOLLOW 등이 볼만하다.

Data Map 264p-B Access 지하철 마츠야마치역 3번 출구에서 도보 1분 Add 大阪市中央区谷町6-17-43 Open 11:00~19:00 (점포마다 다름, 수요일 휴무) Web len21.com

Data Map 264p-B
Access 지하철 다니마마치로쿠초
역 3번 출구에서 도보 2분
Add 大阪市中央区谷町
6-3-24 **Open** 12:30~18:30,
수요일 휴무, 셋째 주는
수~토요일 휴무
Tel 06-6764-1223
Web www.oriories.com

패브릭 제품이 가득한 보물 창고

오리오리 Ori Ori

패브릭 작가가 운영하고 있는 공방 겸 숍. 직접 만든 패브릭 가방, 스카프, 오브제, 목공, 문구류 등을 전시 판매하고 있다. 오리오리는 천을 직조한다는 뜻으로 지역 작가들의 핸드메이드 작품과 몽골, 터키 등의 작가 작품도 전시 판매한다. 귀여운 소품과 작은 수첩 등 아기자기한 물건들이 가득 담긴 보물 창고 같은 곳이다.

다락방 분위기의 아늑한 카페

크리데리 카페 Crydderi Cafe

아기자기한 잡화 갤러리 겸 카페. 가라호리의 복합상업시설 소惣 1층의 안쪽에 있다. 가운데 테이블을 중심으로 잡화들이 둘러싸고 있는 다락방 분위기가 왠지 아늑하다. 벽 쪽에는 작은 테라스가 있는 카페가 있다. 음료뿐 아니라 카레도 유명하니 쇼핑 겸 식사하러 들러도 좋겠다.

Data Map 264p-B **Access** 지하철 마츠야마치역
3번 출구에서 도보 5분, 지하철 다니마치로쿠초메역
4번 출구에서 도보 6분 **Add** 大阪市中央区瓦屋町
1-6-2 **Open** 11:00~19:00(수요일 휴무)
Tel 06-6762-5664 **Web** www.crydderi-cafe.com

파스텔 톤의 편안한 잡화와 의류

니코 Nico+

가라호리의 잡화 및 의류숍. 가라호리도리 상점가와 미나미 세무서의 중간쯤에 위치해 있다. 80년 이상 된 나가야(서민용 연립주택) 건물을 개축한 잡화숍. 내추럴 톤과 파스텔 컬러의 편안한 잡화, 의류들이 보기에도 편안하다. 착한 가격의 잡화와 의류도 많으니 꼭 한번 들러보자!

Data Map 264p-B **Access** 지하철 마츠야마치역
3번 출구에서 도보 7분 지하철 다니마치로쿠초메역
4번 출구에서 도보 7분 **Add** 大阪市中央区瓦屋町
1-2-1 **Open** 13:00~19:00(화요일, 첫째 주 일요일
휴무) **Tel** 06-6761-6323

05

베이 에어리어

BAY AREA ベイエリア

유니버설 스튜디오 재팬 | 덴포잔 | 난코

오사카 남서부의 바닷가에 위치한 베이 에어리어. 인공적인 해안선에서 알 수 있듯 매립지 위에 대규모 상업 시설을 세운 곳이다. 오사카의 대표적인 놀거리는 베이 에어리어에 몰려 있다고 보면 좋다. 유니버설 스튜디오 재팬을 비롯해 수족관 가이유칸, 대관람차가 이곳에 있다. 하루쯤 원 없이 놀고 즐기려면 베이 에어리어로 가자.

······· 베이 에어리어 ·······
미 리 보 기

하루에 유니버설 스튜디오 재팬과 베이 에어리어를 모두 관광하는 것은 무리다. 놀이공원을 좋아한다면 유니버설 스튜디오만 이틀을 잡아야 한다. 유니버설 스튜디오 근처에 숙소를 정하고 덴포잔과 난코까지 돌아보자. 덴포잔과 난코에도 쇼핑과 야경 등 즐길 거리가 많다.

SEE

하루 종일 놀아도 시간이 부족할 유니버설 스튜디오. 모든 연령층에 인기가 높은 수족관 가이유칸. 어느 곳 하나 빼놓으면 아쉽다. 두 곳 모두 푸드코너가 있어 온종일 놀 수 있다. 대관람차나 오사카부 사키시마 청사 전망대에서 바라보는 도심의 야경도 놓치지 말 것!

EAT

유니버설 스튜디오에는 유니버설 시티 워크가 있어 미국적인 먹거리를 마음껏 체험할 수 있다. 덴포잔 마켓 플레이스에서는 레트로한 분위기의 가게에서 저렴하게 오사카의 먹거리를 섭렵할 수 있다. 그 밖에도 아시아 태평양 무역센터와 오사카부 사키시마 청사 전망대에 레스토랑이 모여 있다. 가격은 시내에 비해 전체적으로 높은 편.

BUY

쇼핑은 아시아 태평양 무역센터에서도 가능하다. 하지만 본격적인 쇼핑은 시내에서 가까운 곳을 이용하는 편이 좋다. 이곳에서는 유니버설 스튜디오와 수족관 가이유칸의 캐릭터 상품, 덴포잔 마켓 플레이스의 오사카 기념품 정도만 사자.

어떻게 갈까?

여행 일정에 유니버설 스튜디오가 있다면 곧장 유니버설 스튜디오로 이동, 근처에 숙소를 정하자. 간사이국제공항 버스탑승장 3번에서 유니버설 스튜디오까지 리무진 버스가 운행된다. 소요 시간은 70분, 요금은 편도 1,600엔이다.

어떻게 다닐까?

덴포잔에서 유니버설 스튜디오로 갈 때는 덴포잔 공원 뒤편에서 무료 연락선을 이용한다. 덴포잔 와타시후네로 불리는 작은 배를 타고 사쿠라지마까지 이동한 뒤 JR이나 도보를 이용하면 된다. 덴포잔에서 난코로 갈 때는 지하철 주오선을 이용한다.

330 OSAKA BY AREA 05 I BAY AREA

베이 에어리어
📍 1일 추천 코스 📍

유니버설 스튜디오 재팬을 빼고도 하루가 꽉 찬 일정이다. 마무리로 노을과 야경까지 즐긴 후 미나미 오사카나 기타 오사카로 돌아가서 푸짐한 저녁을 먹자.

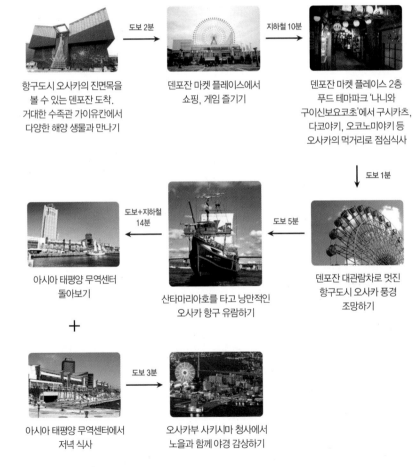

도보 2분 →

지하철 10분 →

항구도시 오사카의 진면목을
볼 수 있는 덴포잔 도착.
거대한 수족관 가이유칸에서
다양한 해양 생물과 만나기

덴포잔 마켓 플레이스에서
쇼핑, 게임 즐기기

덴포잔 마켓 플레이스 2층
푸드 테마파크 '나니와
구이신보요코초'에서 구시카츠,
다코야키, 오코노미야키 등
오사카의 먹거리로 점심식사

도보 1분 ↓

**도보+지하철
14분** ←

도보 5분 ←

아시아 태평양 무역센터
돌아보기

산타마리아호를 타고 낭만적인
오사카 항구 유람하기

덴포잔 대관람차로 멋진
항구도시 오사카 풍경
조망하기

+

도보 3분 →

아시아 태평양 무역센터에서
저녁 식사

오사카부 사키시마 청사에서
노을과 함께 야경 감상하기

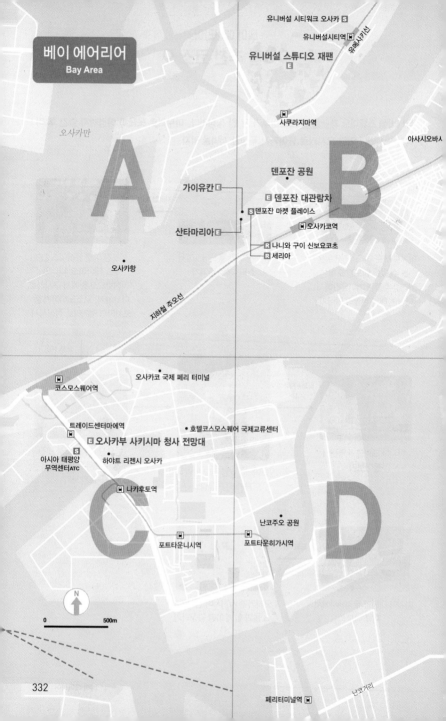

베이 에어리어
Bay Area

오사카만

유니버설 시티워크 오사카 Ⓢ
유니버설시티역 Ⓢ
유니버설 스튜디오 재팬 Ⓔ
유메사키선

아사시오바사

사쿠라지마역 Ⓡ

A

B

덴포잔 공원

가이유칸 Ⓔ
덴포잔 대관람차 Ⓔ
산타마리아 Ⓔ
Ⓢ 덴포잔 마켓 플레이스
오사카코역 Ⓡ
Ⓡ 나니와 구이 신보요코초
Ⓡ 세리아

오사카항

지하철 주오선

오사카코 국제 페리 터미널

코스모스퀘어역 Ⓡ

트레이드센터마에역 Ⓡ
호텔코스모스퀘어 국제교류센터
Ⓡ 오사카부 사키시마 청사 전망대
아시아 태평양 무역센터ATC Ⓢ
하야트 리젠시 오사카
Ⓡ 나카후토역

C

D

난코주오 공원

포트타운니시역 Ⓡ
포트타운히가시역 Ⓡ

N

0   500m

페리터미널역 Ⓡ
난코거리

\ 📷 SEE /

유니버설 스튜디오 재팬

간사이 최고의 테마파크

유니버설 스튜디오 재팬 ユニバーサル・スタジオ・ジャパン®

할리우드의 초대형 블록버스터 영화를 테마로 만든 놀이기구는 물론 흥분되는 쇼, 계절별 다양한 이벤트와 퍼레이드 등이 펼쳐진다. 아이부터 어른까지 전 연령층에게 인기가 높다. 공원 안은 산호섬을 중심으로 샌프란시스코, 뉴욕, 할리우드 등 미국의 주요 도시의 거리를 재현한 구역과 스누피 스튜디오, 조스의 애미티 빌리지, 워터 월드, 쥐라기 공원 등의 영화 관련 구역들로 나누어져 있다. 백 투 더 퓨처, ET 어드벤처, 쥐라기 공원, 터미네이터2, 조스 보트 여행 등의 놀이기구도 인기 있다.

Data Map 332p-B Access JR유니버설 시티역에서 도보 5분 Add 大阪市此花区桜島2-1-33
Open 매일 스케줄이 다르므로 홈페이지를 미리 참조 Cost 1일 패스 성인 8,220엔, 어린이(만 4~11세) 5,820엔
Tel 0570-20-0606 Web www.usj.co.kr

쇼핑과 식사, 두 마리 토끼를 잡는

유니버설 시티워크 오사카 ユニバーサル・シティウォーク大阪™

유니버설 스튜디오 재팬 뒤편에 위치한 쇼핑 및 레스토랑 거리. 이곳 역시 미국의 번화가 느낌이 물씬 풍긴다. 오리지널 로고 상품을 판매하는 패션숍 및 레스토랑 하드락 카페(3~4F)를 비롯, 오사카의 기념품 전문점 '리틀 오사카(3F)', 등이 있다. 그 밖에도 유니버설 시티워크에서는 장르 구분 없이 다양한 요리들을 만날 수 있다. 그중에서 오사카의 내로라하는 다코야키 전문점 6곳을 함께 만날 수 있는 다코야키 파크(4F)은 빼먹지 말아야 할 곳! 아메리칸 스타일 푸드를 원한다면 영화 〈포레스트 검프〉에서 모티브를 딴 미국 해산물 전문 레스토랑 '버바 검프 쉬림프(5F)'도 좋다. 일본에 진출한 1호점으로 새우를 포함해 푸짐한 양의 해산물이 유명하다.

Data Map 332p-B **Access** JR유니버설시티역 바로 앞 **Open** 레스토랑 11:00~23:00, 오사카 다코야키 파크 11:00~22:00 **Tel** 06-6464-3080 **Web** ucw.jp

일본 최대 규모의 수족관

가이유칸 海遊館

태평양을 둘러싼 수중 자연을 재현한 일본 최대의 수족관. 연인들의 데이트 코스뿐 아니라 전 연령층에 인기가 높다. '신 에어리어' 규모가 더욱 커졌다. '생물의 다양성&생물과 환경'을 콘셉트로 북극권, 포클랜드 제도, 몰디브 제도 등의 지역을 재현한 코너를 선보이고 있다. 새로 오픈한 북극권의 고리무늬 물범과 함께, 고래상어, 해달, 임금펭귄 등의 인기가 높다. 특히 고래상어는 이곳의 최고 인기스타다.

Data Map 332p-B Access 지하철 오사카코역 1번 출구에서 도보 9분 Add 大阪市港区海岸通1-1-10 Open 10:00~20:00(시기마다 변동) Cost 성인 2,400엔, 초중생 1,200엔 Tel 06-6576-5501 Web www.kaiyukan.com

쇼핑도 하고, 음식도 먹고

덴포잔 마켓 플레이스 天保山マーケットプレース

가이유칸의 동쪽에 위치한 길다란 대형 쇼핑센터. 식사와 쇼핑을 함께 즐길 수 있는 곳으로 100여 곳이 넘는 패션, 잡화점과 식당이 위치해 있다. 2층에는 푸드 테마파크인 나니와 구이신보요코초와 함께 푸드코트가 있어 저렴하게 식사를 할 수 있다.

Data Map 332p-B Access 지하철 오사카코역 1번 출구에서 도보 5분 Add 大阪市港区海岸通1-1-10 Open 상점 11:00~20:00, 레스토랑 11:00~20:00 Tel 06-6576-5501 Web www.kaiyukan.com/thv/marketplace

1960년대 오사카 거리의 재림!
나니와 구이신보요코초 なにわ食いしんぼ横丁

덴포잔 마켓 플레이스 안에 있는 푸드 테마파크. 1960년대 오사카 거리 모습을 재현해 놓은 복고풍의 분위기에서 다코야키, 오코노미야키, 카레, 오므라이스 등 오사카의 명물 먹거리들을 먹을 수 있다. 이곳의 마스코트는 고양이 동상으로, 독특하게도 고양이 신사가 있다. 그 밖에도 태양의 탑 모형(1970년 오사카 만국박람회의 상징) 등 볼거리가 숨어 있어 기념촬영하기에도 좋다.

Data Map 332p-B Access 지하철 오사카코역 1번 출구에서 도보 5분 Add 大阪市港区海岸通1-1-10 Open 11:00~20:00 Cost 점포마다 다름 Web www.kaiyukan.com/thv/marketplace/kuishinbo

스릴 넘치는 관람차 타고 오사카 구경
덴포잔 대관람차 天保山大観覧車

세계 최대급의 대관람차로 오사카 시내 전망에 좋다. 관람차의 높이는 112.5m, 지름은 100m다. 한 바퀴 도는 데 15분 걸린다. 맑은 날은 오사카 시내뿐만 아니라 간사이국제공항과 고베까지도 보인다. 덴포잔 대관람차는 야간에 날씨 예보 역할도 한다. 2008년 10월 1,000만 명 돌파를 기념해 관람차의 바닥과 측면까지 모두 투명한 유리 캐빈 2대를 설치했다. 스릴을 즐기는 이라면 한번 도전해 보기를 권한다.

Data Map 332p-B
Access 지하철 오사카코역 1번 출구에서 도보 5분
Add 大阪市港区海岸通1-1-10
Open 10:00~22:00(시기마다 변동)
Cost 3세 이상 800엔(오사카 주유패스 이용 시 무료)

컬럼버스가 타고 갔던 범선 스타일의 유람선
산타마리아 サンタマリア

베이 에어리어를 운항하는 범선 스타일의 유람선. 가이유칸 앞 덴포잔 하버 빌리지가 선착장이다. 유니버설 스튜디오 재팬과 난코까지 느긋한 페이스로 일주한다. 유람선은 콜럼버스가 아메리카 대륙을 발견했을 때 타고 갔던 범선 산타마리아호를 두 배 정도의 규모로 재현한 것이다. 트와일라잇 크루즈는 12월 말에만 운행한다.

Data Map 332p-B Access 지하철 오사카코역 1번 출구에서 도보 5분 Add 가이유칸 입구 2층 Open 11:00~17:00(7, 8월 11:00~18:00) 매시간 운행 Cost 데이 크루즈(45분) 성인 1,600엔, 트와일라잇 크루즈(60분) 성인 2,100엔, 오사카 주유 패스 소지자 무료(택1) Web suijo-bus.osaka/guide/santamaria

난코

베이 에어리어의 대표 쇼핑몰
아시아 태평양 무역센터 Asia and Pacific Trade Center

수입품 전문 대형 쇼핑몰. 아시아 태평양 무역센터는 오즈O's 남동과 북동, ITM, 3개 건물로 이뤄져 있다. 오즈에는 식당과 패션, 잡화숍이 있다. ITM에는 가구, 인테리어뿐 아니라 주택과 환경을 테마로 한 시설과 쇼룸이 있다. 가구와 인테리어에 관심이 많다면 ITM을 중심으로 둘러보고, 일반 쇼핑을 원한다면 오즈를 중심으로 돌아보면 된다.

Data Map 332p-C Access 뉴트램 트레이드센터마에역 2번 출구에서 직접 연결
Add 大阪市住之江区南港北2-1-10 Open 상점 11:00~20:00, 레스토랑 11:00~22:00
Tel 06-6615-5230 Web www.atc-co.com

서일본 최고 높이에서 360도 파노라마 조망
오사카부 사키시마 청사 전망대 大阪府咲洲庁舎展望台

오사카 남쪽 항만(난코)의 심벌이기도 한 사키시마 청사(전 WTC 코스모 타워)는 높이 256m로 2014년 아베노 하루카스(300m)가 지어지기 전까지 간사이 지역에서 가장 높은 빌딩이었다. 55층의 전망대에서는 360도 사방이 유리로 되어 있어 파노라마 전망이 가능하다. 오사카뿐 아니라 간사이국제공항, 일본 본토와 시코쿠를 잇는 아카이시 대교까지 보일 정도로 호쾌한 전망을 자랑한다. 특히 야경을 보려는 이들에게 인기가 좋다. 47층에서 49층까지는 전망 좋은 레스토랑으로, 연인들의 데이트 명소다.

Data Map 332p-C
Access 뉴트램 트레이드센터마에역 1번 출구에서 도보 3분
Add 大阪市住之江区南港北1-14-16
Open 11:00~22:00(월요일 휴관)
Cost 성인 800엔, 중학생 이하 500엔, 오사카 주유패스 소지자 무료 Web sakishima-observatory.com

01 **교토** 교토역 | 기온 | 기요미즈데라 긴카쿠지 | 킨카쿠지 | 아라시야마
02 **고베** 산노미야역 | 기타노이진칸 | 모토마치 | 난킨마치 | 베이 에어리어 | 신나가타 | 다카라즈카

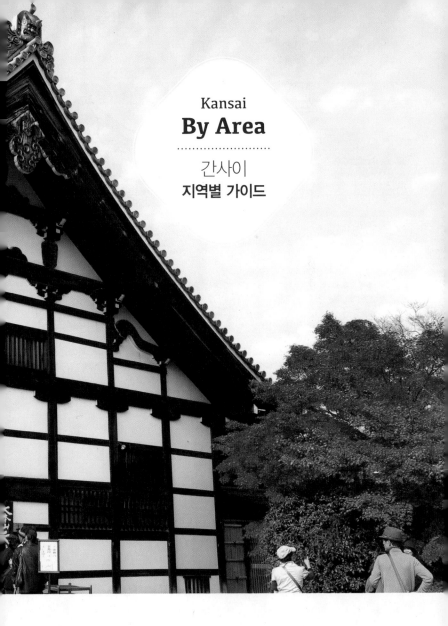

Kansai
By Area
....
간사이
지역별 가이드

03 나라 나라마치 | 도다이지 | 나라 공원
04 와카야마 구마노고도 | 고야산 | 시라하마 | 카츠우라 | 와카야마시

01

교토

KYOTO 京都

교토역 | 기온 | 기요미즈데라
긴카쿠지 | 킨카쿠지 | 아라시야마

천년 동안 일본의 수도였던 고도古都
교토. 어쩌면 일본에서 가장 일본다
운 곳이라 할 수 있겠다. 바둑판 모
양으로 정비된 길과 2,000개에 달하
는 신사와 사찰이 과거 교토가 얼마
나 번성했었는지를 말해준다. 눈에
밟히는 것마다 세계문화유산일 만
큼 도시 전체가 박물관 같다. 보존도
잘 되어 있다. 전통의 냄새가 물씬
풍기는 거리를 걷다 보면 나도 모르
게 과거로 시간 여행을 떠나게 된다.

미리보기

교토는 생각보다 넓다. 하루 안에 다 보려는 것은 무리다. 이틀도 빠듯하다. 그래서 간사이 지방을 여행할 때 먼저 교토부터 돌아본 뒤 오사카로 이동하는 것도 좋은 방법이다. 방문할 신사와 사찰, 박물관을 미리 정해놓고 주변의 전통음식과 차를 마실 수 있는 곳을 적절히 분배해서 들르자.

SEE

교토에는 세계문화유산으로 지정된 사찰이 많다. 신사나 사찰은 아름다운 정원이 있어 산책하기에 좋다. 커피숍이나 만화박물관 등 교토와 어울리지 않을 것 같은 현대적인 교토를 찾아보는 것도 재미있다. 하나미코지나 기온신바시 같은 전통의 거리를 걸어보고, 교토 타워 전망대에서 환상적인 야경도 구경해보자.

EAT

교토는 가이세키 요리와 두부 요리가 유명하다. 제대로 된 가이세키요리는 무척 비싸다. 런치 메뉴를 이용하는 게 상대적으로 저렴하다. 일본의 전통 디저트와 '교토의 야채'라 칭송받는 야채 요리도 먹어보자. 교토는 의외로 전통 있는 토종 커피숍이 많다. 커피를 좋아한다면 커피숍 순례도 할 수 있다.

BUY

교토의 향기 물씬한 기념품은 기요미즈데라와 니넨자카, 산넨자카 등의 기념품숍에서 살 수 있다. 그 외의 쇼핑은 가와라마치도리의 쇼핑몰이나 데라마치도리의 상점가를 들러보자. 기온 거리에 가면 차, 전통수공예품, 그리고 기온의 명물 요지야 제품을 살 수 있다.

어떻게 갈까?

간사이국제공항에서 간사이 패스로 1시간 30분이면 교토까지 간다. 이 패스는 유효기간 내에 무제한으로 JR열차를 이용할 수 있다. 간사이 스루패스 이용자라면 오사카 우메다역에서 한큐선을 타고 가와라마치역(약 45분)까지 가거나, 오사카 요도바시역까지 게이한선을 타고 산조역(약 50분)으로 가면 된다.

어떻게 다닐까?

간사이 패스로 교토까지 왔다면 JR교토역에서 JR패스로 갈 수 있는 도후쿠지나 후시미 이나리타이샤를 보고 오는 것도 좋다. 교토에서는 하루 동안 버스를 자유롭게 이용할 수 있는 패스와 지하철과 버스를 모두 이용할 수 있는 패스가 있다. 간사이 스루패스가 없다면 1일 패스를 적절히 이용해 다니도록 하자.

교토
♀ 1일 추천 코스 ♀

하루에 교토를 다 본다? 참 어처구니 없는 일이지만 일정상 어쩔 수 없다면 포기할 것은 과감히 포기하자. 버스를 타고 이동하는 것을 우선하고, 튼튼한 두 다리로 실컷 걸으며 바쁘게 돌아보자.

JR교토역과 포르타, 큐브,
이세탄백화점 등 역사 내
쇼핑센터 돌아보기

킨카쿠지행
101, 205번
버스(45분) →

교토의 상징
킨카쿠지 관광하기

시조가와라
마치행 205번
버스(40분) →

시조가와라마치 상점가
돌아보며 폰토초까지 산책
폰토초에서 두부, 장어 등
교토의 유명한 요리로 점심식사

↓ 도보 15분

교토 국립박물관
관람하기

국립박물관행
100, 206번
버스(10분) →

도보 20분 →

기요미즈데라
관광하기

← 도보 20분

기온 상점가 돌아본 후
야사카신사~네네노미치~
니넨자카, 산넨자카~
기요미즈데라까지 도보로
이동하며 쇼핑하고 산책하기

↓ JR교토역행
100, 206번
버스(15분)

JR교토역 내 라멘코지에서
라멘으로 저녁 식사

도보 3분 →

교토 타워 전망대에서
교토 야경 감상하기

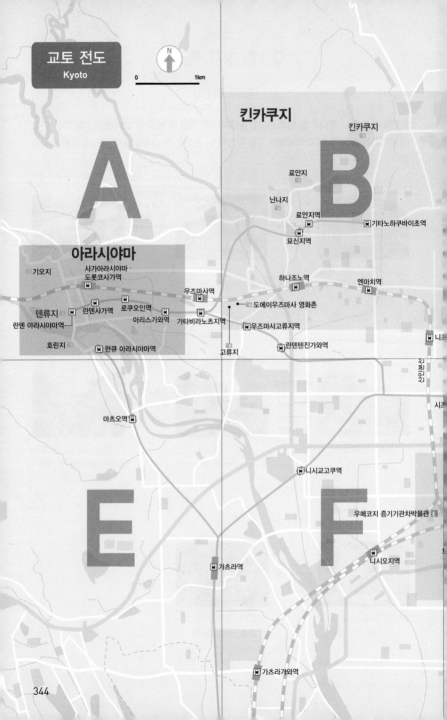

교토 전도
Kyoto

N

0   1km

킨카쿠지

킨카쿠지

료안지

닌나지

료안지역

🚉 기타노하쿠바이초역

묘신지역

아라시야마

기오지

사가아라시야마 ·
도롯코사가역

하나조노역   엔마치역

우즈마사역

🚉 도에이우즈마사 영화촌

덴류지   란덴사가역   로쿠오인역

란덴 아라시야마역   아리스가와역   가타비라노츠지역

우즈마사고류지역

고류지   란덴텐진가와역

호린지   🚉 한큐 아라시야마역

마츠오역   🚉

니시교고쿠역

우메코지 증기기관차박물관 🚉

가츠라역   니시오지역

가츠라가와역

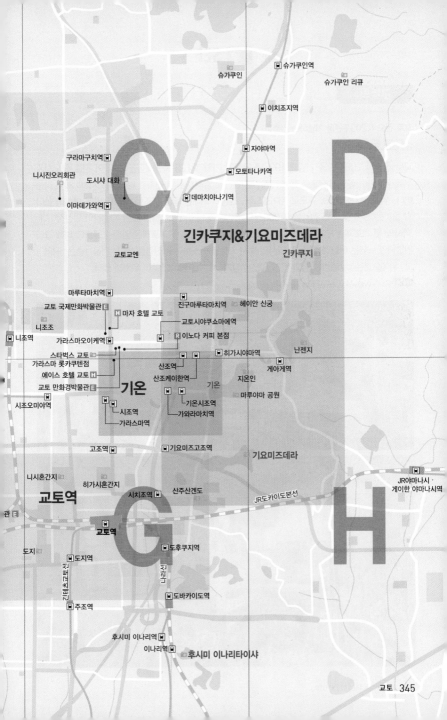

슈가쿠인

슈가쿠인역

슈가쿠인 리큐

이치조지역

자야마역

구라마구치역

모토타나카역

니시진오리회관

도시샤 대화

데마치야나기역

이마데가와역

C

D

긴카쿠지&기요미즈데라

교토교엔

긴카쿠지

마루타마치역

진구마루타마치역

헤이안 신궁

교토 국제만화박물관

마자 호텔 교토

니조조

교토시야쿠쇼마에역

니조역

가라스마오이케역

이노다 커피 본점

스타벅스 교토

산조역

히가시야마역

난젠지

가라스마 롯카루텐점

산조케이한역

게아게역

에이스 호텔 교토

기온

지온인

교토 만화경박물관

기온

마루야마 공원

시조오미야역

시조역

기온시조역

가와라마치역

가라스마역

고조역

기요미즈고조역

기요미즈데라

니시혼간지

히가시혼간지

산주산겐도

JR야마나시·
게이한 야마나시역

교토역

시치조역

JR도카이도본선

G

H

교토역

도지

도지역

도후쿠지역

관

도바카이도역

주조역

후시미 이나리역

이나리역

후시미 이나리타이샤

SEE

교토역

교토 천도 1,200주년을 기념하는 건축물

JR교토역 京都駅

교토 천도 1,200주년을 기념해 1997년 완공된 기차역사 겸 복합쇼핑몰이다. 이 건물은 오사카 우메다 스카이 빌딩과 삿포로 돔을 디자인한 것으로 알려진 유명 건축가 하라 히로시原広司의 작품 이다. 역사는 지상 16층 규모로 지어졌으며, 천정의 거대한 철골 구조물 사이로 밝은 햇살이 쏟아 져 들어온다. 건물 외벽 전체를 4,000장의 유리로 둘러쌌다. 뻥 뚫린 듯한 개방감이 인상적이다. '역사의 문 교토'라는 건물 콘셉트를 잘 드러내 준다. 하지만 JR교토역은 엄청난 규모에 비해 그리 위압적인 느낌은 아니다. 전통과 역사의 도시 교토답게 조화에도 신경을 썼다. 건물 1층은 JR역이 고, 위쪽으로는 이세탄백화점과 전망 좋은 식당가, 호텔 그랑비아 등이 위치해 있다.

Data Web www.kyoto-station-building.co.jp

교토 타워 다음으로 높은 전망대
스카이 가든 大空広場

JR교토역의 최상층에 있다. 교토 타워와 달리 무료 전망대라
는 점이 기쁘다. JR교토역의 개찰구를 나와 왼편의 엘리베이터
를 따라 올라가면 건물 꼭대기에 위치해 있다. 역사적인 건물과
현대 건축물이 어우러진 교토 시가지를 한눈에 볼 수 있다. 교
토 타워도 가까이서 볼 수 있다. 10층의 구름다리 스카이웨이에
서는 교토역 내부와 교토 타워 주변을 자세히 볼 수 있다. 10층
에는 라멘 브랜드 8곳이 맛을 겨루는 푸드코트 교토 라멘코지가

있다. 11층은 전문 레스토랑가이다.

Data Map 349p-C Access JR교토역 최상층에 위치 Open 10:00~20:00

역사의 도시 교토를 조망하는 전망대
교토 타워 京都タワー

교토 최고 높이의 전망대로 교토의 상징이기도 하다. 1964년에 완공된 이 타워는 바다가 없는 도
시 교토에서 등대의 이미지를 형상화했다. 전망대는 교토 타워 호텔 건물 위쪽에 있다. 전망대의
높이는 지상 100m. 전망대에서는 교토의 전망을 360도로 즐길 수 있다. 파란 하늘을 배경으로
한낮 풍경도 멋지지만 어두운 밤하늘에 하얗게 빛나는 야경도 근사하다. 2017년에는 교토의 미식
문화를 테마로 한 상업시설 교토 타워 산도SANDO(B1F~2F)가 오픈했다.

Data Map 349p-C Access JR교토역 중앙 출구로 나와 정면으로 도보 2분
Add 京都市下京区烏丸通七条下ル 東塩小路町 721-1 Open 10:30~21:00(연중무휴) Cost 성인 800엔,
고등학생 650엔, 초중생 550엔 Tel 075-361-3215 Web www.kyoto-tower.jp

교토역
Kyoto Station

단바구치역

산인선

니시혼간지

가라스마선

A

B

교토 캡슐 료칸

교토 철도박물관

히가시혼

교토 타

S

교토역

긴테츠교토선

도지

도지역

E

F

규

주조역

N

0   200m

348

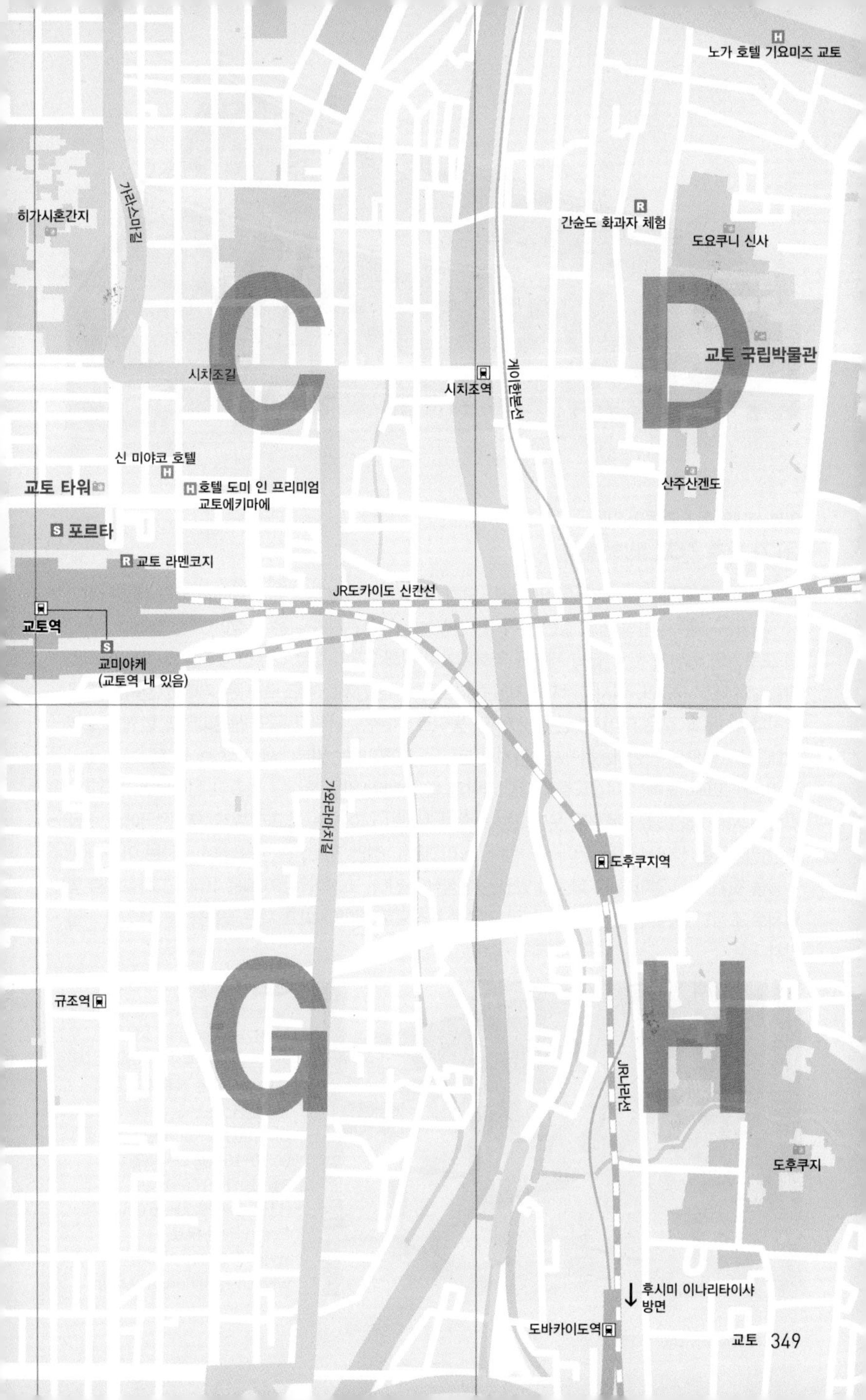

노가 호텔 기요미즈 교토 H

히가시혼간지

가라스마길

간슌도 화과자 체험 R

도요쿠니 신사

C

D

교토 국립박물관

시치조길

시치조역 S

게이한본선

교토 타워

신 미야코 호텔 H

교토 국립박물관

산주산겐도

H 호텔 도미 인 프리미엄
교토에키마에

S 포르타

R 교토 라멘코지

JR도카이도 신칸선

교토역 R

S 교미야케
(교토역 내 있음)

가요리마치길

도후쿠지역 R

규조역 R

G

H

JR나라선

도후쿠지

↓ 후시미 이나리타이샤
방면

도바카이도역 R

교토 **349**

일본 최대의 목조 건물이 있는

히가시혼간지 東本願寺

정토진종의 일종인 신슈오타니파의 본산. 오히가시상이라는 별명으로도 알려져 있는 대형사찰이다. 지금은 교토 시민의 쉼터 같은 존재다. 본래는 니시혼간지와 같은 사찰이었다. 그러나 1702년 도쿠가와 막부가 이 사찰의 세력을 약화시키기 위해 2개의 절로 나누면서 지금의 규모가 되었다. 절의 내부 구조도 니시혼간지와 비슷하다. 히가시혼간지는 목조로 지은 거대한 건축물이 유명하다. 정문과 같은 다이시도몬은 27m의 높이로 지온인, 난젠지 등의 산문山門과 함께 교토의 삼대문三大門으로 꼽힌다. 히가시혼간지의 본당인 고에이도는 일본에서 가장 큰 목조건물로 알려져 있다. 고에이도에는 여신도들의 머리카락과 마를 섞어 엮은 특수한 밧줄이 전시되어 있다. 이 밧줄은 사찰 재건 당시 목재를 운반하는 밧줄이 자꾸만 끊어지는 사고가 발생하자 전국에서 헌납한 머리카락을 섞어서 만든 것이라고 한다. 높이 38m, 정면 76m, 측면 58m에 달하는 이 거대한 건물을 짓기 위해 얼마나 큰 희생이 있었는지 짐작이 간다. 쇼세이엔渉成園은 1641년 사찰 내부의 별저로 조성된 일본식 정원이다. 커다란 연못을 중심으로 철마다 피고 지는 꽃들을 볼 수 있어 거닐 만하다.

Data Map 349p-C
Access JR교토역 중앙 출구에서 정면으로 도보 10분. 지하철 가라스마선 교토역 4번 출구에서 도보 7분 **Add** 京都市下京区 烏丸通七条上る
Open 05:50~17:30(11월~2월 06:20~16:30), 쇼세이엔 3월~10월 09:00~17:00 (11월~2월 09:00~16:00)
Cost 입장료 무료, 쇼세이엔 500엔 **Web** www.higashihonganji.or.jp

정권에 따라 운명이 요동쳤던 사찰

니시혼간지 西本願寺

앞서 소개한 히가시혼간지와 함께 정토진종의 총본산이었다가 막부의 정치적인 방해공작으로 동서의 혼간지로 나눠져 지금에 이른다. 원래는 고승 신란을 기념하는 사당이었으나 1591년 도요토미 히데요시에 의해 정치적인 목적으로 지금의 자리로 이전해 대규모 사찰로 성장했다. 그 후 다시 정치적인 이유로 사찰이 둘로 나눠지게 됐다. 과거 일본에서는 정치 세력이 종교 세력과 손을 잡고 지지기반을 다지는 일이 흔했으니 그런 차원에서 이해하면 되겠다. 사찰 내부 구조는 히가시혼간지와 매우 흡사하다. 건물 정면에 정문이 있고, 본당 건물 격인 고에이도와 아미다도가 나란히 있다. 특히, 입구 안쪽에 있는 화려한 가라몬은 모모야마 시대(16세기 후반)의 호화로운 장식조각을 엿볼 수 있다. 1994년 유네스코 세계문화유산에 등재되었다.

Data Map 348p-B Access JR교토역 중앙 출구에서 왼편으로 도보 22분. 시 버스 9, 28번 이용, 니시혼간지마에 하차 Add 京都市下京区堀川通花屋町下ル Open 05:30~17:00 Cost 무료 Tel 075-371-5181 Web www.hongwanji.or.jp

일본에서 가장 높은 목탑이 있는

도지 東寺

헤이안 교토 천도 당시, 라쇼몬을 사이에 두고 동서에 세워진 두 개의 사찰(도지, 사이지) 중 하나다. 796년에 건립된 이 절은 823년 일왕이 고보대사에게 하사하면서 진언종의 총본산으로 성장했다. 이곳의 오층탑은 목조탑 중 일본 최고의 높이로도 유명해 교토의 상징이기도 하다. 대부분의 목조 건물이 그렇듯 도지도 화마를 피해가지는 못했다. 15세기 말 농민 봉기로 화재가 발생했고, 당시 도지의 상당수 건물이 소실됐다. 또 서쪽의 사이지는 전소되고 말았다. 지금의 건물들은 17세기 이후에 복원된 것이다. 도지는 8세기의 건축 양식대로 모든 건물을 일직선으로 배치했다. 오층탑과 일자로 늘어선 가람 배치, 정원만 보아도 옛 건축의 아름다움을 충분히 느낄 수 있다. 매월 첫째 주 일요일에는 도지 경내에서 유명한 벼룩시장 '고보산노이치'가 열린다. 3월 21일에 세상을 떠난 고보대사를 기리기 위해 시작되었으며, 매달 21일 개최되는 공양법회와 함께 도지의 대표적인 행사다. 각종 골동품부터 예술품까지 만나볼 수 있다.

Data Map 348p-E
Access JR교토역 하치조 출구에서 우측으로 도보 25분. 시 버스 78번 이용, 도지미나미몬마에 하차
Add 京都市南区九条町1
Open 05:00~17:00 (9월 20일~3월 19일 08:30~16:30)
Cost 입장료 무료, 금당&강당 500엔. 경내 일부 시설 유료
Tel 075-691-3325
Web www.toji.or.jp

사진제공 : 교토철도박물관

추억과 그리움이 서려 있는

교토 철도박물관 京都鉄道博物館

오사카의 교통과학박물관과 교토 우메코지 증기기관차박물관이 합쳐져 2016년 4월 간사이를 대표하는 철도박물관으로 재단장했다. 1902년부터 1979년까지 운행한 증기기관차를 비롯해 500계의 신칸센까지 교토 철도의 역사를 한자리에서 만나볼 수 있다. 폭 30m, 길이 10m의 거대한 철도 디오라마, 기관사가 되어 보는 운전 시뮬레이션 등 다채로운 볼거리와 체험도 늘었다. 하얀 연기를 내뿜는 SL스팀호의 운행도 지속된다. 왕복 1km를 달리며 시간 여행을 떠나보자.

Data Map 348p-A Access JR교토역 중앙출구에서 도보 20분. JR단바구치역에서 도보 15분
Add 京都市下京区観喜寺町 Open 10:00~17:00, 수요일 휴관 Tel 0570-080-462
Cost 성인 1,200엔, 대학생·고등학생 1,000엔, 초등·중학생 500엔, 유아(3세 이상) 200엔
Web www.kyotorailwaymuseum.jp

하늘까지 닿을 듯한 1,000개의 문

후시미 이나리타이샤 伏見稲荷大社

하늘 천(天) 자 모양의 빨간색 문 도리이가 끝도 없이 이어져 있는 후시미 이나리타이샤. 장쯔이가 주연을 맡은 영화 〈게이샤의 추억〉에 나와 세계인의 뇌리에 인상 깊이 남아 있는 신사다. 교토에서도 가장 오래된 신사 중 하나로 풍요와 번성의 수호신인 이나리 신을 모시고 있다. 사업번창을 바라는 사업가들의 후원금이 몰리는 신사다. 1,000여 개의 문이 끝없이 이어져 있는 후시미 이나리타이샤에서 도리이를 살 순 없지만 여우 얼굴 모양의 부적에 소원을 적어 벽에 걸 수 있다.

Data Map 345p-G Access JR이나리역 바로 앞. 게이한 선 후시미이나리역에서 도보 7분
Add 京都市伏見区深草薮之内町68番地 Cost 무료 Tel 075-641-7331 Web inari.jp

교토의 옛 모습을 간직한 거리

기온 祇園

야사카 신사로 가는 길에 위치한 전통상점가. 기온시조역과 한큐카와라마치역이 있는 가모강에서 야사카 신사까지 400m 정도 이어진 길로 교토의 대표적인 기념품 숍과 음식점이 모여 있는 번화가이다. 거리는 짧지만 가모 강변의 기온신바시, 일본에서 가장 오래된 가부키 극장인 미나미자, 교토의 옛 모습이 아직도 남아 있는 하나미코지도리 등 은근히 볼거리가 많다. 가끔 기모노 체험 중이거나 마이코(견습 게이코) 체험 중인 관광객들도 눈에 띈다. 시간이 넉넉한 편이라면 큰 길 말고도 사이사이 골목길로 들어가서 가게를 구경해 보는 것도 좋다. 교토의 대표적인 관광지 중 하나라 항상 사람들로 붐비는 편이다. 하지만 다운타운 특유의 북적거림도 이곳의 매력!

Data Map 356p **Access** 게이한 전철 기온시조역 2번 출구, 한큐카와라마치역 1B 출구에서 연결. 시버스 12, 46, 100, 201, 202, 203, 206, 207번 이용, 기온 하차 **Web** www.gion.or.jp

HISTORY

마이코와 게이코 구별법

게이코는 게이샤를 뜻하는 교토 특유의 표현이다. 게이샤는 춤, 노래, 악기 등 예술에 능한 일본 기생을 일컫는 말. 지금은 전문 예능인으로 대접받는다. 게이샤는 다른 지역에도 있지만 견습 게이코를 뜻하는 마이코는 교토(특히 기온)에 존재한다. 아키타와 야마가타 등 지방에도 숫자는 적지만 지역 문화로 남아 있다. 마이코와 게이코, 둘의 차이는 복장으로도 구별할 수 있다. 본인의 진짜 머리카락으로 올림머리를 해서 머리장식(간자시)을 하고, 소매와 옷자락이 긴 기모노를 입은 이들이 마이코다. 반면 게이코는 가발을 쓰고 간단한 머리장식만 한다. 한눈에도 복장이 화려한 것이 마이코라는 것을 알 수 있다. 원래 마이코는 중학교를 졸업하는 어린 나이에 시작해 2~3년의 견습기간을 거쳐 게이코가 되는 것이 일반적이다.

가장 교토다운 풍경을 간직한 주택가

하나미코지도리 花見小路通

메이지 초기 개발되어 100~150년 역사를 간직한 교토의 옛 거리. 가장 교토다운 풍경을 보여주는 곳으로 인기가 높다. 원래는 교토에서 가장 오래된 선종사찰인 겐닌지建仁寺로 가는 참배로로 개발되었던 곳. 하나미코지도리는 기온시조역에서 야사카 신사를 향해 가다가 중간지점인 요지야 기온점을 경계로 남북쪽 골목에 펼쳐져 있다. 남쪽은 격자무늬의 창이 특징인 민가로 찻집과 고급 레스토랑 등이 있다. 북쪽은 바와 클럽 등이 있는 밤의 거리로 조금씩 풍경이 달라진다. 2, 3층 규모의 나지막한 목조주택들이 1km정도 이어지는 하나미코지도리는 전통가옥 보존 지구로 지정되었다. 전선을 바닥에 매설하고 석조로 바닥을 정비하면서 전선이 눈에 띄지 않는다. 빗물이 튀어 벽이 더러워지는 것을 방지하기 위해 설치한 이누야라이(대나무살을 둥글려서 만든 것)를 외벽 하단에 설치한 것도 인상적이다. 저녁 6시쯤 되면 마이코나 게이코 복장을 한 이들이 가끔 눈에 띄기도 하는데, 이를 촬영하려고 오는 관광객도 적지 않다.

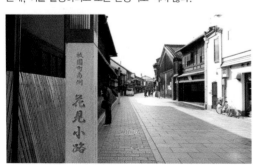

Data Map 357p-D
Access 게이한 전철 기온시조역 2번 출구에서 도보 5분. 시 버스 12, 46, 100, 201, 202, 203, 206, 207번 기온 하차, 도보 2분
Add 京都市東山区祇園町南側 花見小路通

↑ 신푸칸
교토 국제만화박물관 방면
교토 만화경박물관
**스타벅스 교토
가라스마 롯카쿠점**

이노다 커피 방면 ↑   ↑ 스텀프타운 커피 로스터스
덴푸라 덴토라 신푸칸점
혼토야사이 오이오이

⑤ 기쿠야 서점
만가칸

오모 카페 ®   스마트 커피 ®

이치바코지 ®

니시키 시장
⑤

니시키코지길

다카쿠라길
사카이마치길
야나기바바길
도미코지길
후야초길
고코마치길
데라마치길

다이마루 백화점
⑤

⒜ 가라스마역

한큐교토선

🚇 시조역

퍼스트 캐빈
Ⓗ

지하철 가라스마선

A

B

L

E   F

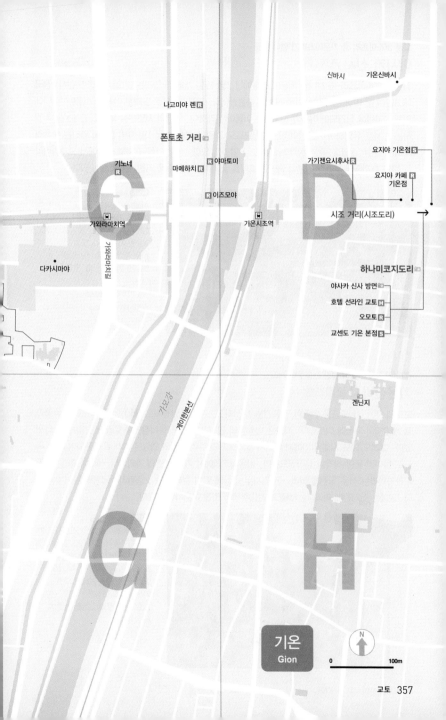

신바시   기온신바시

나고미야 렌 R

폰토초 거리 🏛

기노네 R

마메하치 R   야마토미 R

R 이즈모야

가와라마치역 🚇

기요라마치길

다카시마야

기온시조역 🚇

가기젠요시후사 R

요지야 기온점 S

요지야 카페 R
기온점

시조 거리(시조도리) →

하나미코지도리 🏛

야사카 신사 방면 🏛

호텔 선라인 교토 H

오모토 R

교센도 기온 본점 S

겐닌지

가모강

게이한본선

기온
Gion

N

0   100m

일본 3대 마츠리 중 기온마츠리가 열리는 곳

야사카 신사 八坂神社

일본의 3대 마츠리 중 하나인 기온마츠리(매년 7월 17일 개최)가 열리는 것으로 유명한 신사. 전국에 8만여 곳 이상 존재하는 기온 신사의 총본산이다. 고구려인으로 알려진 야사카(한국명 이리지)에 의해 656년에 창건되어 야사카 신사라는 이름이 유래했다. 액땜과 사업번창 외에도 연애운을 기원하는 신사로 유명하며 기온상이라는 별칭으로도 불린다. 매년 1월 1일 새벽 5시에 열리는 오케라 사이(일 년간의 평안을 기원하는 마츠리)로도 잘 알려져 있다. 섣달 그믐날 저녁 신사에서 오케라비라는 불을 새끼줄에 받아가 일본식 떡국 오조니를 끓이며 무병장수를 기원하는 풍습이 있다.

Data Map 363p-C
Access 게이한 전철 기온시조역 2번 출구에서 도보 8분. 시버스 12, 46, 100, 201, 202, 203, 206, 207번 기온 하차, 도보 1분
Add 京都市東山区祇園町北側625 Open 일출~일몰
Cost 무료
Tel 075-561-6155
Web www.yasaka-jinja.or.jp

격자무늬 창에 발이 걸린 전통주택 거리

기온신바시 祇園新橋

교토의 옛 민가 모습을 간직한 전통건물 보전지구. 기온의 발상지로 350년 전부터 고급 유흥가로 개발되어 지금에 이르렀다. 지금은 대부분의 민가들이 고급 음식점(레스토랑과 찻집)으로 바뀌었다. 그래도 에도 시대 말기에서 메이지 초기까지의 주택 형태의 외양은 그대로 보존되어 과거 속으로 들어간 듯한 착각을 불러일으킨다. 기온시조역에서 가모 강변의 가와바타 거리를 따라가다가 시라카와라는 작은 하천을 따라가면 격자무늬 창에 발이 걸려 있는 2층짜리 목조주택들이 이어진다. 봄에는 실개천에 피어나는 벚꽃과 전통주택이 멋진 하모니를 이룬다.

Data Map 357p-D
Access 게이한 전철 기온시조역 7번 출구에서 도보 3분. 한큐 전철 한큐카와라마치역 1A 출구에서 도보 6분. 시 버스 12, 46, 100, 201, 202, 203, 206, 207번 기온에서 도보 5분
Add 京都市東山区新橋通大和大路東

교토에서 가장 현대적인 쇼핑가

시조도리 四条通

교토의 메인 스트리트로 불리는 번화가다. 기온시조역을 중심으로 교토의 전통이 보존된 야사카 신사와 기온 거리 반대편에 위치했다. 약 1km 거리에 백화점, 쇼핑몰 등 현대적인 쇼핑가가 이어진다. 이곳은 교토 도심의 요지라 대부분의 버스 노선이 경유한다. 관광버스 행렬도 자주 눈에 띈다. 시조도리의 메인 쇼핑가 안쪽으로도 재래시장인 니시키 시장, 데라마치도리, 신쿄고쿠도리 등의 상점가들이 있다. 교토인들의 생활상이 궁금하다면 구석구석 구경해 보는 것도 좋겠다.

Data Map 357p-D
Access 한큐 전철
한큐카와라마치역 3번, 4번 출구에서 바로 연결
게이한 전철 기온시조역 3번 출구에서 도보 2분(기온과 반대 방향). 시 버스 4, 5, 10, 11,12, 17, 32, 46, 59, 201, 203, 205, 207번 버스 시조카와라마치 하차
Open 10:00~21:00
(상점마다 다름)

400년 역사를 간직한 교토의 부엌

니시키 시장 錦市場

교토의 대표적 상점가 데라마치도리寺町通り에서 다섯 블록 내려와서 오른쪽으로 돌아가면 시장과 연결된다. 이곳이 400년 역사를 가진 '교토의 부엌' 니시키 시장이다. 시장의 길이는 약 400m. 생선, 청과물, 건어물, 반찬을 파는 140여 개의 점포가 있다. 교토 일반 가정의 먹거리는 물론, 호텔과 료칸, 레스토랑에 들어가는 식자재를 모두 니시키 시장이 책임지고 있다. 관광객들은 떡, 고로케, 도넛 등 시장의 먹거리로 간단한 요기를 할 수 있다.

Data Map 356p-B **Access** 지하철 가와라마치역 9번 출구에서 도보 5분 **Add** 京都府京都市中京区西大文字町609 **Open** 09:30~17:30(점포마다 다름) **Tel** 075-211-3882 **Web** www.kyoto-nishiki.or.jp

교토에서 가장 오래된 정원

마루야마 공원 円山公園

야사카 신사 동쪽에 있는 히가시야마를 배경으로 한 전통 일본 정원이다. 1886년에 개장한 교토에서 가장 오래된 공원이기도 하다. 사계절이 모두 아름답지만 특히 봄이 아름답다. 공원 주변은 교토에서도 손꼽는 벚꽃 명소. 봄에는 화사한 벚꽃이 공원을 장식한다. 공원 주변에 고급 레스토랑인 요정과 전통찻집이 산재해 있다.

Data Map 363p-C
Access 게이한 전철 기온시조역 7번 출구에서 도보 11분. 시 버스 12, 46, 100, 201, 202, 203, 206, 207번 기온 하차, 도보 6분
Add 京都市東山区円山町473他

국보로 지정된 거대한 삼문이 있는

지온인 知恩院

일본 정토종의 총본산. 정토종을 전파시킨 호넨이 포교활동을 시작한 곳이자 생을 마감한 곳이기도 하다. 사찰이 건립된 것은 호넨의 사후, 1234년으로 알려져 있다. 사찰 앞에 세운 세 개의 문을 삼문이라 하는데, 지오인의 삼문은 국보로 지정되었다. 일본에서 다섯 번째로 큰 사원건축물이다. 30여 채의 건물이 있는 경내를 돌아보는 데만도 1~2시간은 족히 걸릴 정도로 규모가 크다. 본당인 미에이도에는 본존으로 호넨의 초상화를 모시고 있는데, 본당 바로 앞에 있는 큰 향로에서 피어나는 연기를 쐬면 아픈 부분이 낫는다고 알려져 항상 사람들이 붐빈다.

Data Map 363p-C
Access 게이한 전철 기온시조역 7번 출구에서 도보 14분.
시 버스 206번을 타고 지온인마에 하차, 도보 5분
Add 京都市東山区林下町400
Open 06:00~16:00 (계절마다 변동) **Cost** 입장료 무료, 정원 관람 공통권 500엔
Tel 075-531-2111
Web www.chion-in.or.jp

빙글빙글 돌아가는 거울 속 신비의 세계

교토 만화경박물관 京都万華鏡ミュージアム

세계 각국의 만화경을 전시하는 박물관이다. 행인도 자유롭게 볼 수 있는 만화경이 박물관 입구부터 관람객을 맞이한다. 관람실에 전시된 50여 점의 만화경은 겉모습만 보는 것으로도 충분히 감상할 가치가 있다. 유감스럽게도 만화경 사진촬영은 안 된다. 오전 11시부터 오후 5시까지 매 정시부터 5분간 전시실의 천장, 바닥, 벽면에 만화경을 투영시키는 환상적인 '만화경 투영 쇼'가 펼쳐진다. 내부에는 커피숍과 기념품 숍이 있다. 간단한 구조의 만화경 만들기도 가능하다.

Data Map 356p-A Access 지하철 가라스마오이케역 3-1 출구에서 도보 3분 Add 京都市中京区姉小路通東洞院東入ル墨屋院前町706-3 Open 10:00~18:00(월요일 휴관) Cost 성인 500엔, 고등학생 300엔, 중학생 이하 200엔. 만화경 만들기 체험 500~2,000엔 Tel 075-254-7902 Web k-kaleido.org

오타쿠를 위한 교토의 숨겨진 스폿!

교토 국제만화박물관 京都国際マンガミュージアム

일본 최초의 만화박물관이다. 메이지 시대 이후의 만화 관련 역사, 세계 각국의 유명 만화책, 잡지, 애니메이션 관련 자료 약 30만 점을 소장하고 있다. 방대한 양의 자료는 물론 희귀한 자료를 다량 보유하고 있어 만화사에 매우 중요한 위치를 차지하고 있다. 너비가 140m나 되는 만화의 벽이 볼만하다.

Data Map 356p-A Access 지하철 가라스마오이케역에서 도보 3분 Add 京都市中京区金吹町 452 Open 10:30~17:30(화, 수, 정비기간 휴무) (수요일, 연말연시, 정비기간 휴무) Cost 성인 900엔, 중고생 400엔, 초등생 200엔 Tel 075-254-7414 Web www.kyotomm.jp

유네스코 문화유산에 빛나는 교토의 대표 사찰

기요미즈데라 淸水寺

교토의 고찰 중 하나로 헤이안 시대 초기인 778년 창건되었다. 교토의 대표적인 관광명소로 유네스코 세계문화유산에도 지정되어 있다. 연간 300만 명이 방문할 정도로 인기가 많다. 절벽 위에 아슬아슬하게 세워져 있는 거대한 본당 건물과 지혜, 연애, 장수의 운을 가져다 준다는 오토와노타키音羽の滝의 세 줄기 물이 특히 인기가 높다. 지금은 전망대 역할을 하는 본당의 무대가, 예전에는 천수관음상에게 봉납하는 춤을 추었던 실제 무대였다. 본당 왼편에는 작은 규모의 지슈 신사가 있다. 항상 젊은이들로 북적거리는 이곳은 인연 맺기의 신인 오쿠니누시노 미코토大国主命를 모신 곳. 신사 앞에는 연애점을 칠 수 있는 두 개의 바위가 있는데, 눈을 감고 한쪽에서 맞은편 바위까지 20m의 길을 똑바로 가면 원하는 이와 맺어진다는 전설이 있다.

Data Map 363p-D
Access 시 버스 100, 202, 206, 207번 고조자카, 혹은 기요미즈미치 하차, 도보 15분
Add 京都市東山区清水1-294
Open 06:00~18:30 (계절마다 다름)
Cost 성인 400엔, 초중생 200엔
Web www.kiyomizudera.or.jp

긴카쿠지＆기요미즈데라
Ginkakuji＆Kiyomizudera

N

0　　　　　　600m

교토대학

보가테이 S
철학의 길
R
구로가네야

A

B

S 쇼고인 야츠하시 총본점

진구마루타마치역

헤이안 신궁

오카자키 공원

교토시 동물원

난젠지

교토시야쿠쇼마에역

산조역　산조케이한역

다이묘진 소혼포 R

히가시야마역

지하철 도자이선

이로하료칸 H

게아게역

스타벅스 산조오하시점 R

1928 빌딩

지온인

가와라마치역

오모토 R　야사카 신사

기온시조역

교센도 기온 본점 S

마루야마 공원

호텔 선라인 교토 H

겐닌지

C

D

고다이지

고하쿠 가이라시 S

오초보안 R

니넨자카

마에다 커피 고다이지점 R

S 스기요엔 산넨자카점

호칸지 야사카 탑

S 구로치쿠 산넨자카점

히가시오지거리

기요미즈자카

산넨자카

유메지 카페 R

기요미즈데라

기요미즈데라로 가는 언덕길
기요미즈자카 清水坂

버스정류장인 기요미즈미치에서 기요미즈데라까지 이어지는 1km 정도의 언덕길. 예전엔 기요미즈데라의 참배객들이 올랐던 이 길이 지금은 수학여행 온 학생들과 관광객들로 붐빈다. 폭이 좁은 길 양옆으로 기념품 가게와 교토 먹거리를 파는 상점들이 늘어서 있다. 가장 종류가 많은 기념품은 과자, 떡, 채소절임(교츠케모노) 등의 먹거리들. 맛차맛 과자류와 야츠하시로 대표되는 촉촉한 센베이 등이 인기가 높다. 언덕 중반쯤에서 고조자카와 산넨자카로 갈린다.

Data Map 363p-C Access 시버스 100, 202, 206, 207번 이용 기요미즈미치 하차, 도보 15분

기요미즈데라 참배로 중 가장 유명한 쇼핑 거리
산넨자카&니넨자카 産寧坂&二年坂

기요미즈데라로 가는 옛 참배로 중 가장 유명한 기념품 숍들이 포진한 쇼핑 거리. 전통 목조가옥이 늘어서 있는 데다 분위기 좋은 카페들이 중간중간 숨어 있어 인기가 높다. 가끔 길을 못 찾아 헤매는 이들이 있는데, 기요미즈데라를 정면으로 바라보고 올라가는 기요미즈자카 중간에서 왼편으로 꺾어지면 산넨자카와 니넨자카가 차례로 이어진다. 산넨자카라는 이름은 '산모의 안녕을 기원하는 언덕'이라는 의미로 순산을 기원했던 참배로의 전통에서 유래했다. 가파른 계단길을 조심하라는 의미에서 넘어지면 3년 안에 죽는다는 전설이 전해져 산넨자카三年坂로 불리기도 한다.

Data Map 363p-C Access 시버스 100, 202, 206, 207번 이용 기요미즈미치 하차, 도보 10분

교토의 하늘을 떠받치고 있는 5층 목탑

호칸지 야사카 탑 法観寺 八坂の塔

호칸지는 기온의 심볼 야사카 탑이 있는 사찰이다. 이 절은 야사카 신사와 기요미즈데라의 중간에 위치해 있다. 하지만 호칸지라는 절 이름보다 5층 목탑인 야사카 탑이 더 유명하다. 교토를 남북으로 가르는 히가시오지도리에서 동쪽으로 언덕길을 오르다 이 탑을 볼 수 있다. 야사카 탑은 5세기 후반 고구려에서 건너온 야사카에 의해 창건된 것으로 알려졌다. 사찰 건물은 화재로 소실되고 지금은 야사카 탑과 두 동의 건물만 남아 있다.

Data Map 363p-C Access 100, 202, 206, 207번 버스를 타고 기요미즈미치 하차, 도보 5분 Add 京都市東山区清水八坂上町388 Open 10:00~16:00 Cost 중학생 이상 500엔 Tel 075-551-2417

히데요시와 네네의 사찰

고다이지 高台寺

도요토미 히데요시의 넋을 기리기 위해 부인 네네가 건립한 사찰. 일본에서는 히데요시와 네네의 사찰이라는 애칭으로 더 많이 알려져 있다. 당시에는 정략결혼이 일반적이었음에도 불구하고 두 사람은 연애결혼을 했다고 한다. 그녀는 히데요시가 죽은 뒤 이곳에서 여생을 보냈다. 1615년 오사카 성 전투로 도요토미 가문이 멸망했지만 이곳만은 에도 막부의 보호를 받았다. 1605년 건립 당시에는 도쿠가와 이에야스의 지원으로 광활한 부지를 가진 대규모 사찰이었다고 한다. 하지만 이후 잦은 화재로 건물은 불타 없어졌다. 지금은 가이산도開山堂와 두 개의 정원, 12채의 건물이 있다. 벚꽃이 아름다운 봄과 단풍이 곱게 물드는 가을에는 조명을 비추고 야간개장도 한다. 특히, 경내를 오르는 아름다운 돌계단길이 유명하다. 네네에 대해 역사적인 평가가 높아지면서 엔토쿠인圓德院에서 고다이지, 돌담길인 이시베코지石塀小路로 이어지는 골목길이 '네네의 길'로 재정비되었다.

Data Map 363p-C Access 100, 202, 206, 207번 버스 히가시야마야스이 하차, 도보 6분 Add 京都市東山区高台寺下河原町526 Open 09:00~17:30 Cost 성인 600엔, 중고생 250엔 Tel 075-561-9966 Web www.kodaiji.com

로댕의 '생각하는 사람'이 전시된

교토 국립박물관 京都国立博物館

1897년 개장한 120년 역사의 박물관이다. 도쿄 국립박물관의 전신이었던 궁내청 소속 박물관이 제국박물관으로 개칭되면서 교토와 나라에도 박물관이 세워졌다. 지금은 도쿄, 나라의 국립박물관과 함께 일본의 3대 박물관으로 꼽힌다. 연간 100만 명이 넘는 관람객이 방문한다. 교토 국립박물관은 교토를 중심으로 한 일본과 동양의 문화재를 전시한다. 박물관에는 1만 2,000여 점의 소장품이 있으며, 상설전과 함께 연간 3~4회 기획전이 열린다. 유럽의 궁전을 연상시키는 박물관 건물은 일본의 유일한 궁정 건축가였던 가타야마 토쿠마의 작품이다. 야외 전시실도 볼거리다. 분수정원과 석탑정원, 동·서정원 등으로 구성된 야외 전시실에서는 조각의 고전인 로댕의 '생각하는 사람'과 에도 시대의 조형물을 볼 수 있다.

Data Map 349p-D **Access** 시 버스 100, 206, 208번 하쿠부츠칸산주산겐도마에 하차, 도보 3분. 게이한 전철 시치조역 1, 2번 출구에서 도보 8분 **Add** 京都市東山区茶屋町527 **Open** 상설전 09:30~17:00, 특별전 연장(월요일 휴관) **Cost** 상설전 성인 700엔, 대학생 350엔, 고교생 이하 무료(기획전 별도) **Tel** 075-525-2473 **Web** www.kyohaku.go.jp

1,000점의 천수관음상이 장관인

산주산겐도 三十三間堂

1,000점이 넘는 천수관음상으로 유명한 유서 깊은 사찰이다. 옆으로 길쭉한 본당 건물은 모두 33칸의 기둥으로 이뤄져 있다고 해서 '산주산겐도'란 이름을 얻었다. 1164년에 창건된 이 절은 화재로 소실되었다가 1266년에 다시 재건되었다. 천수관음좌상을 중심으로 양쪽에 세워져 있는 금박 천수관음상이 장관이다. 1,000점이나 되는 천수관음상의 얼굴이 모두 다른 게 놀랍다. 본존불을 지키고 있는 사천왕상은 당장이라도 살아 움직일 것처럼 생동감이 있다.

Data Map 349p-D Access 시 버스 100, 206, 208번 하쿠부츠칸산주산겐도마에 하차 도보 3분. 207번 버스로 히가시야마나나조 하차, 도보 5분. 게이한 전철 시치조역 1, 2번 출구에서 도보 7분 Add 京都市東山区三十三間堂廻り町657 Open 08:30~17:00(11월 16일~3월 31일 09:00~16:00) Cost 성인 600엔, 중고생 400엔, 초등학생 300엔 Web www.sanjusangendo.jp

도요토미 히데요시를 기리는 신사

도요쿠니 신사 豊国神社

도요토미 히데요시를 신으로 모신 신사. 히데요시가 죽은 다음 해인 1599년 창건되었다. 맞은편(도요쿠니 신사에서 약 100m 거리)에는 임진왜란으로 인해 생명을 잃은 수많은 조선인의 넋을 기리기 위한 귀무덤이 있다. 이 신사는 도요토미 가문이 멸망한 뒤 도쿠가와 이에야스의 명으로 오랫동안 명맥이 끊겼다가 메이지 이후 재건돼 현재에 이른다. 국보로 지정되어 있는 입구의 가라몬은 니시혼간지의 가라몬과 같은 양식으로 목각과 화려한 채색이 특징이다.

Data Map 349p-D Access 시 버스 100, 206, 208번 하쿠부츠칸산주산겐도마에 하차, 도보 6분. 게이한 전철 시치조역 1, 2번 출구에서 도보 11분 Add 京都市東山区大和大路正面茶屋町530 Open 09:00~16:30 Cost 입장 무료, 보물전 300엔

1895년 헤이안 천도 1,100주년을 기념해 지은 신사

헤이안 신궁 平安神宮

높이 24m에 달하는 대형 도리이를 지나면 진홍빛과 녹색이 강렬한 대비를 이루는 화려한 신전이 나온다. 이 신전은 일왕의 처소였던 교토고쇼를 본뜬 것이다. 신궁 안쪽에 위치한 진엔정원은 근대 일본정원 건축의 선구자로 불리는 오가와 지헤에의 작품이다. 3개의 연못과 정원수, 산책로가 아름답게 조화를 이루고 있다. 드넓은 정원에는 희귀 조류, 등딱지에 이끼가 나 있는 남생이 등 진귀한 동물이 살고 있다. 혼슈에서는 이곳에만 남아 있는 것으로 알려진 노란연못거북도 서식하고 있다. 매년 1월 1일에는 일대의 차량을 모두 통제하고 신년맞이 참배 행사를 벌인다. 운이 좋으면 신사에서 치르는 전통혼례도 볼 수 있다.

Data Map 363p-A
Access 지하철 도자이선 히가시야마역 1번 출구에서 도보 17분. 시 버스 5, 32, 46, 100번 교토카이칸비주츠칸마에 하차, 도보 5분
Add 京都市左京区岡崎西天王町
Open 06:00~18:00, 정원 08:30~17:00(계절에 따라 다름)
Cost 입장 무료, 진엔정원 600엔
Tel 075-761-0221
Web www.heianjingu.or.jp

미술관, 동물원, 도서관이 있는 테마파크

오카자키 공원 岡崎公園

1904년 교토 산업박람회 터에 조성한 공원이다. 자연을 중심으로 한 공원이라기보다는 교토 시립 미술관과 도서관, 롬 시어터ROHM Theatre (교토회관), 동물원 등이 있는 문화 테마파크로 구성되어 있다. 공원이 들어선 자리는 헤이안 시대 왕실 사찰과 귀족 저택 등이 있던 곳이다. 지금은 히가시야마와 히에이잔산을 배경으로 동쪽에 사찰 난젠지와 에이칸도, 북쪽에는 헤이안 신궁이 있다. 오카자키 공원은 특히 봄철 벚꽃이 필 때 아름답다. 오카자키 회랑이라 불리는 벚꽃길과 나룻배가 어우러져 아름다운 풍경을 연출한다.

Data Map 363p-A Access 지하철 도자이선히가시야마역 2번 출구에서 도보 8분. 시 버스 5, 32, 46, 100번 교토카이칸비주츠칸마에 앞 Add 京都市左京区岡崎最勝寺町 Open 시설마다 다름
Web www.kyoto-okazaki.jp/spot/okazaki-koen

다양한 문화를 체험할 수 있는

1928 빌딩 ART COMPLEX 1928

1928년에 건축되어 1928 빌딩으로 불리는 복합 예술 체험장. 원래 오사카 마이니치 신문사의 도쿄지국 건물로 설계되어 회사의 심벌을 모티프로 지었다. 디자인과 별 모양이 애교있는 이 건물은 교토시 유형문화재로 등록되어 있다. 혹은 공연이나 전시, 예식 등에 사용할 수 있도록 대여하는데, 무료전시를 개최하기도 한다. 레스토랑과 카페도 입점해 있어 쉬어가기 좋다.

Data Map 363p-C Access 게이한전차 산조역 6번 출구에서 도보 5분 Add 京都市中京区三条通御幸町東入弁慶石町56 Open 10:00~19:00 Cost 전시에 따라 다름 Tel 075-254-6520
Web www.artcomplex.net/ac1928

자연과의 조화는 금각사보다 한 수 위

긴카쿠지 銀閣寺 (은각사)

무로마치 막부의 8대 쇼군이었던 아시카가 요시마츠가 별장으로 지었던 건물. 쇼군 사후 그의 법명을 따라 지쇼지로 불렸다. 하지만 3대 쇼군이었던 요시마츠의 조부가 지은 킨카쿠지(금각사)에 빗대 긴카쿠지(은각사)라는 이름으로 더 많이 알려졌다. 요시마츠는 14세라는 어린 나이에 권력의 정점인 다이쇼군 자리에 올랐던 인물이다. 그는 권모술수가 끊이지 않는 정치 세계에서 일찌감치 물러나 은거하는 삶을 선택한다. 그가 미적 감각을 총동원해 8년 동안 지은 긴카쿠지는 간결하면서도 기품 있는 기조의 히가시야마 문화의 정수로 손꼽힌다. 화려한 누각에 비해 주변 풍경이 조금 허전한 킨카쿠지와 달리 건물과 자연이 아름답게 조화를 이루고 있다. 특히, 사찰 전체와 정원이 한눈에 내려다보이는 전망대는 꼭 들러보길 추천한다.

Data Map 363p-B Access 5, 17, 203, 204번을 타고 긴카쿠지미치에서 하차 Add 京都市左京区銀閣寺町2 Open 08:30~17:00, (12월~2월 09:00~16:30) Cost 성인 500엔, 중학생 이하 300엔 Tel 075-771-5725 Web www.shokoku-ji.jp/ginkakuji

일본의 길 100선으로 선정된
철학의 길 哲学の道

긴카쿠지 부근의 긴카쿠지바시부터 난젠지와 에이칸도 등의 사찰이 있는 냐쿠오지바시까지 이어지는 산책길. 일본의 길 100선에도 선정될 만큼 아름다운 길이다. '철학의 길'이라는 이름은 교토학파로 알려진 철학자 니시다 기타로와 다나베 하지메가 사색했던 길에서 유래했다. 철학의 길은 비와코 호수의 관개시설로 만들어진 수로를 따라 약 2km 거리의 좁은 길이 나 있다. 길을 따라 450여 그루의 벚나무와 각종 수목들이 이어진다. 또 곳곳에 작은 카페나 갤러리, 기념품점이 있다. 봄의 벚꽃, 여름의 반딧불이, 가을의 단풍 등 계절마다 다른 매력이 있다.

Data Map 363p-B Access 시 버스 5, 17, 32, 100, 102, 203, 204번 긴카쿠지미치 하차, 도보 3분. 긴카쿠지에서 도보 1분

고대 로마의 수로를 떠올리게 하는 이국적인 사찰
난젠지 南禅寺

교토를 대표하는 5대 사찰로 꼽힐 만큼 특별한 대우를 받던 사찰이다. 1291년 가메야마 일왕의 별궁을 기증받아 창건한 것으로, 왕실 발원으로 세워진 사찰로는 일본 최초다. 난젠지의 정문인 산몬三門은 전설의 도둑 이시카와 고에몬이 등장하는 가부키에도 나와 일본에서는 꽤 유명하다. 안쪽에는 도요토미 히데요시가 기증한 대방장이 있다. 에도 시대 고보리 엔슈가 만들었다는 정원도 볼만하다. 또 비와코 호수에 물을 대기 위해 고대 로마의 수로를 본떠 만들었다는 고가식 수로도 이국적인 분위기 때문에 인기가 많다. 건물 대부분이 국보와 중요문화재로 지정되어 있다.

Data Map 363p-B
Access 시 버스 5번 난젠지,
에이칸도미치 하차, 도보 8분
Add 京都市左京区南禅寺福地町
Open 08:40~17:00(12월~2월
08:40~16:30) Cost 입장료 무료,
산몬 600엔, 방장정원 600엔
Tel 075-771-0365
Web www.nanzenji.or.jp

도쿠가와 막부 전성기를 함께한 성

니조조 二条城

1603년 도쿠가와 이에야스가 머물기 위해 지은 성이다. 이 성에서 이에야스는 숙적 도요토미 히데요리와 회견을 했다. 오사카성을 함락시키기 위해 벌인 두 번의 전투에서는 이 성이 참모본부가 됐다. 전쟁이 끝난 후에는 도요토미 히데요시가 지었던 후시미성의 건물 일부를 이곳으로 옮겨오는 등의 공사를 거쳐 1626년에 완공되었다. 이후 니조조는 권력의 실세 역할을 했던 도쿠가와 막부 시대 쇼군의 거처로 사용되었다. 니조조는 또 1867년 15대 쇼군 도쿠가와 요시노부가 대정봉환(지방 토호의 잦은 봉기로 권력의 위협을 느낀 쇼군이 왕실로 국가 통치권을 이양한 조치로, 곧이어 메이지 유신이 단행됐다)을 했던 역사적인 장소이기도 하다. 1994년 유네스코 세계문화유산으로 지정되었으며, 혼마루고텐과 니노마루고텐 등 22종의 국보와 문화재가 남아 있다. 니조조의 건축물들은 호화로운 장식이 특징인 전형적인 모모야마 건축 양식을 띠고 있다.

Data Map 344p-C Access 시 버스 9, 12, 50, 101번 이용, 니조조마에 하차. 지하철 도자이선의 니조조마에역 1번 출구에서 도보 1분 Add 京都市中京区二条通堀川西入二条城町541 Open 08:45~17:00 (연말연시 및 1, 7, 8, 12월 매주 화요일 휴관) Cost 성인 800엔, 중고생 400엔, 초등학생 300엔 Tel 075-841-0096 Web nijo-jocastle.city.kyoto.lg.jp

HISTORY

니조진야 二条陣屋

1670년 지어진 다이묘(지방 영주)의 거처. '진야'란 다이묘의 처소 및 창고를 말한다. 니조진야
는 크고 작은 24개의 방이 있으며, 내부는 적의 침입을 막기 위한 다양한 장치가 되어 있는 전
형적인 무사저택이다. 가이드 투어를 예약할 때만 내부를 볼 수 있는데, 고등학생 이상만 참가
가능하다. 닌자 등 사무라이에 관심이 많다면 참가할 만하다. 가이드 투어 참가비는 1,000엔,
소요 시간은 50분이다.

Data Access 니조조 참조 Tel 075-841-0972 Web nijyojinya.net

THEME

니조조의 주요 유적

그냥 훑어만 보면 남는 게 없다. 언제 다시 올지 알 수 없다면,
여행하기 전에 미리 읽어두고 머릿속에 남기자. 보고 싶은 곳은 빠뜨리지 말 것!

니노마루고텐 二の丸御殿

니조조에서 유일하게 국보로 지정되어 있는 건물이다. 화려한 장식의 모모야마 양식을 제대로 보여준다. 외부 침입자를 막기 위해 걸을 때마다 새 울음소리가 나게 설계했다. 이 나무복도를 직접 걸으며 내부를 둘러볼 수 있다. 내부는 총 33개의 방이 있다. 중세 서원 양식 건축의 대표적인 예로 꼽는 오히로마大広間와 방마다 그려진 화려한 장벽화는 꼭 둘러볼 것!

니노마루 정원 二の丸庭園

니조조 내부의 정원. 모모야마 양식으로 지어진 정원으로, 연못 가운데 섬을 상징하는 돌을 두고 좌우에 학과 거북 모양의 돌을 배치했다. 길함을 상징하는 송, 죽, 매, 거북, 학 등과 함께 신선이 산다는 봉래산을 형상화했다고 해서 봉래식 정원이라고도 한다. 당시 다이묘 신분으로 유명한 건축가이자 정원조성가였던 고보리 마사카즈의 대표 작품으로도 꼽힌다.

세이류엔 清流園

니노마루 북쪽 오테몬 부근에 만들어진 정원. 다실이 딸린 정원은 예전에 국빈 접대소로 이용되기도 했다. 성 내부를 걷다가 살짝 다리가 피로해질 때쯤 다실이 나타나는데, 차와 화과자 세트(1,350엔)를 먹으며 잠시 휴식하기 좋다.

혼마루 本丸

성의 중심이 되는 궁궐이다. 1626년 이에미츠가 증축한 것이나 안타깝게도 벼락과 화재로 소실돼 지금은 궁궐터만 남아 있다. 현재의 고텐은 1893년 교토고쇼에서 가츠가큐고텐을 옮겨온 것으로 담백한 양식의 귀족 저택 스타일이다. 중요문화재로 지정되어 있고 내부 관람은 어렵다.

에도 시대 일왕이 머물던 왕궁

교토교엔 京都御苑

교토교엔은 옛 궁전이었던 교토고쇼를 둘러싸고 있는 대규모의 왕실정원이다. 에도 시대만 해도 이 일대는 200여 곳의 왕가 및 귀족 저택이 있었다. 하지만 수도가 도쿄로 옮겨지면서 이 일대는 공원으로 조성되어 일반에 공개되었다. 지금은 백 년이 넘는 수령의 울창한 삼림과 고요함 때문에 산책과 휴식 목적으로 찾는 이들이 많다. 왕궁정원이었던 교토교엔은 쉽게 돌아볼 수 있다. 궁궐이었던 교토고쇼는 일반 공개인 반면, 별궁인 센토고쇼는 가이드 투어(무료)를 예약하지 않으면 입장할 수가 없다.

Data Map 345p-C **Access** 지하철 가라스마선 이마데가와역 3번 출구에서 도보 2분. 시 버스 59, 102, 201, 203번 버스 가라스마이마데가와 하차, 도보 1분 **Add** 京都市下京区烏丸通七条下ル 東塩小路町 721-1 **Cost** 무료 **Tel** 075-211-1215 **Web** sankan.kunaicho.go.jp

TIP 교엔御苑과 고쇼御所라는 단어 뜻을 알면 왕실 관련 시설을 이해하기 쉽다. 두 단어에 들어가는 첫 번째 한자 교 혹은 고御는 임금을 뜻한다. 따라서 교엔은 왕궁에 딸린 정원, 고쇼는 임금의 처소다.

교토고쇼 京都御所

1869년 도쿄로 천도되기 전까지 538년간 일왕이 머무는 왕궁이었다. 천도 이후에도 한동안 왕실의 즉위식이 이곳에서 열렸으나 지금은 왕실이나 국빈들을 모시는 거처로 쓰인다. 가이드 투어는 매일 영어 2회, 일어 4회 진행하고 있다.

Data Open 09:00~16:00(계절마다 폐관 시간 다름, 월요일 및 12월 28일~1월 4일 휴관)

센토고쇼 仙洞御所

1630년 선왕을 위한 별궁으로 지어졌다. 센토라는 단어는 '신선'을 의미한다. 이곳에서는 5명의 선왕이 거주했었는데, 1854년 화재로 소실된 후 재건되지 않아 지금은 정원만 남아 있다. 가이드 투어는 하루 4회 진행되며 한국어 음성가이드를 무료로 대여해준다.

Data Open 가이드 투어 09:30, 11:00, 13:30, 14:30, 15:30(월요일 및 12월 28일~1월 4일 휴관)

울창한 숲과 조화를 이룬 아름다운 별궁

슈가쿠인 리큐 修学院離宮

17세기 중반 일왕의 별궁으로 지은 곳. 슈가쿠인은 이곳의 옛날 지명이다. 궁궐은 54만㎡의 부지에 상, 중, 하, 3개의 별궁과 그에 딸린 정원을 조성했다. 각각의 별궁은 소나무길로 연결되어 있다. 야트막한 언덕에 위치한 가미노(상) 리큐에서 내려다보는 경치가 특히 아름답다. 거대한 연못 요쿠류치浴龍池를 중심으로 정원이 울창한 숲과 조화를 이루고 있다. 가장 아름다운 계절은 봄과 가을. 센토고쇼처럼 미리 가이드 투어(무료)를 인터넷으로 예약해야만 입장할 수 있다. 일본어 가이드가 3km의 코스를 약 1시간 20분 동안 안내한다. 슈가쿠인역에서 별궁까지는 경사가 약간 있는 오르막길인데다 주택가를 통과해야 하기 때문에 길을 헤매지 않도록 주의!

Data Map 345p-D Access 시 버스 5, 31번 슈가쿠인리큐미치 하차, 도보 18분. 전철 에이잔 전철 슈가쿠인역에서 도보 25분 Add 京都市左京区修学院 Open 가이드 투어 09:00, 11:00, 13:30, 15:00 (월요일 및 12월 28일 ~1월 4일 휴관) Tel 075-211-1215 Web sankan.kunaicho.go.jp/guide/shugakuin.html (가이드 투어 신청)

센토고쇼 및 슈가쿠인 리큐 가이드 투어 신청

궁내청 홈페이지에서 신청할 수 있다. 인터넷 예약이 불가능할 때는 교토교엔에 있는 궁내청 사무소에서 신청서를 작성한 후 접수할 수 있다. 가이드 투어는 인원 제한이 있어 아침 일찍 가는 편이 좋다. 신청 당일은 투어 시작 10분 전까지 각 고쇼의 입구에서 대기하면 된다. 월요일과 연말연시, 궁내 행사 시에는 가이드 투어를 진행하지 않으며 만 18세 이상 성인만 참여할 수 있다.

Data 직접접수 08:45~12:00, 13:00~17:00 Web sankan.kunaicho.go.jp/multilingual/lang/ko

윤동주와 정지용의 시비가 있는

도시샤 대학 同志社大学

교토교엔 맞은편에 위치한 작은 사립대학이다. 시인 윤동주가 다녔던 대학이라서 한국인들에게는
의미가 깊은 곳이다. 그는 재학 중 독립운동 혐의로 체포되어 후쿠오카 형무소에서 꽃다운 나이에
생을 마감했다. 캠퍼스 한쪽에 세워진 시비는 1994년 동문과 시인들이 세운 것이다. 시비에는 유
작인 '하늘과 바람과 별과 시'가 새겨져 있다. 윤동주 시비 바로 옆에는 역시 대학 동문이었던 시인
정지용의 시비도 있다. 도시샤 대학은 19세기 후반에 조성된 캠퍼스로 붉은 벽돌을 이용해 지은 아
메리칸 고딕 양식의 건물로도 잘 알려졌다. 대표적인 건물은 1893년에 세운 클라크 기념관으로,
중요문화재로도 등록되어 있다.

Data Map 345p-C Access 지하철 가라스마선 이마데가와역 3번 출구에서 우측으로 도보 4분. 시 버스 59,
102, 201, 203번 가라스마이마데가와 하차, 도보 5분 Add 京都市上京区今出川通烏丸東入
Tel 075-251-3120 Web www.doshisha.ac.jp

TIP 윤동주 시비를 아는 학생들이 의외로 적다. 미리 시비 위치를 파악하고 가자. 또 캠퍼스가 두
곳이니 헷갈리지 않도록 하자. 교토교엔 쪽에서 보았을 때 오른쪽이 도시샤 여대 캠퍼스이고, 왼편
이 윤동주 시비가 있는 도시샤 대학이다.

화려한 금빛으로 빛나는 교토의 3대 누각
킨카쿠지 金閣寺 (금각사)

화려한 금빛 누각으로 유명한 선종 사찰. 미시마 유키오의 소설 〈금각사〉의 무대로 등장한 이후 교토의 상징 중 하나가 되었다. 긴카쿠지(은각사), 니시혼간지의 비운각과 함께 교토의 3대 누각으로 불린다. 킨카쿠지는 1397년 아시카가 요시미츠에 의해 건립되었다. 절 이름은 본래 로쿠온지이나 연못 위에 세워진 금박의 3층짜리 누각 때문에 킨카쿠지(금각사)로 더 알려졌다. 1400년에 지어졌던 건물은 1950년 한 승려의 방화로 소실되었다가 1955년에 다시 복원됐다. 워낙 유명한 곳이라 항상 인파로 북적거린다. 킨카쿠지와 약 600년의 역사를 같이한 소나무 리쿠슈노마츠도 볼거리다.

Data Map 344p-B
Access 시 버스 12, 59번 킨카쿠지마에 하차, 도보 3분. 204, 205번 킨카쿠지미치 하차, 도보 6분
Add 京都市北区金閣寺町1
Open 09:00~17:00
Cost 성인 400엔, 중학생 이하 300엔 Tel 075-461-0013
Web www.shokoku-ji.or.jp/kinkakuji

15개의 돌 가운데 14개만 보이는 정원
료안지 龍安寺

돌과 모래로 된 정원으로 유명한 사찰이다. 1450년 건립한 선종 사찰로, 전란과 화재 등으로 대부분 소실되어 지금은 현관 겸 본당 역할을 하는 방장과 일부 건물만 남아 있다. 정원에는 물을 상징하는 자갈이 전체 15개의 돌을 둘러싸고 있는데, 돌이 놓인 위치 때문에 한눈에 볼 수 있는 돌은 희한하게도 14개뿐이다. 깨달음을 얻은 자에게만 15개의 돌이 한꺼번에 보인다고 한다. 이곳은 또 다실에 들어가기 전 손을 씻기 위한 세숫물이 담긴 츠쿠바이도 볼거리다. 물 웅덩이가 낮아 몸을 굽힐 수밖에 없도록 되어 있는데, 염원과 경의의 의미가 있다. 엽전 모양의 츠쿠바이에 새겨진 한자들은 가운데 입 구口와 결합해 오유지족吾唯知足이 된다. 이는 '스스로 만족을 알라'는 의미이다.

Data Map 344p-B
Access 시 버스 59번 료안지마에 하차, 도보 1분
Add 京都市右京区龍安寺御陵下町13 Open 08:00~17:00 (12월~2월 08:30~16:30)
Cost 성인 500엔, 중학생 이하 300엔 Tel 075-463-2216
Web www.ryoanji.jp

교토에서 가장 늦게 벚꽃이 피는

닌나지 仁和寺

천년 동안 퇴위한 왕족의 거처로 이용되던 사찰이다. 헤이안 시대 초기 888년 국가를 축복하고 불교의 가르침을 전파하기 위해 지어졌다. 1467년 '오닌의 난'으로 파괴된 것을 150년 뒤 도쿠가와 막부의 3대 쇼군 이에미츠가 재건했다. 남아 있는 대부분의 건물은 17세기 때 지어졌다. 인왕문에서 가까운 옛 왕실저택 '닌나지고덴御殿'(유료 관람)과 국보로 지정된 '곤도金堂(금당)', 사찰의 보물을 전시하는 '레이호칸霊宝館'(유료 관람) 등이 볼만하다. 흰 자갈이 깔린 가레산스이枯山水(자갈로 물을 표현하는 형식)정원도 아름답다. 이곳은 또 교토에서 가장 마지막으로 벚꽃이 피는 곳으로도 유명하다. 유네스코 세계유산으로 지정되었다.

Data Map 344p-B Access 시 버스 10, 26, 59번 오무로닌나지 하차, 도보 1분. 게이후쿠 전철 아라시야마선 오무로닌나지역에서 도보 3분 Add 京都府京都市右京区御室大内33 Open 09:00~17:00 (12월~2월 09:00~16:30) Cost 입장료 무료, 닌나지고덴 800엔, 레이호칸 500엔 Tel 075-461-1155 Web www.ninnaji.jp

일본 국보 1호 반가사유상이 있는

고류지 広隆寺

교토에서 가장 오래된 사찰로 한국과 관련이 깊다. 1400년이 넘는 역사를 자랑하는 이 절에는 삼국시대 한국에서 전래된 것으로 알려진 미륵보살 반가사유상이 있다. 이 불상은 일본의 국보 1호이기도 하다. 미륵보살 반가사유상은 보물을 전시하는 레이호덴에 모셔져 있다. 적송을 다듬어 만든 목조불상이란 것만 다를 뿐 한국의 국보 83호인 금동미륵보살 반가사유상과 매우 흡사하다. 고류지를 방문한다면 부드러우면서도 강단 있는 포즈에 잔잔한 미소를 띠고 있는 미륵보살 반가사유상을 꼭 보자.

Data Map 344p-B Access 시 버스 11번 우즈마사고류지마에 하차, 도보 2분. 게이후쿠 전철 아라시야마선 우즈마사고류지역에서 도보 1분 Add 京都府京都市右京区太秦蜂岡町32 Open 09:00~17:00 (12월~2월 09:00~16:30) Cost 성인 800엔, 고등학생 500엔, 초중생 400엔 Tel 075-861-1461

아라시야마를 추억하는 마지막 여행지

호린지 法輪寺

713년에 창건된 유서 깊은 사찰. 지혜와 기예의 신으로 불리는 허공장보살을 본존으로 모시고 있다. 이 때문에 매년 4월 13일 13세의 아이들이 지혜를 구하며 불공을 드리는 '주산마이리十三詣り'가 열린다. 이 절의 진짜 볼거리는 본당 오른쪽에 있는 전망대. 이곳에서는 도게츠교와 그 건너편의 아라시야마 시내가 한눈에 내려다보인다. 아라시야마 구석구석을 다 둘러본 후 마지막에 들러서 아름다운 전망을 기념으로 간직하자. 사찰 입구에는 덴덴탑電電塔이 있는데, 전기를 발명한 에디슨과 전파를 발견한 헤르츠를 전기의 신, 전파의 신으로 모신 것이다.

Data Map 382p-B Access 한큐 전철 아라시야마역에서 왼편으로 도보 7분. 게이후쿠 아라시야마역에서 도보 12분 Add 京都市西京区嵐山虚空蔵山町68-3 Open 09:00~17:00 Cost 무료 Tel 075-862-0013 Web www.kokuzohourinji.com

자전거로 아라시야마 여행하기

아라시야마는 여행지가 넓다. 다리품을 적게 팔려면 자전거를 이용하는 것도 좋은 방법이다. 한큐 아라시야마역 앞의 자전거 대여점에서 자전거를 빌려 여행을 한 후 다시 이곳에 반납하는 일정으로 짜면 편리하다. 자전거 대여는 신분증만 있으면 된다.

Data 한큐 아라시야마 렌터사이클
Access 한큐 아라시야마역 앞에 위치 Open 09:00~18:00(11~4월 09:00~17:00)
Cost 2시간 500엔, 4시간 700엔, 종일 900엔 Tel 075-882-1112
Web www.hankyu.co.jp/station/service/rental02.html

아라시야마의 경치를 조망하는 다리

도게츠교 渡月橋

달이 다리를 건너는 듯하다는 의미에서 이름 붙은 다리다. 다리 위에 서면 아라시야마의 경치를 한
눈에 볼 수 있다. 도게츠교는 왕복 2차선의 좁은 다리지만 한큐 아라시야마역에서 아라시야마 시
내로 가기 위해서는 꼭 건너게 된다. 도게츠교가 가로지르는 호즈강 주변 풍경도 아름답다. 벚꽃과
단풍철에는 다리와 강변을 따라 산책하는 관광객들이 넘쳐난다. 인력거 관광의 출발지라 다리 주변
에는 인력거도 자주 눈에 띈다. 호즈강 유람선 선착장도 있다.

Data Map 382p-B Access 한큐 아라시야마역에서 직진 도보 10분. JR 사가아라시야마역에서 도보 18분

자전거로 아라시야마 여행하기

아라시야마는 여행지가 넓다. 다리품을 적게 팔려면 자전거를 이용하는 것도 좋은 방법이다.한
큐 아라시야마역 앞의 자전거 대여점에서 자전거를 빌려 여행을 한 후 다시 이곳에 반납하는 일
정으로 짜면 편리하다. 자전거 대여는 신분증만 있으면 된다.

Data 에비스야 교토 아라시야마 총본점 えびす屋 京都嵐山總本店
Add 京都市右京区嵯峨天龍寺芒ノ馬場町3-24 Tel 075-864-4444
Open 09:30~일몰 Cost 1구간 4,000엔(2인 5,000엔). 30분 7,000엔(2인 9,000엔)
Web www.ebisuya.com/branch/arashiyama

150여 개의 사찰을 거느렸던

덴류지 天竜寺

고사가 일왕의 가메야마 별궁이 있었던 곳에 세워진 선종 사찰. 고사가 일왕의 극락왕생을 기리기 위해 세워졌던 것을 1339년 사원으로 개축했다. 창건 당시에는 아라시야마산과 도게츠교, 가메야마 공원까지 절의 땅이었다. 또 경내에 150여 개의 사찰이 빼곡하게 들어찼을 만큼 위세가 대단했다. 현재 창건 당시의 영광을 볼 수 있는 곳은 법당 뒤편의 정원이다. 아라시야마와 가메야마를 배경으로 조성된 이 정원은 일본의 귀족문화와 불교의 '선'을 기조로 하고 있다. 본당의 복도를 따라 걸으며 각도에 따라 달라지는 정원 표정을 감상하는 것도 좋다. 600여 년의 역사를 간직한 본당도 볼거리다.

Data Map 382p-A Access 게이후쿠 아라시야마역에서 도보 2분. JR사가아라시야마역에서 도보 13분. 한큐 아라시야마역에서 도보 15분 Add 京都市右京区嵯峨天龍寺芒ノ馬場町68 Open 08:30~17:30 (10월 21일~3월20일 08:30~17:00) Cost 정원 성인 500엔, 초중생 300엔, 법당 500엔(09:00~17:00) Tel 075-881-1235 Web www.tenryuji.com

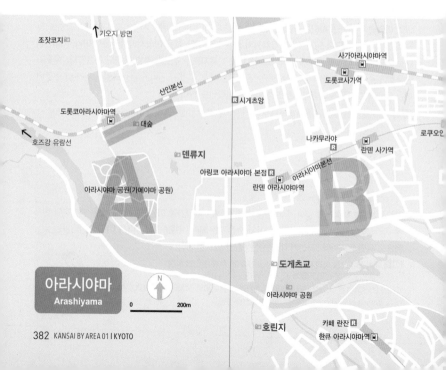

교토의 역사를 들으며 즐기는 뱃놀이

호즈강 유람선 保津川遊覽船

미슐랭 그린 가이드에도 소개될 만큼 명물이다. 가메오카에서 아라시야마까지 유람선을 타고 호즈강의 급류를 따라 두 시간 가량 내려온다. 유람선을 타고 내려오면서 호즈강이 빚은 기암과 봄가을로 변하는 산의 풍경을 감상할 수 있다. 유람선의 종착점은 도게츠교 부근. 유람선은 17인승 규모의 작은 나무배다. 겨울에는 배에 난방을 하고 비닐 덮개를 씌워 운항한다. 같은 코스를 내려오는 래프팅(3,000엔)도 있다. 유람선 출발 시간은 계절마다 다르니 홈페이지를 참조.

Data Map 382p-A Access JR 가메오카역에서 도보 10분. 사가노 도롯코 열차 종점 가메오카역에서 버스로 15분 Open 09:00~17:00(매시 정각에 출발, 마지막 출발은 15:00) Cost 성인 4,100엔, 초등학생 이하 2,700엔 Tel 0771-22-5846 Web www.hozugawakudari.jp

호즈강을 굽어보는 전망대

가메야마 공원 亀山公園

정확하게는 아라시야마 공원의 일부다. 하지만 가메야마 일왕을 포함한 3명의 왕릉이 있어 가메야마 공원으로 불린다. 대숲과 덴류지를 지나면 바로 공원으로 연결된다. 그리 높지 않은 산 전체가 공원으로 조성되어 있다. 정상에 있는 전망대에 올라가면 호즈강을 따라 달리는 관광열차 도롯코와 호즈강 유람선을 볼 수 있다.

Data Map 382p-A Access 게이후쿠 아라시야마역에서 도보 22분. JR사가아라시야마역에서 도보 26분. 한큐 전철 아라시야마역에서 도보 38분 Add 京都市右京区嵯峨亀ノ尾町

청량한 기운이 온몸을 휘감는

대숲 竹林

아라시야마 여행의 하이라이트는 대숲을 거니는 것이다. 대숲은 덴류지 북쪽부터 오코치산소에 이르는 100m 거리에 있다. 한아름도 넘는 굵은 대나무가 하늘을 향해 시원하게 솟구쳐 있다. 숲길에 들어서면 대나무 특유의 청량감이 속세의 번잡함을 잊게 해준다. 이 숲길은 일본 드라마와 CF에도 자주 등장한다.

Data Map 382p-A Access 사가노 도롯코 열차를 타고 도롯코 아라시야마역에서 도보 2분. 덴류지 북문에서 도보 1분

단풍으로 곱게 물드는 깊고 고요한 절

조잣코지 常寂光寺

담장이 없는 절로 알려진 아담한 사찰. 일본의 유명한 시조집인 햐쿠닌잇슈에서도 등장한 오구라 야마산 중턱에 있다. 경내의 조그만 전망대에서 아라시야마 일대를 내려다볼 수 있다. 조잣코지라 는 이름은 항상 고요하고 정적에 싸여 있다는 의미에서 유래했다. 가을 단풍의 명소로 단풍철이면 경내가 절경을 이룬다.

Data Map 382p-A **Access** 게이후쿠 아라시야마역에서 도보 20분 JR사가아라시야마역에서 도보 15분 **Add** 京都市右京区嵯峨小倉山小倉町3 **Open** 09:00~17:00 **Cost** 500엔 **Tel** 075-861-0435 **Web** www.jojakko-ji.or.jp

푸른 이끼로 뒤덮인 아름다운 정원

기오지 祇王寺

8세기 무렵 창건된 진언종의 사찰로 다이카쿠지에서 갈라져 나온 절(말사)이다. 헤이안 시대 말기 의 무장 다이라노 기요모리의 총애를 받았던 기녀 기오가 동생, 어머니와 함께 출가해 말년을 보낸 곳이다. 절 이름도 기녀 기오에서 유래했다. 푸르스름한 이끼로 뒤덮인 정원이 아름답기로 유명하 다. 다이카쿠지와도 함께 돌아볼 수 있는 패스는 600엔이다.

Data Map 382p-A **Access** 한큐 아라시야마역에서 시영버스 28번 타고 사가샤카도마에서 하차, 도보 15분 **Add** 京都市左京区嵯峨鳥居本小坂町32 **Open** 09:00~16:30 **Cost** 성인 300엔, 초중고생 100엔 **Web** www.giouji.or.jp

호즈 강 따라 추억 속으로 떠나는 관광열차

사가노 도롯코 열차 嵯峨野トロッコ列車

호즈강을 따라 달리는 관광열차다. 유람선과 함께 강 주변의 아름다운 자연을 즐길 수 있다. 원래 광산 열차로 다니던 구간이었으나 객차를 관광용으로 개조해 호즈 강변의 다이내믹한 계곡 풍경을 만끽할 수 있는 관광열차로 재탄생했다. 탑승시간은 25분. JR사가아라시야마역 바로 옆의 도롯코사가역이나 도보 20분 거리의 가메야마 공원 근처에 있는 도롯코아라시야마역에서 탑승할 수 있다. 어느 역에서 승차하든 요금은 동일하다. 아라시야마를 둘러볼 시간이 넉넉하다면 먼저 도롯코 열차를 타고 사가역에서 가메야마역까지 이동한 후 다시 호즈 강 유람선을 타고 도게츠교로 가는 코스가 좋다. 유람선 이용 계획이 없다면 티켓을 왕복으로 끊는 편이 좋다.

Data Map 382p-B
Access JR사가아라시야마역 바로 옆(도롯코사가역에서 출발). 게이후쿠 아라시야마역에서 도보 13분
Add 京都市右京区嵯峨天龍寺車道町 **Open** 09:01~16:01, 1시간 간격으로 운행
Cost 편도 성인 880엔, 어린이 440엔 **Tel** 075-861-7444 **Web** www.sagano-kanko.co.jp

TIP 도롯코사가역 옆에는 '19세기홀 SL&피아노 뮤지엄'이 있다. 이곳에는 20세기 중반까지 활약했던 증기기관차 4대와 세계의 명 악기로 알려진 뵈젠도르퍼 피아노, 알렌 오르간사의 퀀텀 오르간을 무료 전시한다. 열차를 기다리며 잠시 둘러보는 것도 좋다.

일본 전통 복장 기모노 체험

니시진오리회관 西陣織会館

교토의 특산물인 직물 '니시진오리'를 홍보하기 위해 지은 체험관이다. 니시진오리 역사 500주년을 기념해 1976년 개장했다. 일본을 대표하는 기모노 산지 니시진에서 그 이름이 유래한 니시진오리는 화려하면서도 섬세한 문양으로 잘 알려져 있다. 전통 기모노에 흥미가 있다면 꼭 들러보기를 권한다. 1층은 로비와 니시진오리 소개 코너. 매일 몇 차례씩 무료 기모노 패션쇼가 열린다. 2층은 니시진오리로 만든 패션상품(의류, 넥타이, 가방, 지갑 등)을 전시 판매한다. 또 직조 모습을 직접 시연하기도 하고, 니시진오리의 제작공정을 소개하기도 한다. 3층은 니시진오리의 전통을 소개하는 사료실과 홀이 있다. 이곳에서는 150여 종의 일본 전통 기모노와 유카타를 입어보는 것뿐 아니라 착용한 채 교토를 여행할 수도 있다. 제대로 된 사진 한 장 남기고 싶다면, 헤어와 메이크업까지 완벽한 게이코&마이코 복장 체험(16,500엔)을 추천. 체험은 홈페이지 사전 예약이 필수다.

Data **Map** 345p-C **Access** 시 버스 9, 12, 59, 101, 102, 201, 203번 호리카와이마데가와에서 내려 도보 3분
Add 京都市上京区堀川通今出川南入西側 **Open** 10:00~16:00(월요일 휴무)
Cost 기모노 체험 4,000엔(15:30까지 외출 가능), 유카타 체험 4,400엔(다음 날 오전까지 반납)
Tel 075-451-9231 **Web** www.nishijinori.jp

시대극 속 일본의 세트장

도에이우즈마사 영화촌 東栄太秦映画村

일본영화의 고향이라 할 수 있는 영화마을 우즈마사에 있는 드라마와 영화 촬영세트장이다. 니조조 성문 모양을 본뜬 입구뿐 아니라 에도 시대와 메이지 시대의 민가와 상점, 유곽을 재현해 놓았다. 한국의 민속촌처럼 시대극의 세트로 자주 사용된다. 영화제작 현장과 영화의 매력을 만끽할 수 있는 다양한 코너와 이벤트가 열린다. 30종의 시대극 분장을 체험해볼 수 있는 '시대극 분장관'(유료)과 함께 '가라쿠리 닌자 저택', '도에이 애니메 뮤지엄', '우키요에 미술관', 등골을 오싹하게 하는 '귀신의 집', '즐거운 미궁관', '우즈마사 트릭아트 미궁관', '닌자수행도장' 등의 시설이 있다. 시대극 속 인물 분장 체험도 이곳에서 즐길 수 있다. 분장 체험은 메이크업, 가발, 의상까지 완벽하게 극 속 인물과 똑같이 만들어준다. 분장한 모습을 사진으로 남길 수도 있다. 또 찻잔을 만들어 전통문양을 그려 넣는 등의 체험도 가능하다.

Data Map 344p-B **Access** 시 버스 91, 93번을 이용해 우즈마사에이가무라미치 하차, 도보 5분 교토 버스 61, 62, 63번 우즈마사에이가무라마에 하차 **Add** 京都市右京区太秦蜂岡町10 **Open** 09:00~17:00(12~2월 10:00~17:00) **Cost** 입장료 성인 2,400엔, 중고생 1,400엔, 3세 이상 어린이 1,200엔. 시대극 속 인물 분장 체험 5,800엔~. 사진 촬영 1명 1,900~3,000엔, 2명 3,000~4,500엔. 전통문양 찻잔 만들기 1,350엔, 전통문양 접시 만들기 2,250엔 **Web** www.toei-eigamura.com

화과자 장인들의 손맛 엿보기
간슌도 화과자 체험 甘春堂和菓子教室

6대에 걸쳐 150년 동안 화과자를 만들며 전통을 이어가고 있는 화과자 명당 간슌도에서 여는 화과자 체험이다. 외국인과 타지 사람들에게 일본 전통과자와 문화를 알리기 위해서 체험교실을 운영한다. 간슌도 1층에서는 화과자 만드는 모습을 볼 수 있다. 또 다양한 맛과 모양의 화과자를 만날 수 있고, 구매할 수도 있다. 화과자 만들기 체험은 2층에서 진행한다. 화과자 만들기 체험을 하려면 3~4일 전에 예약해야 한다. 체험은 2명부터 최대 80명까지 가능하다. 만들기와 다과 시간까지 총 1시간 15분 소요되며, 1일 4회(09:15, 11:00, 13:00, 15:00) 진행된다. 단체 이용객(20인 이상)은 따로 문의해야 한다.

Data Map 349p-D **Access** 게이한 기요미즈고조역에서 하차, 도보 5분
Add 京都市東山区川端正面東入る茶屋町511-1(豊国神社前) **Open** 09:00~17:00
Cost 1인 2,750엔(화과자 4개 체험) **Tel** 075-561-1318 **Web** www.kanshundo.co.jp

고즈넉한 사찰에서 맛보는 차의 향기
고다이지 다도체험 高台寺茶道体験

역사적 사찰 고다이지에서 진행하는 다도체험. 자연 속 산사의 작은 별채에서 체험을 진행해 더욱 특별한 느낌이다. 고다이지의 멋진 정원 풍광을 함께 즐기며 차를 마시면 그저 그윽한 차 향만으로도 힐링이 되는 느낌이다. 선명한 녹색의 말차와 달콤한 교가시(교토 전통과자)를 함께 맛볼 수 있다. 정통 교토식 다도를 배워볼 수 있는 절호의 기회이다.

Data Map 363p-C **Access** 버스정류장 히가시야마야스이 하차, 도보 5분. 기요미즈데라에서 도보 20분
Add 京都市東山区高台寺下河原町526番地 **Open** 체험 가능시간 10:30~15:30(예약필수)
Cost 1인 4,000엔(입장료 포함, 2~6명) **Tel** 075-561-9966 **Web** www.kodaiji.com/experience.html

교토역·기온

일본 최고의 라멘을 찾아라
교토 라멘코지 京都拉麺小路

일본 전역에서 내로라하는 라멘 전문점 8곳이 입점해 맛을 겨루는 라멘골목으로 JR교토역 10층에 있다. 주기적으로 입점하는 브랜드가 바뀐다. 메뉴 사진이 붙은 자판기에서 식권을 구입하는 방식이라 주문이 어렵지는 않다. 라멘과 영원한 짝꿍인 군만두나 밥 등을 세트 메뉴로 저렴하게 내놓는 곳도 있으니 식당마다 안내판을 잘 참고하도록 하자.

Data Map 349p-C Access JR교토역, 지하철 가라스마선 교토역 이용. JR교토역 10층에 위치
Add 京都市下京区烏丸通塩小路下ル東塩小路町901 京都駅ビル 10 F Open 11:00~22:00
Cost 라멘 750~1,390엔, 교자 280엔, 볶음밥 450엔 Tel 075-361-4401 Web www.kyoto-ramen-koji.com

교토에 온 포틀랜드 커피
스텀프타운 커피 로스터스
Stumptown Coffee Roasters Ace Hotel Kyoto

1999년 미국 북서부 포틀랜드에서 탄생한 스텀프타운 커피의 일본 1호점이다. 까다롭게 고른 스페셜티 원두로 내린 에스프레소와 핸드드립 커피를 선보이고 있다. 파티쉐가 매장에서 만든 페이스트리도 추천! 스텀프타운의 텀블러, 토드백, 머그 등 오리지널 상품도 판매한다.

Data Map 356p-B Access 지하철 가라스마선·도자이선 가라스마오이케역에서 도보 1분, 에이스 호텔 내
Add 京都市中京区車屋町245-2, エースホテル京都 1F Open 7:00~19:00 Tel 075-229-9000
Cost 아메리카노 450엔 Web www.stumptowncoffee.com/pages/locations-kyoto-ace-hotel

튀김도 스타일리시하게
덴푸라 덴토라 신푸칸점 天ぷら 天寅 新風館店

합리적인 가격으로 맛있는 튀김 요리를 선보이는 텐푸라(튀김) 전문점. 제철 채소와 신선한 해산물 튀김은 그야말로 꿀맛! 밥이 따로 나오는 튀김 정식과 덮밥으로 나오는 텐동이 있다. 저녁에는 샴페인 페어링의 튀김 코스를 즐길 수 있다.

Data Map 356p-B Access 지하철 가라스마선·도자이선 가라스마오이케역 남쪽 개찰구 직결, 신푸칸 1층
Add 京都市中京区場之町586-2 新風館1F Open 11:00~15:00, 17:00~21:00, 주말 11:00~21:00
Tel 075-754-8750 Cost 튀김덮밥(텐동) 1,100엔, 참치 초밥과 튀김 정식 1,500엔
Web www.instagram.com/tentora_shinpukan

달콤한 교토의 디저트를 맛보자

가기젠요시후사 鍵善良房

에도 시대 중기에 문을 열었다. 오랜 역사를 자랑하는 과자점. 이 과자점의 명물은 칡가루를 반죽해 익힌 뒤 우동처럼 잘라 설탕 시럽에 찍어 먹는 구즈키리葛切り. 이 밖에도 다양한 종류의 화과자와 떡, 그리고 단팥죽 등을 맛볼 수 있다. 녹차나 말차와 함께 먹는 아름다운 빛깔의 화과자는 교토 분위기를 한껏 느끼게 해준다.

Data 본점 Map 357p-D Access 게이한본선 기온시조역 7번 출구에서 도보 3분 Add 京都市東山区祇園町北側264番地 Open 09:30~18:00(월요일 휴무, 공휴일인 경우 다음 날) Cost 구즈키리 1,030엔 Tel 075-561-1818 Web www.kagizen.co.jp

교토 사람이 추천하는 교료리 장어요리

이즈모야 いづもや

오랜 전통을 자랑하는 교토의 대표적인 교료리 장어요리 전문점. 폰토초 거리 입구에 있는 이 집은 관광객은 물론 교토 사람들의 사랑도 한 몸에 받고 있다. 장어는 6~8월이 제철로 일본의 대표적인 보양요리이다. 여름에는 가모가와강 변의 나무 베란다에서 식사를 즐길 수 있다. 폰토초에서 가장 큰 규모를 자랑하는 이즈모야는 일본식 고급 정식요리 가이세키 요리도 유명하다.

Data Map 357p-C Access 게이한본선 기온시조역 1번 출구, 도보 3분 Add 京都市中京区先斗町通四条上ル柏屋町173-2 Open 11:30~22:00 Cost 장어 덮밥 2,090엔~ Tel 075-211-2501 Web www.idumoya.co.jp

스님도 반한 유바 요리
야마토미 山とみ

두유를 끓였을 때 생기는 표면의 얇은 막을 여러 장 붙여 두부처럼 만들어 낸 것이 유바다. 스님들의 단백질 공급원이었던 유바는 사찰이 많은 교토에서 오랜 시간을 거치며 교토를 대표하는 요리가 됐다. 유바는 두부와 달리 쫄깃한 식감이 특징이다. 야마토미는 유바 외에도 여러 가지 두부 요리와 야채, 고기 등을 꼬치에 꽂아 튀겨낸 구시카츠도 잘한다. 시원한 생맥주를 곁들여 식사를 하며 하루의 피로를 풀어보자.

Data Map 357p-C Access 가와라마치역에서 도보 5분
Add 京都市中京区柳馬場六角下ル井筒屋町421
Open 17:00~22:00(수요일 휴무) Cost 유바정식 2,700엔
Tel 075-212-2680 Web www.kyoto- yamatomi.com

두부 맛의 진화를 위한 끊임없는 시도
마메하치 豆八

교토를 대표하는 두부 요리 전문점 가운데 하나다. 폰토초 거리를 걷다 보면 만나는, 콩이 그려져 있는 노렌(상점 앞에 걸린 천)이 걸린 집이다. 검은콩과 시골에서 가져온 깨끗한 물을 사용해 만드는 유바 요리가 일품이다. 이 집은 전통을 지키면서도 다양한 스타일의 두부 요리로도 유명하다.

Data Map 357p-C Access 한큐선 가와라마치역에서 폰토초 거리로 들어가 도보 1분 Add 京都市中京区四条通先斗町上ル西側22番
Open 11:30~22:30(점심 11:30~14:00, 화요일 휴무), 브레이크 타임 15:00~17:00n Cost 나마유바 사시미 990엔, 유도후 590엔
Tel 050-5484-8342 Web www.k127209.gorp.jp

전통적인 교료리집이 부담된다면
이치바코지 市場小路

교료리는 맛보고 싶은데 가격이 부담된다면 이치바코지를 찾아가보자. 이곳은 교료리를 맛볼 수 있으면서 양식도 함께 파는 곳이다. 캐주얼한 분위기의 창작 다이닝으로, 일본 레스토랑에서는 보기 드물게 런치 시간에 밥과 두부를 무한리필 제공한다. 저녁 시간에는 음료 무한리필의 코스요리도 가능하다.

Data 데라마치 본점 Map 356p-B Access 가와라마치역에서 도보 3분
Add 京都市中京区円福寺前町283 WITH YOUビルB1
Open 평일 11:30~16:00(런치), 17:00~23:00(디너), 토, 일, 공휴일 11:30~23:00 Cost 오반자이 런치 1,100엔

커피숍도 전통이 있는 교토
이노다 커피 INODA COFFEE

교토의 커피숍을 대표하는 70여 년 역사의 토종 교토 커피이다. 이노다 커피 본점은 내부는 고풍스런 가구로 꾸며져 있다. 안쪽 창 너머는 일본의 정취가 느껴지는 정원으로 꾸며져 있다. 카페에 들어서면 생각보다 넓은 실내에 한 번 놀라고, 상큼한 산미의 커피 맛에 또 한 번 놀라게 된다. 커피와 디저트, 간단한 식사까지 할 수 있다.

Data Map 356p-A **Access** 지하철 가라스마오이케역 5번 출구에서 도보 5분 **Add** 京都市中京区堺町通三条下ル道祐町140 **Open** 07:00~18:00 **Cost** 브랜드 커피 650엔, 케이크 630엔, 커피&케이크 세트 1,180엔 **Tel** 075-221-0507 **Web** www.inoda-coffee.co.jp

---

향기로운 커피는 기본, 고즈넉한 사찰은 덤
마에다 커피 고다이지점
前田珈琲 高台寺店

1971년 오픈한 전통 있는 마에다 커피의 고다이지점. 마에다 커피는 교토에만 세 곳의 지점이 있는 교토 브랜드 카페로 직접 로스팅한 커피를 판매한다. 고다이지점은 사찰 고다이지 입구 맞은편에 있다. 고즈넉한 고다이지를 돌아본 후 여독을 풀기 좋다. 커피와 디저트 모두 호평을 받는다. 이곳에서만 한정 판매하는 옛날 풍의 하야시라이스와 검은깨 말차 소프트도 특별하다. 모닝세트(07:00~11:00)도 판매한다.

Data Map 363p-C **Access** 가와라마치역에서 도보 15분 **Add** 京都市東山区下河原通八坂鳥居前下る南町415-2 **Open** 07:00~18:00 **Cost** 커피 550엔, 파르페 1,150엔~ **Tel** 075-561-1502 **Web** www.maedacoffee.com

달콤한 카페라테 마시며 화장품도 구경하고
요지야 카페 기온점
よ-じやカフェ 祇園店

교토의 대표적인 기념품 숍이자 내추럴 화장품으로 잘 알려진 요지야의 카페. 새초롬한 요지야 캐릭터가 라떼 아트로 등장하는 맛차 카푸치노(630엔). 교아이스 사쿠라(630엔)도 벚꽃 컬러의 아이스크림이 있어 여름에 빙빙수처럼 즐기기에 좋다. 요지야 매장에서는 계절별 한정 화장품도 선보이고 있어 사용해보는 것이 좋다.

Data Map 357p-D **Access** 게이한본선 기온시조역 2번 출구에서 도보 3분 **Add** 京都府京都市東山区祇園町北側266 井澤ビル 2F **Open** 11:00~19:00 **Cost** 맛차 카푸치노 770엔, 케이크 세트 1,200엔 **Tel** 075-746-2263 **Web** www.yojiyacafe.com/index.html

현대적인 일본식 디저트

오모 카페 omo cafe

일본식 퓨전 디저트를 판매하는 카페. 예전에 건어물 가게였던 건물을 활용한 점포가 분위기 있다. 적정한 가격의 캐주얼한 카페로 가볍게 도전해도 좋다. 일본식의 디저트는 물론 런치를 대표하는 특제 카레가 인기. 맥주도 판매한다. 화, 금요일에는 사케와 안주를 평소보다 할인된 680엔에 맛볼 수 있다. 실내가 약간 어두워 눈치보지 않고 천천히 쉬어가기 좋은 곳.

Data Map 356p-B Access 한큐교토선 가와라마치역 4번 출구에서 도보 10분
Add 京都市中京区梅屋町499 Open 11:00~22:00(수요일 휴무) Cost 특제 카레 1,400엔
Tel 075-221-7500 Web www.secondhouse.co.jp/omoya/omocafe

교토의 말차 케이크를 맛볼 수 있는

기노네 季の音

창밖으로 교토 거리를 내려다보며 한가로이 시간을 보내기 좋은 카페. 분위기는 무겁지 않고 맛은 훌륭. 말차를 일컫는 '오우스'의 이름을 빌린 오우스노몽블랑은 은은한 쓴맛에 농후한 단맛으로 미각을 자극한다. 일본 디저트에서는 빠질 수 없는 찹쌀 옹심이가 들어간 파르페 등도 판매한다. 계절에 따라 한정 메뉴가 있다. 콩가루 아이스도 놓칠 수 없는 별미다.

Data Map 357p-C Access 한큐교토선 가와라마치역 1번 출구에서 도보 2분
Add 京都市中京区河原町通四条上ル米屋町384 くらもとビル4F Open 11:30~18:30(화요일 휴무)
Cost 차 650엔~, 몽블랑 770엔 Tel 075-213-2288 Web kyoto-kinone.jp

책과 미식의 만남
혼토야사이 오이오이 本と野菜 OyOy

유기농 농산물을 취급하는 교토의 사카노토추坂ノ途中와 도쿄 가쿠라자카의 서
점 카모메 북스를 만든 오라이도鷗来堂가 서점 겸 레스토랑을 열었다. 사카노토
추의 계절 채소를 이용한 요리와 디저트를 즐길 수 있는 공간에 음식, 여행, 삶, 독서 등을 테마로
셀렉트한 책이 벽면 가득 진열되어 있다. 금, 토, 일은 식물성 재료만 사용한 오이오이OyOy 플레
이트를 맛볼 수 있다.

Data Map 356p-B Access 지하철 가라스마선·도자이선 가라스마오이케역에서 남쪽 개찰구 직결, 신푸칸 1층
Add 京都市中京区場之町586-2 新風館1F Open 음식(금·토·일요일) 11:00~15:00, 17:00~21:00
(L.O.20:00) / 음료,디저트(월·수·목요일) 11시~21시(L.O 20:30) Close 화요일 Tel 075-744-1727
Web oyoy.kyoto

긴카쿠지

'철학의 길'을 보며 음미하는 커피 한잔
구로가네야 くろがねや

철도 모형 숍과 카페가 함께 있는 흥미로운 가게. 긴카쿠지에서
'철학의 길'을 따라 남쪽으로 7분 정도 걸어 내려오면 호넨인 부
근에 있다. 작지만 여유가 느껴지는 실내에서 운치 있는 철학의
길을 내려다보며 쉬어갈 수 있다. 간단한 식사도 가능하다. 카페
옆에 위치한 숍에서는 놋쇠로 만든 정교한 열차모형을 볼 수 있
다. 장난감이라기보다 작품에 가깝다. 매우 비싸서 살 엄두는 나
지 않지만 구경할 만한 가치가 있다.

Data Map 363p-B Access 철학의 길 세신바시 다리에서 150m. 시
버스 32번 계열을 이용, 미나미타마치역 하차, 도보 1분
Add 京都市左京区鹿ケ谷法然院町44-7 Open 12:00~18:00(화,
수요일 휴무지만 계절에 따라 변동됨) Cost 커피, 주스, 차 500엔,
특제 돈카츠 토스트 1,000엔 Tel 075-752-8450
Web www4.plala.or.jp/kuroganeya-kyoto

거문고 소리가 아닌, 맛으로 매혹되는

쇼고인 야츠하시 聖護院八ツ橋総本店

거문고 소리로 사람들을 매혹시킨 야츠하시 겐교를 기리기 위해 만들기 시작했다는 야츠하시. 지금은 교토를 대표하는 대표 디저트로 알려졌다. 얇게 민 떡 안에 팥소를 넣어 거문고 모양으로 만든다. 1689년 오픈한 쇼고인聖護院에서 처음 만들어 판매했다. 교토 어디에서나 쉽게 찾아 볼 수 있지만 본점에서 먹어야 제맛이다.

Data 본점 Map 363p-A Access 교토역에서 100번 버스로 헤이안 진구 정거장에 하차, 도보 15분
Add 京都市左京区聖護院山王町6番地 Open 09:00~17:00 Tel 075-752-1234
Web www.shogoin.co.jp

아라시야마

숯불로 로스팅한 커피의 향기

카페 란잔 カフェ Ranzan

1967년 오픈한 카페. 아라시야마를 한자음으로 읽은 것에서 카페 이름 란잔이 유래했다. 카페에 들어서면 80석 규모의 널찍한 내부 공간이 먼저 눈에 띈다. 하지만 곧 복고풍의 멋스러움과 사랑방 같은 친근함을 느끼게 된다. 커피와 디저트 메뉴뿐 아니라 오므라이스 등의 가벼운 식사 메뉴도 있다. 숯불로 로스팅한 스미야키 커피가 인상적이다. 한큐 아라시야마역 부근에 있고, 폐점 시간도 비교적 늦은 편이라 여행을 마무리하면서 들르기 좋다.

Data Map 382p-B
Access 한큐 아라시야마역에서 도보 1분
Add 京都市西京区嵐山西一川町8-3 Open 09:00~21:00
Cost 스미야키 커피 440엔, 케이크 세트 780엔, 오므라이스 820엔 Tel 075-861-0251

롤 케이크와 샌드위치, 너희는 감동이야

아링코 아라시야마 본점 Arinco 嵐山本店

깜찍한 개미 얼굴 캐릭터가 반겨주는 롤케이크 전문점. 아라시야마의 케이크 전문점 중에 가장 인기가 높다. 부드러우면서도 지나치게 달지 않아 커피와 녹차, 우유 등 어떤 차와도 잘 어울린다. 대표 메뉴는 탄력이 있으면서도 촉촉한 바닐라 롤. 여행자를 위해 개발된 아링코 샌드위치는 특이하게도 바닐라 롤의 빵 부분을 활용한 샌드위치. 가격(380엔)도 착하다. 동행이 있다면 드링크 세트 메뉴(샌드위치 2개+음료 2개)를 먹어도 좋다. 아라시야마 본점 한정인 교맛차 롤케이크는 겉모습은 묵직하지만 가벼우면서도 기품 있는 맛이 특징이다.

Data Map 382p-B Access 게이후쿠 아라시야마역 쇼핑몰 내 Add 京都市右京区嵯峨天龍寺造路町20-1 京福嵐山駅 1f Open 10:00~18:00(시기별로 다름) Cost 롤케이크 1,200~1,540엔, 샌드위치 350엔, 파르페 680엔 Tel 075-881-9520 Web www.arincoroll.jp

정육점에서 파는 고로케와 튀김이 별미!

나카무라야 中村屋総本店

JR사가역으로 가는 길에 만나게 되는 고로케 가게. 게이후쿠 도게츠교를 등진 채 아라시야마역 지나 다음 골목에서 우회전해 가다 보면 사람들이 줄을 서 있는 정육점이 나온다. 이곳이 바로 나카무라야다. 고로케는 80엔, 꼬치튀김과 비엔나튀김은 180엔으로 저렴해 여행 중에 간단히 식사를 해결할 때 좋다. 일본의 정육점에서는 신선한 고기를 이용해 고로케를 만들어 파는 곳이 많다. 싸고 맛있는 고로케를 맛보려면 정육점으로 고고씽~.

Data Map 382p-B Access JR사가아라시야마역에서 도보 6분. 게이후쿠 아라시야마역에서 도보 7분 Add 京都市右京区嵯峨天龍寺龍門町20 Open 09:00~18:30(수요일 휴무) Cost 고로케 180엔, 구시가츠 150엔, 민치가츠 380엔, 돈가츠 520엔, 비프가츠 880엔 Tel 075-861-1888

🛒 BUY

교토 서부 최대 규모의 쇼핑몰

포르타 PORTA

JR교토역 지하의 쇼핑몰이다. 지하 쇼핑몰이라고 무시하면 안 된다. 이곳은 130여 개의 숍과 카페, 레스토랑이 밀집한 교토 서부 최대 규모의 쇼핑몰이다. 패션 상품은 중저가의 로컬 브랜드를 중심으로 유니클로와 같은 인터내셔널 브랜드까지 다양하게 입점해 있어 선택의 폭이 넓다. 40여 개의 레스토랑이 있는 식당가도 메뉴가 다양해 인기가 높은 편.

Data Map 349p-C
Access JR교토역 중앙 출구 앞에서 연결. 지하철 가라스마선 교토역에서는 직결됨
Add 下京区烏丸通塩小路下ル 東塩小路町902番地
Open 상점 10:00~20:00 (레스토랑11:00~22:00)
Web www.porta.co.jp

교토 기념품을 한자리에 모아놓은

교미야게 京みやげ

JR교토역 쇼핑몰 더 큐브The Cube의 1층과 지하 1층에 위치한 교토 기념품 전문점. 교토의 웬만한 명물은 모두 있어 기념품 쇼핑에 아주 좋다. 1층은 교토의 전통과자가 있는 종합매장으로 연중 관광객으로 붐빈다. 지하 1층은 전통과자와 장아찌류(츠케모노), 후쿠주엔福寿園과 같은 우지차, 교토의 토종 사케 전문점인 도미야富屋 같은 전문점이 입점해 있다.

Data Map 349p-C
Access JR교토역 중앙 출구 앞에서 연결. 교토역 1층과 지하 1층에 위치, B1~1F
Add 下京区烏丸通塩小路下ル 東塩小路町901番地 京都駅ビル
Open 08:30~20:00
Web www.thecube.co.jp/souvenir

교토의 새로운 랜드마크

신푸칸 新風館

옛 교토 중앙 전화국을 활용한 복합 상업시설로 가라스마 거리의 새로운 랜드마크가 된 신푸칸. 일본 최초로 문을 연 에이스 호텔 교토와 스텀프타운 커피를 비롯해 패션 셀렉트숍 빔스BEAMS 재팬, 1LDK, 필그림 서프 서플라이Pilgrim Surf+Supply 등 대부분 간사이 지역 첫 출점. 역사적인 거리에 새로운 활기와 매력을 불어넣고 있다.

Data Map 356p-A Access 지하철 가라스마선·도자이선 가라스마오이케역 남쪽 개찰구 직결 Add 京都市中京区場之町586-2 Open 매장 11:00~21:00, 레스토랑 8:00~24:00 (점포마다 다름) Tel 075-585-6611 Web shinpuhkan.jp/

교토 미인이 쓴다는 교토 토종 화장품

요지야 기온점 よーじや祇園店

기름종이로 유명한 요지야 기온점. 이곳은 교토의 대표적인 번화가 기온의 얼굴이기도 하다. 1, 2층으로 된 기온점은 전국 최대 규모의 매장에 오리지널 화장품과 전통화장도구, 기초화장품 등을 판매하고 있다. 기온시조역 방향(서쪽)으로 30m 가면 2층에 요지야 카페도 있는데, 요지야 캐릭터 모양의 맛차 카푸치노는 이곳 기온점과 긴카쿠지(은각사)점에서만 맛볼 수 있다. 1904년에 설립된 요지야는 교토 토종 화장품 브랜드. 자연주의 화장품으로도 잘 알려져 있다.

Data Map 357p-D Access 게이한 전철 기온시조역 2번 출구에서 우측(동쪽) 방향으로 도보 5분. 시 버스 12, 46, 100, 201, 202, 203, 206, 207번 이용, 기온 하차 Add 京都市東山区祇園町北側270-11 Open 10:30~20:00 Tel 075-541-0177 Web www.yojiya.co.jp

교토 최고의 번화가

시조도리 쇼핑가 四条通

교토의 메인 스트리트로 불리는 번화가다. 기온시조역을 중심으로 야사카 신사 방향의 전통기념품 숍들과 함께 가모 강 반대편의 백화점, 쇼핑몰이 있는 현대적인 쇼핑가가 1km 정도의 거리에 이어 진다. 이곳은 교통의 요지이기도 해서 대부분의 버스 노선이 경유한다. 시조도리의 메인 쇼핑가 안쪽으로도 재래시장인 니시키 시장, 데라마치도리, 신쿄고쿠도리 등의 상점가들이 있다. 교토인들의 생활상이 궁금하다면 구석구석 구경해 보는 것도 좋다.

Data Map 357p-D Access 한큐 전철 한큐카와라마치역 하차. 게이한 전철 기온시조역 3번 출구에서 도보 2분. 시 버스 4, 5, 10, 11,12, 17, 32, 46, 59, 201, 203, 205, 207번 버스 시조카와라마치 하차 Open 10:00~21:00(상점마다 다름)

품격 있는 교토 과자의 맛

교센도 기온 본점 京煎堂 祇園本店

1926년 창업한 교토의 품격 있는 전통과자 전문점. 기온에서 야사카 신사로 찾아가는 길, 시조 도리 오른쪽에 위치해 있다. 맞은편엔 요지야 기온점이 있어 찾기도 쉽다. 여러 가지 맛의 센베이가 특히 인기가 높다. 우지말차뿐만 아니라 유자, 차조기잎, 검은깨 등 다양한 색상에 품격 있는 맛을 느낄 수 있다. 몇 개들이 세트로 구매할 때는 자신이 원하는 맛으로 선택할 수도 있다. 게다가 무게도 가볍다는 것이 장점. 기요미즈데라로 가는 언덕길에 접어들기 전 구입해도 그다지 부담되지 않는다. 넓은 매장의 안쪽으로 들어가면 카페도 있어 맛차와 화과자, 혹은 케이크를 곁들인 세트나 파르페를 맛볼 수 있다. 100% 우지말차를 사용한 맛차 파르페가 특히 인기.

Data Map 363p-C Access 게이한 전철 기온시조역 2번 출구에서 우측(동쪽) 방향으로 도보 5분. 시 버스 12, 46, 100, 201, 202, 203, 206, 207번 이용, 기온 하차 Add 京都市東山区四条通花見小路東入り祇園町南側 565-1 Open 11:00~18:00 Tel 075-541-1141 Web www.kyosen.do

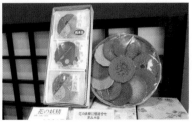

교토 브랜드를 총망라한 잡화 백화점

구로치쿠 산넨자카점 くろちく 産寧坂店

교토 브랜드로 유명한 전통잡화, 공예품 전문 백화점. 깜찍한 전통문양의 상품들이 총망라되어 있어 기념품을 구입하기에도 아주 좋다. 정전기를 방지한다는 동백기름이 내장된 나무 헤어브러시와 아이디어 상품인 손수건, 전통문양의 가제수건, 지갑, 파우치, 도기, 젓가락, 문구류까지 상품이 무척 다양해서 구경하다 보면 시간가는 줄 모를 정도. 뒤쪽에는 헤이안 시대 유적지로 알려진 세류엔清龍苑이라는 넓은 정원이 있으니 잠시 숨을 고르기에도 좋다.

Data Map 363p-C Access 게이한 전철 기온시조역에서 도보 15분. 시 버스 12, 46, 100, 201, 202, 203, 206, 207번 이용 기온 하차 Add 京都市東山区清水三丁目334青龍苑内 Open 10:00~18:00 Tel 075-532-5959 Web www.kurochiku.co.jp

벌꿀로 만든 달콤한 아이스크림과 음료의 유혹

스기요호엔 산넨자카점 杉養蜂園 産寧坂店

양봉원이라는 이름에서 알 수 있듯 벌꿀을 테마로 한 건강 식품 전문점이다. 유네스코 세계자연유산으로 등재된 아키타현의 시라카미산지에서 엄격한 기준으로 양봉한 벌꿀로 만든 다양한 제품을 판매한다. 기요미즈데라를 오가는 길에 들러 벌꿀이 든 아이스크림을 맛보며 쉬어가도 좋다. 또 건강에 좋은 벌꿀 함유 음료도 시음할 수 있다. 특히, 과즙이 든 벌꿀은 물에 희석시켜 음료로 마실 수 있어 인기 쇼핑 아이템이다. 워낙 관광객이 많이 몰리는 골목이라 입구 쪽은 늘 붐빈다. 하지만 안쪽으로 들어가면 여유롭게 쉬며 음료를 마실 수 있는 테이블이 있다.

Data Map 363p-C Access 지하철 요츠바시선 요츠바시역 6번 출구에서 도보 8분 Add 京都市東山区清水3丁目337番地 Open 09:30~18:15 (기요미즈데라 야간 관람 시즌 10:00~20:00) Tel 075-532-1838 Web www.sugi-bee.com

교토 스타일 잡화 액세서리 갤러리

고하쿠 가이라시 Cohaku Kairashi

교토를 제대로 느낄 수 있는 멋스런 전통잡화 갤러리. 고다이지 입구에서 큰길 쪽으로 내려오다 보면 바로 우측에 있다. 가이라시는 가와이라시이(귀엽다)의 교토 사투리. 야사카 탑을 모티브로 한 깜찍한 로고가 반갑게 맞아준다. 석조건물 안으로 들어서면 천장이 높고 여유 있는 실내에 깜찍한 교토의 잡화와 액세서리들이 전시되어 있다. 먹기가 아까운 컬러풀한 옛날 사탕과 교토의 풍경을 이미지화한 향수, 섬세한 자수가 놓인 가제수건류, 귀여운 문양의 손지갑들, 도기까지 형형색색의 기념품들이 마음을 설레게 한다. 걸이와 펜던트를 따로 선택할 수 있는 목걸이는 야사카 탑을 형상화한 펜던트가 인기가 많다.

Data Map 363p-C Access 게이한 전철 기온시조역에서 도보 10분 Add 京都市東山区東大路高台寺南門通東入ル下弁天町58-3 Open 평일 12:00~19:00, 주말·공휴일 11:00~19:00 Tel 075-541-5405 Web cohakukairashi.com

긴카쿠지

수제 핸드백을 필두로 한 발랄한 잡화

보가테이 Bougatei

핸드메이드 잡화 전문점이다. 전통직물인 지리멘 소재의 핸드백을 중심으로 전통잡화와 액세서리를 만나볼 수 있다. 전통무늬에 굳이 구애받지 않더라도 발랄한 디자인의 잡화들을 구경하는 재미가 있다. 교토 산넨자카의 크래프트 보가테이가 본점이다. '철학의 길'에도 자매숍이 있다. 마음에 드는 물건은 홈페이지에서도 구매할 수 있다.

Data Map 363p-B Access 시 버스 5, 17번을 이용, 긴카쿠지마에 하차 긴카쿠지 부근에서 철학의 길을 따라 도보 10분 Add 京都市左京区浄土寺上南田町86 Open 11:00~17:00 Tel 075-771-5541 Web www.bougatei.com/tetsugaku/tetsugakutop.html

02

고베

KOBE 神戸

산노미야역 | 기타노이진칸 | 모토마치 | 난킨마치
베이 에어리어 | 신나가타 | 다카라즈카

고베는 일본 제3의 무역항이다. 1868
년 개항 이후 일찍 서양 문물을 받아
들여 음식과 거리 등에 이국적인 느
낌이 강하게 남아 있는 도시다. 지금
은 1995년 고베 대지진의 아픔을 딛
고 더욱 화려하고 세련된 계획도시가
됐다. 고베는 개화기의 문화유산과
양과자, 커피, 고베규(소고기)와 같은
미식의 향연이 있어 여행자를 행복하
게 한다.

미 리 보 기

고베는 오사카에서 열차로 30분이면 갈 수 있는 곳이므로 숙소는 오사카에 두고 간사이 스루 패스를 이용하여 가는 것이 좋다. 산노미야역에서 시작하여 모토마치, 난킨마치, 하버랜드 방향으로 이동하고 다시 시티 루프 버스를 이용하여 산노미야역으로 돌아와 포트 라이너를 이용하여 포트 아일랜드 지역을 돌아보는 것이 좋다.

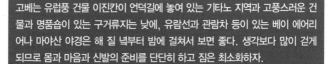

SEE

고베는 유럽풍 건물 이진칸이 언덕길에 놓여 있는 기타노 지역과 고풍스러운 건물과 명품숍이 있는 구거류지는 낮에, 유람선과 관람차 등이 있는 베이 에어리어나 마야산 야경은 해 질 녘부터 밤에 걸쳐서 보면 좋다. 생각보다 많이 걷게 되므로 몸과 마음과 신발의 준비를 단단히 하고 짐은 최소화하자.

EAT

기타노 지역에서 산노미야, 모토마치를 거쳐 베이 에어리어까지, 동선 내에 부족함 없이 맛집을 찾을 수 있다. 전국적으로 유명한 고베의 소고기를 비롯해 개성이 넘치는 메뉴를 가지고 있는 카페, 일본식 면을 이용한 파스타 등 뭘 먹을지 정했다가도 눈앞의 유혹에 자꾸 마음을 바꾸게 되니 열린 마음과 입으로 받아들일 것!

BUY

고베의 커피며 과자들은 훌륭한 여행선물이 된다. 식품류는 유통기한(일본에서는 상미기한이라 하여 가장 맛있게 먹을 수 있는 기한을 표시한다)에 유의한다. 고베에서만 만날 수 있는 옷이나 구두 등 패션 아이템은 지갑과 신중하게 상의할 것. 또 오사카에 있는 숍이 고베에 있는 것도 많아 미리 찜해놓은 숍이 있다면 고베에서 쇼핑하는 게 효율적이다.

어떻게 갈까?

간사이공항에서는 리무진 버스로 한 시간이면 갈 수 있다. 오사카 우메다역에서 한큐선이나 한신선을 타고 산노미야역으로 이동하고, JR 오사카역에서 JR산노미야역까지 갈 수 있다.

어떻게 다닐까?

고베는 대부분의 관광지가 도보로 이동 가능하다. 주요 관광지만 돌아볼 작정이면 시티 루프 버스를 이용하는 것이 편리하다. 고베에는 유난히 긴 상점가가 많다. 하지만 지붕이 있어 비가 와도 도보여행에 문제가 없다. 피곤할 때 맛있는 고베 디저트를 맛보며 티타임을 갖도록 하자.

고베

📍 1일 추천 코스 📍

걷자. 걷고 또 걷자. 고베에서는 실컷 걸으며 이곳저곳 찾아다니는 게 정석! 다리가 아프면 달콤한 고베의 스위츠로 달래주면 된다. 그러니 걱정 말고 걷자!

산노미야역에서 나와
기타노이진칸으로 올라가기,
기타노이진칸 외국인 거류지와
골목골목 쇼핑점 돌아보기,
기타노이진칸 기념품점의
고베 스위츠 맛보기

도보 25분 →

토어 로드 스테이크
아오야마에서
고베규 런치 메뉴로 식사,
토어 로드 상점 돌아보기

도보 25분 →

모토마치 상점가와 차이나타운
난킨마치 상점가 돌아보기,
난킨마치에서 부타만 등 길거리
음식으로 간식하기

↓ 도보 25분

모자이크 대관람차 타고
고베 일몰과 야경 감상,
고베 포트 타워를 배경으로
야경 사진 찍기

← 도보 25분

모자이크 레스토랑에서
바다를 바라보며
저녁 식사

← 도보 25분

베이 에어리어의 쇼핑몰
우미에에서 쇼핑하기,
앙팡만 뮤지엄 돌아보기

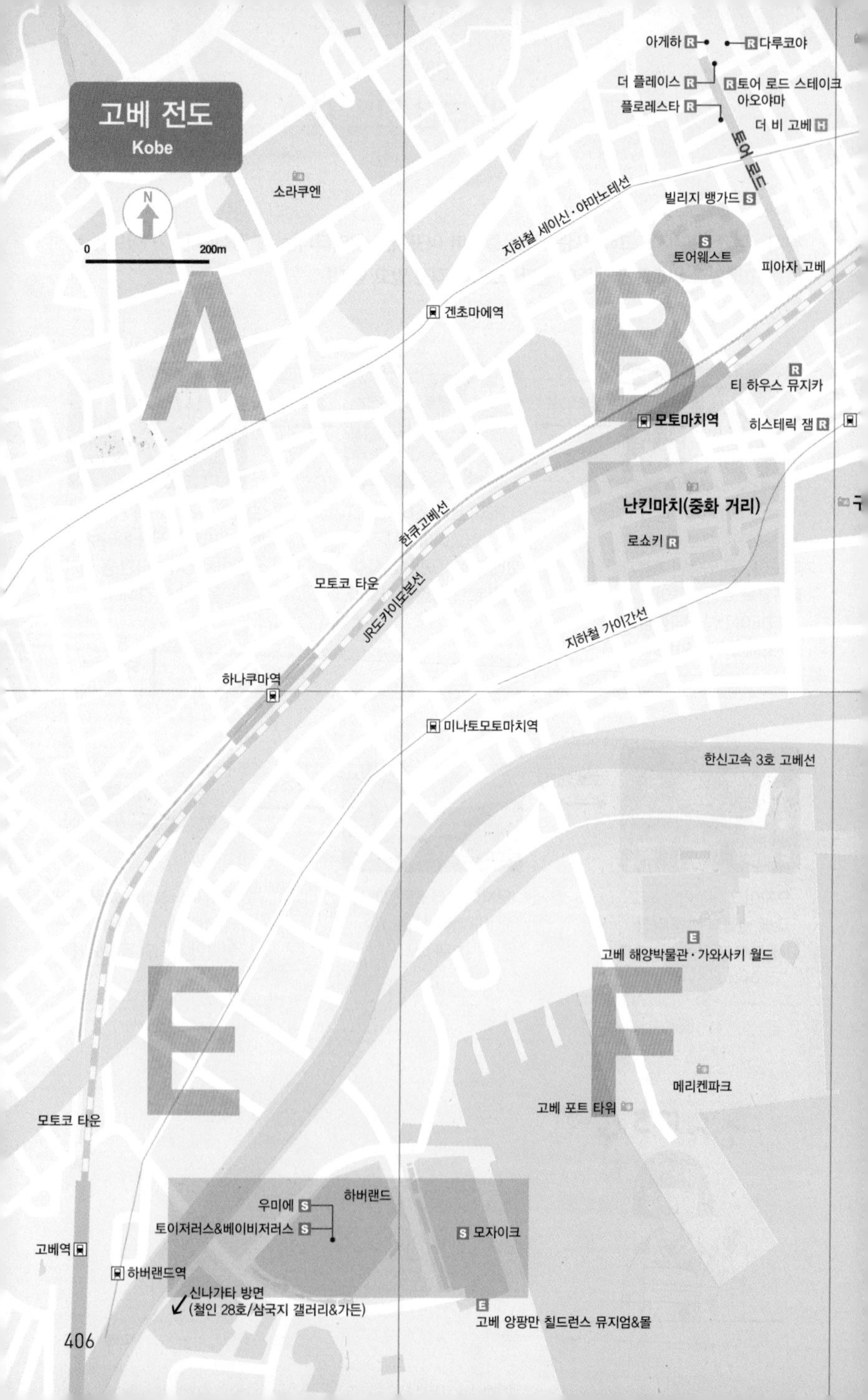

고베 전도
Kobe

N

0 — 200m

A

B

C

D

E

F

소라쿠엔

겐초마에역

아게하 R ● ● R 다루코야

더 플레이스 R | R 토어 로드 스테이크
아오야마

플로레스타 R | 더 비 고베 H

빌리지 뱅가드 S

S 토어웨스트

피아자 고베

지하철 세이신 · 야마노테선

티 하우스 뮤지카 R

모토마치역 | 히스테릭 잼 R R

난킨마치(중화 거리)

로쇼키 R

한큐 고베선

모토코 타운

JR도카이도본선

하나쿠마역

지하철 가이간선

미나토모토마치역

한신고속 3호 고베선

고베 해양박물관 · 가와사키 월드 E

모토코 타운

메리켄파크

고베 포트 타워

고베역 R

우미에 S 하버랜드
토이저러스&베이비저러스 S

S 모자이크

하버랜드역

신나가타 방면
(철인 28호/삼국지 갤러리&가든)

고베 앙팡만 칠드런즈 뮤지엄&몰 E

이쿠타 신사

산노미야역　산노미야역

산노미야역

스테이크

아쿠테로드

고베

스테이크 랜드

블랑제리 콤시누아

C

크리올로 카페

산노미야·하나도케이마에역

플라워 로드

미너토카와

지카

잼

규코류치·다이마루마에역

D

보에키센터역

구거류지

베선

G

T

H

포트 터미널역

고베항

고베공항 방면 ↘
(UCC커피박물관/포트피아호텔)

SEE

고베 여행은 여기서 시작!

산노미야역 三宮駅

오사카에서 고베로 올 때 가장 많이 이용하게 되는 역이 산노미야다. 간사이공항까지 다니는 리무진 버스도 산노미야역 버스터미널에 선다. 고베의 중심지이자 여행의 출발지다. 이진칸들이 모여 있는 기타노와 모토마치, 구거류지로 이어지는 상점가가 산노미야역을 가운데에 두고 남북으로 놓여 있다. 역 주변으로는 쇼핑가와 맛집들이 빽빽이 늘어서 있다. 산노미야역에서 도보로 갈 수 있는 기타노이진칸은 유럽풍 건물이 아기자기 모여 있는 고베의 필수 관광 코스다.

사랑을 이뤄주는 태양의 여신을 만나러 가자

이쿠타 신사 生田神社

산노미야역에서 기타노이진칸 방향으로 가다 보면 도큐 핸즈를 비롯해 숍, 카페, 베이커리 등이 줄지어 있는 곳이 있다. 이곳이 바로 이쿠타 로드다. 이쿠타 로드에는 태양의 여신을 모시는 이쿠타 신사도 있다. 이쿠타生田라는 말은 생명이 넘치는 곳, 또는 생동감을 뜻한다. 간사이 지방에서는 결혼이나 연애에 관련해서 영험하기로 소문난 곳이다. 이쿠타 신사에서는 유명한 오마모리(부적)를 판매한다. 흰색은 남성, 붉은색은 여성용인데, 연인이 나눠가지면 사랑이 이뤄진다고 한다.

Data Map 412p-A **Access** 지하철 산노미야역 서쪽 출구에서 도보 5분 **Add** 神戸市中央区下山手通1-2-1 **Open** 07:00~일몰 때까지 **Tel** 078-321-3851 **Web** www.ikutajinja.or.jp

메이지 개화기 시대로 돌아간다
기타노이진칸 北野異人館

고베 북쪽에 자리한 기타노이진칸은 개화기 일본을 볼 수 있는 특별한 곳이다. 1868년 에도 막부가 미국, 영국, 프랑스, 러시아, 네덜란드 5개 국가와 통상 조약을 맺으며 외국인들이 고베항을 통해 일본으로 대거 이주한다. 이들은 구거류지에서 기업활동을 하며 기타노이진칸에 새롭게 거주지를 만들었다. 기타노이진칸에 들어선 건물들은 대부분 콜로니얼 양식으로 지어졌다. 베란다가 있고, 페인트로 외벽을 칠했으며, 돌출된 창과 벽돌로 만든 굴뚝 등이 특징이다. 이진칸 거리에 있는 스타벅스도 문화재로 지정된 건물이다. 거리를 따라 특별한 건물들이 몰려 있어 하나씩 찾아보는 재미가 있다. 이진칸에 있는 건물들은 대부분 내부 촬영은 가능하나 만질 수는 없다.

Data Map 412p
Access 산노미야역에서 도보 20분, 지하철 신고베역에서 도보 10분, 시티 루프 버스 기타노이진칸 정류장에서 하차
Web kobe-ijinkan.net

TIP 기타노이진칸 통합입장권

기타노이진칸에 있는 역사 건축물은 대부분 입장료가 있다. 모두 15곳에서 입장료를 받는다. 입장료는 550~1,050엔이다. 만약 여러 곳을 돌아볼 작정이라면 통합입장권을 구매하는 것이 저렴하다. 예를 들어 8개소의 입장권을 따로따로 구입하면 4,550엔이지만 통합입장권은 3,000엔으로 돌아볼 수 있다. 통합입장권은 건물 종류와 개수에 따라 2~8곳까지 다양하다. 건물마다 휴무일과 개장시간 등이 자주 변경되니 통합입장권을 끊기 전에 홈페이지(www.ijinkan.net)에서 미리 확인해보자.

2개소 풍향계의 집, 연두색 집
3개소(옐로우) 덴마크관, 빈 오스트리아의 집, 향기의 집 네덜란드관
3개소(스마일) 영국관, 프랑스관, 벤의 집
5개소 비늘집, 비늘미술관, 야마테하치반칸, 기타노 외국인 구락부, 언덕 위의 이진칸
8개소 비늘집, 비늘미술관, 야마테하치반칸, 기타노 외국인 구락부, 언덕 위의 이진칸, 영국관, 프랑스관, 벤의 집

입장권	요금(엔)
	성인
2개소 입장권	650
3개소 스마일 패스	1,400
3개소 옐로우 패스	1,400
5개소 해피 패스	2,100
8개소 프리미엄 패스	3,000

기타노이진칸에서 꼭 들러볼 명소

비늘집 うろこの家

외벽이 비늘 모양의 천연 슬레이트석으로 장식된 집. 이곳을 강추하는 이유는 볼거리가 특별하기 때문. 건물에는 사용 당시의 모습을 그대로 남겨둔 방들과 햇살이 가득 들어오는 미술관이 있다. 위층의 레트로한 창문으로 보이는 베이 에어리어의 모습도 인상적이다. 특히, 독일의 마이센, 덴마크의 로열 코펜하겐 등 골동품 가구가 전시되어 있어, 가구나 집기에 관심이 있는 사람이라면 놓치지 말 것! 정원의 청동 멧돼지 상은 코를 만지면 행운이 깃든다고 해서 누구나 만지고 가는 명물이다.

Data Map 412p-B Access 산노미야역에서 서쪽 출구로 나와 도보 15분. 시티 루프 버스 기타노이진칸 정류장에서 도보 8분 Add 神戸市中央区北野町2-20-4 Open 동절기 09:30~17:00, 하절기 09:30~18:00 Cost 1,050엔 (미술관 포함) Tel 0120-888-581

야마테하치반칸 山手八番館

튜더 양식(16세기 전기 영국의 건축양식)의 다락방과 기둥을 밖으로 드러낸 외관이 독특한 건물이다. 의자에 앉아 소원을 빌면 이루어진다는 새턴의 의자가 유명하다. '새턴의 의자'는 문을 사이에 두고 양쪽에 하나씩 놓여 있는데, 왼쪽이 남자용, 오른쪽이 여자용이라고 한다. 새턴의 의자에 앉아 소원을 비는 이들로 항상 대기줄이 길다.

Data Map 412p-B Access 산노미야역에서 동쪽 출구로 나와 도보 20분. 시티 루프 버스 기타노이진칸 정류장에서 도보 10분 Add 神戸市中央区北野町2-7 Open 4월~9월 09:20~18:00, 10월~3월 09:30~17:00 Cost 입장료 550엔 Tel 0120-888-581

라인의 집 ラインの館

1915년 프랑스인이 지은 목조 2층 건물이다. 건물 외벽을 크림색 나무판을 덧대어 마감했는데, 그 때문에 건물벽에 가로줄이 층층이 쳐진 것처럼 보여서 '라인Line의 집'으로 불린다. 정원에는 소철과 녹차나무, 작은 연못도 있어 지친 다리를 쉬어가기 좋다. 실내에는 여러 가지 기념물을 전시해 놓았다. 시기에 따라 이벤트 전시도 한다. 입장료는 무료!

Data Map 412p-B Access 산노미야역 동쪽 1번 출구에서 도보 15분. 시티 루프 버스 기타노이진칸 정류장에서 도보 1분 Add 神戸市中央区北野町2-10-24 Open 09:00~18:00 2월, 6월의 제 3 목요일 휴관 Cost 입장료 무료 Tel 078-222-3403

연두색 집 萌黄の館

풍향계의 집 맞은편에 있다. 전체적으로 연한 녹색으로 칠해진 옛 미국 총영사의 집. 이름의 유래가 된 연녹색 건물과 두 가지 양식의 베이 윈도우가 특징이다. 중요문화재로 지정되었다.

Data Map 412p-A **Access** 산노미야역에서 동쪽 8번 출구에서 도보 15분. 시티 루프 버스 기타노이진칸 정류장에서 도보 5분 **Add** 神戸市中央区北野町3-10-11 **Open** 09:00~18:00(2월 3번째 수요일, 목요일 휴무) **Cost** 성인 400엔 **Tel** 078-855-5221

풍향계의 집 風見鶏の館

고베 이진칸의 심볼 같은 집이다. 뾰족한 피라미드 모양의 지붕 위에 바람이 불면 이리저리 흔들리는 닭이 있어, 멀리서도 풍향계의 집이라는 걸 바로 알 수 있다. 이 집은 독일인 무역상의 저택으로 1909년에 지어졌다. 성처럼 높은 천장과 아르누보풍의 장식이 이진칸 중에서도 독특한 분위기를 낸다. 현재는 고베시 소유. 중요문화재로 지정되었다.

Data Map 412p-A **Access** 산노미야역에서 동쪽 8번 출구에서 도보 15분. 시티 루프 버스 기타노이진칸 정류장에서 도보 5분 **Add** 神戸市中央区北野町2-10-24 **Open** 09:00~18:00(2월, 6월 첫째 주 화요일 휴관) **Cost** 성인 500엔, 고등학생 이하 무료 **Tel** 078-242-3223

언덕 위의 이진칸 坂の上の異人館

동양적인 분위기를 느낄 수 있는 독특한 이진칸이다. 옛 중국영사관으로, 명나라에서 청나라에 걸친 미술품과 가구들로 통일된 인테리어를 보여준다.

Data Map 412p-B **Access** 산노미야역에서 동쪽 8번 출구에서 도보 15분. 시티 루프 버스 기타노이진칸 정류장에서 도보 5분 **Add** 神戸市中央区北野町2-18-2 **Open** 4월~9월 09:30~18:00, 10월~3월 09:30~17:00 **Cost** 성인 550엔 **Tel** 0120-888-581

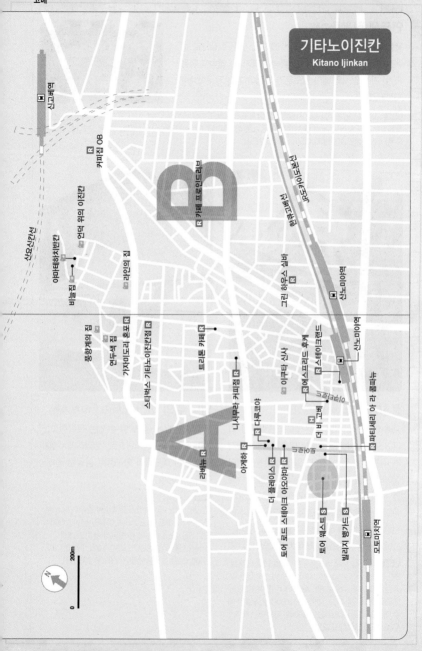

기타노이진칸
Kitano Ijinkan

신고베역

산요신칸선

커피점 OB

JR도카이도혼선

카페 프로인드리브

한큐고베선

언덕 위의 이진칸

그린 하우스 실바

아메리칸즈치진칸

빈늘집

라인의 집

신노미야역

풍향계의 집

연두색 집

가자미도리 혼포

스타벅스 기타노이진칸점

트리톤 카페

신노미야역

니시무라 커피점

이쿠타 신사

에스프리드 후케

다룸코야

스테이크랜드

더 블래이스

아게하

다룸코야

라베뉴

토어로드 스테이크 이야마

로만

더 비 고베

파티세리 아 라 캄파뉴

토어 헤스트 S

벨리지 뱅가드 S

모토마치역

200m

N

고베 속의 또 다른 유럽
구거류지 旧居留地

고전적 분위기의 서양식 건물들이 어깨를 마주하고 있는 구거류지. 순간 일본인지 유럽인지 헷갈려서 간판의 글씨를 찾아 고개를 두리번거리게 되는 곳이다. 중후한 분위기의 빌딩들은 지금도 숍이나 회사 사무실로 사용되고 있다. 반면 1층에는 옛 분위기를 살린 카페와 레스토랑이 많다. 모토마치 거리와 산노미야, 베이 에어리어의 중간에 위치해 있어 특별히 시간을 내지 않아도 동선상에서 둘러볼 수 있다.

Data Map 407p-C Access 산노미야역에서 항구쪽으로 도보 5분 Web www.kobe-kyoryuchi.com

고베의 대표 상점가
모토마치 元町

양손은 무겁게, 지갑은 가볍게 만드는 모토마치! 고베에서 손꼽히는 쇼핑 지역으로, JR모토마치역과 고베역 사이의 1.2km에 달하는 긴 거리다. 이진칸 언덕길을 다 걸어 내려와 베이 에어리어 쪽으로 이동할 때 거치게 되는 거리이기도 하다. 이곳에서는 일본 내에서 패션의 도시로 이름난 고베의 진정한 모습을 볼 수 있다. SPA 브랜드부터 명품, 개성적인 디자이너의 숍까지 만날 수 있다. 또 고베 명물 가와라센베점, 일본에서 처음으로 커피를 판 찻집 등 유서 깊은 상점들을 만날 수 있다. 모토마치는 난킨마치와 닿아 있고 메리켄 파크까지도 걸어 갈 수 있다.

Data Map 406p-B Access JR, 한신 모토마치역 하차 도보 2분

고베의 차이나타운
난킨마치 南京町

고베 개항 후 모토마치 남쪽에 자리 잡은 중국인들로 인해 생겨난 차이나타운이다. 규모는 작지만 다양한 먹거리가 있어 발길을 멈추게 한다. 북쪽은 모토마치역, 동쪽은 장안문, 남쪽은 해영문, 서쪽은 서안문이 경계. 장안문에서 서안문까지는 직선거리로 약 250m 정도로 쉽게 둘러볼 수 있다. 장안문 쪽으로 나가면 구거류지와 만난다.

Data Map 406p-B Access JR, 한신 모토마치역 하차 후 도보 7분

고베 공원 중 유일한 일본식 정원
소라쿠엔 相楽園

고베시에 있는 공원 중 유일한 일본정원이다. 공원 전체가 명승지로 지정되어 있다. 징검다리와 돌다리를 건너 다니며 계곡과 폭포 등의 풍경을 감상할 수 있는 지천회유식池泉回遊式 일본정원으로 꾸며져 있다. 사계절 푸른 소철과 봄의 철쭉, 가을의 단풍이 아름답다. 느티나무로 만들어진 정문과 유럽풍 건축물인 구 고데라 가문의 마구간, 보존 목적으로 옮겨 지은 배건물(후네야카타), 구 핫삼 주택이 중요문화재로 지정되어 있다. 많이 걷지 않고도 일본정원의 조형미를 느껴볼 수 있다.

Data Map 406p-A
Access 지하철 겐초마에역 서쪽 1-1출구에서 도보 5분. 모토마치역에서 북서쪽으로 도보 10분
Add 神戸市中央区中山手通5-3-1
Cost 성인 300엔, 초등학생 및 중학생 150엔
Open 09:00~17:00(목요일, 연말연시 휴원)
Tel 078-351-5155 Web sorakuen.com

개항의 기적을 울린 항구가 있는

베이 에어리어 Bay Area

고베는 항구를 기점으로 번성했던 도시다. 고베역과 고베항을 중심으로 하는 베이 에어리어에는 항구도시의 낭만이 가득하다. 메리켄 파크는 콜럼버스가 대서양을 횡단했을 때 사용했던 산타마리아호의 복제선이나 이민을 떠나던 가족을 형상화한 동상 등 다양한 야외 전시물들을 만날 수 있는 곳이다. 고베 야경의 주인공인 빨간색 고베 포트 타워도 베이 에어리어에 있다. 또 낭만적인 데이트에서 빠질 수 없는 대관람차가 이곳의 쇼핑몰 우미에&모자이크에 있다. 고베항에는 세계 각국을 오가는 배들이 떠나고 들어온다. 또 오사카로 가는 크루즈도 운항한다.

Data Map 406p-E Access 산노미야역에서 남쪽으로 도보 약 30분. 지하철 하버랜드역에서 도보 5분. 산노미야역에서 포트라이너로 약 10분 포트 아일랜드 하차. 산노미야역에서 시티 루프 버스로 약 10분

호빵맨이 아이들을 기다린다

고베 앙팡만 칠드런스 뮤지엄&몰
Kobe Anpanman Children's Museum&Mall

일본에서 네 번째로 오픈한 호빵맨 뮤지엄. 호빵맨은 한국에서도 큰 사랑을 받는 캐릭터다. 이곳에는 몸을 움직이며 즐기고 배울 수 있는 다양한 놀이시설과 기념품 숍, 그리고 호빵맨 캐릭터를 응용한 다양한 먹거리가 있다. 아이들만 즐기는 것이 아니라 온 가족이 함께 즐길 수 있는 테마 뮤지엄이다.

Data Map 406p-F Access JR고베역 남쪽 출구에서 도보 8분. 지하철 하버랜드역에서 도보 8분. 시티 루프 버스 타고 하버랜드(모자이크 앞) 하차, 도보 6분 Add 神戸市中央区東川崎町1-6-2 Open 뮤지엄 10:00~18:00, 쇼핑몰 10:00~19:00 Cost 뮤지엄 2,000~2,500엔 (날짜에 따라 변동) Tel 078-341-8855 Web www.kobe-anpanman.jp

대관람차 타고 하늘을 날자

우미에&모자이크 UMIE&MOSAIC

베이 에어리어의 JR고베역 근처에는 두 개의 쇼핑몰이 있다. 우미에와 모자이크다. 모자이크는 바닷가에 세운 대관람차가 있는 붉은색의 쇼핑몰이다. 쇼핑몰이지만 로드숍처럼 꾸며놓아 둘러보는 재미가 있다. 모자이크는 고베 포트 타워와 해양박물관이 보이는 풍경사진을 찍을 수 있는 최고의 장소. 저녁시간이면 밝은 주황색으로 빛나는 고베 포트 타워의 아름다운 야경을 찍을 수 있다.

Data Map 406p-E
Access JR고베역 남쪽 출구에서 도보 5분. 지하철 하버랜드역에서 도보 5분 **Add** 神戸市中央区東川崎町1-7-2
Open 10:00~22:00 (상점마다 다름) **Tel** 078-382-7100
Web umie.jp

일본에 하나밖에 없는 커피 박물관

UCC커피박물관 UCC COFFEE MUSEUM

일본의 유일한 커피 전문 박물관으로 고베 포트 아일랜드에 있다. 커피에 대한 다양한 정보와 UCC커피의 역사와 상품을 소개한다. 다양한 커피 추출기구, 로스팅 기구, 예쁜 커피잔 등이 전시됐다. 커피 테이스팅도 할 수 있다. 기념품과 커피 관련 용품을 판매하는 박물관 숍에는 커피를 좋아하는 이라면 빈손으로 나올 수 없을 정도로 예쁜 것들이 많다. 박물관에서만 한정 판매하는 상품도 있다. 세계의 커피를 즐길 수 있는 UCC커피플라자에서 향기로운 커피 한잔 즐겨 보자.

Data Map 407p-H
Access 산노미야역 출발 포트라이너를 타고 미나미코엔역 하차, 도보 1분
Add 神戸市中央区港島中町6丁目6-2 **Open** 10:00~17:00 (월요일 휴관) **Cost** 고등학생 이상 300엔, 중학생 이하 무료
Web www.ucc.co.jp/museum

신나가타

지구도 지키고 신나가타도 살린
철인 28호 鉄人28号

세계적인 만화가 요코야마 미츠테루 원작의 만화 제목이자 작품 내에 등장하는 로봇 이름이다. 이 만화는 실사영화, TV 드라마, 비디오 게임, 연극, 소설로도 만들어졌다. 철인 28호는 한신 대지진 이후 폐허가 된 고베 신나가타를 재건하기 위해 만들어졌다. 이곳은 요코야마 미츠테루의 고향이다. 철인 28호는 높이가 18m에 달할 만큼 크다.

Data Map 406p-E Access JR신나가타역에서 도보 5분

삼국지를 그대로 재현한
고베 철인 삼국지 갤러리

KOBE鉄人三国志ギャラリー

철인 28호와 함께 고베의 명물이다. 〈삼국지〉를 테마로 한 박물관. 〈삼국지〉 이야기를 150개 장면, 2,000개 조각물로 표현한 거대한 디오라마가 압권이다. 이 밖에 영화 〈적벽대전〉에 사용했던 의상과 소품도 전시하고 있다. 박물관 주변 거리에 야외 전시도 있어서 산책하며 구경하기 좋다.

Data Map 406p-E Access 고베 JR신나가타역에서 도보 10분
Add 神戸市長田区二葉町6-1-13 Open 12:30~17:30(수요일 및
12월 31일~1월 4일 휴관) Cost 100엔, 초등학생 무료 Tel 078-641-3594
Web www.kobe-tetsujin.com/gallery/

다카라즈카

일본 만화의 아이콘 아톰을 만날 수 있는
다카라즈카 데즈카 오사무기념관

宝塚市立手塚治虫記念館

〈아톰〉의 원작자 데즈카 오사무를 기리는 기념관. 기념관 안은 그가 창조한 만화 속 캐릭터들로 가득하다. 그의 작품들을 직접 읽어볼 수 있고, 외국에 번역되어 출판된 작품들도 전시되어 있다. 지하에는 화면을 사용하여 애니메이션을 그려보고, 그린 그림을 움직이거나 색과 배경을 바꿔 가며 자신만의 애니메이션을 만들어볼 수 있는 체험관이 있다. 다른 기념관에 비해 사진촬영에 제약이 거의 없다는 것도 장점 중의 하나다.

Data Access JR다카라즈카역에서 도보 8분 Add 兵庫県宝塚市武庫川町7-65
Open 09:30~17:00(수요일 휴관) Cost 성인 700엔, 중고생 300엔,
초등학생 100엔 Tel 0797-81-2970 Web www.city.takarazuka.hyogo.jp/tezuka

EAT

쁘띠 프랑스 베이커리
블랑제리 콤시누아 Boulamgerie Comme-Chinois

지하철 산노미야역 지하에 있다. 고베를 대표하는 빵집으로 예쁘고 아기자기한 프랑스 빵을 맛볼 수 있다. 제철 과일을 사용해 만든 맛있는 디저트와 빵 100여 종이 진열되어 있다. 베이커리에서 구입한 빵은 바로 옆에 있는 계열사 카페인 어니스트 카페에서 먹고 갈 수 있다.

Data Map 407p-C
Access 산노미야역 바로 앞의 SOGO백화점 신관 건물 바로 뒤
Add 神戸市中央区御幸通 7-1-15 三宮ビル南館 B1
Open 08:00~18:00(월, 수요일 휴무) **Cost** 오늘의 런치박스 750엔
Tel 078-242-1506 **Web** www.comme-chinois.com/honten

맛도, 가격도 착한 고베규 레스토랑
스테이크 랜드 Steak Land

셰프가 손님이 보는 앞에서 철판에 스테이크를 구워주는 스테이크 전문점이다. 입에서 살살 녹는 고베규를 맛볼 수 있다. 맛도 좋지만 런치타임(11:00~14:00)에는 착한 가격(1,080엔)으로 고베규 스테이크를 즐길 수 있다. 좋은 위치와 저렴한 가격, 뛰어난 맛까지 더해져 현지인은 물론, 외국 관광객들도 많이 찾는다.

Data 고베점
Map 407p-C
Access 한큐 산노미야역 서쪽 출구 바로 앞
Add 神戸市中央区北長狭通 1-8-2 宮迫ビル1~2F
Open 11:00~22:00
Cost 고베규 스테이크 런치 세트(150g) 3,180엔, 고베규 스테이크 디너 세트(180g) 6,380엔
Web steakland.jp

도시 틈새에 솟아나는 오아시스
그린 하우스 실바
Green House Silva

무성한 나무에 둘러싸인 입구로 들어가면 마치 숲 속에 지은 별장 같은 공간이 펼쳐진다. 넓고 폭신한 소파와 은은한 빛을 밝히는 조명이 기분 좋은 곳. 크리미한 카르보나라, 신선한 과일과 고소한 아몬드가 올려진 타르트, 여성 손님들에게 가장 인기 있는 음료인 아이스 캐러멜 우유를 대나무 정원을 바라보며 즐겨보자. 늦은 밤까지 영업하는 것도 매력이다.

Data Map 412p-B Access JR산노미야역 동쪽 출구에서 도보 3분 Add 神戸市中央区琴ノ緒町5-5-25 Open 11:00~24:00(L.O. 음식 23:00, 음료 23:30) Cost 오늘의 런치 900엔~, 파스타 런치 1,000엔 Tel 078-262-7044 Web www.green-house99.com

교회에서 맛보는 케이크와 샌드위치
카페 프로인드리브
Cafe Freundlieb

일본 유형문화재로 등록된 오래된 교회 건물을 개조한 카페이다. 1층은 테이크아웃 전문 베이커리, 2층은 카페로 운영되고 있다. 고베규로 만든 비프 샌드위치가 가장 인기 있는 메뉴다. 다양한 케이크와 오가닉 커피를 즐길 수 있다. 유럽의 궁전을 닮은 고풍스런 건물도 볼거리다. 고베 다이마루 백화점과 소고 백화점 내에 테이크아웃 매장도 있다.

Data Map 412p-B Access 지하철 산노미야역 동쪽 2번 출구에서 도보 12분 Add 神戸市中央区生田町 4-6-15 Open 10:00~18:00(수요일 휴무) Cost 평일 런치 1,540엔, 쿠키류 648엔~ Tel 078-231-6051 Web h-freundlieb.com/wp1

문화생활과 쇼핑, 식사를 함께 즐기는
트리톤 카페 Triton Cafe

고베의 카페 문화를 이끌고 있는 카페. 레스토랑은 물론 잡화와 앤티크 판매점으로도 유명하다. 언제 가더라도 진행 중인 이벤트와 전시회를 즐길 수 있다. 고기나 생선 등 제철 재료를 사용해 그날그날 메인 메뉴가 바뀐다. 파스타, 카레 등 메인 메뉴와 샐러드 등을 곁들인 런치 세트가 인기. 수제 케이크와 차 한잔도 좋다.

Data Map 412p-A Access 지하철 산노미야역 동쪽 8번 출구에서 나와 직진 도보 5분 Add 神戸市中央区 中山手通1-23-16 2F Open 11:30~18:00(주말, 공휴일 ~19:00) Cost 치킨카레 음료 세트 1,180엔, 팬케이크 플레이트 1,080엔~ Tel 078-251-1886 Web www.tritoncafe-kitano.com

애프터눈 티를 로망하라
티 하우스 뮤지카 Tea House MUSICA

일본에서 처음으로 티포트에 차를 냈다는 이곳. 식사도 가능하다. 좁게 세로로 난 복도 앞에 루즈 티 패키지가 가득하다. 찻집의 로망 애프터눈 티 세트는 1인분부터 주문이 가능하다. 샌드위치와 스콘, 케이크가 함께 나와 간단한 요기가 된다. 뮤지카 티MUSICA TEA로 판매되고 있는 각종 홍차들은 가격 대비 품질이 좋다. 단, 국내에서 접하는 잎차보다 많이 진한 편이라 우리는 시간에 신경을 써야 한다.

Data Map 406p-B
Access JR모토마치역, 한신 모토마치역에서 남쪽으로 나와 바로 보이는 아케이드 상가 안, 동쪽으로 도보 5분
Add 神戸市中央区三宮町3-9-2 2F **Open** 11:00~22:00
Cost 홍차 480엔~, 애프터눈 티세트 1,260엔
Tel 078-333-4445

들고 먹는 간식에도 귀천이 있다
히스테릭 잼 ヒステリックジャム

모토마치역 뒷골목에 있는 크레이프 전문점. 계란, 버터, 생크림, 과일 등 각 재료를 엄선하여 크레이프를 만든다. 종류는 약 90종. 특히 크렘 브륄레와 샐러즈베리 쇼콜라가 인기 있고, 시기에 따라 기간 한정 크레이프도 내놓는다. 줄이 생길 때도 있지만 테이크아웃 전문점이라 줄은 금방 줄어든다. 본점에서 5분 거리에 2호점도 있다.

Data Map 406p-B **Access** JR모토마치역 동쪽 개찰구에서 도보 3분 **Add** 神戸市中央区北長狭通3-30-77
Open 12:00~18:00 **Tel** 078-599-5019 **Cost** 크림브륄레 680엔, 샐러즈베리 쇼콜라 650엔
Web hysteric-jam.com

입에 침이 고일 만큼 맛있는 찐빵의 원조

로쇼키 老祥記

모토마치에서 난킨마치로 진입하는 부근, 광장 옆의 오른쪽에 있다. 이 집은 '부타만'이라는 양념된 돼지고기 찐빵이 유명하다. 가게 앞에는 항상 찐빵을 사려는 줄이 길게 늘어서 있다. 이 집은 1915년부터 영업을 시작한 부타만 원조가게다. 이곳에서 팔리는 찐빵이 하루에 만 개 이상이다. 부타만에는 쫀득쫀득한 빵에 육즙 가득한 소가 들어 있다. 한입 베어 물면 입에 침이 고일 만큼 맛있다. 한 개 100엔, 3개부터 구입 가능하다.

Data Map 406p-B
Access 모토마치역에서 도보 5분, 모토마치 상점가와 연결
Add 神戸市中央区本町通2-1-14
Cost 부타만 3개 300엔
Open 10:00~18:30(다 팔리면 종료, 월요일 휴무)
Tel 078-331-7714
Web roushouki.com

보드라운 식빵이 생각난다

가자미도리 혼포 風見鶏本舗

이진칸 거리 끝 기타노마치나카 공원 근처에 있다. 가자미도리가 운영하는 세 개의 가게 가운데 오리지널 잼을 파는 곳이다. 상품 옆에 잼의 재료가 적혀 있는데, 마치 잼 버전의 배스킨라빈스 같은 느낌이랄까? 잼을 보고 있으면 식빵 생각이 간절해진다.

Data Map 412p-A
Access 산노미야역 동쪽 출구에서 도보 15분. 시티 루프 버스 기타노이진칸 정류장에서 도보 3분
Add 神戸市中央区北野町三丁目5番5号 Open 10:00~17:00
Cost 푸딩 4개 1,080엔, 치즈 케이크 3개 648엔
Tel 078-231-7656
Web www.kazamidori.co.jp

이진칸 여행의 처음, 혹은 마무리
커피집 OB 珈琲屋OB

지하철 신고베역에서 이진칸 방면으로 나오면 만날 수 있는 통나무집 같은 카페. 햇살 가득 들어오는 나무 테이블에서 큰 컵 가득 담은 향긋한 커피와 토스트 등을 먹을 수 있다. 기타노이진칸 관광 후 신고베역 쪽으로 도보 10분 정도 이동하면 된다.

Data Map 412p-B Access 신고베역 이진칸 방면 출구에서 도보 2분. 산노미야역 동쪽 출구에서 도보 20분 Add 神戸市中央区北野町1-1 新神戸オリエンタルアベニュー 1F Open 09:00~22:00 Cost 커피 360엔 Tel 078-262-2611 Web coffee-ob.com/koube

세계 최고의 초콜릿에 담긴 깊은 맛
라베뉴 L'AVENUE

2009년 세계 초콜릿 경연대회에서 우승해 마스터의 칭호를 가진 히라이 시게오가 자신이 태어난 고베에 오픈한 가게다. 세계대회에서 우승할 때의 기념 작품인 모드는 여러 종류의 초콜릿에 헤이즐넛과 살구를 더해 만들었다. 새콤한 프람부아주와 다크 초콜릿 무스를 더한 초콜릿 프람브 등 20여 종류의 케이크를 맛볼 수 있다. 포장 판매가 되지 않는 매장 한정 판매 메뉴들이 많으니 꼭 한번 들러 맛보기를 권한다.

Data Map 412p-A Access 지하철 산노미야역 서쪽3번 출구에서 도보 8분 Add 神戸市中央区山本通3丁目7-3 ユートピア・トーア1F Open 10:30~18:00(수요일 휴무) Cost 모드 680엔, 밀퓌유 580엔 Web www.lavenue-hirai.com

커피콩 전문점

다루코야 TARUKOYA

입구가 큰 길가에서 비스듬히 안쪽으로 들어가 있어 자칫 지나치기 쉬운 카페다. 취향에 맞게 원산지별로 다양하게 볶은 커피를 콩과 커피백(드립백)으로 판매한다. 커피 봉지를 여는 순간 코를 가득 채우는 커피 향이 직접 내린 커피 못지 않다. 참고로, 마시는 커피는 판매하지 않는다.

Data Map 412p-A Access 산노미야역 동쪽 6번 출구로 나와 도보 10분, 토어 로드에 위치
Add 神戸市中央区下山手通2丁目5-4深澤ビル1F Open 11:00~19:00(수요일, 3번째 목요일 휴무)
Cost 커피백 5개들이 525엔 Tel 078-333-8533 Web www.tarukoya.jp

2.5cm 두께의 철판에서 굽는 먹음직한 고베규

토어 로드 스테이크 아오야마 TOR ROAD STEAK AOYAMA

50년 전통의 스테이크 전문점이다. 고베규 본연의 맛을 살리기 위해 2.5cm 두께의 철판에서 요리한다. 철판이 두꺼우면 육즙을 최대한 보존할 수 있도록 빠른 시간에 조리할 수 있다. 여기에 이 집만의 특제 소스가 더해져 고베규의 진수를 보여준다. 가격대가 다소 비싼 편이지만 런치 타임에는 비교적 저렴한 가격에 맛볼 수 있다.

Data Map 412p-A Access 지하철 산노미야역 서쪽 3번 출구에서 도보 7분 Add 神戸市中央区下山手通 2-14-5 Open 12:00~21:00 (수요일 휴무) Cost 런치 특선 고베규 스테이크 5,610엔~, 아오야마 스테이크 코스 7,150엔, 아오야마 특선 코스 9,900엔 Tel 078-391-4858 Web www.steakaoyama.com

고베 대표 커피 전문점

니시무라 커피점 にしむらコーヒー店

1948년 테이블 세 개의 가게로 시작한 커피숍이다. 블랜드 커피뿐이었던 일본 커피계에 스트레이트 커피와 커피젤리 등을 처음 소개한 곳. 지금은 일본 전역에 알려진 유명한 곳이다. 고베에만 7개의 점포가 있어 여행을 하다 보면 한두 곳은 꼭 만나게 된다.

Data 나카야마테 본점
Map 412p-A Access 산노미야역 서쪽 출구에서 도보 5분 Add 神戸市中央区中山手通1-26-3
Open 08:30~23:00 Cost 블랜드 커피 650엔 Tel 078-221-1872 Web www.kobe-nishimura.jp

문화재에서 즐기는 커피 한 잔의 여유

스타벅스 기타노이진칸점 STARBUCKS 北野異人館店

산노미야역에서 기타노이진칸으로 올라가는 길에 있는 스타벅스. 입점한 건물이 유형문화재로 등록됐다. 1907년에 지어진 이 건물은 한신대지진(1995년) 때 무너져 철거될 운명이었지만 고베시가 기증을 받아서 현재의 자리에 재건했다. 일본의 스타벅스 콘셉트 스토어 가운데 가장 인기가 좋다.

Data Map 412p-A Access 산노미야역에서 도보 11분 Add 神戸市中央区北野町3-1-31北野物語館
Open 08:00~22:00 Tel 078-230-6302

🛒 BUY

고베 최신 유행이 궁금하다면
피아자 고베 ピアザ神戸

산노미야역에서 모토마치역까지 이어지는 2km 거리의 상점가이다. 보세 의류와 신발, 모자, 액세서리 등 고베 최신 유행을 알 수 있는 곳이다. 이곳에는 한국의 지하상가처럼 보세 상점이 빼곡하게 들어서 있다. 다양한 여성화를 갖추고 있는 편집숍 쿠카Qooca와 공군 미군점퍼 등 멋진 점퍼를 파는 나일론NYLON이 주목받는 숍이다.

Data Map 406p-B **Access** 산노미야역 동쪽 출구로 나와 도보 2분

고베의 멋과 트렌드가 궁금하다면
토어 로드 トアロード

북쪽으로는 기타노이진칸, 남쪽으로는 구거류지와 닿는 긴 도로를 토어 로드라고 한다. 오래된 잡화점과 옷가게, 수입품 상점들이 있다. 최근에는 세련된 패션과 분위기 있는 레스토랑이 들어서면서 이국적이고 고풍스러운 멋이 물씬 풍기는 거리가 됐다. 토어 로드라는 이름은 이 거리에 있던 토어 호텔에서 유래됐다.

Data Map 406p-B **Access** 산노미야역 동쪽 6번 출구로 나와 도보 10분

스타일리시하고 독특한 숍들의 집합소

토어 웨스트 トアウエスト

토어 로드의 서쪽 토어 웨스트. 토어 로드의 숍들 중에서도 유독 이곳은 스타일리시하고 세련된 독특한 숍들이 모여 있다. 구제의류, 액세서리, 독특한 소품, 분위기 있는 카페, 고급 레스토랑, 유명 헤어디자이너의 미용실까지, 결코 길지 않은 거리에 촘촘히 들어서 있다. 토어 웨스트에 있는 온 더 카우치on the couch는 여성 의류 및 소품을 파는 상점이다. 캐주얼한 의상이 대부분인데, 쇼핑에 지치면 2층에 있는 카페 마모니아Mamounia에서 쉬어 갈 수 있다.

Data Map 412p-A Access 산노미야역 동쪽 6번 출구로 나와 도보 10분. 토어 로드에서 서쪽 골목으로 진입 Add 神戸市中央区北長狭通3-2-16ハットトリックビル 1F Tel 078-261-8141

중고품이나 LP판, 피규어를 찾는 오타쿠들의 놀이터

모토코 타운 元高タウン

모토코 타운은 구제 의류를 중심으로 골동품, 중고 가구, 헌책, 중고 소품을 파는 숍들이 몰려 있는 거리다. 거리는 선로를 따라 2km 정도 이어지는데, 초입부터 조금 어두컴컴한 분위기다. 중고 물품에 관심이 많거나 옛날 LP판, 피규어 등을 사고 싶다면 최고의 장소다.

Data Map 406p-E
Access 산노미야역 동쪽 출구로
나와 도보 2분. 피아자 고베가
끝나고 바로 모토코 타운 시작

아이들의 위한 쇼핑 천국

토이저러스&베이비저러스

Toys"R"Us&Babies"R"Us

쇼핑몰 우미에UMIE에 있는 어린이 유아용품 매장이다. 토이저러스에서는 장난감, 게임기, 스포츠용품, 소프트웨어 등을 판매한다. 한국에는 시판하지 않는 제품도 많다. 베이비저러스는 유아용 의류, 임산부 의류 및 용품, 가구, 유아식 제품, 유아용품 등을 판다. 한국에서는 고가에 판매되는 제품들을 비교적 저렴하게 구입할 수 있다.

Data Map 406p-E Access JR고베역과 지하철 하버랜드역에서 도보 5분, 고베하버랜드 우미에 스노몰 4층
Add 神戸市中央区東川崎町1-7-2 Open 10:00~20:00

03

나라

NARA 奈良

나라마치 | 도다이지 | 나라 공원

나라는 일본에서 가장 많은 세계문
화유산을 보유한 도시다. 1,300년 전
한반도에서 전해진 불교 문화와 기술
을 바탕으로 710년부터 74년간 일본
의 수도로 번영을 누렸던 고도古都다.
오사카나 교토처럼 쇼핑 장소나 레
스토랑이 많지는 않지만 도시 전체가
사찰과 문화유적으로 가득 차 있다.
또 드넓은 공원에서 자유롭게 뛰노는
사슴과 함께 휴식을 취하는 즐거움
도 있다.

나라

미리보기

나라는 역사와 문화의 도시인만큼 떠들썩한 즐길거리는 없다. 다만 옛 분위기가 물씬한 곳을 산책하는 재미가 있다. 또 나라 공원에서 사슴에게 먹이를 주며 여유를 부릴 수 있다.

SEE

나라 서쪽에 도다이지, 고후쿠지, 가스가타이샤 등 호화로운 문화유산이 많이 모여 있다. 세계문화유산으로 지정된 사찰과 나라 국립박물관, 나라의 상징 사슴을 볼 수 있는 나라 공원은 꼭 들러보자.

EAT

나라에서는 전통찻집에서 쉬어갈 수 있다. 시골의 깨끗한 식재료로 정성스레 만든 웰빙 음식을 맛보는 것도 즐거움이다. 오사카나 고베와 비교하면 먹거리가 조금 빈약하다.

BUY

나라 산조도리나 나라마치에서는 일본 전통 기념품인 붓이나 부채부터 전통 문양을 활용한 잡화 등을 파는 기념품점이 있다. 갤러리 같은 아기자기한 상점에서 느긋하게 산책하며 기념품 쇼핑을 할 수 있다.

어떻게 갈까?

오사카 난바역, 또는 닛폰바시역에서 긴테츠선을 타고 긴테츠 나라역까지 40분이면 갈 수 있다. 또 JR난바역에서는 JR나라역까지 42분 소요된다. JR교토역에서 JR나라선을 이용하면 70분 가량 소요된다.

어떻게 다닐까?

나라는 그리 넓지 않다. 또 다른 도시에 비해 맛집이나 쇼핑 장소가 많지 않아 나라역을 중심으로 도보로 다니는 것이 좋다. 다만, 무더운 한여름에는 산책을 피하는 것이 좋다. 나라 안에서는 순환버스(1일 패스 500엔)를 이용할 수 있다. JR나라역 동쪽 출구, 또는 긴테츠 나라역 7번 출구 근처에서 자전거를 빌려 타고 다니는 것도 방법이다.

나라
📍 1일 추천 코스 📍

나라는 오사카에서 반나절 여행으로 많이 찾는다. 나라에서 숙박을 하는 관광객은 많지 않아 저녁이면 상점이나 관광지가 일찍 문을 닫는다. 특히, 겨울은 오후 4시만 되어도 상점들이 문을 닫는다. 따라서 4~5시간의 일정으로 관광과 산책, 식사를 하는 코스로 잡고 느긋하게 돌아보는 것이 좋겠다.

→ 도보 25분

긴테츠 나라역에서
고후쿠지로 도보 이동,
5층탑이 인상적인
고후쿠지 돌아보기

→ 도보 20분

나라 국립박물관으로
이동해 일본의 국보와
보물 구경하기

모치이도노 상점가로
도보 이동
일본 향기 가득한
전통 요리로 점심 식사하기

↓ 도보+
버스 10분

버스+도보
20분

버스 편으로 JR나라역까지
간 후 도보로
나라 산조도리로 이동
상점가 레스토랑에서
저녁 식사

← 도보 10분

졸졸 따라 다니는 사슴과 함께
나라 공원 산책하기

긴테츠 나라역에서
가스가타이샤행 버스를
타고 가 세계 최대 규모
목조 건축물 도다이지
돌아보기

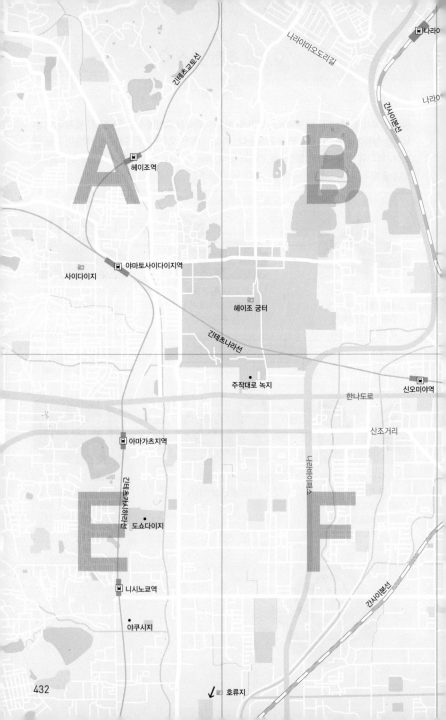

긴테쓰교토선

나라야마오도리길

나라이

간사이본선

나라이

A

B

헤이조역

긴테쓰교토선

야마토사이다이지역

사이다이지

헤이조 궁터

긴테쓰나라선

주작대로 녹지

신오미야역

한나도로

산조거리

아마가쓰역

긴테쓰가시하라선

E

F

긴테쓰나라선

도쇼다이지

니시노쿄역

간사이본선

야쿠시지

호류지

나라 전도
Nara

0   500m

C

D

나라 공원

도다이지

긴테츠나라역

호텔 하나코미치

고후쿠지

나라 공원

가스가타이샤

나라역

와카미야 신사

간고지

시가 나오야 구 주택

G

H

나라마치 코시노이에

사쿠라이선

교바테역

나라의 명물 사슴과 보내는 한때

나라 공원 奈良公園

사슴이 살고 있는 나라 공원은 1880년 조성된 일본 최대 규모의 도시 공원이다. 현재 나라 공원에는 약 1,200마리의 사슴이 살고 있다. 이곳에 사슴이 노니는 공원을 조성한 이유는 사슴을 신성한 사자로 여기기 때문이다. 나라에서 사슴은 가스가타이샤에서 모시는 신과 사람을 연결해주는 존재이다. 나라 공원에서는 사슴과 자유롭게 노닐 수 있다. 초식동물인 사슴은 나뭇잎과 풀을 먹는데, 사슴보호기금 마련을 위해 판매하고 있는 사슴 센베를 먹이로 줄 수 있다. 단, 사슴에게 먹이를 줄 때는 물리지 않도록 주의한다.

Data Map 433p-H Access 긴테츠 나라역 1번 출구에서 도보 20분. JR나라역 또는 긴테츠 나라역에서 가스가타이샤행 버스를 타고 가스가타이샤 하차 후 도보 5분 Add 奈良市登大路町30 Tel 0742-27-8677 Web www3.pref.nara.jp/park

세상에서 가장 큰 목조건물이 있는

도다이지 東大寺

일본 화엄종의 총본산이자 일본이 자랑하는 세계문화유산이다. 745년 쇼무천왕이 어린 나이에 죽은 황태자의 명복을 빌기 위해 창건했다. 도다이지의 다이부츠덴大仏殿은 세계에서 가장 큰 목조건물이다. 이 건물 안에는 일본의 3대 불상 중 하나인 다이부츠大仏가 모셔져 있다. 헤이안 말기와 전국시대, 두 번의 전쟁으로 인해 많은 부분 소실되었지만, 아직도 도다이지에는 우수한 불상들이 많이 남아 있다.

Data Map 435p-B Access 긴테츠 나라역 1번 출구에서 도보 20분. JR나라역 또는 긴테츠 나라역에서 가스가타이샤행 버스로 가스가타이샤 하차 후 도보 5분 Add 奈良市雑司町406-1 Open 다이부츠덴 07:30~17:30(11월~3월 08:00~17:00) Cost 다이부츠덴 중학생이상 600엔, 초등학생 300엔 Tel 0742-22-5511 Web www.todaiji.or.jp

나라 공원
Nara Park

A
B
C
D

나라 여자대학
나라 현립대학
간사이본선
나라역
긴테쓰나라선

나라 공원
도다이지
매월당
도다이지 뮤지엄 🖪
나라 헌립미술관 •
나라 현청 •
나라 현경찰본부 •
가스가타이샤
나라헌 신공회당
나라하문유신사 •
우가미도
부견월
나라 국립박물관 🖪
고후쿠지

사가 나오야 구 저택 •

긴테쓰나라역 🖪
일본 요리 핫포
마스히사 염색 연구소 🖪
🖲 산조 거리
🖲 시젠노누노칸
아케미토리 🖲
일본도 성점가 🖲
사루사와이케
🖲 고시
🖲 가사야
🖲 하요리
간코지
갤러리 다쿠토 🖲
볼릭 커피 🖲
모치이도노 상점가
게이쿠 카페 산가쿠 🖲

나라마치

N
0   200m

나라현에서 가장 오래된 마을

나라마치 奈良町

나라현에서 가장 오래된 마을로 골목을 돌 때마다 낮은 목조건물이 이어지는 곳이다. 옛 일본의 모습을 그대로 간직하고 있다. 나라마치 초입에 커다란 연못 사루사와猿沢가 있는데, 이 연못 남쪽 일대를 '나라마치'라 부른다. 과거에 이 지역 대부분은 사찰 간고지의 땅이었다. 지금도 간고지 주변은 격자구조의 상점가가 보존되어 있다. 세계문화유산인 간고지와 상점가, 음식점, 갤러리 등 꼭 들러야 할 곳들이 많다. 예스러움을 물씬 느끼며 운치 있는 거리를 산책하는 기분도 특별하다.

Data 나라마치 정보관
Map 435p-C Access 긴테츠 나라역에서 도보 15분 Add 奈良市中院町21 Open 10:00~17:00
Tel 0742-26-8610 Web www.naramachiinfo.jp

격자구조로 지은 전통 상가 체험

나라마치 코시노이에 ならまち格子の家

나라마치에서 옛 상가의 분위기를 체험할 수 있는 곳이다. 독특한 격자구조의 상점과 고풍스런 생활용품 등을 볼 수 있다. 입장료도 무료다. 채광창이 있는 부엌과 중정을 사이에 두고 있는 다락방으로 올라가는 하코계단도 놓치지 말자.

Data Map 433p-G
Access 긴테츠 나라역 4번
출구에서 도보 15분. JR나라역
동쪽 출구에서 도보 20분
Add 奈良市元興寺町44
Open 09:00~17:00
(월요일 휴무) Cost 무료
Tel 0742-23-4820
Web www.naramachiinfo.jp/
spot/tourism/1730

세계 최고最古의 목조 건축물

호류지 | 法隆寺

607년 쇼토쿠 태자가 세운 절로 이카루가사라고도 부른다. 지금의 건물은 8세기 초에 재건한 것으로 1993년 일본에서 처음으로 세계문화유산으로 등재되었다. 세계에서 가장 오래된 목조건물로도 유명한 곳이다. 호류지의 현관과 같은 팔각형태의 문인 난다이몬南大門, 고구려 화가 담징이 그린 금당벽화가 있는 곤도金堂, 일본에서 가장 오래된 5층 탑인 고주노토五重塔 등 많은 국보와 문화재가 있어 꼭 한번 들러야 할 곳이다.

Data Map 432p-F **Access** JR호류지역에서 도보 20분 **Add** 奈良県生駒郡斑鳩町法隆寺山内1-1
Open 08:00~17:00(11월~2월 중순 08:00~16:30) **Cost** 성인 1,500엔, 초등학생 750엔 **Tel** 0745-75-2555
Web www.horyuji.or.jp

등에 불 밝히면 환상적인 분위기

가스가타이샤 春日大社

768년에 창건이 된 신사다. 붉은색의 신사 건물들이 푸른 나무가 우거진 주변의 환경과 환상적인 조화를 이룬다. 여기에 신사 곳곳에 달아놓은 석등이 볼만하다. 가스가타이샤에는 약 3,000기의 석등롱, 조등롱이 있으며, 귀중한 보물도 다수 보관되어 있다. 또 울창한 숲이 이어지는 오모테산은 산책하기 안성맞춤이다. 가스가타이샤 내부에는 신엔神苑이라는 정원이 있는데, 봄이면 등나무 꽃이 아름답다. 2월과 8월에 열리는 만등롱 행사 때는 석등롱과 사단에 불이 켜져 환상적인 분위기를 자아낸다.

Data Map 435p-D **Access** 긴테츠 나라역 4번 출구에서 도보 25분 JR나라역 동쪽 출구에서 도보 30분 JR나라역 또는 긴테츠 나라역에서 가스가타이샤행 버스로 11분 **Add** 奈良市春日野町160 **Open** 06:30~17:30(동계 07:00~17:00) (보물전 10:00~17:00) **Cost** 보물전 성인 500엔, 중고생 300엔, 초등생 200엔 **Tel** 0742-22-7788 **Web** www.kasugataisha.or.jp

연못에 비친 아름다운 5층탑

고후쿠지 | 興福寺

710년 창건된 사찰로, 귀족불교를 배경으로 한때 매우 번영했다. 그러나 오랜 세월이 지나면서 대부분 소실되었다. 현재 남아 있는 주요 건물은 고대 나라를 상징하던 5층탑과 3층탑이 있다. 또 국보관에는 국보와 문화재, 공예품 등 2만여 점이 소장되어 있다. 둘레가 360m인 사루사와 연못은 5층탑이 연못 수면에 비치는 아름다운 모습으로 유명하다.

Data Map 435p-D Access 긴테츠 나라역 4번 출구에서 도보 5분. JR나라역 동쪽 출구에서 도보 10분 Add 奈良市登大路町48 Open 09:00~17:00 Cost 보물관+금당 성인 900엔, 중고생 700엔, 초등학생 350엔 Tel 0742-22-7755 Web www.kohfukuji.com

나라마치를 호령하던 큰 절

간고지 | 元興寺

나라 시대에는 도다이지, 고후쿠지와 어깨를 나란히 하는 큰 절로 원래 7개의 건물과 탑이 있었다고 한다. 그러나 대부분 15세기와 19세기에 있었던 화재로 소실됐다. 현재 간고지에서 가장 잘 보존된 건물은 극락방. 세계유산으로 지정되어 있다.

Data Map 433p-G Access 긴테츠 나라역 4번 출구에서 도보 15분. JR나라역 동쪽 출구에서 도보 20분 Add 奈良市中院町11 Open 09:00~17:00 Cost 성인 500엔(추계 특별전 기간 600엔), 중고생 300엔, 초등학생 100엔 Tel 074-223-1377 Web www.gangoji-tera.or.jp

EAT

나라의 정갈한 가정식이 궁금하다면

히요리 旬彩 ひより

전속계약을 맺은 농원에서 재배한 신선한 식재료로 요리하는 레스토랑. 격조 있는 붉은색의 실내가 인상적이다. 신선한 채소정식이 특히 인기가 높다. 나라고향(나라현에서 생산된 쌀로 지은 밥)이 어우러진 채소 런치 메뉴 '야사이 비요리野菜びより'와 생선이 추가된 '하다마리陽だまり' 추천. 각종 채소를 쪄내 천일염과 미소, 간장 소스로 맛을 낸 단품 요리 '나라마치 나베奈良町なべ'도 좋다. 일본의 맛집 블로그인 다베로그에서도 평점이 아주 높아 나라에서 식사를 한다면 꼭 추천하고픈 레스토랑이다.

Data Map 435p-C **Access** 긴테츠 나라역 4번 출구에서 도보 10분. JR나라역 동쪽 출구에서 15분 **Add** 奈良市中新屋町26鶉屋倶楽部1F **Open** 런치 11:30~14:30, 디너 17:00~21:30 (화요일,1, 4번째 월요일 휴무) **Cost** 런치 1,870엔~, 디너 코스 4,180엔~ **Tel** 0742-24-1470 **Web** naramachi-hiyori.jp

맛있는 두부 요리를 먹을 수 있는 곳

고시 紅絲

건강에 좋은 담백한 두부 요리 전문점. 헬시 런치(1,500엔)와 고시 런치(1,980엔) 등 각종 두부 요리를 맛볼 수 있는 런치가 인기 많다. 디저트로 제공되는 두유 푸딩도 이곳에서 직접 만든 것. 레스토랑 곁에는 같은 계열인 도예공방 캔버스가 있어 도기로 만든 고양이 인형을 전시 판매한다. 모치이도노 상점가가 끝나는 지점에 있는 정육점을 끼고 좌회전하면 바로 보인다.

Data Map 435p-C **Access** 긴테츠 나라역 4번 출구에서 도보 8분. JR나라역 동쪽 출구에서 12분
Add 奈良市西寺林町23-2 **Open** 11:00~22:30(런치 11:00~15:00, 화요일 휴무)
Cost 두부 고로케 정식 1,380엔, 두부 햄버거 정식 1,380엔 **Tel** 0742-26-0617

커피와 홍차, 케이크 모두 굿~

볼릭 커피 ボリクコーヒー Bolik Coffee

멋스런 유리문 입구를 들어서면 원목의 널찍한 실내가 인상적인 카페다. 카페 오른쪽엔 작은 나무집이 있어 마트료시카 등 각종 공예품을 전시하고 있다. 카페 왼편에서도 시기마다 공예품 기획전시가 열린다. 커피와 홍차, 케이크류 모두 내공이 상당한 맛이다. 커피는 500~600엔, 홍차를 포함한 다른 차 종류도 600엔, 케이크류는 650엔이다. 음료와 케이크를 함께 주문하면 300엔이 할인된다. 가벼운 식사도 가능하다.

Data Map 435p-C
Access 긴테츠 나라역 4번 출구에서 도보 20분. JR나라역 동쪽 출구에서 20분
Add 奈良市西新屋町40-1
Tel 0742-87-1310
Open 12:30~18:00(월·화요일 휴무) **Cost** 음료 500~600엔, 케이크 600~800엔, 런치 세트 1,100엔 **Web** kanakana.info/bolik-coffee

일본 화과자를 즐기고 싶다면

가시야 樫舍

화과자 전문점으로 호평받는 곳. 다다미방으로 꾸며진 일본
스러운 공간에서 화과자를 즐길 수 있다. 달콤한 화과자와
함께 씁쓸한 말차를 곁들이는 일본 전통 방식 그대로 마시면
제격. 전통미가 느껴지는 곳에서 진정한 일본의 맛을 만끽할
수 있다. 빙수도 대인기!

Data Map 435p-C Access JR나라역 동쪽 출구에서 도보 약 15분 Add 奈良市中院町22-3
Open 09:00~18:00 Cost 말차&계절 화과자 세트 970엔, 빙수 1,512엔 Tel 0742-22-8899
Web www.kasiya.jp

예술 작품 속에서 식사하고 싶다면

게이쿠 카페 산카쿠 藝育カフェ sankaku

카레 세트와 로코모코(흰 쌀밥 위에 햄버그와 계란 후라이를 얹고 그레이비 소스를 뿌린 하와이 요리), 와플버
거 플레이트 몇 종과 음료가 전부인 심플한 메뉴의 카페이지만 매장 내를 입체적인 전시장으로 꾸
며 신선한 분위기를 준다. 카레와 로코모코는 곱빼기도 주문 가능하다.

Data Map 435p-C
Access 긴테츠 나라역 2번 출구에서
도보 7분
Add 奈良市下御門町28-1 2階
Open 12：00~18：00(수·목요일
휴무) Cost 정식 메뉴 1,300엔~
Web narasoraproject.wix.com/art-
cafe-sankaku

BUY

나라에서 가장 오래된 상점가

모치이도노 상점가 もちいどのセンター街

긴테츠 나라역에서 나라마치로 가는 길에 꼭 통과하게 되는 상점가다. 상점가를 지붕으로 씌운 아케이드 쇼핑몰로 날씨와 상관없이 쇼핑을 즐길 수 있다. 나라에서 가장 오래된 상점가로 나라의 인기 점포들은 모두 입점해 있다. 나라를 상징하는 사슴이나 큰 불상 같은 기념품을 파는 곳을 비롯해서 정갈한 음식을 파는 식당도 있어 심심하지 않다.

Data Map 435p-C Access 긴테츠 나라역 4번 출구에서 도보 5분 Add 奈良市餅飯殿町12番地 Tel 0742-22-2164 Web www.mochiidono.com

식탁에 멋을 더하는 테이블 웨어

갤러리 다쿠토 卓都

도기로 된 식기를 전시 판매하는 갤러리 겸 테이블 웨어 전문점이다. 식탁을 미야코(교토)처럼 화려하게 수놓는다는 콘셉트로 1층은 매장, 2층은 도기인형 갤러리로 이루어져 있다. 식탁에 멋을 더해줄 테이블 웨어로는 스테인리스 커틀러리(식탁용 나이프, 포크 류)와 멋진 도기 식기가 있다. 직접 제작한 오리지널 세안 비누도 판매한다. 먹는 케이크를 연상시키는 오리지널 비누는 유자와 댓잎 등 피부를 건강하게 하는 천연성분으로 만들어진 5종이 있다. 매장은 세계유산으로 등재되어 있는 간고지 바로 뒤편에 위치해 있다.

Data Map 435p-C Access 긴테츠 나라역 4번 출구에서 도보 10분 Add 奈良市中新屋町36番地 Open 10:30~17:00 (월요일 휴무) Tel 0742-23-1777

나라의 상징물을 미리 만나는 곳
아케미토리 朱鳥

모치이도노 상점가에 위치한 염색 가제 손수건 전문점으로 나라 데누구이(수건)를 판매 전시한다. 나라마치 여행을 시작하기 전에 이곳에서 나라를 상징하는 것들을 미리 이미지로 만나는 것도 좋다. 다양한 문양의 수건들이 있어 기념품 혹은 인테리어용으로 구매하면 좋겠다.

Data Map 435p-C Access 긴테츠 나라역 4번 출구에서 도보 5분 Add 奈良市橋本町1番地 Open 10:00~19:00 Tel 0742-22-1991 Web www.akemitori.jp

핸드메이드 수예의 모든 것
마스히사 염색 연구소 益久染織研究所

'천연 옷감의 집'이라는 의미의 이름처럼 유기농 면과 실 등 수예의 모든 것을 취급하는 수예전문점이다. 한번도 농약을 사용한 적이 없는 목화밭에서 손수 재배한 목화에서 추출한 면으로 직접 짜고 만든 면제품을 판매한다. 엄청난 규모의 매장에는 천연 면으로 된 아기용품, 주방용품, 뜨개용 실과 재봉용 무늬 천, 이불까지 생활용품 전반을 다루고 있다. 핸드메이드와 천연제품을 좋아하는 사람이라면 좀처럼 헤어나오기 힘든 곳이다. 추천제품은 역시 면제품이다. 자극이 없고 흡수율이 뛰어나 식기, 유리제품을 닦기에 좋다. 또 몸을 닦거나 페이스 마사지용으로도 폭넓게 사랑을 받고 있다. 호류지 인근에도 매장이 한 곳 더 있다.

Data 산조오도리점
Map 435p-C Access 긴테츠나라역 6번 출구에서 도보 5분 Add 奈良市下三条町43-1 Open 10:00~18:00 Tel 0742-25-3636 Web www.mashisa.jp

건강과 미식을 콘셉트로 한 숙박형 테마파크

비손 VISON

예부터 전해지는 미에현 다키초의 약초학을 현대적인 엔터테인먼트와 결합한 대규모 복합 리조트 시설. 도쿄 디즈니랜드 2배 규모, 자연 지형을 최대한 살리면서 하나의 마을을 만들듯이 조성했다. 마쓰자카 소고기, 이세 새우, 전복 등 미에현의 산해진미가 총 집결한 '마르쉐 비손', 직접 재배한 카카오와 딸기로 스위츠를 선보이는 '디저트 빌리지', 조형작가이자 도예가인 우치다 고이치가 프로듀스한 그릇과 조리도구의 테마 뮤지엄 '아뜰리에 비손', 스페인산 세바스찬시와의 교류를 기념하는 미식 거리 '산세바스찬도리', 일본의 발효 식문화를 체험할 수 있는 와비손 등 9개 권역으로 나누어 만들었다. 73곳의 시설은 하루에 다 돌아보기 어려울 정도. 부지 내 호텔은 큰 테라스를 가진 155실의 '호텔 비손'과 콘셉트가 다른 4동 40실의 '하타고 비손'이 있다. 특히 하타고 비손에는 패션 디자이너 미나가와 아키라의 미나페르호넨, 디앤디파트먼트 등 여러 브랜드가 참여했다. '혼조유'에서는 절기에 따른 72종류의 약초탕을 통해 치유의 시간을 가질 수 있다.

Data **Access** 오사카난바역에서 긴테쓰 특급을 타고 약 1시간 30분 후 마쓰사카역 하차, 역 앞에서 버스 타고 약 45분 소요, 나고야역에서 비손까지 운영하는 버스 이용 가능 **Add** 三重県多気郡多気町672-1 **Tel** 0598-39-3190 **Web** vision.jp

04

와카야마

WAKAYAMA 和歌山

**구마노고도 | 고야산 | 시라하마
가쓰우라 | 와카야마시**

와카야마의 여행 키워드는 일본 불교
의 성지인 고야산과 세계문화유산으
로 지정된 천년의 순례길 구마노고도
다. 두 곳 모두 번잡한 오사카와 달
리 정갈하게 마음을 씻어주는 힐링
여행지다. 여기에 기이반도의 해안절
경과 몸을 담그고 싶은 온천들이 기
다리고 있다.

와카야마
미 리 보 기

117개의 사찰이 마을을 이루고 있는 고야산이나 온천 휴양지인 시라하마는 오사카 여행을 왔다가 당일 여행으로 찾는 경우가 많다. 하지만 와카야마의 매력을 제대로 체험하려면 구마노고도의 루트를 따라 신비로운 길을 체험해보는 것이 좋다. 온천에 관심이 있다면 세계문화유산으로 지정된 츠보유 온천이나 천연동굴 온천도 들러보자.

어떻게 갈까?

와카야마는 간사이 지방의 가장 남쪽 기이반도에 있다. 오사카 남쪽에 있는 간사이공항에서 와카야마 시내까지는 난카이 전철을 이용해 50분이면 갈 수 있다. 와카야마 여행의 마지막 일정이라면 공항을 이용하기가 편리하다. 오사카에서는 간사이 스루패스를 이용해 찾아간다. 오사카 난바역에서 난카이 고야선 전철을 타고 가면 구마노고도까지는 세 시간 20분, 고야산은 두 시간 내외로 갈 수 있다. 고야산 한 곳만 갔다 온다면 당일여행이 가능하지만 두 곳 이상을 들르려면 최소 1박은 해야 한다.

어떻게 다닐까?

와카야마의 대표적인 볼거리는 와카야마시, 사찰 마을인 고야산, 해변 온천이 있는 시라하마, 세계문화유산인 구마노고도의 중심 성지인 나치타이샤가 있는 나치가쓰우라, 고야 이역장이 있는 기시역으로 나누어볼 수 있다. 이곳들은 기차와 버스를 갈아타며 찾아가야 한다. 와카야마를 중심으로 일정을 잡는다면 JR 간사이 와이드 패스를 이용하여 오사카, 교토, 와카야마, 시라하마, 신구 지역을 효율적으로 이용할 수 있다. 패스는 10,000엔(국내 여행사에서 구입 시)으로 5일간 자유롭게 이동이 가능하다.

SEE

와카야마는 사찰 마을인 고야산, 해변 온천이 있는 시라하마, 세계문화유산인 구마노고도의 중심 성지인 구마노 나치타이샤가 있는 나치가쓰우라 지역과 와카야마시로 나눌 수 있다. 일본에서 가장 큰 폭포인 나치노오타키와 일본 100대 명산으로 손꼽히는 고야산, 수령 천년이 넘는 삼나무 숲길을 따라 걷는 오쿠노인을 둘러보자.

ENJOY

와카야마현은 오랜 역사와 자연 경관과 함께 온천을 즐길 수 있는 곳이다. 현존하는 공중욕장으로 세계문화유산에 등재된 유일한 온천인 유노미네 온천의 츠보유 온천과 바다를 조망할 수 있는 시라하마 온천, 자연 동굴 그대로 온천인 보키도 온천, 12월에서 2월까지 자연 그대로의 강에서 노천 온천을 경험할 수 있는 가와유 온천 등 색다른 온천을 체험해 보자. 짧은 구간이라도 구마노고도를 걸어보자.

EAT

일본 간장의 발생지인 유아사 간장을 베이스로 한 와카야마 라면이 유명하다. 또 와카야마는 일본 제일의 참치 어획량을 자랑하는 지역인 만큼 참신하고 신선한 참치 요리를 먹어보자. 1,200년 전통의 고야산 사찰 음식도 빼놓을 수 없다.

BUY

와카야마 대표 캐릭터 상품은 고야산의 고야군과 기시역의 고양이 역장인 다마 캐릭터이다. 고야군은 816년 진언종의 수행도장이 마련된 이후 1,200년의 세월을 이어온 고야산의 기념 캐릭터다. 동자승 모습의 귀여운 캐릭터 상품은 고야산 내의 작은 상점이나 관광명소 입구에서 판매하고 있다. 고양이 역장인 다마 캐릭터는 기시역 내에 있는 다마 카페에서 구매할 수 있다. 또 옛 구마노 지방 전설의 새 야타가라스(삼족오)를 모티브로 한 기념품과 일본 간장의 발상지인 와카야마 유아사의 전통적인 양조법으로 만든 간장과 품질이 좋기로 유명한 매실 와카야마의 난코우메 우메보시도 추천할 만하다.

와카야마
📍 2일 추천 코스 📍

와카야마 2일 여행은 고야산과 구마노고도로 집약할 수 있다. 두 곳만 제대로 봐도 일정이 빠듯하다. 숙박은 고야산에서 템플스테이를 하는 게 좋다. 2일째 여정은 구마노고도 대신 와카야마시와 고양이 역장이 있는 기시역으로 선택할 수 있다. 와카야마시에서는 간장 소스로 만든 맛있는 라면과 구로시오 시장의 참치 해체쇼 관람을 놓치지 말자.

고야산 1일차

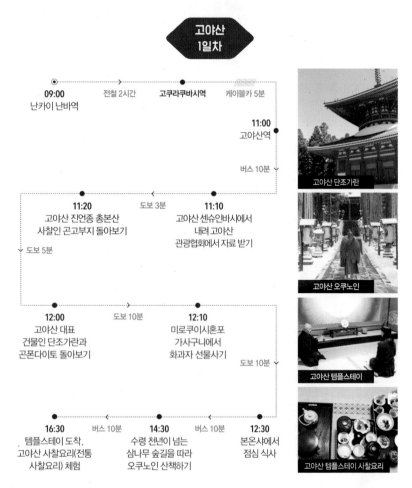

09:00 난카이 난바역 — 전철 2시간 → **고쿠라쿠바시역** — 케이블카 5분 →

11:00 고야산역

버스 10분 →

11:20 고야산 진언종 총본산 사찰인 곤고부지 돌아보기 ← 도보 3분 — **11:10** 고야산 센슈인바시에서 내려 고야산 관광협회에서 자료 받기

도보 5분 ↓

12:00 고야산 대표 건물인 단조가란과 곤폰다이토 돌아보기 — 도보 10분 → **12:10** 미로쿠이시혼포 가사구니에서 화과자 선물사기

도보 10분 ↓

16:30 템플스테이 도착. 고야산 사찰요리(전통 사찰요리) 체험 ← 버스 10분 — **14:30** 수령 천년이 넘는 삼나무 숲길을 따라 오쿠노인 산책하기 ← 버스 10분 — **12:30** 본온샤에서 점심 식사

고야산 단조가란

고야산 오쿠노인

고야산 템플스테이

고야산 템플스테이 사찰요리

구마노고도 2일차

07:30
아침 식사 후
고야산 산책하기

09:00
고야산에서
하시모토역으로 출발

하시모토역에서
JR 와카야마행
환승

열차
1시간30분

13:00
기이가쓰우라에서
신선한 참치 메뉴로
점심식사

열차
2시간40분

와카야마역에서
기이가쓰우라역
특급열차 이용

버스 20분

14:30
기이가쓰우라역에서
나치타이샤 방면 구마노
교통버스를 타고 가
다이몬자카 정류장에서 하차

세계문화유산으로 지정된
순례길 구마노고도 걷기

도보 20분

15:20
나치산세이간토지, 주황색
3층탑인 산주노토와
나치노오타키를 배경으로
기념 촬영

도보 3분

15:00
구마노고도 3대
중심 성지인
구마노나치타이샤
돌아보기

도보 10분

15:40
일본 최고 높이의
나치노오타키 폭포
감상하기

도보 10분

16:00
나치노오타키마에
버스 정류장에서
기이가쓰우라로 이동

버스 30분

16:30
기이가쓰우라역
출발

열차
3시간 20분

19:00
오사카
덴노지역
도착

고야산 산책

기이가쓰우라 참치

가쓰우라 전경

다이몬자카

나치산세이간토지

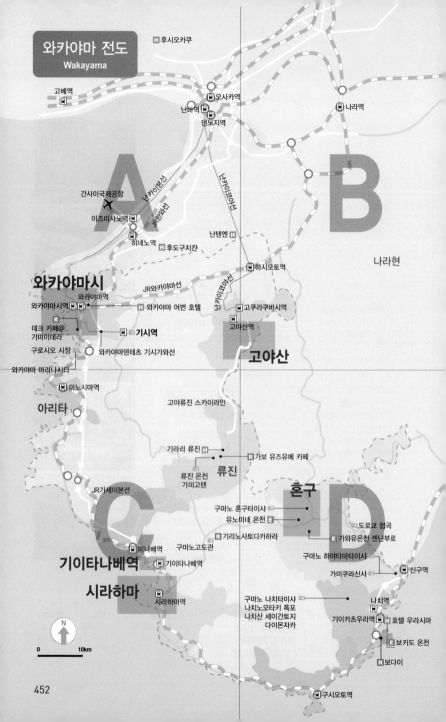

와카야마 전도
Wakayama

H 후시오카쿠

고베역

O 오사카역
난바역
덴노지역

H 나라역

A

B

간사이국제공항
이즈미사노역

히네노역
H 후도구치칸

난텐엔 H

나라현

하시모토역

와카야마시

와카야마역
와카야마시역
데크 카페@
기미이데라
구로시오 시장
와카야마 마리나시티

JR와카야마선
H 와카야마 어번 호텔
고쿠라쿠바시역

고야산역

기시역
와카야마덴테츠 기시가와선

고야산

미노시마역

아리타

고야류진 스카이라인

기라리 류진 H
R 가보 유즈유메 카페
류진 온천
가미고텐
류진

혼구

C

D

구마노 혼구타이샤
유노미네 온천
기리노사토다카하라

도로쿄 협곡
E 가와유온천 센닌부로

미나베역
구마노고도관

기이타나베역
기이타나베역

구마노 하야타마타이샤
가미쿠라신사

신구역

시라하마

시라하마역

구마노 나치타이샤
나치노오타키 폭포
나치산 세이간토지
다이몬자카

나치역
기이카츠우라역 H 호텔 우라시마
E 보키도 온천

보다이

N

0   10km

구시모토역

452

구마노고도

1,200년 역사의 길
구마노고도 熊野古道

세계에서 두 번째로 세계문화유산에 등재된 일본의 옛길이다. 일본 토속신앙의 성지인 구마노산잔
의 세 개 신사를 찾아가는 순례길로 모두 6개의 코스에 총 거리는 307km다. 특히, 나카헤치 코스
는 하늘 높이 치솟은 삼나무숲과 천년 세월이 느껴지는 이끼 긴 돌계단 등이 있어 인기가 높다. 짧
게 돌아보려는 이들은 일본 최대 폭포가 있는 구마노 나치타이샤 코스를 추천한다. 다이몬자카에
서 구마노 나치타이샤를 거쳐 나치노오타키 폭포까지 걷는 데는 한 시간쯤 걸린다.

울창한 삼나무와 이끼 긴 돌계단
다이몬자카 大門坂

구마노나치타이샤로 올라가는 길목이다. 천년 세월의 흔적이 고스란히 묻어나는 돌계단이 있다.
이곳은 과거 커다란 문이 있어서 '다이몬大門자카'라 불린다. 다이몬자카에는 몇 아름도 넘는 거목
들이 돌길을 따라 도열하듯 서 있다. 나무들의 수령은 천년을 헤아린다. 돌길에도 짙은 이끼가 끼
어 있어 이 길의 오랜 역사를 말해준다.

Data Map 452p-D
Access JR기이가쓰우라역에서
구마노 교통버스로 다이몬자카
주차장 앞 하차

폭포와 3층 목탑의 기막힌 조화
나치산 세이간토지 那智山青岸渡寺

구마노나치타이샤에서 나치노오타키 폭포를 향해 가면 나오는 절이다. 경내에서는 주황색이 선명한 25m 높이의 3층탑 산주노토가 있다. 산주노토와 나치노오타키 폭포가 어우러진 풍경이 볼만하다. 산주노토 3층 전망대에서 바라보는 나치노오타키 폭포의 장엄한 모습도 놓칠 수 없다.

Data Map 452p-D Access 구마노나치타이샤에서 도보 3분

높이 113m의 일본 최대 폭포
나치노오타키 폭포 那智の大滝

구마노 나치타이샤에서 자연신으로 모시고 있는 폭포다. 이 폭포는 높이 133m. 폭 13m, 초당 1t 이상의 물이 떨어진다. 일본 최대 규모의 폭포다. 폭포수가 떨어지는 곳에 깊이 10m 이상의 깊은 소가 있다. 울창한 삼나무숲과 어우러진 폭포를 보고 있으면 이곳이 오랜 세월 동안 자연 신앙의 성지로 신성시 되었던 이유를 알 수 있다.

Data Map 452p-D Access 구마노나치타이샤에서 도보 10분

폭포를 신으로 모시고 있는
구마노 나치타이샤 熊野那智大社

구마노산잔 3대 신사 가운데 하나다. 일본 최대 폭포 나치노오타키를 자연신으로 모시고 있다. 해발 500m에 있으며, 다이몬자카에서 467개의 돌계단을 밟아서 올라간다. 특히, 이 신사는 초록이 짙은 원시림 속에 둘러싸여 있는 주황색 건물이 아주 강렬하다. 매년 7월 일본 3대 불 축제로 불리는 나치마쓰리가 열린다.

Data Map 452p-D Access JR기이가쓰우라역 앞에서 구마노 교통버스를 타고 나치산정류장 하차, 도보 10분
Add 和歌山県東牟婁郡那智勝浦町那智山1 Cost 보물전 300엔 Open 08:00~15:30
Tel 0735-55-0321 Web www.kumanonachitaisha.or.jp

'강의 구마노고도'를 따라가면 만나는
구마노 하야타마타이샤 熊野速玉大社

구마노산잔 3대 신사 가운데 하나다. 구마노강이 바다와 만나기 전 크게 휘돌아간 곳에 자리한다. 구마노 하야타마타이샤는 거대한 바위를 숭배한다. 이 바위는 이웃한 가미쿠라 신사에 있는데, 언제부턴가 이곳에 새로 신사를 짓고 바위신을 모시고 있다. 가미쿠라신사를 구궁, 구마노 하야타마타이샤를 신궁이라 부른다.

Data Map 452p-D Access JR신구역에서 도보 20분 Add 和歌山県新宮市新宮1
Open 06:00~18:00(일출~일몰) Tel 0735-22-2533 Web kumanohayatama.jp

웅장한 불의 축제가 열리는
가미쿠라신사 神倉神社

구마노 하야타마타이샤에서 가파른 돌계단을 올라가면 만날 수 있는 신사다. 이 신사에 고토비키 바위라고 불리는 거석이 있다. 이 바위는 구마노산잔이 모시는 신들이 하늘에서 내려와 처음 자리한 곳이라는 전설이 있다. 가미쿠라 신사에서는 매년 2월 6일 횃불을 든 2,000명의 남자들이 일제히 계단을 내려오는 웅대한 축제(오토마츠리)가 열린다.

Data Map 452p-D Access JR신구역에서 도보 15분 Tel 0735-22-2533

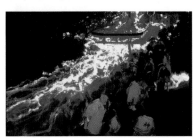

구마노 신사의 총본산

구마노 혼구타이샤 熊野本宮大社

본궁本宮이라는 명칭 그대로 구마노산잔에서 가장 으뜸이 되는 신사다. 본래는 10분쯤 떨어진 곳에 신사가 있었는데, 1889년 대홍수로 사원이 떠내려가면서 옮겨왔다. 구 신사가 있던 곳에는 신사의 기둥문이던 오유노하라가 있다. 이 기둥문은 높이가 33.9m로 일본 신사의 기둥문 가운데 가장 크다. 신사 주변에는 유노미네 온천, 가와유 온천 등 온천마을이 있다.

Data Map 456p **Access** JR기이타나베역에서 류진버스 승차 후 혼구타이샤마에 정류장 하차 후 바로 **Add** 和歌山県田辺市本宮町本宮 1110 **Open** 06:00~19:00, 보물전 10:00~16:00 **Cost** 보물전 300엔 **Tel** 0735-42-0009 **Web** www.hongutaisha.jp

세계문화유산에 등재된 유일한 온천이 있는

유노미네 온천 湯の峰温泉

세계문화유산으로 등재된 유일한 온천 츠보유가 있는 온천마을이다. 온천의 역사는 1,800년을 거슬러 올라간다. 마을 중앙에 있는 원천의 온도는 무려 90도! 달걀과 고구마를 삶아 먹을 수 있다. 원천수 곁에 있는 츠보유는 한번에 2~3명이 30분씩만 이용할 수 있는 온천이다. 죽은 사람도 살릴 정도로 효험이 있다고 해 인기가 높다. 티켓은 공중욕탕에서 구매한다. 입욕료는 800엔으로 다소 비싼 편.

Data Map 456p **Access** JR기이타나베역에서 류진버스 또는 메이코버스 승차 후 유노미네온센 하차 (80분 소요) **Cost** 츠보유 온천 800엔, 공중욕장 구스리유 600엔

강변에서 유유자적 즐기는 노천온천

가와유 온천 川湯温泉

뜨거운 온천수가 솟아나는 강바닥을 손수 파서 나만의 노천탕을 만들 수 있는 가와유 온천. 특히 12월부터 2월까지 조성되는 지름 10m의 대형 노천탕 '센닌부로仙人風呂'가 유명하다. 노천온천 이용은 무료이고 삽과 수영복 등은 인근 숙박시설에서 대여할 수 있다.

Data Map 456p **Access** JR기이타나베역에서 류진버스 승차 후 가와유온천 하차(100분 소요) **Add** 和歌山県田辺市本宮町川湯 **Cost** 무료 **Tel** 0735-42-0735(구마노혼구관광협회) **Web** www.hongu.jp/onsen/kawayu

나카헤치 코스의 시작점

구마노고도관 熊野古道館

구마노 영역의 입구, 다키지리오지滝尻王에서 길 반대편에 있는 구마노고도 정보센터. 십이각형의 목조 공간에 구마노고도의 전 코스를 한눈에 볼 수 있는 지도와 사진이 전시되어 있으며, 옛 귀족들이 구마노고도를 걸을 때 입었던 전통의상을 입고 사진 촬영하는 체험도 할 수 있다. 구마노고도에서도 인기 있는 나카헤치 루트를 가는 많은 사람들이 다키지리오지에서부터 걷기 시작한다.

Data Map 452p-C Access JR기이타나베역에서 구마노혼구행 류진버스 또는 메이코버스 승차, 30분 후 다키지리 하차, 다리 건너 바로 Add 和歌山県田辺市中辺路町栗栖川1222-1 Open 08:30~17:15 Tel 0739-64-1470

구마노고도를 한눈에

와카야마현 세계유산센터(세계유산 혼구관 내)

和歌山県世界遺産センター(世界遺産本宮館内)

2004년 세계유산으로 지정된 '기이산지의 영지와 참배길紀伊山地の霊場と参詣道'의 소개와 구마노고도의 각 코스 정보를 전시하는 인포메이션센터에 각각 구마노 혼구 관광협회와 세계유산센터가 있다. 이 지역의 삼나무로 빼곡하게 채운 공간은 구마노고도의 깊은 숲을 연상시키며 패널과 영상, 디오라마 등 다양한 전시로 구마노고도에 입문하는 데 도움을 준다. 구마노 혼구타이샤 입구에 자리하고 있으니 신사 가기 전 둘러보자.

Data Map 456p Access JR기이타나베역에서 구마노혼구행 류진버스 승차, 약 1시간 45분 후 혼구타이샤 정류장 하차 Add 和歌山県田辺市本宮町本宮100-1 Open 09:00~17:00 Tel 0735-42-1044(세계유산센터), 0735-42-0751(구마노혼구관) Web www.sekaiisan-wakayama.jp

깊은 산중에 자리한 사찰 마을

고야산 高野山

구마노고도와 함께 와카야마현을 상징하는 명소다. 해발 900m의 산중에 117개의 사찰이 있는 마을이 있다. 마을에는 일본 불교의 성지를 비롯해 화과자와 두부 전문점, 아기자기한 잡화점, 고즈넉한 카페 등이 자리한다. 중세 종교 도시의 멋스러움을 느낄 수 있는 한가로운 곳에서 템플스테이를 하며 사찰 요리를 즐겨보자.

Data Map 452p-A **Access** 오사카 난바역에서 난카이 고야선을 타고 고쿠라쿠바시역에서 하차. 난카이 고야산 케이블을 타고 고야산역 하차. 고야산 내에서는 노선버스 난카이린칸 버스 이용(고야산 내 1일 자유승차권 성인 840엔)

고야산 템플스테이는 여기!

헨조코인 遍照光院

고야산 사찰마을의 시조 고보대사의 별당이었던 유서 깊은 사원이다. 본당에는 국가중요문화재인 불상이 있다. 사원의 자랑인 정원은 가을 단풍이 멋지다. 고야산 템플스테이를 소개하는 사진에 자주 등장한다. 헨조코인은 깨끗한 다다미방 31실을 포함해 150명 정도를 수용할 수 있다. 비교적 큰 사찰로 현대식 화장실과 공동욕실도 있어 편안한 휴식을 취할 수 있다. 조용한 사찰에서 사찰음식과 명상체험을 한 후 다음날 새벽법회에 참가하는 것도 좋다.

Data Map 140p-D **Access** 고야산 내 노선버스 이용 렌게다니정류장에서 하차하면 바로 **Add** 和歌山県伊都郡高野町高野山575 **Open** 체크인 14:00, 체크아웃 10:30, 사찰 요리 11:30~12:30 (예약 필요) **Cost** 1인(2식 포함) 15,400엔 **Tel** 0736-56-2124

고보대사 묘가 있는 고야산 성지의 중심

오쿠노인 奥之院

고야산 성지의 중심이 되는 곳이다. 고야산의 다이몬 반대쪽에 위치한 오쿠노인에는 고보대사의 묘를 비롯해 일본 역사상 유명인사 등 20만 명의 묘소가 있다. 입구에서 고보대사의 묘가 있는 신사까지 2km의 길에는 수령 천년이 넘는 삼나무와 묘가 도열해 있다. 오다 노부나가를 비롯한 일본의 역사적인 인물의 묘를 비롯해, 일본의 대표적인 기업이나 그룹, 회사의 위령탑과 분묘가 있다. 각양각색의 모습을 한 묘지나 위령탑은 그 수가 20만 기가 넘는다. 그중에는 흰개미박멸회사에서 세운 흰개미위령탑, 커피로 유명한 UCC의 커피 컵 모양의 묘, 소니와 파나소닉 등의 묘비가 눈에 띈다. 한 만화가의 낙서묘에는 '마음대로 낙서해 달라'는 재미난 문구가 적혀 있어 삶과 죽음을 대하는 위트를 엿볼 수 있다. 때를 맞춰 방문하면 승려들이 일렬로 서서 치르는 의식을 볼 수 있다.

Data Map 140p-B Access 고야산역에서 노선 버스로 오쿠노인마에정류장 하차, 도보 20분
Open 경내 자유 입장 Tel 0736-56-2011(곤고부지)

고야산 사찰 마을로 드는 문

다이몬 大門

사찰 마을 고야산의 입구가 되는 대문이다. 고야산 서쪽에 위치한 다이몬을 시작으로 오른쪽으로 마을이 이어진다. 본래는 지금보다 조금 아래 쪽에 입구 문을 만들었으나 화재로 소실된 후 1705년 지금의 다이몬을 재건했다. 높이 25.1m, 2층 구조의 선명한 선홍색 문은 2중으로 만들어졌다. 문 양쪽에는 금강역사상이 자리하고 있다.

Data Map 140p-C
Access 고야산역에서 다이몬행 버스
이용, 종점인 다이몬정류장 하차
Cost 무료
Tel 0736-56-2011(곤고부지)

고야산에 조성된 진언종 최초 사찰
단조가란 壇場伽藍

816년 고보대사가 고야산에 진언종 수행장을 만들 당시 가장 먼저 세운 사찰이다. 대동여래를 중심으로 한 진언종의 세계관을 표현한 것으로 고보대사가 탑과 본당 건립을 위해 직접 흙을 다졌다고 한다. 입구의 연못과 사찰 내부의 고풍스러운 정원이 눈길을 끈다. 특히, 사방을 붉은색으로 채색한 50m 높이의 곤폰다이토는 고야산을 대표하는 건물로 소개되고 있다. 여러 차례의 화재로 사찰 내 건물들이 소실과 재건을 반복했지만 진언종 최초 사찰로서의 상징성과 위엄을 엿볼 수 있다.

Data Map 140p-C Access 다이몬행 버스 승차, 곤도마에 정류장에서 하차, 다이몬에서 도보로 15분
Add 和歌山県伊都郡高野町高野山152 Open 곤폰다이토와 곤도 08:30~17:00
Cost 곤폰다이토 500엔, 곤도 500엔 Tel 0736-56-2011(곤고부지)

고야산 진언종의 총본산 사찰
곤고부지 金剛峯寺

일본 전역 3,600개에 이르는 고야산 진언종의 총본산 사찰이다. 사찰 내부는 당대 유명한 화가가 그린 그림으로 장식된 방과 크고 호화로운 부엌, 일본식 정원 양식을 볼 수 있다. 사찰 안쪽 큰 방에서는 관람객에게 차와 과자를 제공한다.

Data Map 140p-C Access 고야산역에서 다이몬 방면 버스 승차, 곤고부지마에 정류장에서 하차 후 바로
Add 和歌山県伊都郡高野町高野山132 Open 08:30~17:00 Cost 성인 1,000엔, 초등학생 300엔]
Tel 0736-56-2011 Web www.koyasan.or.jp

푸른 바다를 보며 즐기는 온천욕

시라하마 온천 白浜温泉

와카야마를 대표하는 해변 휴양지이자 바다를 바라보며 온천을 즐기는 곳이다. 시라하마는 1,300년 된 온천마을로 아리마有馬, 도고道後와 함께 일본 3대 오래된 온천 명소로 알려졌다. 시라하마 온천의 대표적인 노천온천 '사키노유崎の湯'는 암벽에 부딪히는 파도 바로 앞에서 온천을 즐길 수 있다. 입욕 시간은 계절에 따라 바뀌며(7~8월은 아침저녁 1시간씩 연장, 10~3월은 17:00까지), 반드시 타월을 지참해야 한다.

Data 사키노유
Map 463p Access 시라하마역에서 택시로 10분. 또는 메이코버스를 타고 신유자키정류장에서 하차 후 도보 3분 Open 08:00~18:00(동계 17:00, 수요일 휴무) Cost 500엔

해식동굴 사이로 석양이 비추는

엔게츠토섬 円月島

시라하마 온천 앞에 떠 있는 섬이다. 해식작용으로 섬 가운데 동그랗게 구멍이 나 있다. 이곳은 석양의 명소로 유명하다. 운이 좋으면 엔게츠토섬의 구멍 사이로 석양이 떨어지는 장관을 볼 수 있다. 엔게쓰도섬은 시라하마의 상징이기도 하다.

Data Map 463p Access JR시라하마역에서 버스를 타고 린카이정류장에서 하차하면 바로
Add 和歌山県西牟婁郡白浜町3740
Tel 0739-42-2900(시라하마초 관광협회)

푸른 바다를 보며 즐기는 온천욕

시라라하마 白良浜

선명한 하늘빛과 에메랄드빛 바다, 새하얀 모래사장이 어울려 한 폭의 그림처럼 아름다운 해변이다. 해변에는 부드럽고 미세한 백색의 모래사장이 펼쳐져 있다. 이곳은 언제나 잔잔한 파도가 밀려온다. 시라하마 온천과 함께 찾으면 좋다.

Data Map 463p Access JR시라하마역에서 산단베키 방면 메이코버스를 타고 시라라하마정류장 하차 후 바로

시라하마
Shirahama

N

0   1km

에즈라해수욕장

엔게츠토섬   엔게츠토 뷰포인트

시라하마 해안 공원   R 기라쿠   H 루안돈 시라하마

다마나 식당 R

밀크&비어 홀 R   H 고가노이 베이호텔   도레토레 시장   S

초쿠모

R 초큐사카바   H 민숙 가츠야

시라라하마 E

H 사키노유   I 시내종합안내소 시라스나

R 카페 엠.   H 사라하마 키 테라스   R 시라하마역
H 하마치도리노유 가이슈   호텔 시모아

센조지키

R 발리

산단베키   H 플러스완   어드벤처 월드

이소기 공원   난키시라하마 공항

웅장한 해안절벽과 해식동굴이 있는

산단베키 三段壁

웅장한 해안절벽과 짙은 남청색의 바다가 조화를 이루는 산단베키. 높이 50m의 깎아지른 듯한 절벽이 2km나 이어져 있다. 가파르게 깎인 절벽과 푸른 바다가 어울려 강한 생동감을 준다. 절벽 아래로 내려가면 길이 36m의 해식동굴이 있다. 이 동굴에서 바라보는 바다의 파노라마가 환상적이다. 산단베키 동굴 관람은 유료다.

Data Map 463p **Access** JR시라하마역에서 메이코버스를 타고 산단베키 정류장 하차 후 바로
Add 和歌山県白浜町2927-52 **Open** 산단베키 동굴 08:00~17:00 **Cost** 동굴 입장료 중학생 이상 1,300엔,
초등학생 650엔 **Tel** 0739-42-4495 **Web** sandanbeki.com

시라하마 여행의 모든 것

시내종합안내소 시라스나 まちなか総合案内所しらすな

보통 관광안내소가 역이나 버스터미널에 있는 데 반해, 시라하마는 시라라하마 해변 인근에 자리하고 있다. 온천 시설은 물론 엔게츠토섬, 산단베키 절벽 등 주요 관광지가 대부분 바닷가 쪽에 몰려 있는 까닭이다. 시라하마 관광 정보와 각종 지도, 할인 쿠폰 등을 얻을 수 있고 자전거 대여도 가능하다. 대여료와 함께 보증료 1,000엔을 지불해야 하고 자전거 반환 시 보증료는 돌려준다. 자전거를 빌리면 짐을 맡아준다.

Data Map 463p **Access** JR시라하마역에서 메이코버스를 타고 시라라하마 정류장 하차
Add 和歌山県西牟婁郡白浜町1384-57 **Open** 08:30~17:00 **Cost** 일반 자전거 500엔, 전동 자전거 1,000엔
(대여 시간 09:00~16:30) **Tel** 0739-43-1618

다양한 동물들과의 모험

어드벤처 월드 ADVENTURE WORLD

일본에서도 몇 안 되는 자이언트 팬더를 만날 수 있는 동물원과 수족관, 관람차를 갖춘 종합 테마 파크. 돌고래 터치, 펭귄 산책, 먹이주기 등의 체험이 가능하다. 동물 바로 옆을 지나는 워킹 사파리와 차 지붕에서 동물들을 볼 수 있는 스카이 버스, 지프 사파리 등 사파리를 즐길 수 있는 방법도 다양하다. 1일권으로 마린라이브, 물개 쇼 관람이 가능하며 사파리의 케나호 승차 등도 포함되어 있다.

Data Map 463p Access JR시라하마역에서 메이코버스를 타고 어드벤처월드 정류장 하차 바로 Add 和歌山県西牟婁郡白浜町堅田2399 Open 10:00~17:00(수요일 휴관) Cost 1일권 어른 4,800엔, 중고생 3,800엔 초등학생 및 유아(4~11세) 2,800엔 Tel 0570-06-4481 Web www.aws-s.com

©デザイン : 水戸岡 鋭治

고양이 역장을 만나다
기시역 貴志駅

고양이가 역장? 역무원이 상주하지 않는 무인역에 고양이를 역장으로 임명한 전철역이 있다. 바로 기시역. JR와카야마역 9번 홈에서 30분 거리에 있는 기시역의 역장은 고양이. 현재 2대째인 역장 '니타마'는 전철역 안에 마련된 집무실(?)에 앉아서 손님들이 오가는 모습을 바라본다. 기시역에는 고양이 테마 카페도 있다. 고양이 모양의 거품 카푸치노와 고양이 모양 슈크림을 판매한다. 기념품 숍에는 고양이 모양의 의자 등 고양이 테마의 아이템이 가득하다. 와카야마역에서 이곳까지는 고양이를 테마로 한 '다마전차'를 비롯해 '딸기전차', '장난감전차' 등 특별한 열차를 운행한다. 시간을 잘 맞추면 갈 때는 다마열차를, 돌아올 때는 딸기열차를 탈 수 있다.

Data Map 452p-A Access JR와카야마역 9번 홈에서 기시가와선을 타고 기시역 하차(32분 소요)
Open 기시역 다마카페 10:00~16:00 Cost 와카야마역~기시역 1일 승차권 성인 800엔, 어린이 400엔
Web www.wakayama-dentetsu.co.jp

와카야마 시내를 굽어보다

와카야마성 和歌山城

와카야마 시내 중앙에 자리한 48.9m의 도라후스야마虎伏山 산에 지어진 성. 초록빛을 띠는 성벽 위로 흰 벽과 검은 기와지붕의 천수각이 우뚝 서 있다. 현재의 성터는 번성기 때 규모의 4분의 1 정도다. 천수각은 1958년 재건된 것으로 도쿠가와 가문의 물품이 다수 전시되어 있다. 3층 높이의 천수각에 오르면 360도로 와카야마 시내 전체를 굽어볼 수 있고 멀리 굽이치는 고야산의 능선도 보인다. 연못 위로 지나는 목조 어교는 성주가 집무실에서 숙소로 이동할 때 이용하던 것으로 경사진 복도로 연결된 것이 특징이다. 주변은 공원으로 조성되어 산책하기 좋고, 봄에는 벚꽃이 만발한다.

Data Map 467p Access JR와카야마역 중앙 개찰구로 나와 역 앞 정류장에서 20, 22, 23, 24, 25, 26, 27, 121번 와카야마버스 타고 고엔마에 정류장 하차 후 바로 Add 和歌山県和歌山市一番丁 Open 09:00~17:30(12월 29일~31일 휴무) Cost 천수각 입장료 어른 410엔, 어린이 200엔 Tel 073-422-8979 Web www.wakayamajo.jp

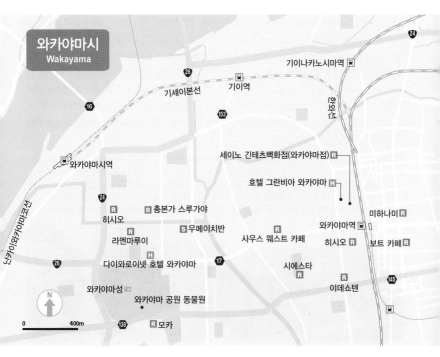

와카야마시
Wakayama

기이나카노시마역

기세이본선
기이역

세이노 긴테츠백화점(와카야마점)

와카야마시역

호텔 그란비아 와카야마

미하나미

총본가 스루가야
히시오

와카야마역

우메이치반

히시오   보트 카페

사우스 웨스트 카페

라멘마루이

다이와로이넷 호텔 와카야마

시에스타

와카야마성

이데쇼텐

와카야마 공원 동물원

모카

다이내믹 참치 해체 쇼

와카야마 마리나시티 和歌山マリーナシティ

와카야마시 남서쪽 바다에 조성된 대규모 리조트 아일랜드. 65헥타르의 인공 섬에 고층의 리조트 맨션과 유럽의 휴양지 같은 테마파크 '포르투 유럽'이 있다. 리조트 호텔 '와카야마 마리나시티 호텔', 와카야마의 신선한 과일과 해산물을 접할 수 있는 '기노쿠니 후르츠무라'와 '구로시오 시장'도 자리하고 있다. 와카야마의 특산품인 참치를 부위별로 정교하게 토막 내는 참치 해체 쇼는 구로시오 시장의 명물. 매일 1회(12:30) 쇼가 진행되는데, 언제나 인파가 몰리고 어김없이 탄성이 쏟아진다. 그날 해체된 참치는 시장에서 맛볼 수 있다. 또한 생선, 게, 가리비, 새우, 육류, 각종 꼬치 등을 구입해 구워 먹을 수 있는 셀프 바비큐장도 인기다. 초밥과 해산물 덮밥도 신선하고 푸짐하게 즐길 수 있다. 구로시오 시장에서 식사 후 후르츠무라에서 달콤한 귤, 감, 복숭아 등을 디저트로 즐기면 딱이다. 아이들과 함께 온 가족 여행객이라면 중세 유럽의 성과 거리를 모티브로 탄생한 포르투 유럽을 놓치지 말자. 마치 유럽의 작은 거리에 온 듯 낭만적인 풍경이 펼쳐진다. 기념 촬영하기에도 좋은 곳. 전 객실에서 푸른 바다와 요트 선착장이 바라다보이는 와카야마 마리나시티 호텔, 바다 한가운데 떠서 노천욕을 즐기는 듯한 기슈쿠로시오 온천에서 편안하게 휴식을 취할 수도 있다.

Data Map 452p-A Access JR와카야마역 중앙 개찰구로 나와 역 앞 정류장에서 22번 와카야마버스를 타고 약 30분 후 마리나시티 정류장 하차 Add 和歌山県和歌山市毛見1527 Open 11:00~22:00(구로시오 시장·포르투 유럽·후르츠무라), 10:00~24:00(기슈쿠로시오온천) Cost 입장료 무료(놀이기구는 별도)/기슈쿠로시오온천 입욕료 어른 1,000엔, 3세~초등학생 600엔(타월 별도) / 마리나시티호텔 스탠더드룸 1인 1박 11,000엔~, 트윈 2인 이용 시 1인당 7,000엔~ Tel 0570-064-358 Web www.marinacity.com

일본 3대 미인 온천

류진 온천 龍神温泉

기이산지 중턱 히다카가와日高川 강을 따라 자리한 류진 온천은 일본의 3대 미인 온천으로 손꼽힌다. 쫀득한 질감과 매끄러운 촉감의 온천수에 몸을 담그면 피부 미인으로 거듭날 수 있다. 온천 숙소가 총 11곳뿐이고 특별한 볼거리도 없는 작은 온천마을임에도 꾸준히 관광객이 찾는 이유다. 특히 류진 온천 입구에 자리한 공공 온천시설 '모토유元湯'를 꼭 들러보자. '원천'을 뜻하는 이름에서 알 수 있듯, 류진 온천의 진가를 제대로 확인할 수 있다. 봄, 가을 류진 온천에서 고야산까지 한 번에 가는 버스가 운행하니 고즈넉한 사찰에서 마음을 닦고 매끌매끌한 온천수로 몸을 가꾸는 온천여행을 계획해도 좋겠다.

Data ▶ 모토유

Map 452p-C Access JR기이타나베역에서 류진버스 타고 약 1시간 20분 후 류진온센 정류장 하차, 도보 2분
Add 和歌山県田辺市龍神村龍神37 Open 07:00~21:00 Cost 800엔 Tel 0739-79-0726
Web www.motoyu-ryujin.com

EAT

와카야마시

간장라멘 맛이 궁금하면
히시오 麵屋ひしお

와카야마현 유아사 간장을 이용해 라멘을 만드는 라멘 전문점이다.
실내는 간장을 숙성시킬 때 사용하는 삼나무통을 재활용한 테이블
과 벽 인테리어가 인상적이다. 간장과 돼지사골을 베이스로 한 라멘
은 깔끔하고 시원하다. 와카야마역 앞에도 지점이 있다.

Data 본점 Map 467p Access 와카야마시역에서 도보로 8분
Add 和歌山市卜半町45 Open 11:00~14:30, 17:30~24:00(월요일
휴무) Cost 유아사 간장 라멘 748엔 Tel 073-423-6330

돼지사골과 간장 양념의 깔끔한 국물 맛
이데쇼텐 井出商店

요코하마시에 있는 라멘박물관에 매장을 내면서 전국적으로 와카야
마 라멘의 매력을 알린 라멘 전문점. 돼지 사골과 간장 양념의 깔끔
한 국물 맛이 일품이다.

Data Map 467p Access JR와카야마역에서 도보 9분 Add 和歌山市田中町4-84 Open 11:30~23:30
(목요일 휴무) Cost 중화소바라멘 750엔 Tel 073-424-1689 Web www.ideshoten.stores.jp

라멘에 다진 파를 산처럼 올려주는
라멘마루이 ラーメンまるイ

라멘에 다진 파를 수북하게 토핑으로 내놓는 집. 가고시마산 돼지고기를 특제 소스와 함께 오랜 시간 끓여
만든 육수는 독특하고 깔끔한 맛이 일품이다.

Data 주니반초점 Map 467p Access JR와카야마역에서 와카야마버스를 이용, 와카야마시야쿠쇼마에 하차,
도보로 5분 Add 和歌山市十二番丁87 Open 11:00~21:00(일요일 11:00~17:00) Cost 라멘 820엔
Tel 073-425-6678 Web ramen-marui.com

요즘 뜨는 와카야마 라멘

세이노 긴테츠백화점 와카야마점 清乃 近鉄百貨店和歌山店

귤 산지로 유명한 아리다시有田市의 맛있기로 소문난 라멘집 세이노가 긴테츠백화점에 2호점을 열었다. 간장과 돼지 사골을 베이스로 한 진한 국물의 와카야마 라멘과 함께 긴테츠점 한정 니보시부랏쿠煮干ブラック(멸치육수) 라멘을 맛볼 수 있다.

Data Map 467p Access JR와카야마역 중앙 개찰구로 나와 바로 앞, 긴테츠백화점 지하 1층
Add 和歌山県和歌山市友田町5-18 Open 10:00~18:30 Cost 와카야마 라멘 800엔, 니보시부랏쿠 800엔
Tel 073-433-1122 Web www.konomise.com/chuki/seino

과일 칵테일의 신세계

사우스 웨스트 카페 South West Café

온화한 기후와 품질 개량으로 와카야마의 과일은 단맛과 신맛의 균형이 탁월하다. 제철 과일 그대로도 좋지만, 새로운 맛을 원한다면 칵테일로 즐겨보자. 해가 지면 문을 여는 후르츠 바 '사우스 웨스트 카페'에서는 와카야마의 신선한 과일로 만든 후르츠 칵테일을 선보인다. 키위, 딸기, 귤, 감, 무화과 등 각종 과일의 과육이나 즙을 얼음과 함께 갈아낸 후 프랑스산 시럽을 약간 첨가한 것이 전부인데도 과일을 그냥 먹을 때보다 한층 고급스럽다. 특히 감 칵테일은 꼭 한번 맛볼 것. 과일의 종류는 계절에 따라 조금씩 달라지고 알코올과 무알코올 중 선택할 수 있다.

Data Map 467p Access JR와카야마역 중앙 개찰구로 나와 도보 10분 Add 和歌山市吉田831
ルミエールプラザ 2F Open 19:00~다음 날 03:00 Cost 후르츠 칵테일 1,200~1,500엔 Tel 073-436-8553

와카야마 직장인의 회식 장소

미하나미 三八波

문을 열고 들어서는 순간 직감했다. 이곳이 현지인들만의 술집이라는 것을. 오픈 바의 왁자지껄한 1층과 끼리끼리 룸에서 즐길 수 있는 2층으로 나뉘어 있는 점도 편리하다. 지역의 신선한 제철 해산물을 아낌없이 담아낸 모둠 사시미와 한입에 넣기 어려울 정도로 큼지막한 후토마키(김밥), 산에서 기른 건강한 닭의 달걀로 만든 다시야키타마고(달걀말이) 등 선택하는 메뉴마다 실패가 적다. 유아사 간장을 베이스로 한 특제 간장은 생선회에 감칠맛을 더한다. 고야산의 쇼진요리를 테마로 한 창작요리에 일가견이 있는 사장님은 한국, 홍콩 등 여러 국제 요리 경연대회에 참가한 실력자. 한국말로 유쾌하게 말을 건네는 사장님 덕분에 술자리가 더욱 무르익는다.

Data Map 467p Access JR와카야마역 동쪽 개찰구로 나와 도보 3분 Add 和歌山県和歌山市黒田2-1-25 Open 11:00~14:30, 17:00~21:30(화요일 휴무) Cost 모둠 사시미(회) 1,980엔, 후토마키 1,200엔 Tel 073-475-2949(문의) Web www.3873.jp

파스타, 디저트, 크래프트 맥주까지

시에스타 シエスタ

와카야마의 과일과 식재료로 만든 신선하고 맛있는 파스타와 케이크를 전국적으로 판매하고 있는 인기 카페. 텔레비전 방송과 잡지에서도 많이 다루어진 치즈케이크가 가장 인기 있다. 꿀을 사용해 많이 달지 않은 크림의 롤케이크도 계속 먹고 싶어지는 맛. 가게가 추천하는 식사는 생면 파스타. 미트소스에 와카야마 브랜드 소고기 '구마노규'를 사용했고, 버섯과 와인으로 푹 끓여 깊은 맛을 끌어냈다. 전국에서 엄선한 크래프트 맥주와 함께 먹으면 더욱 좋다. 포장된 쿠키와 사브레 등은 선물용으로 그만이다.

Data Map 467p Access 와카야마역에서 도보 10분 Add 和歌山市田中町2-18-1 日嘉ビル 1F Open 11:00~22:30 Cost 파스타 1,155엔, 런치 945엔 Tel 073-402-0886 Web www.w-siesta.com

남의 집에서 열리는 비밀 파티처럼

보트 카페 BOAT CAFE

밤 8시부터 12시까지만 영업하는 카페. 카페 메뉴가 매우 알차다. 건물 밖에 액자 간판(사람이 컵 안에서 노를 젓고 있는 귀여운 그림이 그려져 있다)이 재밌다. 안쪽 엘리베이터를 타고 2층으로 올라가면 카페가 나온다. 문을 열면 바 카운터가 바로 보이고, 옆으로는 푹신한 소파가 테이블 자리를 대신하고 있다. 적당히 어두운 조명에 남의 눈을 신경 쓰지 않고 자신들만의 대화를 즐길 수 있다. 다양한 커피, 소프트 음료, 맥주, 칵테일 등의 다양한 음료와 더불어 이탈리안 계열의 푸드, 디저트 주문 가능.

Data Map 467p Access 와카야마역에서 도보 5분 Add 和歌山県和歌山市太田2-8-5 イースト・アベニュー 2F Open 20:00~24:00 Cost 글라스 와인 550엔, 칵테일 710엔~ Tel 070-8995-2838 Web boatcafe.tumblr.com/ota

와카야마성을 보며 커피 한 잔

모카 モカ

예전부터 동네 사람들의 모닝(아침 식사)을 책임져 왔던 카페 모카. 커피를 좋아하는 사장님이 직접 커피를 볶는데 본인의 취향은 신맛이 적고 묵직하게 쓴맛이라고. 1층의 케이크를 포함한 카페 영업은 오전 10시부터지만 아침 식사는 새벽 6시부터 가능하다. 와카야마성이 바로 보이는 위치다 보니 왠지 디저트도 일본 전통적인 것을 생각하게 된다. 혹시 기존 일본의 와라비모치(고사리 전분 등으로 만든 투명하고 매끄러운 떡)에 실망했다면, 모카의 와라비모치를 먹어보자. 기분 좋게 차가운 떡과 고소한 콩가루가 여태까지 먹어온 와라비모치에 대한 이미지를 싹 바꿔준다.

Data Map 467p Access 와카야마시역에서 도보 22분(와카야마성 오카구치몬岡口門 맞은 편) Add 和歌山県和歌山市片岡町1-1 Open 06:00~17:00(화, 수요일 휴무) Cost 와라비모치 세트 (따뜻한 커피 포함) 790엔, 와라비모치 세트(아이스커피 포함) 820엔, 커피 400엔 Tel 073-436-4533

다국적 분위기의 카페에서 맛보는 수제 케이크
본온샤 梵恩솜

오래된 민가를 개조한 레스토랑. 카페 입구에 지역 작가 작품을 전시하는 공간이 있어 따뜻한 아틀리에 같은 느낌이다. 건강식 채식 메뉴까지 갖추고 있는 인기 레스토랑이다. 세계 각국을 여행한 오너 부부가 꾸민 이국적인 분위기가 특징이다. 화려하지는 않지만 직접 만든 수제 케이크를 맛볼 수 있다. 채식 런치 세트에는 커피와 케이크가 포함돼서 나온다.

Data Map 140p-C Access 오다와라도리 버스정류장에서 도보 2분 Add 和歌山県伊都郡高野町高野山 730 Open 06:30~17:00(금요일 ~16:00), (월, 화 휴무, 겨울 시즌은 비정기휴무) Cost 채식 런치 1,200엔, 수제 케이크 세트 550엔 Tel 0736-56-5535

고야산의 전통 화과자점
미로쿠이시혼포 가사구니 みろく石本舗かさ國

고야산 곤고부지에서 애용하는 화과자점으로 고야산 여행에서 빼놓을 수 없는 곳이다. 화과자는 관광객들의 기념품으로 인기가 많다. 구운 떡, 구루미모치(호두가 들어간 떡), 생과자 등이 인기 메뉴다. 구매한 과자, 떡과 함께 차를 마실 수 있는 휴식 공간도 있다.

Data Map 140p-C Access 오다와라도리 버스정류장에서 도보 1분 Add 和歌山県伊都郡高野町高野山 764 Open 08:00~18:00 Cost 구루미모치 130엔, 미로쿠이시 10개 1,200엔 Tel 0736-56-2327 Web www.mirokuishi.com

푸딩처럼 쫀쫀한 참깨두부

고마도후 하마다야 胡麻豆腐 濱田屋

참깨로 만든 두부인 '고마도후'로 유명한 노포. 뒷골목 주택가에 자리하고 있지만 손님의 발길이 끊이지 않는다. 고야산 쇼진요리에서 빠지지 않는 고마도후는 참깨와 칡(구즈코葛粉)을 갈아 만들어 푸딩처럼 쫀쫀한 식감과 담백한 맛이 특징이다. 특히 100년 전통의 하마다야는 참깨의 겉껍질을 완전히 벗겨내 눈처럼 하얀 고마도후를 탄생시켰다. 고마도후의 소스로 유아사 간장과 와사비를 더하거나 '와산본和三盆'이라는 브라운 슈거를 뿌려 먹는 두 가지 중 선택할 수 있다. 대개는 두 가지를 모두 주문해 비교해가며 맛본다. 첫 맛은 신기하고 먹을수록 고소하며 끝까지 깔끔하다.

Data Map 140p-C
Access 오다와라도리
버스정류장에서 도보 3분
Add 和歌山県伊都郡高野町
高野山444
Open 09:00~17:00
Cost 고마도후 1인분 400엔
Tel 0736-56-2343
Web koyasan-hamadaya.
com

쉬었다 가세요
니시리 西利

고야산 거리를 거닐다 잠시 쉬기 좋은 카페. 곤고부지 바로 길 건너편이라 찾기도 쉽다. 오래된 나무 테이블과 의자, 각종 골동품이 전시된 유리 장식장 등 내부는 영락없이 전통찻집 분위기다. 커피나 차와 함께 두부로 만든 컵케이크와 쿠키, 크런치 중 선택할 수 있는 세트 메뉴도 분위기와 잘 어울린다. 두부 컵케이크는 달지 않고 부드러운 맛. 카페 바로 옆에는 함께 운영하는 기념품 가게가 있다. 고야산의 건강한 기운을 담은 각종 오미야게(선물)를 고를 수 있다.

Data Map 140p-C Access 곤고부지마에 버스정류장에서 도보 1분 Add 和歌山県伊都郡高野町高野山784 Open 09:00~16:30(목요일 휴무) Cost 두부 컵케이크·커피 세트 550엔 Tel 0736-56-2145

알록달록 예쁜 사찰음식
중앙식당 산보 中央食堂 さんぼう

고야에서 묵은 사람이라면 저녁, 아침 식사를 모두 사찰 음식으로 먹었을 것이다. 이제 다른 음식이 먹고 싶을 타이밍이겠지만, 속았다 셈치고 한 끼만 더 먹어보자. 커다란 꽃 모양의 바구니에 작은 그릇이 옹기종기 담긴 쇼진하나카고벤토精進花籠弁当(사찰 꽃바구니 도시락)는 튀김, 조림, 무침 등 다양한 조리법으로 맛을 낸 건강한 음식으로 꾸려졌다. 깨두부와 생 *후는 고정 메뉴이고, 나머지는 계절에 따라 바뀌어 사찰 음식이면서도 원 플레이트 가이세키 같은 느낌.

Data Map 140p-C Access 난카이린칸버스 타고 센주인바시 정류장 하차 후 도보 2분 Add 和歌山県伊都郡高野町高野山722 Open 11:00~16:00 Cost 쇼진하나카고 벤토 2,200엔, 일반 정식 1,200엔~ Tel 0736-56-2345 Web www.chuo-shokudou-sanbo.com

TIP *후는 밀가루 글루텐으로 만든 밀가루떡 같은 음식으로, 주로 말려서 미소시루에 띄워 먹는다. 생 후는 후를 만든(쪄서 익힌다) 다음 말리지 않은 상태의 쫄깃한 떡이라고 생각하면 된다.

후로 만든 디저트

후젠 본점 麩善 本店

후는 밀가루 글루텐으로 만든 밀가루떡 같은 음식으로, 주로 말려서 먹는 보존음식이었다. 후를 떡처럼 사용해 디저트로 만들어 파는 곳이 바로 후젠이다. 고야산을 다녀오면 선물로 꼭 사가는 인기 상품인 사사마키 안푸笹巻あんぷ는 후젠에서 가장 유명하다. 후 안에 달달한 팥소를 넣고 대나무(사사) 잎으로 곱게 싼 것이다. 보존 기간은 냉장보관으로 3일. 가급적 그날 먹을 만큼만 사자. 쫀득하면서 차가운 생 후에 단팥소가 어우러져, 단것을 못 먹는 사람에게도 권할 만하다.

Data Map 140p-C Access 난카이린칸버스 타고 고야케이사츠쇼마에(경찰서 앞) 하차 후 도보 2분 Add 和歌山県伊都郡高野町高野山712 Open 09:00〜17:00(월요일 휴무, 보통 3시경이면 매진되어 문을 닫는다) Cost 사사마키 안푸 160엔 Tel 0736-56-2537 Web www.fu-zen.com

아이처럼 걸으며 먹고 싶은 '질투'

난포도혼포 南峰堂本舗

고야산을 오르는 굽이굽이 산길 사이로 고야산의 명물인 '야키모치やきもち'라고 쓰인 깃발을 많이 볼 수 있다. 야키모치 하면 일본어를 배운 사람은 바로 '질투'라는 단어를 떠올릴지 모르겠지만 이곳에서의 야키모치는 말 그대로 구운 떡을 말한다. 난포도혼포에서는 겉이 노릇노릇하게 구워진 담백하고 단 떡을 하나하나 포장해서 팔고 있다. 정식으로 테이블이 있는 것은 아니지만 가게 안에서 간단하게 먹고 갈 수도 있다. 무료로 마실 수 있는 차도 놓여 있다. 포장해 간다면 기한은 3일. 내버려두면 굳는데, 굳은 떡은 프라이팬에 구워 먹으면 된다. (전자레인지에 데우면 찰떡을 데우는 거라 늘어져 버린다고!) 씁쓸한 쑥떡을 추천. 피로가 싹 가실 단맛 파워를 느낄 수 있다.

Data Map 140p-C Access 난카이린칸버스 타고 다이몬 정류장 하차 후 바로 Add 和歌山県伊都郡高野町大字高野山807 Open 08:00〜19:00(동기엔 ~18:00) Cost 야키모치 120엔 Tel 0736-56-2316

매일 밤 축제
아지코지 味光路

다나베시의 최대 유흥가 아지코지. 한 번 가면 밤늦도록 집에 돌아오지 않아 일명 '불효의 거리'라 불리기도 한다. A부터 E구역까지 나뉜 골목에는 200여 곳의 해산물 식당과 라멘 가게, 꼬치구이집, 이자카야가 밀집해 있다. 다나베역은 구마노고도행 버스를 탑승할 수 있는 거점으로, 트레킹을 마치고 회포를 풀고 싶다면 다나베역 바로 코앞의 아지코지가 딱이다.

Data Map 479p Access JR기이타나베역에서 도보 2분 Web www.ajikoji.jp

남쪽 바다가 한 그릇에
호라이즈시 宝来寿司

'아가라돈あがら丼'은 아지코지 내 식당의 시그니처 메뉴를 의미한다. 즉 지역의 해산물을 이용한 덮밥 요리는 무엇이든 아가라돈이라고 부를 수 있고, 일 년마다 바뀌는 한정 메뉴다. 호라이즈시는 이 아가라돈이 맛있기로 소문난 곳이다. 특제 양념에 절인 두툼한 참치회와 가마아게시라스釜揚げしらす(잔멸치를 솥에 삶아 말린 것)를 함께 즐기는 호라이즈시의 아가라돈은 일본 남쪽 바다의 신선한 맛을 느끼게 해준다. 회를 좋아하지 않는다면 큼지막한 제철 갈치 튀김을 그대로 얹은 아가라돈도 좋다.

Data Map 479p Access JR기이타나베역에서 도보 5분 Add 和歌山県田辺市湊1126 Open 10:00~21:00 (월요일 휴무) Cost 아가라돈 1,200엔 Tel 0739-22-0834

정식 한 그릇으로 고민 없이 배부르게
마루타 식당 まるた食堂

지역 주민들에게 사랑받는 동네 식당. 백반 스타일의 A정식과 B정식이 있는데 각 700엔으로 저렴한 편이다. 조금 호화로운 구성의 마루타 고젠お造り定食(정식 세트)은 살짝 잡아당기면 양쪽으로 펼쳐지는 병풍 같은 그림에 튀김, 채소조림, 회까지 다양한 음식이 나오며 디저트까지 포함된 구성이다. 구마노고도로 가는 중간 지점에서 배 채우고 가기에 딱 알맞은 식당이다.

Data Map 479p Access 기이타나베역에서 도보 2분
Add 和歌山県田辺市湊6-32 Open 11:00~14:00, 17:00~22:00
(일·공휴일 휴무) Cost 정식 800엔, 마루타고젠 1,200엔
Tel 0739-22-1577 Web www.maruta-tanabe.com

0 —— 50m

아지코지

R 마루타 식당

기이타나베역 🚉

다나베에키마에 우체국

R 호라이즈시

다나베시 관광센터 ℹ️

卍 혼쇼지
卍 가이조지

버스터미널

R 바닐라 카페

그림 같은 풍경이 있는 카페 겸 숙소

기리노사토 다카하라 霧の郷 たかはら

구마노고도 나가헤치 코스 구마노 다카하라 신사 근처에 있는 숙소 겸 레스토랑. 해발 300m의 산 중턱에 있어 이름처럼 운해를 조망할 수 있다. 테라스 좌석에서 발 아래 펼쳐진 구마노의 신비로운 자연을 느낄 수 있다. 스페인에서 음악 공부를 한 오너의 감성이 이국적인 여행의 멋을 더해준다. 직접 재배한 허브와 슈퍼 오가닉 재료를 사용한 메뉴 또한 감동적이다. 숙소도 겸하고 있어 구마노고도를 걷는 여행자들의 좋은 휴식처가 되어준다.

Data Access JR기이타나베역에서 구마노혼구행 류진버스, 혹은 메이코버스 타고 다키지리 버스정류장에서 하차. 차로 10분(숙박자는 셔틀버스 이용 가능) Add 和歌山県田辺市中辺路町高原 826 Open 11:00~14:00(런치), 14:00~17:00(카페) Cost 햄버거정식 1,000엔, 오늘의 런치 1,000엔, 숙박 13,000엔(2인실 1인 요금) Tel 0739-64-1900 Web kirinosato-takahara.com

커피 볶는 집
바닐라 카페 Vanilla Café

다나베 시내 중심가에 자리한 로스팅 카페. 좌석 하나 없이 테이크아웃으로만 판매하는 작은 카페. 한쪽의 커다란 로스팅 기계로 매일 커피를 직접 볶는다. 12가지의 로스팅 원두가 있으며 100g에 500엔 내외다. 많이 구입할수록 g당 가격이 내려간다. 커피 맛은 잘 모르더라도 일러스트레이터가 동화를 모티브로 디자인한 오리지널 패키지는 하나쯤 소장하고 싶을 정도로 예쁘다. 하나씩 개별 포장되어 있는 1회용 핸드드립 컵 온 커피는 선물용으로 추천.

Data Map 479p Access JR기이타나베역에서 도보 6분 Add 和歌山県田辺市南新町201 Open 10:00~18:00(일요일 휴무) Cost 아이스카페라테 350엔, 컵 온 커피 125엔 Tel 0739-25-0888 Web blog.vanillacafe.girly.jp

마음이 편안해지는 공간
카페 알마 café alma

혼구타이샤 길목 초입에 자리한 세련된 분위기의 카페. '알마'는 스페인어로 '마음'을 의미한다. 구마노고도가 스페인 산티아고 순례길과 같은 마음의 안식처가 되길 바라며 지었다. 이곳에서는 구마노고도에서 채취한 꿀로 만든 구마미츠 카스텔라를 선보이고 있다. 촉촉한 식감과 산뜻한 뒷맛이 특징. 자연산 꿀이라 수량이 적어 따로 판매하지 않는 대신 꿀을 가미한 새로운 커피 메뉴를 개발했다. 꿀과 따뜻한 우유, 에스프레소, 우유 거품이 층층이 쌓인 허니 카페 콘 레체는 마시기 아까울 정도로 예쁘다. 달콤한 맛으로 산행 후 지친 몸을 따뜻하게 채워준다.

Data Map 456p Access JR기이타나베역에서 구마노혼구행 류진버스 타고 약 1시간 45분 후 혼구타이샤 정류장 하차, 바로 Add 和歌山県田辺市本宮町本宮195 - 3 Open 10:00~16:00(화요일 휴무) Cost 허니 카페 콘 레체 540엔, 카스텔라 1조각 216엔 Tel 080-9508-1125 Web www.facebook.com/kumanohongutaisya.cafealma

아티스트의 맛있는 공간

카페 엠. カフェ M.

화가인 주인장의 감성이 묻어나는 베이커리 카페. 하나하나 사 모은 잡화와 직접 그린 모자이크화가 멋스러운 분위기를 더한다. 천연 효모를 이용해 만든 프랑스 빵이 특히 유명하다. 커피 내리는 것부터 베이킹, 서빙까지 전부 혼자 하다 보니 시간이 오래 걸린다. 그 참에 매력적인 주인장과 이런저런 소소한 대화를 나눌 수 있어 오히려 좋다. 매일 아침 구운 천연 효모 베이글에 각종 채소와 계란, 햄을 넣어 만든 샌드위치는 건강한 맛이 느껴지고, 계절마다 다른 과일을 이용한 타르트와 치즈케이크는 입에서 살살 녹는다.

Data Map 463p **Access** JR시라하마역에서 메이코버스 타고 신유자키 또는 소겐노유 정류장 하차, 도보 5분 **Add** 和歌山県西牟婁郡白浜町1729-16 **Open** 11:30~18:00(수요일·목요일 휴무) **Cost** 커피 500엔, 베이글 세트 950엔 **Tel** 090-3999-1305 **Web** www.cafem.online

시라하마 집 밥

기라쿠 喜楽

시라하마의 제철 해산물을 이용한 향토 요리를 선보이는 기라쿠. 가정집 같은 편안한 분위기에 이것저것 챙겨주는 노부부 주인장의 따뜻한 정이 느껴지는 곳이다. 참치, 도미, 잿방어, 연어알 등 신선한 해산물 덮밥에 간 마와 달걀을 함께 풀어서 섞어 먹는 '구마노지돈熊野路丼'! 모양새는 낯설지만 부드럽게 술술 잘 넘어간다. 그날그날 만드는 다양한 츠케모노(밑반찬)가 입맛을 돋운다. 초밥을 고추냉이 잎으로 싼 '아오이즈시葵寿し'는 한입에 먹기 좋다. 제철 생선을 이용하다 보니 안에 들어간 회의 종류가 그때그때 달라진다. 코끝 찡한 고추냉이의 뒷맛이 회의 비릿함을 깔끔하게 마무리해준다.

Data Map 463p **Access** JR시라하마역에서 메이코버스 타고 시라하마버스 터미널 정류장 하차, 도보 3분 **Add** 和歌山県西牟婁郡白浜町890-48 **Open** 11:00~14:00, 16:30~21:00(화요일 휴무) **Cost** 구마노지돈 1,450엔, 아오이즈시 950엔 **Tel** 0739-42-3916

커피와 맥주 그리고 장작가마 피자

밀크&비어 홀 츠쿠모 ミルク&ビアホール九十九

시라라하마 해변에서 늦은 밤 분위기를 잡고 싶을 때 찾으면 좋은 카페 겸 비어 홀. 촛불과 은은한 조명, 재즈 음악이 흐르는 공간에서 시라하마 지역 맥주(지비루)인 나기사 생맥주를 즐길 수 있다. 피자는 장작가마에서 직접 굽는다. 커피 메뉴도 함께 판매하는데, 옆 손님이 주문한 커피 향이 코끝에 감미롭게 감돈다. 매년 2월에는 메뉴 리뉴얼 겸 휴식기를 가진다. 특이하게 비가 많이 오는 날도 문을 닫는데 사장님이 비를 좋아하기 때문이란다.

Data Map 463p **Access** JR시라하마역에서 메이코버스 타고 시라라하마 정류장 하차, 도보 3분(시라하마 긴자거리 내) **Add** 和歌山県西牟婁郡白浜町3309-22 **Open** 18:00~24:00 (화요일·비 많이 오는 날·2월 휴무) **Cost** 나기사 생맥주 400ml 850엔, 피자 1,500엔~ **Tel** 0739-43-0702 **Web** www.shirahama99.com/tsukumo

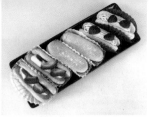

입안에서 사르르 녹는 맛

가게로 카페 Kagerou Cafe

85년 전통의 화과자점 후쿠비시福菱의 대표 명과 '가게로かげろう'는 먹는 순간 녹아버리는 과자와 부드러운 버터 크림의 조화가 절묘하다. 후쿠비시 직영 카페에서는 가게로를 특별하게 생크림으로 즐길 수 있다. 좀더 산뜻한 맛에 딸기, 밤, 초콜릿 등의 계절 한정품도 수시로 출시된다. 다양한 브런치 메뉴도 준비되어 있는데, 특제 소스의 가츠산도カツサンド(돈가스 샌드위치)는 꼭 맛볼 것. 바다와 요트가 보이는 테라스 자리는 여행의 기분을 한층 돋운다.

Data **Access** 시라하마산바시 버스 정류장에서 도보 2분 **Add** 西牟婁郡白浜町1279-3
Open 08:00~18:00, 연중무휴(임시 휴일 있음) **Cost** 나마가게로 120엔, 가츠산도 950엔
Tel 0739-42-3129 **Web** fukubishi.co.jp/kagerou_caf

시라하마 지역 맥주

나기사 비어 Nagisa Beer

시라하마 출신의 브루마스터(맥주양조사)가 구마노고도 인근의 청정한 광천수를 이용해 양조한 나기사 비어. 페일 에일, 인디언 페일 에일, 라거, 아메리칸 밀맥주, 바이젠 등 미국과 독일 정통 스타일의 맥주를 즐길 수 있다. 와카야마의 귤을 이용한 미깡에일みかんエール은 상큼한 귤 향이 끝에 감돌아 묵직한 맥주가 부담스러운 이에게 추천한다.

TIP **나기사 비어 양조장 & 탭하우스** ナギサビール工場
양조장 견학 가능. 페일 에일·아메리칸 밀맥주를 기본으로 시즌 맥주 2종류 상시 탭핑. 6~8 종류의 병맥주 판매. 오리지널 티셔츠와 맥주잔을 판매하며 공장 견학은 사전 예약 문의해서 이용할 수 있다.

Data **Access** JR시라하마역에서 택시 15분(산단베키에서 택시 5분), 09:00~18:00, 수요일 휴무
Web www.nagisa.co.jp

평소에는 먹기 힘든 재료를 여기서

초큐사카바 長久酒場

멀리 떨어진 고야산에서도 '진귀한 식재료를 먹을 수 있는 식당' 으로 알려진 이자카야. 주인아저씨 말에 따르면, 외국인들은 '매니악'하게 여기까지 와서 고기를 굽는다고. 테이블 위 버너(일명 부르스타)에 철망을 얹어 구워 먹을 수 있는 재료는 곰치에서 고래고기까지, 일반적으로는 먹어보기 힘든 재료들인데 양이 많지는 않다. 무, 계란, 롤양배추 등을 다시 국물에 오래오래 끓인 일본식 오뎅도 좋다. 어찌나 푹 끓었는지, 곤약 덩어리에도 간이 간간하게 잘 배어 있어 술을 계속 부른다. 시라하마 긴자거리에서 가까워 2차나 3차로 가기에도 그만!

Data Map 463p
Access 시라하마역에서 산단베키행 버스 타고 하시리유 하차 도보 1분 **Add** 和歌山県西牟婁郡白浜町3079-6
Open 16:00~23:00(목요일 휴무)
Cost 곰치구이 1,100엔, 거북손 1,100엔, 오뎅 110엔~
Tel 0739-42-2486
Web chokyuu.com

로맨틱 카페에서 즐기는 넬드립 커피

마메노유 豆の湯

어둑어둑한 조명 아래 독특한 그림과 예술서적으로 꾸민 로맨틱한 분위기의 카페. 사진작가이자 커피 애호가인 주문자+文字의 원두를 이용한 넬드립 커피는 강렬한 첫 맛과 깔끔한 뒷맛이 인상적이다. 이 커피를 이용한 커피젤리는 크림이나 수제 시럽과 곁들여 먹으면 쓴맛과 달콤한 맛이 절묘하게 어우러져 깊은 풍미를 자아낸다.

Data Access 시라하마 정류장에서 도보 1분(시라하마 긴자거리 내)
Add 西牟婁郡白浜町1384-15 新地長屋5号
Open 10:00~22:00
Cost 마메노유 브랜드 커피 620엔, 다마고샌드 650엔
Tel 0739-33-7070

라이더의 아지트
가보 유즈유메 카페 香房 ゆず夢café

류진 온천의 관광 숙박 안내도 겸하고 있는 카페 레스토랑. 햇살 좋은 날 밖으로 내놓은 테이블에서 긴 여정을 쉬어가는 바이크 라이더들이 부럽다. 메뉴는 웬만한 카페 부럽지 않은데 커피 음료, 푸드 메뉴, 소프트드링크에 가마 피자는 11종류나 된다. 일본 특유의 재미있는 토핑을 즐길 수 있는 카레가 인기. 맛이 없을 수 없는 조합인 새우마요네즈 카레는 배가 불러도 남길 수가 없다.

Data Map 452p-C
Access 류진버스 타고 기조쿠칸 정류장 하차 바로 Add 和歌山県田辺市龍神村龍神165-1
Open 09:00~17:00(수요일 휴무)
Cost 카레 860엔~, 피자 1,080엔~
Tel 0739-79-8025
Web www.yuzuyume.jp

가쓰우라

입에서 살살 녹는 참치의 맛
보다이 bodai

가쓰우라는 참치 어획량으로 일본 제일을 자랑하는 고장이다. 가쓰우라 어항 주변에는 신선하고 맛있는 참치를 먹을 수 있는 전문점이 모여 있는데, 그중에서도 보다이는 세련된 실내 공간과 재즈가 흐르는 멋스러운 분위기라 여성들에게 인기가 많다. 일본 전국 맛집 소개 프로그램에서도 추천할 정도로 유명하다. 입에서 살살 녹는 참치의 신선한 맛과 참치를 이용한 창작요리를 즐길 수 있다.

Data Map 452p-D Access JR기이가쓰우라역에서 도보 1분 Add 那智勝浦町築地 5-1-3 Open 런치 11:00~14:00, 디너 17:00~22:00(화요일 휴무) Cost 참치가츠정식 1,500엔, 참치정식 1,600엔 Tel 050-5492-6956 Web www.bodai.gorp.jp

와카야마시

와카야마 하면 우메보시, 우메보시 하면 여기!
우메이치반 와카야마점
梅いちばん和歌山店

품질이 좋기로 유명한 매실 와카야마의 난코우메南高梅. 알이 굵고 과육이 부드러워 일본의 일반적인 우메보시에 적응하기 어려웠던 사람이라도 시도해 볼 만하다. 하지만 최고급품인 만큼 값이 만만치 않아 덥석 살 수는 없다. 각각의 맛을 시식해 보고 구매하자. 종류별로 염분이 표시되어 있으니 참고할 것. 보통 한 알로 고봉밥 한 공기를 맛있게 먹을 수 있을 정도의 짜기가 14% 정도. 흰밥, 흰죽과 함께 먹으면 그 맛을 제대로 느낄 수 있으며 과육을 따로 모아(손으로도 쉽게 분리가 될 정도로 부드럽다) 찢어 돼지고기와 함께 볶아 먹어도 맛있다. 시식하는 경우에는 새끼손톱 반 정도만 큼만 맛보자. 익숙하지 않은 맛이라 놀랄 수도 있다.

Data Map 467p Access 와카야마역에서 와카야마역행 버스 타고 4분 후 교바시 정류장 하차, 도보 5분 Add 和歌山県和歌山市十一番丁25 Open 09:00~19:00(화요일 휴무) Cost 각종 우메보시 60g 220엔, 100g 360엔~ Tel 073-433-7527 Web www.ume1.com

와카야마를 대표하는 과자점
총본가 스루가야 젠에몬 総本家駿河屋善右衛門

전통공예처럼 예쁜 와카야마의 대표 전통과자점. 얇은 피와 팥소가 가득 든 만주 위에 선명하게 '본本' 자가 새겨진 혼노지만주(本을 일본 발음으로 '혼'이라 한다)가 유명하다. 원래 혼노지만주는 껍질에 누룩을 사용해 은은한 청주 향이 난다. 그런데 보관이 힘들어 선물하기에 적합하지 않아, 팥소에 술지게미를 사용해 약 일주일간 보관 가능한 킨노(황금색)혼노지만주를 새로 개발했다. 선물하기에 좋은 소포장 양갱도 예쁘다.

Data Map 467p Access 와카야마시역에서 도보 10분 Add 和歌山県和歌山市駿河町12 Open 09:00~18:00(추석연휴, 연말연시 등에 쉬는 경우 있음) Cost 혼노지만주 180엔, 킨노혼노지만주 210엔 Tel 073-431-3411 Web www.souhonke-surugaya.co.jp

고야산 유일의 천연향 제조 전문점

고시니세 고야산 다이시도 香老舗 高野山大師堂

천연 향료로 만든 향을 구입할 수 있는 향 전문점. 고야산에서 유일하게 향을 직접 제조하고 판매하는 가게다. 오쿠노인의 묘나 불단에 향을 올리려는 참배객은 물론, 평상시 명상을 할 때 피우기에도 좋다. 가느다란 막대 형태의 향 종류만 여덟 가지이고 향을 꽂아 피우는 접시도 구입할 수 있다. 손에 바르는 분말 향도 있으며, 가방에 넣을 수 있는 향주머니나 향 종이는 선물하기에 부담이 없다.

Data Map 140p-D Access 가루가야도마에 정류장에서 바로 Add 和歌山県伊都郡高野町高野山732 Open 09:00~12:00, 13:00~17:00(월요일 휴무) Cost 명향銘香 8cm 60개 440엔, 향초 11cm 2개 550엔 Tel 0736-56-2244 Web www.koyasandaisido.jp

맛있는 것 다 모였다

도레토레 시장 とれとれ市場

시라하마에 있는 대형 수산물 쇼핑센터. 어업협동조합이 운영하며 총면적이 1만 5,000평이나 된다. 서일본 지역에서 가장 큰 시설에는 와카야마를 비롯한 전국 각지에서 계절별 해산물들이 모이고, 와카야마의 특산물도 판매한다. 와카야마답게 해동이 아닌 생참치를 해체하여 파는 마구로(참치) 코너가 있는데, 직접 해체 장면을 볼 수도 있다. 구입한 해산물을 직접 구워 먹을 수 있는 바비큐 코너가 있으며(성인 800엔, 어린이 500엔), 참치 외의 초밥이나 해산물 덮밥을 먹을 수 있는 식당과 카페 등이 있다.

Data Map 463p Access JR시라하마역에서 메이코버스 타고 도레토레이치바 하차 바로 Add 和歌 山県西牟婁郡白浜町堅田 2521 Open 08:30~18:30 Cost 해산물 덮밥 1,600엔, 해산물 라멘 700엔 Tel 0739-42-1010 Web www.toretore.info

와카야마시

쇼핑·교통·숙박을 한 번에
호텔 그란비아 와카야마 ホテルグランヴィア和歌山

JR와카야마역에서 나와 바로 오른쪽 앞, 긴테츠백화점과 연결된 편리한 비즈니스 호텔. 긴테츠백화점과 같은 건물로 1~4층까지는 백화점과 호텔 로비가, 5층에는 호텔 레스토랑, 7~9층에 객실이 자리하고 있다. 총 155개의 객실이 있으며, 그중 3개의 객실은 다다미방을 모던 스타일로 꾸민 콘셉트 룸으로 되어 있다.

Data Map 467p Access JR와카야마역 중앙출구에서 도보 2분 Add 和歌山県和歌山市友田町5-18 Cost 싱글룸 11,642엔~ Tel 073-425-3333 Web www.granvia-wakayama.co.jp

와카야마성에 가기 편리한
다이와로이넷 호텔 와카야마 ダイワロイネットホテル和歌山

와카야마성 오테몬大手門 문 바로 건너편에 위치한 호텔. 기본 객실이 널찍한 트윈룸이라 가방 정리하기 편하다. 장기 여행자에게 고마운 빨래방이 100엔(세제 무료 자동투입 방식)에 이용 가능하고 건물 1층에 편의점과 서점이 있어 필요한 물건과 정보를 구하기에도 매우 편리하다. 체크인할 때 기계로 정산하고 체크아웃할 때 기계에 룸키를 반납하기만 하면 된다. 기계는 한국어 지원도 된다. 와카야마역이나 와카야마시역에서 약간 먼 것이 단점이지만 가성비를 보면 추천하지 않을 수 없는 곳이다.

Data Map 467p
Access 와카야마시역에서 도보 15분, 혹은 와카야마역행 버스 타고 5분 후 고엔마에 정류장 하차 Add 山県和歌山市七番丁26-1 Cost 트윈룸 6,300엔~(2인 1실 이용 시 1인 요금) Tel 073-435-0055 Web www.daiwaroynet.jp/wakayama

고야산에서 궁금한 게 있을 땐

고야산 슈쿠보 협회 高野山宿坊協会

고야산의 관광안내소를 겸하는 슈쿠보 협회. 슈쿠보란 숙소로 영업하는 사찰을 말하는데, 현재 고야산의 총 117개 절 중 슈쿠보로 묵을 수 있는 곳은 52곳이다. 이 슈쿠보를 안내해주고 당일 예약도 도와주는 곳이 슈쿠보 협회. 고야산 중앙 부근에 자리하고 자전거를 빌려주거나 관광안내 정보, 산행가이드 등을 요청할 수 있다. 짐 맡길 수 있는 사물함(코인로커)도 설치되어 있다. 홈페이지는 영어 버전을 잘 갖추어놓았으며 슈쿠보의 예약도 가능하고, 날씨나 이벤트 정보 등도 얻을 수 있다.

Data Map 140p-C Access 난카이린칸버스 타고 센주인바시 정류장 하차 도보 1분
Add 和歌山県伊都郡高野町高野山600
Open 08:30~17:00 Cost 자전거 렌탈
(전동 보조기능 있음) 1시간 400엔, 1일 1,200엔
Tel 0736-56-2616 Web shukubo.net

부담스럽지 않은 사찰 체험

요치인 櫻池院

고야산에서 사찰 체험을 해보고 싶은 외국인 관광객에게 참 친절한 슈쿠보(사찰 숙소)다. 들어갈 때는 가능하면 그 나라 말 인사로 맞아준다. 영어 가능한 직원이 있으며, 아침 수행 체험 시에 함께 읽는 불경은 영문으로 발음을 달아 누구나 참여할 수 있게 했다. 절로 지어진 슈쿠보의 특성상 화장실, 욕실은 공용이며 방에 놓인 유카타는 관내에서 자유롭게 입을 수 있지만 본당과 수행 체험 시에는 자신의 옷으로 갈아입을 것. 객실은 모두 다다미방이고 이불을 깔고 자면 된다. 여러 사이트에서도 예약 가능하니 'Yochiin'으로 검색해 보자.

Data Map 140p-C
Access 난카이린칸南海りんかん 버스 곤도마에 金堂前 하차 도보 3분
Add 和歌山県伊都郡高野町高野山293
Cost 11,000엔~(1인 요금, 조·석식 포함)
Tel 0736-56-2003 Web www.yochiin.com

예술혼이 살아 있는 사원

혼가쿠인 本覚院

헤이안 시대 지어진 유서 깊은 사원 혼가쿠인은 아름다운 정원으로 유명하다. 일본정원 역사연구 가인 시게모리 미레이重森三怜가 디자인한 정원은 복도를 거닐 때나 객실 창을 통해 계절마다 색다른 풍취로 감탄을 자아낸다. 예불을 진행하는 본당 천장에는 한 장 한 장 다른 에도 시대의 그림 판자가 박혀 있어 눈길을 사로잡는다. 또한 에도 시대부터 대대로 내려온 화가 가문인 가노파狩野派의 거장 탄유探幽가 그린 화려한 금빛의 장지문 등 발길이 머무는 곳곳에서 오랜 역사와 예술혼을 느낄 수 있다. 혼자 숙박 가능한 방부터 독채로 넓게 쓸 수 있는 방까지 57개의 객실이 준비되어 있으며, 깨끗한 공동욕실도 이용할 수 있다.

Data Map 140p-C Access 게이사츠쇼마에 정류장 하차 후 도보 2분
Add 和歌山県伊都郡高野町高野山618 Cost 14,040엔~ (1인 요금, 조·석식 포함) Tel 0736-56-2711
Web www.hongakuin.jp

혼구 온천의 숨은 진주

와타제 온천(와타라세 온천) 渡瀬温泉(わたらせ温泉)

구마노고도의 중심인 혼구 지역의 온천. 와타제 온천은 주식회사 와타라세 온천わたらせ温泉에서 경영하는 호텔 사사유리ささゆり·히메유리ひめゆり·야마유리やまゆり 세 곳이 있어, 금액에 맞추어 선택할 수 있다. 누구에게도 방해받고 싶지 않은 휴일에 시간을 잊고 탕에 몸을 담글 수 있다. 호텔 사사유리 내에 있는 4개의 전세 노천탕은 별도의 요금을 내면 아예 하루 종일 자신들만 이용할 수도 있다. 그 외에도 4개의 전세 노천탕이 더 있으며, 숙박자는 무료로 이용할 수 있다. 또한 간사이 지역에서 가장 큰 공동 노천탕에서는 제대로 신선놀음할 수 있다. JR시라하마역까지 무료 송영 버스를 운행하며 구마노고도 코스 입구까지도 무료 송영 서비스를 제공한다. 자전거도 무료로 빌려준다.

Data Map 456p Access JR시라하마역에서 오후 1시 출발하는 무료 송영 버스 이용(이용 하루 전날까지 사전 예약 필수). 또는 JR기이타나베역에서 류진버스 타고 와타제온센 정류장 하차, 도보 5분 Add 和歌山県田辺市本宮町渡瀬45-1 Cost 사사유리 20,000엔~, 야마유리 15,000엔~ (2인 숙박 시 1인 요금, 조·석식 포함) Tel 0735-42-1185 Web www.watarase-onsen.jp

젊은 여행객에게 추천하고 싶은

B&B 카페 혼구 B&B Cafe ほんぐう

구마노 혼구타이샤 앞에 위치한 B&B 숙소. 구마노고도를 여행하는 젊은 여행객에게 입소문이 난 곳. 구마노 혼구타이샤, 구마노의 온천 등 주변 관광지와의 접근성이 뛰어나다. 오너 부부는 구마노의 트레킹, 카약, 캠핑 등을 체험할 수 있는 구마노 익스피어리언스Kumano Experience와 B&B 카페 혼구 맞은편에 백팩커스Backpackers 숙소도 운영하고 있다. 1층은 카페 겸 레스토랑, 2층은 숙박 공간인데, 따뜻한 햇살과 아기자기한 분위기가 잘 어우러진다.

Data Map 456p Access JR기이타나베역에서 구마노혼구행 류진버스 타고 약 1시간 45분 후 혼구타이샤마에 하차, 도보 1분 Add 和歌山県田辺市本宮町本宮127-2 Open 카페 11:30~19:30 Cost B&B Cafe 혼구 1박 10,000엔~(조식 포함) Backpackers 숙소는 도미토리룸 1박 1인 3,800엔(조식 없음) Tel 0735-42-1130 Web www.kumano-experience.com/WP2017/cafe/

요리가 인기인 온천 숙소

유노미네소 湯の峯荘

유노미네 온천의 드문 중간 규모 온천 숙소. 유노미네 온천의 숙소는 작은 료칸이나 민박 위주이다 보니 유노미네소와 같은 시설이 오히려 귀하다. 모든 객실은 다다미방이며, 기슈 산지가 멀리 보이는 널찍한 노천탕과 함께 일행끼리 이용할 수 있는 두 곳의 전세탕도 갖추었다. 탁구대, 당구대, 노래방 등 여흥을 즐길 수 있는 시설도 두루 구비해두었다. 쓰보유까지 도보로 10분 거리. 홈페이지에 간단하게 한국어 소개도 있다.

Data Map 456p Access JR기이타나베역에서 류진버스 타고 시모유노미네 정류장 하차, 도보 1분 Add 和歌山県田辺市本宮町下湯川427 Cost 다다미방 14,450엔~(2인 이용 시 1인 요금, 조·석식 포함) Tel 0735-42-1111 Web www.yunominesou.com

비밀스런 온천 비탕을 꿋꿋이 지켜가는

료칸 아즈마야 旅館あづまや

유노미네 온천가의 세 개뿐인 료칸 중 하나. 욕조만이 아니라 바닥까지 나무로 된 전통적인 분위기의 온천탕이 특징이다. 나무는 미끄러짐을 방지하기 위해 X자로 금이 그어져 있는데 사이사이의 자갈과 어우러져 디자인 타일 같은 느낌을 준다. 90도가 넘는 원천에 찬물을 더하지 않고 그대로 식혀 욕조에 공급하기 때문에 온천 성분을 제대로 느낄 수 있다. 노천탕은 그리 넓지는 않으나 일본 정원 전문가가 설계한 작은 정원이 눈앞에 펼쳐져 아늑하다. 작은 전세탕이 있으며, 미스트 사우나가 있는 드문 온천이기도 하다.

Data Map 456p Access JR다나베역에서 류진버스, JR신구역에서 구마노교통버스, 나라교통버스 타고 유노미네온센 정류장 하차, 바로 Add 和歌山県田辺市本宮町湯峯122 Cost 16,350엔(2인 이용 시 1인 요금, 조·석식 포함)부터 Tel 0735-42-0012 Web www.adumaya.co.jp

목재가 자아내는 고즈넉한 편안함

가메야 료칸 亀屋旅館

료칸은 2층의 목조건물로 유형문화재다. 식사가 유명한데, 구마노 지역의 식재료 30~40가지를 각각의 효능을 살려 10종류 정도의 음식으로 구성한 약선요리다. 한방, 생약을 사용하지는 않았다. 비장탄을 활용하는 점이 특이한데, 밥을 지을 때 함께 넣거나 식용 비장탄 가루를 소금에 섞는다. 화장실과 욕실은 모두 공용이며 3월~11월 사이 강 속에 혼탕 노천탕이 만들어진다. 강물이 불어났을 때나 겨울철 가와유 온천의 센닌부로가 영업하는 동안에도 사용할 수 없다. 온천용 옷을 100엔에 빌릴 수 있지만 수영복을 준비하는 것이 좋다.

Data Map 456p Access JR다나베역에서 류진버스, JR신구역에서 구마노교통버스, 나라교통버스 타고 가메야마에 정류장에서 하차 후 바로 Add 和歌山県田辺市本宮町川湯1434 Cost 13,110엔~ (약선요리 조·석식 포함) Tel 0735-42-0002

처음부터 끝까지 넉넉한

민숙 오무라야 民宿大村屋

가와유 온천가에 3호관까지 있는 온천민숙 오무라야. 체크인 할 때 생기발랄한 주인아주머니가 여러 가지를 많이 설명해 주는데, 기본은 이렇다. 놓여 있는 물건은 대부분 무료로 시설에서 빌려주는 것들이다. 다리 건너 강가의 노천탕에 가는 데 필요한 온천용 옷(귀여운 타월지의 원피스 모양)과 타월은 욕실에 배치되어 있고, 관내에서 입을 유카타는 침대 아래의 서랍에서 꺼내면 되며, 칫솔은 카운터 옆에서 무료로 가져갈 수 있다. 오무라야 바로 앞 다리로 강을 건너 가파른 계단을 내려가면 노천탕이 있다. 남녀 혼탕인데 가와유 온천 일대의 민숙 숙박자가 함께 사용하는 곳. 온천물이 너무 뜨거운 경우 벽쪽 콘센트에 옆에 달린 플러그를 꽂으면 강물이 온천에 들어와 온도를 조절할 수 있다. 과일 등을 준비해서 먹으러 내려오라고 방으로 전화를 주는 경우도 있으니 예정 없는 벨소리에 놀라지 말 것. 각기 다른 종류의 주먹밥과 다양한 반찬이 담긴 구마노고도 도시락을 1,100엔에 살 수 있다. 주먹밥이 4개 들어 있어 둘이 먹어도 괜찮다.

Data **Map** 456p **Access** JR다나베역에서 류진버스, JR신구역에서 구마노교통버스, 나라교통버스 타고 가와유온센 川湯温泉 정류장 하차 후 바로 **Add** 和歌山県田辺市本宮町川湯1406-1 **Cost** 2식 포함 10,530엔~, 숙박만 할 경우 5,500엔~ **Tel** 0735-42-1066 **Web** www.oomuraya.net

유럽 산장 같은 펜션
아시타노모리 あしたの森

나무로 외벽을 두르고 발코니에 화분을 놓은 펜션. 이 부근의 숙박시설 중에서는 드물게 스테이크 같은 양식 메뉴로 식사가 구성되어 있어 특히 장기 여행자들이 고마워하는 곳이다. 물론 스테이크라 하더라도 고기 및 채소 등 지역산 식재료를 사용한다는 점에서는 여느 숙소와 같다. 6개의 객실은 모두 2층에 있는데 마루가 깔려 있어 코티지를 연상시키는 귀여운 방이다. 숙박자는 강에서 온천놀이를 할 수 있는 수영복이나 삽을 무료로 빌릴 수 있다. 식사는 예약이 꼭 필요하다. 온천은 두 개가 있는데 사용 시 밖에 '사용 중' 팻말을 걸어 대절탕(프라이빗)으로 사용하면 된다.

Data Map 456p Access JR다나베역에서 류진버스, JR신구역에서 구마노교통버스, 나라교통버스 타고 가메야마에정류장에서 하차 후 바로 Add 和歌山県田辺市本宮町川湯1440-2 Cost 12,980엔~ (1인 요금, 함박스테이크세트 조·석식 포함), 10,000엔~(조식 포함) Tel 0735-42-1525 Web www.ashitanomori.jp

모던 료칸의 정수

시라하마 키 테라스 호텔 시모어 SHIRAHAMA KEY TERRACE ホテル　シーモア

모던하면서 세련된 스타일의 료칸을 경험하고 싶다면 시라하마 해변의 호텔 시모어를 추천한다. 로비부터 객실에 이르기까지 원목과 화이트의 감각적인 공간이 눈길을 사로잡는다. 가이세키 요리 외에 스시 코스를 선택할 수 있다. 조식 뷔페에 나오는 빵이 상당히 훌륭하다. 바다를 향해 삼단으로 이어진 노천탕에서는 선 채로 석양이 지는 바다와 별빛이 흐르는 밤하늘을 감상할 수 있다.

Data Map 463p Access JR시라하마역에서 무료 셔틀버스 이용(14:00, 15:00, 16:00, 17:00) 혹은 메이코버스를 타고, 신유자키정류장에서 하차(20분 소요) Add 和歌山県西牟婁郡白浜町1821 Cost 트윈룸(2식 포함) 1인 10,800엔~ Tel 0739-43-1000 Web www.keyterrace.co.jp

내 비밀스런 별장 같은

하마치도리노유 가이슈 浜千鳥の湯 海舟

휴식을 위해 만들어진 작은 리조트 같은 온천 호텔. 호텔 입구의 잔잔한 물 정원에서는 온화한 인상을 받는다. 하지만 안으로 들어서면 눈앞에 펼쳐지는 바다의 풍경에 경탄으로 바뀐다. 숙박객은 비어만 있다면 3개의 전세 노천탕을 자유로이 사용할 수 있고 바다가 손에 잡힐 듯 가까운 널찍한 혼탕 노천탕이 있어 묵는 동안 유메구리(다양한 온천에 입욕하는 것)가 가능하다. 지루하지 않으니 일찍 체크인해서 호텔을 즐겨보자.

Data Map 463p Access 시라하마역에서 셔틀버스 이용 Add 和歌山県西牟婁郡白浜町1698-1 Tel 0739-82-2220 Cost 트윈룸(2식 포함) 1인 26,150엔~ Web www.resort/hotel/list/kaishu

시라하마 긴자와 가까운

민숙 가츠야 民宿 かつ家

일본에서 민박을 뜻하는 '민숙'에 걸맞게 가정집처럼 생긴 하얀 2층 건물의 가츠야. 『론리플래닛』에 실려 시라하마를 거쳐 구마노고도, 고야산 등 와카야마를 여행하는 유럽인들에게 특히 사랑받는 숙소이다. 구마노고도로 갈 수 있는 시라하마 버스센터까지도 도보 6분 거리. 새로운 음식점이 들어서 있는 시라하마 긴자까지도 걸어서 이동할 수 있어 숙박만 하기에 부담이 없다(식사 플랜 없음). 100엔을 넣으면 두 시간 동안 에어컨디셔너(일본에서는 냉방과 난방을 모두 에어컨으로 하는 것이 일반적이다)를 사용할 수 있다. 토스터, 티포트 등 공동 사용. 공용 욕실탕은 온천수.

Data Map 463p Access 시라하마역에서 산단베키행 버스 타고 시라하마 정류장 하차 후 도보 2분
Add 和歌山県西牟婁郡白浜町3118-5 Cost 4,000엔~ (숙박만 할 경우 1인 요금)
Tel 0739-42-3814 Web minshukukatsuya.com

바다가 보이는 오픈된 시설
게스트하우스 플러스완 +WAN

겉으로 보기엔 시멘트 건물이지만, 내부의 방은 전
부 다다미. +WAN이라는 이름은 일본에서 강아지
가 짖는 소리인 '왕왕'에서 따왔다. 보기 드물게 애
견 동반 숙소다. 관리인이 미국인이기 때문에 일본
어가 아닌 영어소통도 가능하다. 그레이드에 따라
방만 있는 곳, 화장실이 딸린 곳, 냉장고가 있는 곳
등 선택의 폭이 넓다. 공용 욕실은 온천이며 여탕이
남탕보다 조금 작은 느낌인데, 그래서인지 여성전용
샤워룸이 별도로 설치되어 있다. 날씨가 괜찮은 날
에는 밖에서 바비큐를 해 먹을 수도 있다. 재료는 직
접 사와야 하고 도구는 1,000엔에 빌려준다. 직접
만든 한국어 지도도 얻을 수 있다.

Data Map 463p Access 시라하마白浜駅역에서 산단베키三段壁행 버스 종점, 산단베키 하차 도보 3분
Add 和歌山県西牟婁郡白浜町2927-1813 Cost 2,500엔~(1인 요금, 숙박만) Tel 0739-43-7980
Web 116.80.0.7

가쓰우라

천연동굴에서 파도소리 들으며 온천욕 하는
호텔 우라시마 ホテル浦島

기이반도의 남쪽 끝 바다를 향해 튀어나온 물목에 자리한 호텔 우라시마는 천연동굴로 된 보키도忘
帰洞 온천을 품고 있다. 이곳에서 파도소리가 동굴에 공명되어 들리는 특별한 경험을 할 수 있다.
이 외에도 다양한 온천이 있다. 구마노고도가 지나는 곳에 있어 순례객들이 많이 찾는다.

Data Map 452p-D Access JR기이가쓰우라역 하차 후 도보 5분 거리의 가쓰우라항 관광부두에서 호텔
전용배(무료)로 10분 Add 和歌山県東牟婁郡那智勝浦1165-2 Cost 12,100엔~(2인 이용 시 1인 요금,
2식 포함) Tel 0735-52-1011 Web www.hotelurashima.co.jp

전통이 살아 숨 쉬는 문화재 료칸
가미고텐 上御殿

에도 시대 지어진 역사 깊은 료칸. 건물이 등록유형문화재로 지정된 가미고텐은 29대 당주가 운영하며 옛 모습을 지켜나가고 있다. 세월의 깊이만큼 반들거리는 마룻바닥, 일일이 태엽을 감아줘야 하는 낡은 시계 등 시간이 지나도 변치 않는 것들에 대한 향수를 느낄 수 있는 료칸이다. 온 건물 뒤편으로 흐르는 히다카가와日高川 강을 바라보며 노천온천을 즐길 수 있다.

Data Map 452p-C Access JR기이타나베역에서 류진버스 타고 약 1시간 15분, 류진온센 정류장 하차 후 바로
Add 和歌山県田辺市龍神村龍神42 Cost 17,600엔~(2인 이용 시 1인 요금, 조·석식 포함)
Tel 0739-79-0005 Web www.kamigoten.jp

류진의 나무로 지은 집
기라리 류진 季楽里 龍神

류진 온천 가장 깊숙이 자리한 료칸으로 깔끔한 목재 공간에서 편안하게 쉴 수 있다. 디자이너의 목재 의자가 놓인 개방적인 로비에서부터 히다카와강을 내려다보는 객실까지 곳곳에서 따뜻한 나무의 기운이 느껴진다. 매끌매끌한 류진 온천수를 자연 풍경으로 둘러싸인 바위 노천탕과 사방이 탁 트인 전망탕에서 느긋하게 즐길 수 있다.

Data Map 452p-C
Access JR기이타나베역에서 류진버스 타고 약 1시간 20분 후 기라리
정류장 하차 Add 和歌山県田辺市龍神村龍神189
Cost 다다미방 11,000엔~(2인 숙박 시 1인 요금, 2식 포함)
Tel 0739-79-0331 Web kirari-ryujin.com

여행준비 컨설팅

낯선 곳을 여행한다는 것은 언제나 두려움 반, 설렘 반이다. 누구나 처음에는 다 막막하다. 그러나 걱정 대신 열정으로! 자, 지금부터 하나하나 날짜에 맞춰 여행준비를 시작해 보자. 열심히 준비한 만큼 여행이 알차질 것이다. 오사카 여행은 공항부터 시작되는 게 아니라 여행을 준비하는 그날부터 이미 시작되는 것이다.

MISSION 1 여행일정을 계획하자

1. 여행의 형태를 결정하자

여행은 크게 패키지여행과 자유여행으로 나눌 수 있다. 패키지여행은 자유여행에 비해 저렴하고 특별한 준비 없이 가이드만 따라다니면 된다는 게 장점. 다만 시간 분배에 있어서 자유롭지 못하다는 단점이 있다. 패키지여행을 선택했다면 항공권과 일정, 호텔 옵션 투어 등 조건을 꼼꼼히 살펴보자. 항공권에서 숙박까지 알아서 해결할 자유여행이라면, 패키지여행에 비해 준비하고 결정해야 할 것들이 많다. 하지만 자신의 스타일에 맞는 여행을 계획할 수 있다는 장점이 있다.

2. 출발일을 결정하자

간사이 지역은 저가 항공사도 취항하고 있어 출발일이 자유롭다면 얼마든지 저렴한 티켓을 구할 수 있다. 일본은 한국과 거의 계절이 같은데, 봄에 황사가 있고, 여름에는 장마가 있는 것도 비슷하다. 장마는 대개 6월 중순부터 7월 중순~

하순까지다. 연휴나 토요일에는 숙소가 비싸다. 4월 말에서 5월 초의 골든위크와 연말연시에는 가격이 2~3배가 비싸질 뿐더러 방을 구하기도 힘들다. 특히 연초인 1월 1~3일은 많은 시설들이 문을 닫는다. 반면 쇼핑은 연초 세일 및 복주머니 판매 등으로 활발하다.

3. 여행 기간을 결정하자

간사이 지역은 여행자가 원하는 일정만큼 놀고 먹고 볼 것이 있는 곳이다. 일정은 자신의 예산을 고려해서 정하자. 도시마다 분위기와 볼거리 등이 달라 취향에 따라 고르면 되지만 보통 나라는 당일, 오사카와 고베는 1박, 교토와 와카야마는 2박 정도 잡으면 어느 정도 돌아볼 수 있을 것이다. 간사이의 도시들은 간사이국제공항까지의 이동거리가 짧아 항공 스케줄에 따라서는 도착일, 출발일도 반나절 정도 활용할 수 있다. 가장 콤팩트하게는 1박 2일의 집중여행도 가능하다.

MISSION 2 여행예산을 짜자

1. 항공권, 승선권은 얼마나 할까?

항공권 가격은 성수기와 비수기에 따라서 달라진다. 특히 여름 휴가철과 방학, 연말연시를 전후로 요금이 급상승하는 추세. 저가 항공사의 얼리버드 티켓은 10만 원 미만에도 구할 수 있다. 또 여행기간 1주일 이내로는 변경과 취소가 불가능한 티켓들은 약간 더 저렴하다. 일반적으로 세금 및 유류세를 제외하고 저가 항공사는 20만 원~30만 원 전후, 국적기는 30만 원~40만 원 전후에 티켓을 구매할 수 있다. 또 부산항에서는 오사카 미나미항으로 가는 배편을 이용할 수 있는데, 배 안에서 1박을 해야 한다.

2. 숙박비는 얼마나 들까?

체류하는 날짜만큼 정확하게 올라가는 비용이 바로 숙박비. 각자 선택하는 숙소의 수준에 따라서도 엄청난 비용 차이가 난다. 일본은 저렴하고 깔끔한 숙소들이 많이 있지만 대부분은 1인당 요금을 받는 것에 유의하자. 화장실과 욕실을 공동으로 사용해도 상관없다면 저렴한 숙소를 찾을 수 있다. 시기에 따라서는 1박에 3,000~5,000엔 방을 구할 수 있다. 간사이공항의 인포메이션센터에서도 저렴한 숙소 정보를 제공한다. 화장실과 욕실이 딸린 비즈니스 호텔이라면 7,000~10,000엔 선이면 조식이 포함된 객실을 얻을 수 있다.

3. 식비는 얼마나 들까?

카페의 모닝은 700엔 전후, 런치는 1,000엔 전후, 저녁은 2,000엔 전후, 선술집에서 술과 안주를 곁들여 배를 채우려면 4,000엔 전후로 생각하면 된다. 물, 캔커피, 음료 등을 파는 자판기는 100~150엔. 끼니를 편의점 도시락으로 해결할 수도 있는데, 도시락은 300엔부터 있다. 편의점에서 음식을 데우는 주지만 한국처럼 먹을 수 있는 장소는 거의 없다.

4. 교통비는 얼마나 들까?

도시간 이동에는 열차를 주로 이용한다. 반면 도시 안에서 이동은 도시마다 각기 다르다. 오사카 시내는 지하철 등의 열차, 고베와 나라는 도보, 교토와 와카야마는 버스를 주로 이용하게 된다. 일본은 대중교통이 매우 편리하지만 한국에 비해 많이 비싸 여행객들을 위한 다양한 교통패스를 판매한다. 기본요금(노선 및 회사 등에 따라 다르지만 열차 및 버스 기본요금은 160~200엔) 자체도 비싸고, 이동거리에 따라 요금이 빠르게 늘어난다. 동선이 정해졌다면 치밀하게 계산해서 자신에게 유리한 쪽을 택한다. 또 국철(JR노선)과 사철 노선에 따라 지역이 섞여 있다면 패스가 아니라 별도 티켓을 구매하는 것이 나은 경우도 있고, 편도 패스를 활용해 나머지를 도보로 커버하는 방법도 있다. 간사이 스루패스의 경우 2일권 4,380엔, JR간사이 와이드 패스 5일권은 10,000엔이며, 각종 어트랙션의 입장료 할인특전도 있다.

5. 입장료는 얼마나 들까?

시설에 따라 많이 다르다. 패스를 구매했을 때 받을 수 있는 할인혜택들을 잘 챙겨보자. 특히 목적하는 시설이 있다면 미리 체크할 것. 사원·사찰의 경우 본전이나 보물전 등은 별도로 입장료를 받는 경우가 있다. 관람료는 300~500엔 정도다.

6. 비상금은 얼마나 필요할까?

일본은 신용카드가 되지 않는 곳이 많으니 환전을 충분히 여유 있게 하자. 해외에서 인출할 수 있는 현금카드의 지점 위치를 미리 알아두자. ATM, 혹은 가맹점에 따라 취급이 불가능하거나 오류가 발생하기도 하므로 카드는 2종 이상 (VISA, MASTER, AMEX, JCB 등) 가져가는 것이 좋다. 비상금은 최소 1만 엔 이상을 별도로 준비하자.

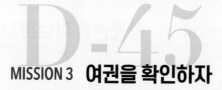

D-45

MISSION 3 여권을 확인하자

1. 어디에서 만들까?

여권은 외교통상부에서 주관하는 업무이지만 서울에서는 외교통상부를 포함한 대부분의 구청에서, 광역시를 비롯한 지방에서는 도청이나 시구청에 설치되어 있는 여권과에서 편리하게 발급받을 수 있다. 인터넷 포털 사이트에서 '여권 발급 기관'을 검색하면 서울 및 각 지방 여권과에 대해 자세한 안내를 받을 수 있으니 가까운 곳을 선택해 방문하자.

2. 어떻게 만들까?

전자여권은 타인이나 여행사의 발급 대행이 불가능하기 때문에 본인이 신분증을 지참하고 직접 신청해야 한다.

여권 발급 절차

여권 종류에 따른 필요서류와 여권 사진을 챙긴다 → 거주지에서 가까운 구청·시청 여권사무 대행기관으로 간다 → 발급신청서 작성 → 수입인지 붙이기 → 접수 후 접수증 챙기기 → 3~7일 경과 → 신분증 들고 여권 찾기

여권 발급 신청 준비물

여권 발급 신청서(해당기관에 구비되어 있음)
6개월 이내 사진 1매(가로 3.5cmX세로 4.5cm)
신분증(주민등록증이나 운전면허증)
발급수수료 전자여권(10년) 53,000원

여권을 잃어버렸거나 기간이 만료됐다면?

재발급 신청을 한다. 절차는 여권 발급 때와 비슷하지만 재발급 사유를 적는 신청서가 더 추가되고, 분실했을 경우 분실신고서를 구비해야 한다. 25세 이상의 군미필자는 병무청 홈페이지에서 신청서를 작성하며, 신청 2일 후 홈페이지에서 국외여행 허가서와 국외여행 허가증명서를 출력할 수 있다. 국외여행 허가서는 여권 발급 신청 시 제출하고, 국외여행 허가증명서는 출국

할 때 공항에 있는 병무신고센터에 제출한 후 출국 신고를 마치면 된다. 만 18세 미만의 미성년자는 부모의 동의 하에 여권을 만들 수 있다. 여권을 신청할 때는 일반인 제출서류에 가족관계증명서를 지참해 부모나 친권자, 후견인 등이 신청할 수 있다.

3. 비자 VISA

일본은 우리나라와 비자면제 협정을 체결하고 있어 90일 이내 단기체류 목적으로 일본에 입국하는 경우 따로 비자를 받지 않아도 된다. 단, 여권 만료기한은 최소 3개월 이상 남아 있어야 하며, 6개월 이상이면 안심할 수 있다.

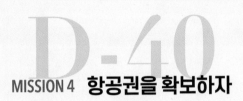

MISSION 4   항공권을 확보하자

1. 어떻게 살까?

같은 항공권이라도 항공사나 여행사마다 판매 가격이 다르다. 항공권을 구입할 때는 항공사와 여행사 사이트 등을 두루 살피는 것이 좋다. 여러 여행사에서 내놓은 항공권 가격을 한꺼번에 비교해 볼 수 있는 사이트도 있다. 항공과 숙박 모두 여행사가 판매하는 것이 요금이나 조건이 더 좋은 것이 많아 에어텔 상품을 이용하는 것도 좋다.

2. 어떤 표를 살까?

간사이공항까지는 인천이든 부산이든 비행시간이 1시간 정도로 길지 않다. 따라서 경제적인 티켓을 사도 큰 무리가 없다. 저가 항공으로는 인천공항에서 제주항공·이스타항공·피치항공이, 김포공항에서 제주항공·부산에어가, 김해공항에서 부산에어가 간사이공항까지 운항한다. 각 홈페이지에서 저렴한 티켓을 판매하므로 우선 홈페이지를 먼저 체크해보자. 하루에도 여러 편이 운항하므로 시간대를 우선해서 선택할 수 있다. 대한항공, 아시아나항공까지 포함해 하루에 9~10편이 출발, 도착하므로 목적에 맞는 티켓을 선택한다.

3. 주의할 점은?

티켓의 조건을 확인하자

저렴한 항공권은 가격 확정을 위해 바로 구매해야 하는 경우가 있다. 또 변경 및 취소가 불가능하거나 수수료를 많이 물어야 하는 경우가 많으므로 조건을 꼭 확인한다. 그리고 왕복으로 구매한 경우, 탑승하지 않으면 돌아오는 편이 무효가 되는 경우도 있다. 예약하는 여행사가 다르더라도 동일 항공사에 이중으로 예약을 하면 사전 경고 없이 예약 모두가 취소되므로 주의하자.

유류할증료와 TAX를 확인하자

항공사와 경유지에 따라서 유류할증료의 차이가 많이 난다. 액면가는 저렴하지만 유류할증료까지 합하고 나면 오히려 비싸지는 경우도 많다. 간사이공항까지의 왕복인 경우 약 10만 원 전후이다.

발권일을 지키자

아무리 예약을 해두었어도 발권하지 않았으면 내 표가 아니다. 특히 좌석이 넉넉하지 않은 성수기에는 발권을 미루다가 좌석예약이 취소될 수도 있으니 주의할 것. 유류할증료 또한 발권일에 따라서 결정된다.

좌석확약을 받았는지 확인하자

좌석확약이 안 된 상태로 출국하면 돌아오는 항공편을 구하기가 어려울 수 있다. 항공권의 'Statue' 란에 OK라고 적혀 있는지 확인하고 미심쩍으면 해당 항공사에 직접 전화해 좌석확약 여부를 확인하자.

항공권의 이름을 확인하자

항공권의 이름은 반드시 여권상의 이름과 일치하여야 한다. 만약 스펠링 하나라도 잘못 입력됐다면 반드시 해당 항공사에 연락하여 이름 변경을 하도록 하자.

할인 항공권 취급 업체

네이버 항공권 flight.naver.com
스카이스캐너 www.skyscanner.co.kr
와이페이모어 www.whypaymore.co.kr

D-35

MISSION 5 숙소를 예약하자

1. 일본 숙소의 종류

호텔 Hotel

일반적으로 떠오르는 호텔을 생각하면 된다. 우리나라에 들어와 있는 많은 외국계 호텔이 일본에도 들어와 있고, 일본에서 자생한 호텔 체인도 있다. 건물이 커 찾기 쉬우며, 지도에도 랜드마크로 표시되어 있는 경우가 많다. 숙소에서 보내는 시간이 많을 경우 선택할 수 있다.

비즈니스 호텔 Business Hotel

저렴하면서 프라이버시가 보장돼 일본인들이 출장 시 많이 이용했던 소규모의 호텔들을 뜻한다. 최근에는 관광객들이 많이 이용하면서 체인점도 많이 등장했다. 역 앞에 주로 보이는 도요코인이나 호텔 알파원, 도미인 등도 비즈니스 호텔 체인

이다. 교통의 요지에 있으면서 소도시에도 있고, 잘 고르면 다다미방이나 온천 이용도 가능하다. 가장 무난하게 추천하는 타입.

도미토리 Dormitory

유스호스텔처럼 한 방에 다른 사람들과 함께 머물면서 욕실이나 부엌, 화장실 등을 공동으로 사용하는 형식의 숙소. 세계 각국에서 온 여행자들과 이야기를 나누거나, 운영자와 함께 현지의 이자카야 탐방을 하는 등 각각의 프로그램을 즐길 수도 있다. 방값은 저렴한 편이지만 통금이나 한 방에 머무는 사람들의 성별 등을 미리 확인하는 것이 좋다. 일본은 일행별로 방이 확보되는 타입의 도미토리도 어렵지 않게 찾아볼 수 있다.

료칸 Ryokan

일본의 독특한 숙박문화인 료칸은 전통 가옥에서 숙박하면서 정식 코스요리를 포함한 2식을 제공해 인기가 많다. 특히 온천이 함께 있는 료칸이라면 더더욱 묵을 만하다. 대부분은 다다미 방으로 되어 있다. 일본 전통 복장을 한 직원이 맞이하며, 식사를 하는 동안 잠자리가 준비된다. 료칸은 식사비가 큰 비중을 차지하여 1박 2식 포함에 1인 1만 5,000~4만 엔 정도가 많다. 홈페이지에서 식사 플랜을 달리하며 예산을 짜보자. 료칸은 한 방에 둘 이상부터 손님을 받는 경우가 일반적이다.

2. 어떻게 예약할까?

Check1 호텔 예약 사이트 적극 활용. 잘 찾아보면 좀 더 저렴하게 이용가능하고 요즘은 대부분 영어 서비스 혹은 한국어 서비스가 된다.

Check2 호텔 내의 자체 프로모션 항상 체크! 가끔씩 호텔 내의 프로모션이 더 나을 때가 있다

Check3 여행사의 에어텔 상품을 활용한다. 숙박업소들은 여행사에 프로모션 가격을 제공하는 경우가 많아 개인이 예약하는 것보다 저렴한 경우가 있다.

숙소예약 인터넷 사이트
아고다 www.agoda.com
호텔스닷컴 www.hotels.com
자란넷 www.jalan.net(한국어 선택 가능)
라쿠텐 트래블 travel.rakuten.com
(한국어 선택가능)
야후 트래블 travel.yahoo.com
(한국어 선택 가능)
부킹닷컴 www.booking.com

D-15

MISSION 6　여행정보를 수집하자

1. 책을 펴자

최소한의 노력으로 최대한의 정보를 얻을 수 있는 것이 가이드북이다. 가이드북을 통해 오사카 및 주변 교토, 고베, 나라, 와카야마, 미에를 아우르는 간사이 지역에 대해 감을 잡고, 관심이 가는 부분은 추가로 다른 서적을 찾아보자. 간사이 지역 내에서 각종 이벤트와 일본의 대중문화, 서브문화, 음식, 쇼핑, 축제, 전통까지 일본 여행에서 원하는 모든 것을 찾아낼 수 있을 것이다. 여행은 아는 만큼 보인다.

2. 인터넷을 열자

인터넷에서는 본인들이 직접 체험한 생생한 느낌을 전해 들을 수가 있어 도움이 된다. 단, 개인 블로그의 특성상 지극히 주관적인 경험이나 선입견에 기반한 경우가 많다는 점은 알아두자. 평소 취향이 비슷한 사람이 있었다면 그들의 의견을 귀담아 들어도 될 것이다. 여행 정보를 얻을 수 있는 인터넷 카페에도 가입하자. 여행사들이 운영하는 홈페이지나 카페에는 생생한 정보들이 많다.

3. 사람을 만나자

그곳을 미리 체험한 이들의 조언도 무시할 수 없다. 또 궁금한 부분이나 원하는 팁에 대한 정보를 바로바로 체크할 수 있다는 점에서 좋다. 사소하게 놓치기 쉬운 준비 사항들부터 폭넓은 여행에 이르기까지 즐겁게 대화하면서 삶과 여행을 배워보자.

4. 스마트폰에 유용한 앱(어플)을 다운받자

오사카 및 일본여행과 관련된 앱들을 각기 앱스토어에서 다운받을 수 있다. 또 간단한 회화 관련 앱도 급할 때는 요긴하게 쓰인다. 여행 시의 경비 지출이 신경 쓰인다면 가계부 앱이 도움이 된다. 구글지도, 파파고, 네이버페이 등은 필수다.

D-10

MISSION 7   각종 증명서를 발급받자

1. 여권 사본을 만들어 두자

여권을 잃어버렸을 때를 대비해 사진이 있는 부분을 복사해 따로 보관한다. 여권 크기의 사진도 두 장 있으면 더 좋다. 하지만 잃어버리지 않는 것이 가장 좋다.

2. 국제학생증

일본에서는 대학생이 성인으로 분류되어 특별한 할인혜택이 없다. 초, 중, 고등학생인 경우에는 나이를 증명하면 같은 할인혜택을 받을 수 있으니 신분증으로 여권을 상시 휴대하자.

3. 국제운전면허증

오사카, 간사이 지역을 여행할 때에는 특별히 렌터카를 이용해야 할 이유가 없다. 열차와 버스만으로도 충분히 이동 가능하며, 오히려 오사카 시내는 차가 많고 주차장을 찾느라 시간만 더 허비한다. 다만, 와카야마, 나라, 미에 지역을 여행한다면 국제운전면허증을 발급받고 렌터카 여행도 고려해 볼 수 있다.

4. 여행자 보험

일본 의료비는 비싸다. 만약을 생각해서 가입하는 것이 좋다. 또 혹시라도 일어날 수 있는 지진 등의 피해에 대해서도 상해보험으로 보상받을 수 있으니 약관을 확인한다. 해외에서 질병, 또는 사고로 병원에서 치료를 받을 경우, 보통 진단서와 영수증 등을 귀국 후 보험회사에 제출해야 보험금 지급이 된다. 또한 휴대품 도난이나 파손 시 20만 원 정도 보상되는 경우가 있는데, 이때에는 경찰서의 리포터가 필요할 수 있다. 보험 회사마다 규정이 다르니, 콜센터를 통해 문의하도록 하자.

여행자 보험은 왜 들까?

외국인이 낯선 곳에서 여행을 하면서 어떤 일을 겪게 될지는 누구도 예상할 수 없는 일. 더구나 야외 활동이 많아지는 만큼 다치거나 아파서 병원에 가게 될 확률도 높아진다. 예상치 않게 귀중품을 도난당하는 일도 생길 수 있다. 이런 경우를 대비하는 것이 바로 여행자 보험이다.

보상 내역을 꼼꼼하게 따져보자

패키지여행 상품을 신청하면 보통 포함되는 것이 '1억원 여행자 보험'. 얼핏 대단해 보이지만, 사망할 경우 1억 원을 보상한다는 뜻일 뿐, 도난이나 상해 보상금이 1억 원이라는 뜻은 아니다. 사실 여행자가 겪게 되는 일은 도난이나 상해가 대부분. 이 부분에 보장이 얼마나 잘 되어 있는가를 꼼꼼히 확인해 보자. 보험비가 올라가는 핵심요소는 바로 도난보상 금액! 보상 금액의 상한선이 올라가면 내야 할 보험료도 비싸진다.

보험 가입은 미리 하자

여행자 보험은 출발 전에 미리 들자. 공항에서 드는 보험이 가장 비싼 편. 항공사 마일리지 적립 등 혜택을 주는 보험 상품도 많다. 보험사의 정책에 따라서 보험 혜택이 불가능한 항목들(고위험 액티비티 등)도 있으니 미리 확인할 것.

증빙 서류는 똑똑하게 챙기자

보험증서와 비상연락처는 여행가방 안에 잘 챙겨두자. 도난을 당하거나 사고로 다쳤을 경우, 경찰서나 병원에서 받은 증명서와 영수증 등은 잘 보관해야 한다. 도난을 당했다면 가장 먼저 경찰서에 가서 도난증명서부터 받을 것. 서류가 미비하면 제대로 보상받기 힘들다.

보상금 신청은 제대로 하자

귀국 후에는 보험회사로 연락해 제반 서류들을 보내고 보상금 신청 절차를 밟는다. 병원 치료를 받은 경우 병원 진단서와 병원비 영수증 등을 꼼꼼하게 첨부한다. 도난을 당했을 경우 '분실Lost'이 아니라 '도난Stolen'으로 기재된 도난증명서를 제출해야 한다. 도난 물품의 가격을 증명할 수 있는 쇼핑 영수증도 첨부할 수 있다면 좋다.

MISSION 8 알뜰하게 환전하자

현금 Cash

신분증을 확인하거나 수수료 붙는 일 없이 지갑에서 바로 꺼내 쓸 수 있다. 급격한 환율 상승 시기라면 여행 중에 미리 확보해 둔 현금 덕을 톡톡히 볼 수 있다. 그러나 분실이나 도난 등 사고를 당하면 보상받을 길이 없으니 각별히 주의하자. 여행지에 도착하자마자 사용해야 할 현금은 한국에서 미리 환전할 것. 대부분의 티켓판매기에서는 고액권 지폐도 모두 사용 가능하나, 버스나 일반 자판기에서는 1,000엔 지폐와 동전만 사용 가능한 경우도 있다.

신용카드 Credit Card

현금에 비해 안전하고 부피도 작다. ATM에서 급할 때 현금서비스를 받을 수도 있다. 환율 하락 시기에는 내가 쓴 금액보다 적은 금액이 청구되기도 한다. 그러나 일본 소도시에서는 신용카드 사용이 한국만큼 보편화되어 있지 않으니 주의하자. 후불제 호텔인 경우에 체크인 시에 보증용으로 신용카드를 요구하기도 하므로 사용 예정이 없더라도 준비해 가면 좋다. 신용카드가 해외에서 사용 가능한 카드인지, 할부를 할 경우에는 어떻게 하는지 확인해 둔다. 할부는 해외에서 일시불로 결제 후 한국에 돌아와 카드회사에 할부 신청을 해야 하는 경우가 많다. 또 일본에서는 카드로 결제하는 경우 대부분 어떻게 결제할 건지를 물어보는데, 일시불로 해주세요(잇카츠데 오네가이시마스)라 답하면 된다.

현금카드 Debit Card

내 통장에 있는 현금을 현지 화폐로 바로 인출할 수 있다. 현지 은행 ATM에서 그때그때 필요한 만큼만 출금할 수 있어 미리 환전할 필요도 없다. 카드 뒷면에 'PLUS'나 'Cirrus' 글자가 있는지 미리 확인하고, 해당 은행에 '해외인출 가능 여부'를 한번 더 문의하면 확실하다. ATM에 따라서 약간의 수수료가 붙는다. 출금 시점의 환율이 적용되기 때문에 여행 도중 환율이 올라가면 미리 환전하지 않은 것을 후회할 수도 있다. 한국에서 발급받은 시티은행Citibank의 현금카드로 일본 내의 시티은행 ATM에서 출금할 경우, 수수료가 1회당 210엔이다. 일본어, 혹은 영어로 메뉴가 표시되니 은행 관련 표현을 알아두면 좋다.

D-1

MISSION 9 완벽하게 짐 꾸리자

꼭 가져가야 하는 준비물

여권 없으면 출국부터 불가능. 사진 부분의 복사본을 2~3장 따로 보관해 두고, 여권용 사진도 몇 장 챙긴다. 자신의 이메일이나 휴대폰에 여권 스캔본을 저장해 두면 비상 시에 유용하다.

항공권 전자티켓이라도 예약확인서를 미리 출력해 두자. 공항으로 떠나기 전 여권과 함께 반드시 다시 확인할 것. 또 현지에서 사용할 교통패스 등을 미리 구매했다면 현지에서 실제 티켓으로 교환할 수 있는 장소도 체크해 두자.

여행경비 현금, 여행자수표, 신용카드, 현금카드 등 빠짐없이 준비. 현지에 도착해서 바로 사용할 현금 챙길 것.

각종 증명서 국제학생증, 여행자 보험 등 필요.

의류&신발 반팔, 긴팔, 바람막이점퍼 같은 겉옷도 챙기자. 고급식당에 갈 때 입을 정장 등 상황에 맞는 옷과 신발을 챙기자. 공동 샤워실을 이용하는 호스텔 등의 숙소 이용 예정자라면 샤워 시 사용할 슬리퍼도 준비하면 편리하다.

가방 여권, 지갑, 책, 스마트폰 등을 넣어 다닐 수 있는 가볍고 작은 힙색도 별도로 준비하자. 특히, 도미토리를 주로 이용할 배낭여행자라면 꼭 필요하다. 여권과 현금을 보관하기에 숙소 사물함이 100% 안전하지는 않다. 중요 물품은 몸에 지니자.

우산 가벼운 3단 접이식 우산 준비.

세면도구 호스텔을 이용할 예정이라면 치약, 칫솔, 샴푸, 수건 등을 챙겨가자.

비상약품 감기약, 소화제, 진통제, 지사제, 반창고, 연고 등 준비.

화장품 작은 용기에 덜어서 가져갈 것.

생리용품 평소 자신이 사용하던 것을 발견하기가 쉽지 않다. 한국에서 미리 챙겨가자.

어댑터 일명 '돼지코'. 일본에서 사용하는 것은 플러그 모양이 우리나라와 다른 11자 모양이다. 일본은 100V전압이다. 프리볼트인 노트북, 휴대전화 등을 충전하기 위해 플러그를 꼭 가져가자. 현지에서는 구하기가 쉽지 않다.

가이드북 정보가 없으면 여행이 힘들어진다.

휴대전화 로밍을 해가면 비상시에 편리하다. 이심이나 데이터 유심칩을 미리 구매해도 좋다.

가져가면 편리한 준비물

반짇고리 단추가 떨어지거나 가방이 망가졌을 때 유용.

소형자물쇠 소매치기 방지를 위해 가방의 지퍼 부분을 잠궈 두면 든든하다.

지퍼백 젖은 빨래나 남은 음식 보관 등 용도는 무궁무진.

소형 변압기 프리볼트(100~240V에 자유롭게 사용 가능하다는 뜻)가 아닌 가전 제품을 사용할 예정이라면 필요하다.

소음제거 귀마개 소음에 민감하다면 호스텔의 도미토리를 이용할 경우나 비행기 안에서 잠을 청할 때 유용하다.

MISSION 10 간사이공항으로 입국하자

입국심사

일본에 입국하려면 사전에 비짓재팬웹(www.vjw.digital.go.jp)을 통해 등록을 하도록 한다. 등록 시에는 계정을 먼저 만들고 이용자 정보, 입국 및 귀국 예정 정보, 일본 내 숙박지 전화번호 등을 등록하고, 입국 심사 등록, 세관 신고 등록을 순서대로 진행한다. 심사 완료 후 각 심사 완료 화면을 캡처해서 준비한다.

수하물 찾기

해당 항공편이 표시된 레일로 이동해 짐을 찾는다. 수하물이 분실됐다면 배기지 클레임 태그 Baggage Claim Tag를 가지고 분실신고를 한다.

세관

신고할 것이 없으면 녹색 사인Nothing to declare 쪽으로 나간다. 일본 입국 시의 면세범위는 아래와 같다.
주류 3병·담배 400개피·잎담배 100개피·향수 2온스·그 외는 해외 시가 합계 20만 엔까지.

MISSION 11 간사이공항에서 도심으로 이동하기

공항에서 각 여행지까지는 열차 및 리무진 버스로 약 1시간 정도 걸린다. 교통패스를 사용할 예정이라면 한국에서 구입 시에 확인해 둔 교환처를 찾아간다. 입국장에 있는 인포메이션 센터에서 확인하면 좋다. 열차는 2층에서 연결되어 있는 간사이공항역에서, 버스는 1층에서 타면 된다.

열차

JR 및 난카이선이 간사이공항역에 선다. JR과 난카이 모두 1시간에 약 5대 운행한다. 난카이 특급 라피토는 추가요금을 내는 특급열차이지만 공항에서 난바역까지 37분이면 갈 수 있어 편리하다. 열차로 교토나 고베, 나라, 와카야마 등의 지역으로 가려면 갈아타는 것이 일반적이다. 교토는 JR특급 하루카가 직통으로 운행하므로 시간을 체크해 보자. 오사카 시내에서 공항으로 가는 열차는 앞 4량이 공항까지 가고 뒤의 4량은 히네노역에 멈추거나 와카야마로 가는 경우가 있다. 안심하고 가려면 무조건 열차 앞쪽에 탈 것!

버스

오사카 우메다 방면과 난바, 유니버설 스튜디오 재팬, 고베, 나라, 교토, 와카야마 등 지역으로 가는 리무진 버스를 1층에서 탈 수 있다.

꼭 알아야 할 간사이(오사카) 상식

NO.1

이건 알아두자!

간사이 지역은 오사카부, 교토부, 효고현, 나라현, 와카야마현, 미에현, 시가현 7개 지역으로 구성되지만 이 책에서는 한국에서 관광객들이 주로 찾는 앞의 다섯 지역을 다루었다. 이 중에서도 오사카부는 '오사카'라 알려진 오사카시가 있는 대도시다. 오사카는 일본에서는 '재미있는 사람이 많은 곳'으로 유명하여 큰 코미디언 기획사가 있다.

시차는 한국과 시차가 없으나, 해가 지고 뜨는 것이 우리나라보다 30분에서 1시간 정도 빠르다.

기후는 한국과 비슷하며 봄에는 황사, 여름에는 장마가 있다. 자외선은 한국보다 약간 강한 편이니 선글라스, 모자, 자외선차단제를 꼭 준비하자.

통화는 엔을 사용하며, 100엔에 990원(2023년 5월 기준))이다.

긴급번호는 119로 우리나라와 같이 응급환자와 화재를 함께 처리한다. 경찰은 110번이다.

주 오사카 대한민국 총영사관
Tel 일본 오사카 06-4256-2345, 여권업무 내선 1201~1205, 평일 16:00 이후 당직직원 일본 / 긴급상황 발생 시 (근무시간 외) +81-90-3050-0746(한국어) **Add** 大阪府大阪市中央区西心斎橋 2 丁目3-4(도톤보리에서 미도스지길을 따라 북쪽으로 세 블록째에 있다)

NO.2

간사이 지역의 축제

간사이 지역에서는 계절마다 지역마다 크고 작은 다양한 행사가 열린다. 특히 여름(8월)에는 불꽃놀이와 함께 규모가 큰 축제들이 열린다. 또 겨울에는 도시마다 일루미네이션 등의 라이트업 행사가 이어진다.

봄
반파쿠코엔 벚꽃축제 (오사카, 3월 말~4월 중순)
셋츠쿄 벚꽃축제 (오사카, 3월 말~4월 중순)
아마노가와 벚꽃축제 (오사카, 4월 초)
기요미즈데라 밤 특별 개관 (교토, 3월 말~4월 초)
우지가와강 벚꽃축제 (교토, 4월 초)

여름
덴진마츠리 (오사카, 7월 24일~25일)
기온마츠리 (교토, 7월)
미나토코베 불꽃놀이 (고베, 8월 초)

오쿠리비 (교토, 8월 16일)
나라토카에 (나라, 8월 초~8월 중순)

가을
구라마 불축제 (교토, 10월 22일)

겨울
시텐노지 도야도야 (오사카, 1월 14일)
기타노이진칸 거리 라이트업 (고베, 12월)
구거류지 및 히가시유원지 루미나리에 (고베, 12월 초~12월 중순)

여행 시 주의사항 TOP 5

NO.1

여권 소지는 필수! 꼭 지참하자

국제신분증으로 사용할 수 있는 여권은 가급적 어딜 가든 지참하도록 하자. 경찰이 신분 확인을 위해 여권 제시를 요청할 수도 있다. 알코올 음료를 마실 경우 혹시 있을 수 있는 신분증 확인에도 사용된다. 만일 여권을 분실했다면, 영사관에 가서 재발급 받을 수 있다.

NO.2

간단한 일본어를 알아가자

일본에서는 영어가 쉽게 통하지 않는다. 말을 거는 것도, 알아 듣는 것도 힘들다. '익스큐즈미'보다 '스미마센'이라고 해야 부탁을 들어줄 확률이 높다. 길을 잃고 싶지 않다면 구글지도를 다운받자. 구글맵스고, 구글GPS 등이 있다. 사고 싶은 것이 있다면 일본어 정식 명칭을 미리 챙겨간다. 명사만으로도 어느 정도 원하는 정보를 얻을 수 있다.

NO.3

현금을 충분히 가지고 가자

호텔 및 큰 슈퍼, 백화점 등을 제외하고 편의점이나 소규모 숍에서는 카드를 사용할 수 없는 경우가 많다. 단, 오사카 같은 대도시의 편의점 등에서는 네이버페이나 애플페이, 카카오페이를 사용해 봐도 좋겠다.

NO.4

팁은 없다

만약 테이블에 팁을 놓고 나왔다면 점원이 돌려주러 달려나올지도 모른다.

NO.5

영업시간과 흡연소를 미리 확인하자

오사카의 미도스지 도로 대부분과 우메다역 부근, 나카노시마 동쪽 구역, 교토 시내 중심부 거리 및 교토역 주변, 나라의 산조 길 및 오미야 길 등의 지역에서는 노상흡연(걸으면서는 물론 서서나 자전거를 타면서 등을 포함)이 금지되어 있다. 흡연 시에는 벌금을 징수(1,000엔)한다. 담배를 피울 때는 흡연구역이나 흡연소를 확인하자.
방문할 장소의 영업시간에 맞춰서 찾아가더라도 계절에 따라 바뀌거나 영업종료 30분~1시간 전에 입장이 불가능한 경우가 많다. 적어도 1시간 정도의 여유를 두고 방문하는 게 좋다.

INDEX

SEE

1928 빌딩	369
JR교토역	346
NMB48 시어터	267
UCC커피박물관	113
가라호리	323, 326
가미가타 우키요에칸	114, 269
가미쿠라신사	455
가스가타이샤	438
가이유칸	335
간고지	439
고다이지	365
고류지	379
고베 양팡만 칠드런스 뮤지엄&몰	195, 415
고베 철인 삼국지 갤러리	107, 417
고베항	096
고야산 사찰 마을	139, 459
고후쿠지	439
곤고부지	461
공중정원 전망대	238
교토 타워	347
교토 국립박물관	366
교토 국제만화박물관	105, 361
교토 만화경박물관	115, 361
교토 철도박물관	114, 353
구거류지	413
구로몬 시장	190, 267
구마노고도	133, 453
구마노고도관	458
구마노 나치타이샤	134, 454
구마노 하야타마타이샤	136, 455
구마노 혼구타이샤	136, 456
국립국제미술관	100, 233
기시역	466
기오지	384
기온	354
기온신바시	358
기요미즈데라	119, 362
기요미즈자카	364
기타노이진칸	409
긴카쿠지	118, 370
나라 공원	434
나라마치	436
나라마치 코시노이에	436
나치노오타키 폭포	135, 454
나치산 세이간토지	135, 454
나카노시마	231
난바	265
난바역	265
난젠지	371
난킨마치	414
니노마루고텐	374
니노마루 정원	352
니시키 시장	191, 359
니시혼간지	351
니조조	372
닌나지	379
다이몬	460
다이몬자카	135, 453
다카라즈카 데즈카 오사무기념관	106, 417
단조가란	461
대숲	361
덴노지 공원	303
덴덴타운	266
덴류지	120, 382
덴진바시스지 상점가	240
덴포잔 마켓 플레이스	335
도게츠교	381
도다이지	434
도시샤 대학	377
도요쿠니 신사	367
도지	352
도지마 리버 포럼	232
도톤보리	095, 268, 280
라인의 집	410
료안지	378
마루야마 공원	360
모토마치	413
미나미 센바	273
미나토마치 리버 플레이스	270
미도스지	272
반파쿠키넨코엔	131, 241
베이 에어리어	415
비늘집	410
산넨자카&니넨자카	364
산노미야역	408
산단베키	464
산주산겐도	367
세이류엔	374
센토고쇼	353
소라쿠엔	414
슈가쿠인 리큐	376
스카이 가든	347

시내종합안내소 시라스나 464
시라라하마 463
시바카와 빌딩 235
시조도리 359
시텐노지 302
신사이바시 271
신세카이 299
아메리카무라 271
아시아 태평양 무역센터 337
아쿠아라이너 236
야마테하치반칸 410
야사카 신사 358
어드벤처 월드 465
언덕 위의 이진칸 411
연두색 집 411
오가닉 빌딩 273
오사카 덴만구 240
오사카부 사키시마 청사
전망대 337
오사카 비즈니스 파크 321
오사카성 096, 315
오사카성 공원 316
오사카성 홀 322
오사카 시립과학관 232
오사카 시립나카노시마도서관
234
오사카 시립동양도자미술관
233
오사카 시립미술관 302
오사카 시립주택박물관 236
오사카 역사박물관 320
오사카 중앙공회당 234
오사카 증권거래소 235

오카자키 공원 369
오쿠노인 460
와카야마 마리나시티 468
와카야마성 467
와카야마현 세계유산센터 458
우메다 237
우메다 스카이 빌딩 099, 237
우미에&모자이크 416
유니버설 스튜디오 재팬 333
유니버설 시티워크 오사카 334
유메지 카페 고류카쿠 345
이쿠타 신사 408
컵누들 뮤지엄 오사카
이케다 112
일본은행 오사카지점 235
조잣코지 384
조폐박물관 322
지온인 360
철인 28호 106, 417
철학의 길 371
츠루하시 시장 191, 303
츠텐카쿠 094, 300
킨카쿠지 117, 378
토어 로드 425
풍향계의 집 411
하나미코지도리 355
한큐 32번가 239
헤이안 신궁 368
헨조코인 223, 459
호류지 121, 437
호리에 272
호린지 380
호젠지 요코초 269

호칸지 야사카 탑 365
후시미 이나리타이샤
131, 353
히가시혼간지 350

🍴 EAT

551 호라이 274
가게로 카페 483
가기젠요시후사 148, 391
가니도라쿠 277
가보 유즈유메 카페 485
가브 위크스 244
가시야 442
가자미도리 혼포 421
간코스시 171, 281
갤러리 다쿠토 443
게이쿠 카페 산카쿠 442
겐로쿠스시 170
고나몬 뮤지엄 283
고마도후 하마다야 475
고시 441
고칸 기타하마 본관 151, 245
교토 라멘코지 389
구로가네야 394
그린 하우스 실바 156, 419
그릴 마루요시 305
기노네 149, 393
기라쿠 482
기리노사토 다카하라 479
기지 본점 248
기타하마 레트로 244
긴류라멘 280
나기사 비어 483

INDEX

나니와 구이신보요코초　336
나추라　123, 301
나카무라야　396
난포도혼포　477
뉴뮌헨 본점　247
니시리　476
니시무라 커피점　424
다루코야　423
다이코스시　304
다이키스이산 가이텐스시　171
덴푸라 덴토라 신푸칸점　389
라멘마루이　470
라베뉴　153, 422
랑데부 데자미　245
로바타차야 하타고　167, 249
로쇼키　421
리가 로열 호텔
오사카　209, 242
리쿠로오지상　274
리큐　250
마루타 식당　478
마메노유　484
마메하치　162, 391
마에다 커피 고다이지점
　173, 392
메오토 젠자이　147, 278
모토 커피　243
모카　473
몽셀　151, 243
미로쿠이시혼포 가사구니　474
미하나미　472
밀크&비어 홀 츠쿠모　482
바닐라 카페　480

보다이　485
보트 카페　473
본온샤　474
볼릭 커피　441
블랑제리 콤시누아　152, 418
비스트로 갈로　324
사우스 웨스트 카페　471
세계 맥주 박물관　187
세이노 긴테츠백화점
와카야마점　471
센나리야 커피점　304
소라니와 다이닝　249
쇼고인 야츠하시　395
스마트 커피　173
스타벅스 기타노이진칸점　424
스텀프타운 커피 로스터스　389
스테이크 랜드　164, 418
시에스타　472
식당 플러그　246
신세카이 오야지노
구시야　306
신우메다 쇼쿠도가이　248
아게하　168, 247
아링코 아라시야마 본점　396
아메무라 샤인쇼쿠도
　167, 279
아지코지　478
아카오니 다코야키　281
애니스 버거　324
야마토미　161, 391
에크 추아　325
에키 마르셰　251
오모 카페　148, 393

오사카오쇼　283
와도 오모테나시
카페　147, 277
요지야 카페 기온점　392
우메키타 다이닝　187
우메키타 플로어　187
우사미테이 마츠바야　276
우지엔 신사이바시　277
원조 구시카츠
다루마　275, 306
유투루나　242
이노다 커피　172, 392
이데쇼텐　470
이즈모야　163, 390
이치바코지　163, 391
잔잔요코초　304
중앙식당 산보　476
지자카나 야타이 돗찬　168
초큐사카바　484
총본가 스루가야 젠에몬　486
츠루하시 후게츠　305
치보　284
카페 알마　480
카페 엠.　481
카페 프로인드리브　158, 419
카펠 카페 다이닝　250
카페 란잔　395
커피집 OB　422
쿠아 아이나　275
크래프트 비어 하우스
몰토　250
크레용하우스　154, 250
토링턴 티 룸　325

토어 로드 스테이크
아오야마 165, 423
트리톤 카페 157, 419
티 하우스 뮤지카 420
하타케노 쇼쿠도
나추라 155, 325
호라이즈시 478
혼토야시이 오이오이
155, 394
홋쿄쿠세이 278
후젠 본점 477
히스테릭 잼 159, 420
히시오 470
히요리 440

🛒 **BUY**

ABC크래프트 307
고베 기타노이진칸점 103
고베 철인 삼국지
갤러리 107, 417
고시니세 고야산 다이시도 487
고코코토 니지유라 326
고쿠민 179
고하쿠 가이라시 401
교미야게 397
교센도 기온 본점 399
교토 가라스마 롯카쿠점 103
구로치쿠 산넨자카점 400
그라프 252
그랑 프론트 오사카 186, 239
나카자키초 252
난바 파크스 101, 266, 285
내추럴 키친 177, 286

누 차야마치 255
니코 327
다이마루백화점 289
다이소 176
다이코쿠 드러그 179
더 랩 187
데일리 삭서 309
덴진바시스지 상점가 240
도레토레 시장 487
도큐 핸즈 289
돈키호테 293
디자인 포켓 288
러쉬 200
렌 326
로손 100엔 스토어 177
로프트 258
루쿠아 189, 255
루쿠아 1100 189
리락쿠마 스토어 258
린쿠 프리미엄
아웃렛 183, 201
마루젠&준쿠도 서점 259
마츠모토 키요시 178
만다라케 110, 293
모치이도노 상점가 443
모토코 타운 427
몽벨 182, 258
몽셍미셸 291
무인양품 187, 286
미나미 센바 273
보가테이 401
브리제 브리제 257
빅 스텝 292

빅 카메라 290
선드러그 178
세리아 177
센니치마에 도구
상점가 267, 287
슈퍼 스포츠 제비오 183
스기요호엔 산넨자카점 400
스노피크 183, 254
스탠다드 북스토어 110, 309
마스히사 염색연구소 444
시조도리 쇼핑가 399
시클 129, 194
신사이바시 오파 289
신푸칸 398
쓰리코인즈 177, 286
아베노 로프트 308
아베노 안도 308
아베노 큐즈몰 307
아베노 후프 308
아카찬혼포 193, 292
아케미토리 444
오리오리 327
오사카 스테이션 시티 188, 239
오사카 칠기 287
온리 플래닛 253
요도바시 카메라 258
요지야 기온점 398
우메이치반 486
유니클로 290
이카리 256
이케아 185, 288
자라 홈 254
잼 팟 253

INDEX

츠타야 110
케이북스 109, 288
코코카라 파인 179
크리데리 카페 327
크리스타 나가호리 291
키디랜드 우메다점 192
토어 웨스트 426
토이저러스&베이비저러스 194, 427
포르타 397
플라잉 타이거 코펜하겐 184, 309
피아자 고베 425
한큐백화점 256
허비스 플라자 엔트 257
헵 파이브 102, 129, 238

☁ SLEEP

B&B 카페 혼구 492
OMO7 오사카 208
W 오사카 214
가메야 료칸 493
가미고텐 499
게스트하우스 플러스완 498
고야산 슈쿠보 협회 489
그란파스 인 오사카 212
시라하마 키 테라스 호텔 시모어 496
난텐엔 218
노가 호텔 기요미즈 교토 221
다이와로이넷 호텔 와카야마 488
더 비 고베 222

료칸 아즈마야 493
리가 로열 호텔 오사카 242
민숙 가츠야 497
민숙 오무라야 494
보키도 온천 127
비즈니스 인 난바 213
비즈니스 인 센니치마에 호텔 213
스마일 호텔 난바 212
시라하마 키 테라스 호텔 시모아 223
신한큐 호텔 아넥스 211
아로우 호텔 211
아시타노모리 495
에이스 호텔 교토 215
와타제 온천 491
요치인 489
유노미네소 492
퍼스트 캐빈 207
포트피아 호텔 222
피플즈 인 하나코미치 222
하마치도리노유 가이슈 223
헨조코인 199, 433
호텔 그란비아 오사카 212
호텔 그란비아 와카야마 488
호텔 다이키 212
호텔 도미 인 프리미엄 교토에키마에 221
호텔 리브맥스 난바 212
호텔 마이스테이스 사카이스지 혼마치 211
호텔 우라시마 498
호텔 하나코미치 222

호텔 힐라리즈 213
혼가쿠인 490
후도구치칸 219
후시오카쿠 217

▶ ENJOY

가와유 온천 137, 457
간슌도 화과자 체험 388
고다이지 다도체험 388
고야산 템플스테이 141
고야산 사찰요리 141
니시진오리회관 386
덴포잔 대관람차 128, 336
도에이우즈마사 영화촌 387
도톤보리 리버 크루즈 270
류진 온천 469
보키도 온천 127
비손 445
사가노 도롯코 열차 385
산타마리아 312
스파 스미노에 123
스파월드 125, 301
시라하마 온천 223, 462
아쿠아라이너 321
오사카 덕투어 241
유노미네 온천 137, 457
천연온천 나니와노유 124, 241
하모니 엠브라쎄 오사카 209
호즈강 유람선 383

꿈의 여행지로 안내하는 친절한 길잡이

최고의 휴가는 **홀리데이 가이드북 시리즈**와 함께~